Lambacher Schweizer 8

Mathematik für Gymnasien

Ausgabe A

bearbeitet von
Christina Drüke-Noe
Harald Eisfeld
Edmund Herd
Andreas König
Michael Stanzel
Andrea Stühler

Ernst Klett Verlag
Stuttgart · Leipzig

Begleitmaterial:
Zu diesem Buch gibt es ergänzend:
- Lösungsheft (ISBN 978-3-12-734883-5)
- Trainingsheft für Klassenarbeiten (ISBN 978-3-12-734085-3)

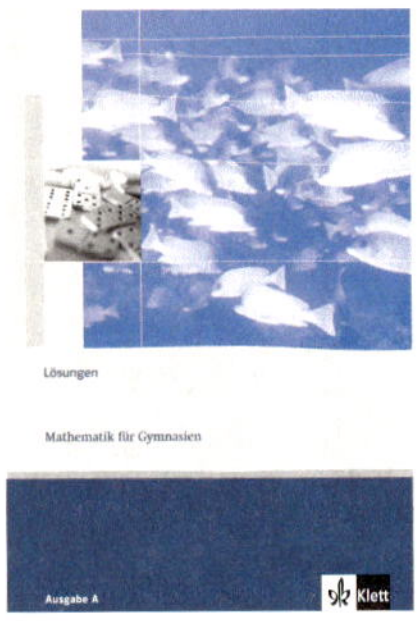

1. Auflage

1 5 4 3 2 1 | 2011 10 09 08 07

Alle Drucke dieser Auflage sind unverändert und können im Unterricht nebeneinander verwendet werden. Die letzten Zahlen bezeichnen jeweils die Auflage und das Jahr des Druckes.

Autoren: Manfred Baum; Martin Bellstedt; Dr. Dieter Brandt; Heidi Buck; Detlef Dornieden; Christina Drüke-Noe; Prof. Rolf Dürr; Harald Eisfeld; Hans Freidigmann; Dieter Greulich; Prof. Dr. Heiko Harborth; Dr. Frieder Haug; Edmund Herd; Thorsten Jürgensen-Engl; Andreas König; Prof. Dr. Detlef Lind; Rolf Reimer; Reinhard Schmitt-Hartmann; Ulrich Schönbach; Andrea Stühler; Dr. Peter Zimmermann
Berater: Michael Stanzel; Christian Bänsch
Redaktion: Katja Biallaß; Kerstin Leonhardt-Botzet

Gestaltung: Claudia Rupp, Stuttgart; Andreas Staiger, Stuttgart
Zeichnungen/Illustrationen: Uwe Alfer, Waldbreitbach; Jochen Ehmann, Stuttgart; Sibylle Gückel, Stuttgart; Hartmut Günthner, Stuttgart; Helmut Holtermann, Dannenberg
Bildkonzept Umschlag: Soldankommunikation, Stuttgart
Umschlagfotografie: Avenue Images (Stockbyte), Hamburg; Getty Images (image bank), München
DTP/Satz: media office gmbh, Kornwestheim; topset Computersatz, Nürtingen
Reproduktion: Meyle + Müller Medien-Management, Pforzheim
Druck: Stürtz GmbH, Würzburg

Printed in Germany
ISBN 978-3-12-734881-1

9 783127 348811

Moderner Mathematikunterricht mit dem Lambacher Schweizer

Mathematik – vielseitig und schülerorientiert
Ein zeitgemäßer Mathematikunterricht soll den Jugendlichen neben Rechenfertigkeiten zahlreiche weitere Fähigkeiten vermitteln, die grundlegend für die Allgemeinbildung sowie hilfreich zum Verstehen ihrer Umwelt sind. Das Erlernen solcher fachlicher und überfachlicher **Basisfähigkeiten** wird im Lambacher Schweizer in einem vielfältigen Aufgabenangebot für die Schülerinnen und Schüler ermöglicht. Auf den Seiten „Wiederholen – Vertiefen – Vernetzen" und im Sachthema werden zudem die Inhalte der Kapitel bzw. des Buches für integriertes und vernetzendes Lernen aufbereitet. Das Sachthema behandelt unter dem Oberthema „Zeitung" Inhalte aus vielen Kapiteln des Buches oder schult Fähigkeiten wie das Argumentieren und das Begründen. Es lässt sich sowohl nutzen, um in ein Kapitel einzusteigen, als auch als Wiederholung und Festigung im Anschluss an die Kapitel.

Leitideen
Den Inhalten des Mathematikunterrichts sind fünf zentralen und schülerverständlichen **Leitideen** zugeordnet, die über die gesamte Gymnasialzeit hin Bestand haben und sich im Lambacher Schweizer durchgängig wieder finden: Zahl, Messen, Raum und Form, Funktionaler Zusammenhang sowie Daten und Zufall. Dies bietet für die Schülerinnen und Schüler die Chance, Zusammenhänge über die Kapitel hinaus herzustellen und damit ein größeres Verständnis für die Mathematik zu erlangen.

Basiswissen
Um grundlegende Fertigkeiten und Inhalte, also das **Basiswissen**, bei den Schülerinnen und Schülern langfristig zu sichern, werden mit der Frage „Kannst du das noch?" Aufgaben zu früheren Themen eingestreut. Weitere Möglichkeiten zum selbst kontrollierten Üben sind unter „Bist du sicher?" und in den „Trainingsrunden" am Ende eines jeden Kapitels gegeben.

Exkursionen
Die Exkursionen am Ende eines Kapitels stehen im inhaltlichen Bezug zum Kapitel und bieten Vertiefungen, Erweiterungen und andere Blickwinkel auf die Mathematik an. Dabei werden die Inhalte des Kapitels gefestigt. Die Exkursionen sind in drei Bereiche unterteilt, in Horizonte, Entdeckungen und Geschichten. Auf den **Horizonte**-Seiten wird das im Kapitel Behandelte verwendet, um weiter zu arbeiten, also den Horizont zu erweitern. Es werden Fragen betrachtet, wie man Körper außerdem darstellt, oder wie man drei Gleichungen mit drei Unbekannten löst, wenn man das bereits für zwei Gleichungen und zwei Unbekannte gelernt hat. Die **Entdeckungen**-Seiten bieten die Möglichkeit mit Dynamischer Geometrie-Software, dem Taschenrechner oder einem Tabellenkalkulationsprogramm zu experimentieren. Die **Geschichte**-Seite am Ende des Buches lädt zum Lesen ein.

Einsatz des Computers in Klasse 8
In Klasse 8 wird in den Kapiteln II Kongruenzsätze und V Kreis das bereits in Klasse 7 begonnene Arbeiten mit Geometrieprogrammen aufgegriffen. Geometrieprogramme eignen sich besonders für entdeckendes Lernen und sind zum selbstständigen Experimentieren geeignet. Auch das Arbeiten mit einem Tabellenkalkulationsprogramm wird innerhalb der Aufgaben, aber auch verstärkt im Kapitel III Prozente und Zinsen, weitergeführt. Dabei werden aufwendige Rechnungen sowohl mit dem Taschenrechner als auch einem Tabellenkalkulationsprogramm durchgeführt und miteinander verglichen. Im Kapitel VIII Wahrscheinlichkeitsrechnung werden Zufallsversuche mit einem Tabellenkalkulationsprogramm simuliert. Dabei erkennen die Schülerinnen und Schüler, wie Ihnen der Computer das Arbeiten erleichtert.

Inhaltsverzeichnis

A
A
A
A

Lernen mit dem Lambacher Schweizer

Liebe Schülerinnen und Schüler,

auf diesen zwei Seiten stellen wir euer neues Mathematikbuch vor, das euch im Mathematikunterricht begleiten und unterstützen soll.

Wie ihr im Inhaltsverzeichnis sehen könnt, besteht das Buch aus acht **Kapiteln** und einem **Sachthema**. In den Kapiteln lernt ihr nacheinander neue mathematische Inhalte kennen. Im Sachthema trefft ihr wieder auf die Inhalte aller Kapitel, allerdings versteckt in Themen, die mit eurem Alltag zu tun haben. Ihr seht also, der Mathematik begegnet man nicht nur im Mathematikunterricht.

Das kannst du schon
- Kongruente Figuren erkennen und durch Abbildungen erzeugen
- Besondere Dreiecke konstruieren
- Einfache Zusammenhänge bei geometrischen Figuren begründen

Zahl · Messen · Raum und Form

34 II Kongruenzsätze

II Kongruenzsätze

Man muss nicht alles wissen

In unserer Umwelt begegnen uns viele Dreiecke und Vierecke. Wenn man z. B. Gebäude plant und dann baut, muss man wissen, wie diese Figuren „funktionieren."

Es ist erstaunlich, wie wenig man von einem Dreieck wissen muss, um es bereits ganz zu durchschauen. Vierecke sind da schon viel wankelmütiger. Zum Glück kann man auch denen zu mehr Stabilität verhelfen …

Das kannst du bald
- Dreiecke und Vierecke konstruieren
- Unbekannte Größen von Körpern und Entfernungen im Freien durch Konstruktion bestimmen
- Besondere Zusammenhänge bei geometrischen Figuren erkennen und mit Kongruenzsätzen begründen

II Kongruenzsätze 35

In den Kapiteln geht es darum, neue Inhalte kennen zu lernen, zu verstehen, zu üben und zu vertiefen.
Sie beginnen mit einer **Auftaktseite**, auf der ihr entdecken und lesen könnt, was euch in dem Kapitel erwartet.

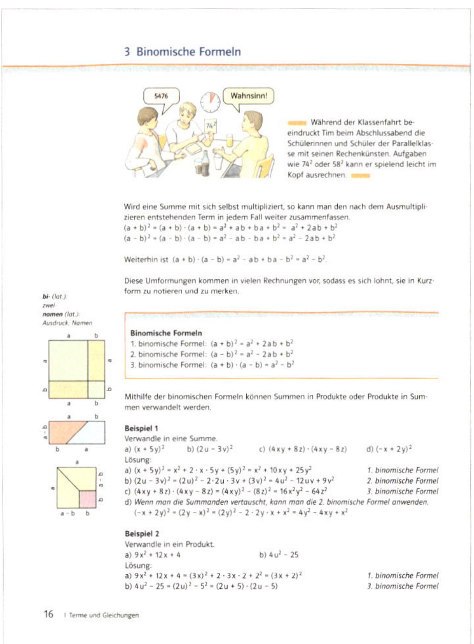

3 Binomische Formeln

5476 · Wahnsinn! · 74^2

Während der Klassenfahrt beeindruckt Tim beim Abschlussabend die Schülerinnen und Schüler der Parallelklasse mit seinen Rechenkünsten. Aufgaben wie 74^2 oder 58^2 kann er spielend leicht im Kopf ausrechnen.

Wird eine Summe mit sich selbst multipliziert, so kann man den nach dem Ausmultiplizieren entstehenden Term in jedem Fall weiter zusammenfassen.
$(a + b)^2 = (a + b) \cdot (a + b) = a^2 + ab + ba + b^2 = a^2 + 2ab + b^2$
$(a - b)^2 = (a - b) \cdot (a - b) = a^2 - ab - ba + b^2 = a^2 - 2ab + b^2$

Weiterhin ist $(a + b) \cdot (a - b) = a^2 - ab + ba - b^2 = a^2 - b^2$.

Diese Umformungen kommen in vielen Rechnungen vor, sodass es sich lohnt, sie in Kurzform zu notieren und zu merken.

bi- (lat.): zwei
nomen (lat.): Ausdruck, Namen

Binomische Formeln
1. binomische Formel: $(a + b)^2 = a^2 + 2ab + b^2$
2. binomische Formel: $(a - b)^2 = a^2 - 2ab + b^2$
3. binomische Formel: $(a + b) \cdot (a - b) = a^2 - b^2$

Mithilfe der binomischen Formeln können Summen in Produkte oder Produkte in Summen verwandelt werden.

Beispiel 1
Verwandle in eine Summe.
a) $(x + 5y)^2$ b) $(2u - 3v)^2$ c) $(4xy + 8z) \cdot (4xy - 8z)$ d) $(-x + 2y)^2$
Lösung:
a) $(x + 5y)^2 = x^2 + 2 \cdot x \cdot 5y + (5y)^2 = x^2 + 10xy + 25y^2$ *1. binomische Formel*
b) $(2u - 3v)^2 = (2u)^2 - 2 \cdot 2u \cdot 3v + (3v)^2 = 4u^2 - 12uv + 9v^2$ *2. binomische Formel*
c) $(4xy + 8z) \cdot (4xy - 8z) = (4xy)^2 - (8z)^2 = 16x^2y^2 - 64z^2$ *3. binomische Formel*
d) *Wenn man die Summanden vertauscht, kann man die 2. binomische Formel anwenden.*
$(-x + 2y)^2 = (2y - x)^2 = (2y)^2 - 2 \cdot 2y \cdot x + x^2 = 4y^2 - 4xy + x^2$

Beispiel 2
Verwandle in ein Produkt.
a) $9x^2 + 12x + 4$ b) $4u^2 - 25$
Lösung:
a) $9x^2 + 12x + 4 = (3x)^2 + 2 \cdot 3x \cdot 2 + 2^2 = (3x + 2)^2$ *1. binomische Formel*
b) $4u^2 - 25 = (2u)^2 - 5^2 = (2u + 5) \cdot (2u - 5)$ *3. binomische Formel*

16 I Terme und Gleichungen

Die Kapitel sind in **Lerneinheiten** unterteilt, die euch immer einen mathematischen Schritt voranbringen. Zum **Einstieg** findet ihr stets eine Anregung oder eine Frage zu dem Thema der Lerneinheit. Ihr könnt euch dazu alleine Gedanken machen, euch in der Gruppe besprechen oder mit der ganzen Klasse gemeinsam mit eurer Lehrerin oder eurem Lehrer diskutieren.

Im **Merkkasten** findet ihr die wichtigsten Inhalte der Lerneinheit zusammengefasst. Ihr solltet ihn deshalb sehr aufmerksam lesen.

Vor den Aufgaben findet ihr **Beispiel**aufgaben. Sie zeigen euch, wie ihr die nachfolgenden Aufgaben lösen sollt. Hilfreiche Hinweise sind in kursiver Schrift ergänzt.

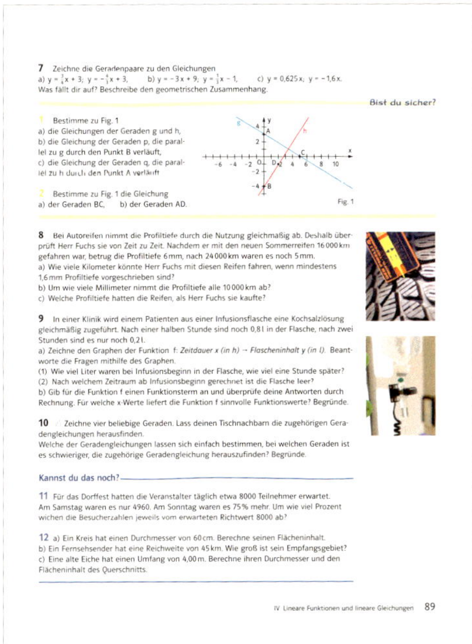
7 Zeichne die Geradenpaare zu den Gleichungen
a) $y = \frac{3}{4}x + 3$; $y = -\frac{4}{3}x + 3$, b) $y = -3x + 9$; $y = \frac{1}{3}x - 1$, c) $y = 0{,}625x$; $y = -1{,}6x$.
Was fällt dir auf? Beschreibe den geometrischen Zusammenhang.

Bist du sicher?

1 Bestimme zu Fig. 1
a) die Gleichungen der Geraden g und h,
b) die Gleichung der Geraden p, die parallel zu g durch den Punkt B verläuft,
c) die Gleichung der Geraden q, die parallel zu h durch den Punkt A verläuft.

Fig. 1

2 Bestimme zu Fig. 1 die Gleichung
a) der Geraden BC, b) der Geraden AD.

8 Bei Autoreifen nimmt die Profiltiefe durch die Nutzung gleichmäßig ab. Deshalb überprüft Herr Fuchs sie von Zeit zu Zeit. Nachdem er mit den neuen Sommerreifen 16 000 km gefahren war, betrug die Profiltiefe 6 mm, nach 24 000 km waren es noch 5 mm.
a) Wie viele Kilometer könnte Herr Fuchs mit diesen Reifen fahren, wenn mindestens 1,6 mm Profiltiefe vorgeschrieben sind?
b) Um wie viele Millimeter nimmt die Profiltiefe alle 10 000 km ab?
c) Welche Profiltiefe hatten die Reifen, als Herr Fuchs sie kaufte?

9 In einer Klinik wird einem Patienten aus einer Infusionsflasche eine Kochsalzlösung gleichmäßig zugeführt. Nach einer halben Stunde sind noch 0,8 l in der Flasche, nach zwei Stunden sind es nur noch 0,2 l.
a) Zeichne den Graphen der Funktion f: *Zeitdauer x (in h) → Flascheninhalt y (in l)*. Beantworte die Fragen mithilfe des Graphen.
(1) Wie viel Liter waren bei Infusionsbeginn in der Flasche, wie viel eine Stunde später?
(2) Nach welchem Zeitraum ab Infusionsbeginn gerechnet ist die Flasche leer?
b) Gib für die Funktion f einen Funktionsterm an und überprüfe deine Antworten durch Rechnung. Für welche x-Werte liefert die Funktion f sinnvolle Funktionswerte? Begründe.

10 Zeichne vier beliebige Geraden. Lass deinen Tischnachbarn die zugehörigen Geradengleichungen herausfinden.
Welche der Geradengleichungen lassen sich einfach bestimmen, bei welchen Geraden ist es schwieriger, die zugehörige Geradengleichung herauszufinden? Begründe.

Kannst du das noch?

11 Für das Dorffest hatten die Veranstalter täglich etwa 8000 Teilnehmer erwartet. Am Samstag waren es nur 4960. Am Sonntag waren es 75 % mehr. Um wie viel Prozent wichen die Besucherzahlen jeweils vom erwarteten Richtwert 8000 ab?

12 a) Ein Kreis hat einen Durchmesser von 60 cm. Berechne seinen Flächeninhalt.
b) Ein Fernsehsender hat eine Reichweite von 45 km. Wie groß ist sein Empfangsgebiet?
c) Eine alte Eiche hat einen Umfang von 4,00 m. Berechne ihren Durchmesser und den Flächeninhalt des Querschnitts.

IV Lineare Funktionen und lineare Gleichungen 89

In dem Aufgabenblock **Bist du sicher?** könnt ihr allein testen, ob ihr die grundlegenden Aufgaben zu dem neu gelernten Stoff lösen könnt. Die Lösungen dazu findet ihr hinten im Buch.

Immer wieder gibt es Aufgaben, die mit oder gekennzeichnet sind. Hier bietet es sich besonders an, mit einem Partner oder einer Gruppe zu arbeiten.

Mit den **Kannst-du-das-noch?**-Aufgaben könnt ihr altes Wissen wiederholen. Oft bereitet es euch auf das nächste Kapitel vor. Die Lösungen dazu findet ihr hinten im Buch.

Wiederholen – Vertiefen – Vernetzen

Auf den Seiten **Wiederholen – Vertiefen – Vernetzen** findet ihr Aufgaben, die den Lernstoff verschiedener Lerneinheiten und manchmal auch der Kapitel miteinander verbinden.

Rückblick

Training Runde 1

Am Ende des Kapitels findet ihr jeweils zwei Seiten, die euch helfen, das Gelernte abzusichern. Auf den **Rückblick**seiten sind die wichtigsten Inhalte des Kapitels zusammengefasst. Und in den **Trainingsrunden** könnt ihr noch einmal üben, was ihr im Kapitel gelernt habt. Sie eignen sich auch gut als Vorbereitung für Klassenarbeiten. Die Lösungen dazu findet ihr auf den hinteren Seiten des Buches.

Horizonte

Entdeckungen

Geschichten

Besonders viel Spaß wünschen wir euch bei den **Exkursionen**: Horizonte, Entdeckungen, Geschichten am Ende der Kapitel. Auf den **Horizonte**-Seiten könnt ihr beispielsweise Interessantes über das Pascal'sche Dreieck erfahren. Bei den **Entdeckungen** geht es z. B. um dynamische Geometrie-Software, die euch viel Arbeit beim Zeichnen abnimmt. Eine schöne **Geschichte**, die einen interessanten Bezug zum Thema hat, gibt es auch wieder.

Ihr könnt euch also auf euer Mathematikbuch verlassen. Es gibt euch viele Hilfestellungen für den Unterricht und die Klassenarbeiten und vor allem möchte es euch zeigen: Mathematik ist sinnvoll und kann Freude machen.

Wir wünschen euch viel Erfolg!
Das Autorenteam und der Verlag

Das kannst du schon

- Mit rationalen Zahlen rechnen
- Terme mit einer Variablen aufstellen, umformen und ihren Wert berechnen
- Einfache Gleichungen lösen

Zahl

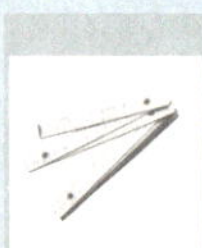
Messen

Raum und Form

Funktionaler Zusammenhang

Daten und Zufall

Terme – immer cool bleiben!

Herr X betrat am Tag X x-beinig eine x-beliebige Praxis. Er trug zum x-ten Mal einen seiner x XXL-Pullover. Er sah seine geliebte Unbekannte, die ihn x-fach ausgetrickst hatte.

Aber diese verflixte Hexe machte nicht viele Faxen. Sie x-te Herrn X mit ihren X-Strahlen einfach aus … Übrig blieb gar nix.

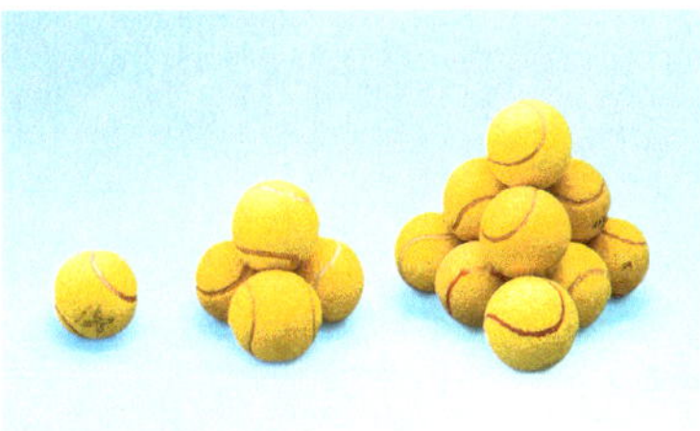

Das kannst du bald

- Terme mit mehreren Variablen umformen und ihren Wert berechnen
- Gleichungen mit einer Variablen aufstellen und lösen
- Sachprobleme mithilfe von Gleichungen lösen
- Formeln umstellen
- Mathematische Aussagen beweisen

1 Terme mit mehreren Variablen

„Mädchentore zählen doppelt!"

Diese Regelung beim Sportturnier der 8. Klassen findet Ricarda super, denn sie spielt in der Auswahlmannschaft ihres Vereins.

$x \cdot (y-1)$, $2x^2 - 3y + 4$ und $a^2 \cdot b^2 + a \cdot b$ sind Beispiele für Terme mit mehreren Variablen. Solche Terme kann man ebenso wie Terme mit einer Variablen umformen und den Wert des Terms berechnen. Beim Zusammenfassen von Termen müssen die Rechengesetze beachtet werden.

Die Abbildung in Fig. 1 zeigt den Zusammenhang $2 \cdot a \cdot b + 3 \cdot a \cdot b = 5 \cdot a \cdot b$. Dies erhält man rechnerisch durch die Anwendung des Distributivgesetzes:
$2ab + 3ab = (2+3)ab = 5ab$.

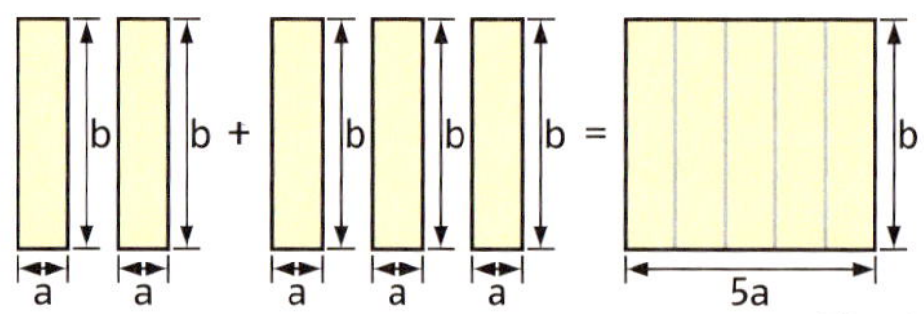

Fig. 1

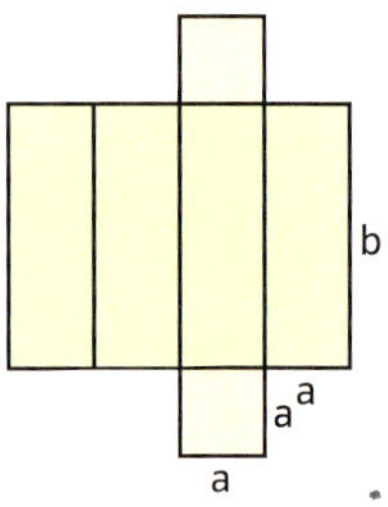

Fig. 2

Den Flächeninhalt eines der gelben Quadrate im Quadernetz aus Fig. 2 kann man durch das Produkt $a \cdot a$ ausdrücken und als a^2 schreiben. Für das Volumen des Quaders ergibt sich $V = a^2 \cdot b = a^2 b$.
Den Term $O = 2a^2 + 4ab$ zur Berechnung des Oberflächeninhalts des Quaders kann man nicht weiter zusammenfassen.

Potenzen sind Kurzschreibweisen für Produkte mit gleichen Faktoren:
$a^2 \cdot a^3 = a \cdot a \cdot a \cdot a \cdot a = a^5$.

In Summen kann man nur solche Summanden zusammenfassen, bei denen gleiche Variablen in gleichen Potenzen vorkommen.
In Produkten kann man gleiche Faktoren zu Potenzen zusammenfassen.

Tritt in einem Term dieselbe Variable mehrmals auf, so muss man für sie jeweils dieselbe Zahl einsetzen.

Beispiel 1
Berechne den Wert des Terms $(x+y) \cdot y + x^2$ für
a) $x = 5;\ y = 3$, b) $a = -4;\ b = \frac{1}{2}$.
Lösung:
a) $(5+3) \cdot 3 + 5^2 = 8 \cdot 3 + 25 = 24 + 25 = 49$
b) $\left(-4 + \frac{1}{2}\right) \cdot \frac{1}{2} + (-4)^2 = -\frac{7}{2} \cdot \frac{1}{2} + 16 = -\frac{7}{4} + 16 = 14\frac{1}{4}$

Beispiel 2
Vereinfache $8x + 5xy + 7y - 2xy + 0{,}4y$.
Lösung:
$8x + 5xy + 7y - 2xy + 0{,}4y$ *Summanden vertauschen*
$= 8x + 5xy - 2xy + 7y + 0{,}4y$ *Distributivgesetz anwenden*
$= 8x + (5-2)xy + (7+0{,}4)y$
$= 8x + 3xy + 7{,}4y$

Beispiel 3

Ein Quader hat die Seitenlängen x; $4x$ und $5x$. Gib einen Term zur Berechnung von Volumen und Oberflächeninhalt des Quaders an.

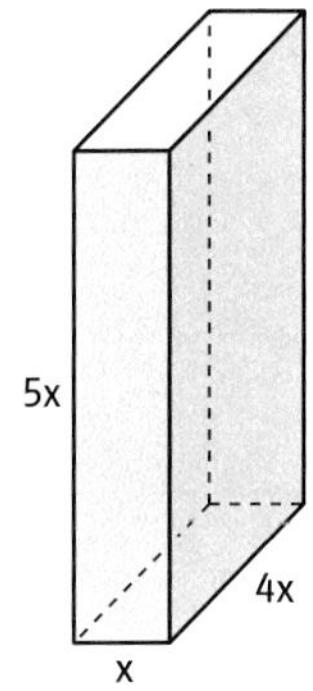

Fig. 1

Lösung:

$V = x \cdot 4x \cdot 5x$ — *Kommutativgesetz anwenden*

$= 4 \cdot 5 \cdot x \cdot x \cdot x$ — *gleiche Faktoren zu Potenzen zusammenfassen*

$= 20x^3$

$O = 2 \cdot x \cdot 4x + 2 \cdot x \cdot 5x + 2 \cdot 4x \cdot 5x$

$= 2 \cdot 4 \cdot x \cdot x + 2 \cdot 5 \cdot x \cdot x + 2 \cdot 4 \cdot 5 \cdot x \cdot x$

$= 8x^2 + 10x^2 + 40x^2$ — *Die Variablen kommen in gleichen Potenzen vor,*

$= 58x^2$ — *man kann die Summanden zusammenfassen.*

Beispiel 4

Fasse den Term so weit wie möglich zusammen.

$5x \cdot 2y \cdot x^2 \cdot 4 - (5y \cdot 4 - 2x^3y)$

Lösung:

$5x \cdot 2y \cdot x^2 \cdot 4 - (5y \cdot 4 - 2x^3y)$ — *Produkte vereinfachen*

$= 5 \cdot 2 \cdot 4 \cdot x \cdot x \cdot x \cdot y - (5 \cdot 4 \cdot y - 2x^3y)$

$= 40x^3y - (20y - 2x^3y)$ — *Klammer auflösen*

$= 40x^3y - 20y + 2x^3y$ — *Summanden vertauschen (Kommutativgesetz)*

$= 40x^3y + 2x^3y - 20y$ — *x^3y ausklammern (Distributivgesetz)*

$= (40 + 2)x^3y - 20y$

$= 42x^3y - 20y$

Aufgaben

1 Berechne den Wert des Terms $4a(b - a)$ für $a = 9$ und $b = -4$ $\left(\text{für } a = \frac{3}{4} \text{ und } b = \frac{2}{5}\right)$.

2 Setze für die Variablen a und b nacheinander die Zahlen -4 und 5; 1,5 und -1; $-\frac{1}{3}$ und $\frac{1}{2}$; 0 und 4,2 ein. Berechne jeweils den Wert der Terme.

a) $3a - 7b$ b) $5 \cdot (a + 2b)$ c) $a - 2b^2$ d) $\frac{3}{4}ab$ e) $(a - b) \cdot (a + b)$

3 Fasse so weit wie möglich zusammen.

a) $v + 3v - 5w + 8w$

b) $2{,}1f + 4f + 5{,}5g - 5{,}1f$

c) $5gh + (-5)hg + (-6)gk + 4gh + 9gk + hk$

d) $(-7)ax + 4bx - 2ax^2 + 6a^2x + 6ax - a^2x$

e) $\frac{3}{10}uv + \frac{3}{5}u^2 + \left(-\frac{1}{2}\right)v^2 + \frac{2}{5}uv + 1\frac{1}{2}u^2$

f) $1 - 2s + 3s^2 + s^3 + (-5)s + 2s^2 + 7 + 8s$

4 Löse die Klammern auf und fasse anschließend so weit wie möglich zusammen.

a) $2b - (b - a)$ b) $7e - (4 + 3e) - 1{,}5$ c) $\frac{1}{2}p + \left(\frac{2}{3}q - \frac{p}{2} + q\right)$

d) $2f - (g - f + 3g + 2{,}5)$ e) $a^2 + a - (3a^2 + 5a)$ f) $3{,}6p - (q^2 - 1{,}4p + q^2)$

g) $a^2 + (b^2 - 4a^2 + 7b^2)$ h) $2\frac{4}{5}x^2 - (3y^2 - 5{,}2x^2) + y^2$ i) $5uv - u^2 - (6 - uv) + u^2$

5 Vereinfache die Produkte.

a) $5x \cdot 6y$ b) $0{,}5p \cdot 3q \cdot 4r$ c) $\frac{1}{2}x \cdot \frac{6}{7}y \cdot \frac{4}{3}z$ d) $\frac{3}{8}x^4 \cdot \frac{2}{9}x^3$

e) $a^3 \cdot a$ f) $2a^2 \cdot 6a^3$ g) $(-2a) \cdot (-b) \cdot (-7)$ h) $(-3)^2 \cdot a^2 \cdot (-a)$

i) $(-x)^2$ j) $(-y)^3$ k) $(-x)^3 \cdot (-x^2)$ l) $\frac{2}{3}a^2 \cdot \frac{3}{4} \cdot (-a) \cdot b$

6 Vereinfache und fasse so weit wie möglich zusammen.

a) $3 \cdot x - y \cdot 5$ b) $a \cdot a + 6a^2$ c) $e \cdot f \cdot 4 + f \cdot 12e$

d) $y^2 - (x + y \cdot 5 \cdot y)$ e) $p \cdot p^3 + q \cdot q \cdot p$ f) $x \cdot x^2 - (y + y^2)$

g) $(-b) \cdot (-a) + ab \cdot 7$ h) $e \cdot f^3 \cdot (-e) + f^2 \cdot e^2 \cdot f$ i) $-(m^3 + n \cdot n) - (m \cdot 8 \cdot m^2)$

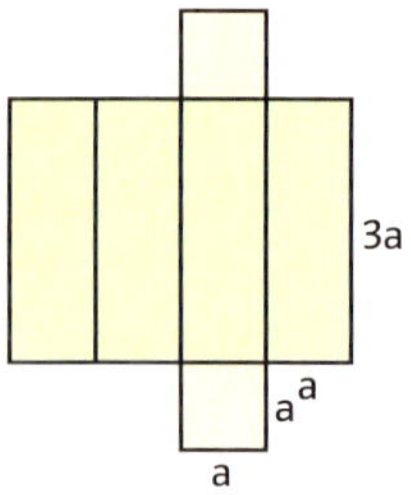

Fig. 1

7 Fig. 1 zeigt das Netz eines Quaders. Stelle jeweils einen Term auf

a) zur Berechnung der grünen Mantelfläche des Quaders,

b) zur Berechnung des Oberflächeninhalts des Quaders,

c) zur Berechnung des Volumens des Quaders.

Vereinfache alle Terme so weit wie möglich.

8 Vereinfache und fasse so weit wie möglich zusammen.

a) $3a \cdot 2b + 4ab$ b) $1{,}5c \cdot 4d + 4{,}5d \cdot 2c$ c) $8 \cdot (-gh) \cdot 2{,}5 - (-3gh)$

d) $cd + c - (d + c \cdot 3d)$ e) $\frac{2}{5} \cdot e \cdot \frac{5}{2} \cdot f + \frac{3}{2} \cdot f \cdot 3e$ f) $\frac{1}{2} \cdot p \cdot 0{,}4q + (-4q)(-3{,}1p)$

g) $ab + ba - a + 3a$ h) $10a \cdot b \cdot 2 + 5a \cdot 4 \cdot 6b$ i) $7dc \cdot (-2) + 4cd \cdot 8$

Bist du sicher?

1 Berechne den Wert des Terms $r \cdot 4s - (r^2 + s)$

a) für $r = 3$ und $s = -6$, b) für $r = -5$ und $s = \frac{1}{4}$.

2 Vereinfache die Terme so weit wie möglich.

a) $t - 8r + 7 + 8r$ b) $a + 7a^2 - 6b - 6a \cdot a$ c) $4x^2 + 2x + x^2 \cdot (-7) + 14 - x \cdot 8 \cdot x$

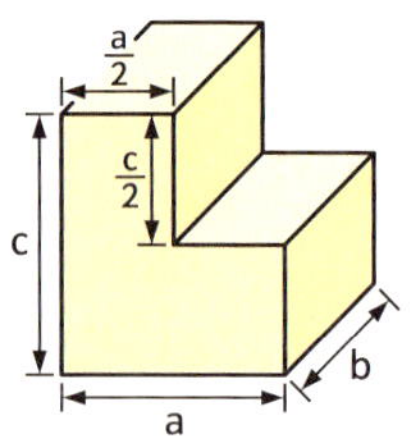

Fig. 2

9 Gib für den Oberflächeninhalt des Körpers in Fig. 2 einen möglichst einfachen Term an.

10 Vereinfache und fasse so weit wie möglich zusammen.

a) $s \cdot 2s - (7 \cdot st + s^2) - t$ b) $x \cdot 6 \cdot y \cdot x - (-9) \cdot 8 + y \cdot 5^2$

c) $6 \cdot k - (k + (m^2 + k^2 \cdot 4 + m \cdot m))$ d) $a^2 \cdot 2 \cdot 3a \cdot 5c + 3ca^2 \cdot 4a - (2ca^3 \cdot 3b)$

e) $2{,}5qp - (3pr + 2{,}5qr + 5pr) + pq - qr$ f) $s^3 \cdot 3st + 2s^2t \cdot 3st - 2s^2t \cdot 3s^2 \cdot t^2 \cdot s^3$

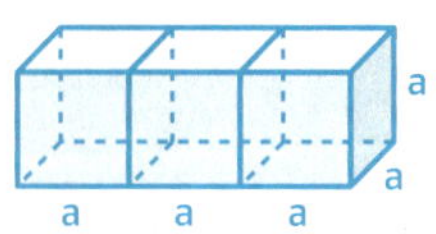

Fig. 3

11 Susanne vereinfacht die angegebene Oberflächenformel für den Körper aus Fig. 3 und erläutert ihre Umformungsschritte: „Gegeben ist die Formel $O = 3 \cdot 6a^2 - 2a \cdot a - 2a \cdot a$. Diese beschreibt die Oberfläche des Körpers, der aus den drei Würfeln zusammengesetzt ist. Ein Würfel hat die Oberfläche $6a^2$; also haben alle Würfel zusammen die Oberfläche $3 \cdot 6a^2$. Nun werden hierbei die inneren aneinanderstoßenden Flächen der Würfel jeweils mitgezählt – und zwar zwei Flächen pro Grenzfläche. Diese müssen wieder abgezogen werden, was durch den Term $-2a \cdot a - 2a \cdot a$ geschieht.
Zusammengefasst ergibt sich: $O = 3 \cdot 6a^2 - 2a \cdot a - 2a \cdot a = 18a^2 - 2a^2 - 2a^2 = 14a^2$."
Vereinfache die angegebenen Formeln und schreibe dazu einen kleinen Aufsatz wie Susanne. Erstelle auch eine mögliche Skizze, die die Formel beschreibt (wie in Fig. 3).

a) $U = a + 2 \cdot a + b + 3 \cdot a + 5 \cdot b + c$ b) $A = x^2 + 3 \cdot x^2 + 5 \cdot x^2$

c) $O = 4 \cdot 6 \cdot a^2 - 3 \cdot 2 \cdot a \cdot a - a^2$ d) $V = 9a^3 - a^3$

Kannst du das noch?

12 Bestimme die Lösungen der folgenden Gleichungen.

a) $3x + 14 = 47$ b) $8x - 5 = x + 30$ c) $4x - 27 = 6x + 7$

2 Ausmultiplizieren und Ausklammern

Das Bild „6 komplementäre Farbreihen wurde von Richard Paul Lohse gemalt. Hierbei beschreiben Terme Farbflächen. Puzzeln ist erlaubt.

$a^2 + bc + bc + a^2 + bc + bc = 2a^2 + 4bc$

$ab + b^2 + ac + c^2 + ab + ac$

$= b^2 + c^2 + 2ab + 2ac$

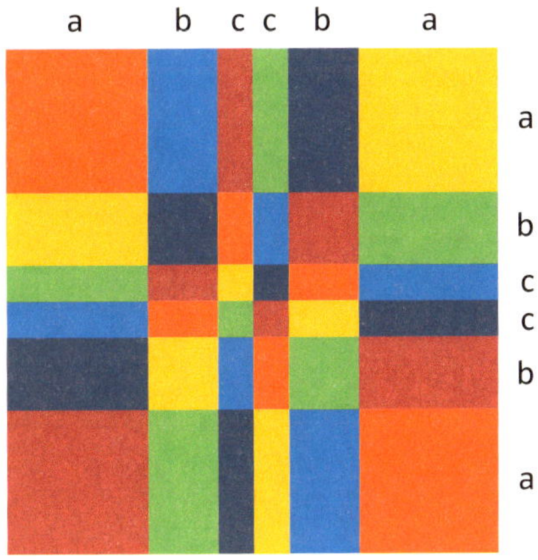

Beim Umformen von Termen wird häufig das Distributivgesetz angewendet.
Das Produkt $x \cdot (y + 5)$ kann man durch **Ausmultiplizieren** in die Summe
$x \cdot y + x \cdot 5 = xy + 5x$ umformen.
Umgekehrt kann man die Summe $r^2 + rs$ durch **Ausklammern** in das Produkt
$r \cdot r + r \cdot s = r \cdot (r + s)$ umformen.

Im Term $x \cdot (y + 5)$ ist nur der gelb unterlegte Faktor eine Summe. In einem Produkt können auch beide Faktoren Summen sein.
Fig. 1 zeigt zum Beispiel, dass sich der Flächeninhalt des Rechtecks als Produkt von $(a + b)$ und $(c + d)$ ergibt. Dieser Flächeninhalt ergibt sich auch aus der Summe der vier Teilflächen ac; ad; bc und bd.
Die Äquivalenz der Terme $(a + b) \cdot (c + d)$ und $ac + ad + bc + bd$ kann man auch rechnerisch bestätigen. Dazu wird das Distributivgesetz mehrfach angewendet.

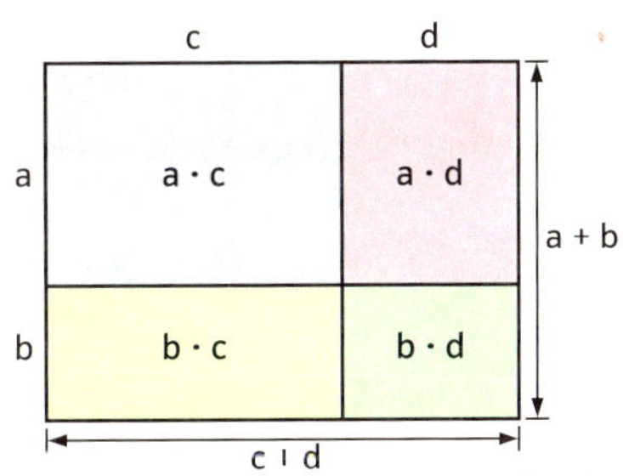

Fig. 1

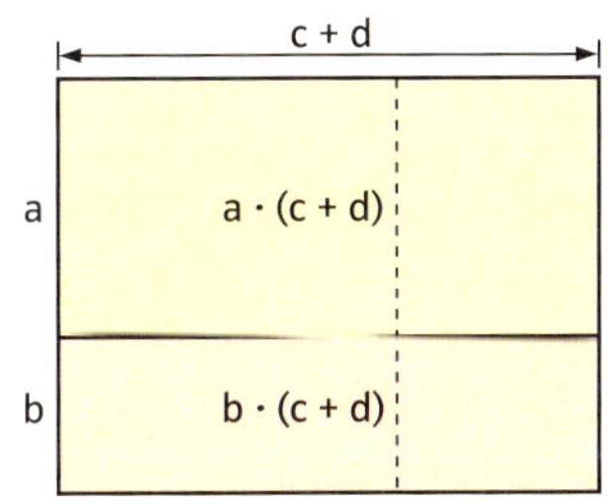

Fig. 2

Die erste Anwendung des Distributivgesetzes ergibt $(a + b) \cdot (c + d) = a \cdot (c + d) + b \cdot (c + d)$ (Fig. 2). Die beiden Summanden $a \cdot (c + d)$ und $b \cdot (c + d)$ sind Produkte, die man mithilfe des Distributivgesetzes in Summen verwandeln kann. So erhält man
$a \cdot (c + d) = a \cdot c + a \cdot d$ und $b \cdot (c + d) = b \cdot c + b \cdot d$.
Daraus ergibt sich $(a + b) \cdot (c + d) = a \cdot c + a \cdot d + b \cdot c + b \cdot d$.

Man multipliziert zwei Summen miteinander, indem man jeden Summanden der einen Summe mit jedem Summanden der anderen Summe multipliziert und die Produkte addiert.

$$(a + b) \cdot (c + d) = ac + ad + bc + bd$$

Beispiel 1 Ausmultiplizieren
Verwandle in eine Summe.

a) $3a \cdot (3 + 4b)$

b) $2{,}5u \cdot (2u + 3v)$

Lösung:

a) $3a \cdot (3 + 4b) = 3a \cdot 3 + 3a \cdot 4b$
$= 9a + 12ab$

b) $2{,}5u \cdot (2u + 3v) = 2{,}5u \cdot 2u + 2{,}5u \cdot 3v$
$= 5u^2 + 7{,}5uv$

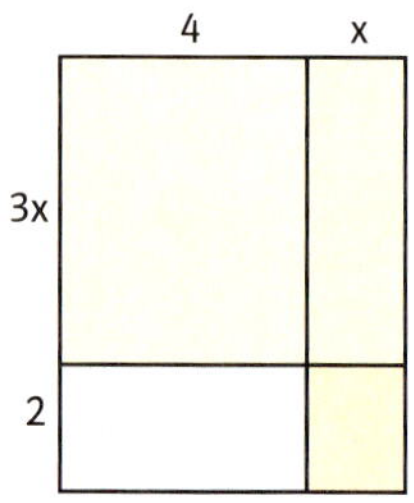

Fig. 1

Beispiel 2 Ausmultiplizieren
Verwandle in eine Summe.

a) $(4 + x) \cdot (3x + 2)$

b) $(6u + 2v) \cdot (3u - \frac{1}{4}v)$

Lösung:

a) $(4 + x) \cdot (3x + 2)$
$= 4 \cdot 3x + 4 \cdot 2 + x \cdot 3x + x \cdot 2$
$= 12x + 8 + 3x^2 + 2x$
$= 3x^2 + 12x + 2x + 8$
$= 3x^2 + 14x + 8$

b) $(6u + 2v) \cdot (3u - \frac{1}{4}v)$
$= 6u \cdot 3u - 6u \cdot \frac{1}{4}v + 2v \cdot 3u - 2v \cdot \frac{1}{4}v$
$= 18u^2 - \frac{3}{2}uv + 6uv - \frac{1}{2}v^2$
$= 18u^2 + \frac{9}{2}uv - \frac{1}{2}v^2$

Beispiel 3 Ausklammern
Verwandle in ein Produkt.

a) $3x^2 + 6x$

b) $xy - xz + sy - sz$

Lösung:

a) $3x^2 + 6x = 3x \cdot x + 3x \cdot 2 = 3x \cdot (x + 2)$

b) *Hier kann man zweimal ausklammern:*
$xy - xz + sy - sz = x \cdot (y - z) + s \cdot (y - z)$
$= (x + s) \cdot (y - z)$

Aufgaben

1 Löse die Klammern auf und vereinfache.

a) $(a + b) \cdot 2$
b) $2{,}5 \cdot (e - f)$
c) $\frac{1}{2} \cdot (r^2 + s^2)$
d) $(x + y) \cdot (-1)$
e) $(x^2 - y) \cdot (-2)$
f) $(-3{,}2) \cdot (5xy - 1)$
g) $(2 \cdot (5x^2 - 8z)) \cdot 3$
h) $(ab + b) \cdot 3b$
i) $4x \cdot (a + 3b)$
j) $\left(3u - \frac{v}{2}\right) \cdot w$
k) $(-(p - q)) \cdot (-r)$
l) $(x \cdot (2x + 3y)) \cdot 5$

2 Löse die Klammern auf und fasse so weit wie möglich zusammen.

a) $3x + 4 \cdot (1 - x) - (x - 2)$
b) $3 \cdot (2r - s) - (4s - 1{,}5r) + 10r$
c) $2a - 6 \cdot (2b - 3a) + 4 \cdot (3b - 5a)$
d) $x - y \cdot (2 - x) + 2xy$
e) $(-x - y) \cdot z - 2z \cdot (-x + y)$
f) $-9x \cdot (-3y + 5z) + (-7y - 6z) \cdot 5x$

3 In Fig. 2 ist ein Rechteck in vier kleinere Rechtecke aufgeteilt.

a) Begründe, dass man den Term $(a + 2)(b + 3)$ als Flächeninhalt des großen Rechtecks deuten kann.

b) Gib die Terme für die Teilflächen A, B, C und D an.

c) Zeige, dass der Term aus a) äquivalent zur Summe der Terme aus b) ist.

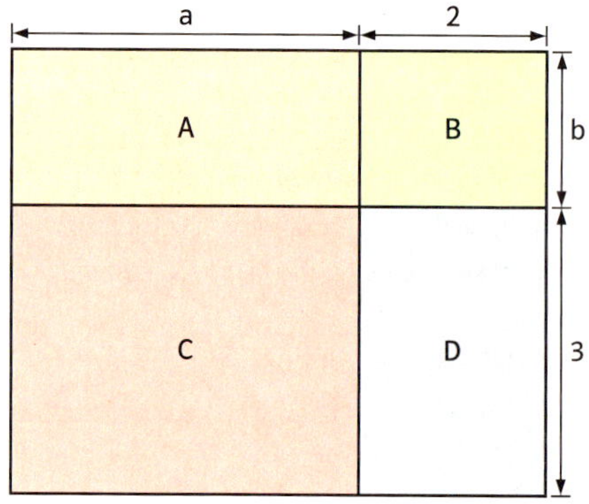

Fig. 2

4 Löse die Klammern auf und fasse, wenn möglich, zusammen.

a) $(3x + 1)(4x - 5)$ b) $(2a + 3b)(c + d)$ c) $(6a + 7b)(2a - 3b)$
d) $(-3y + z)(-5y - 6z)$ e) $(a^2 + 3) \cdot (2 - a)$ f) $(4p - 3q)(3q + p^2)$
g) $(uv - w^2)(uw + v^2)$ h) $(e^2 + f^2) \cdot (-g^2 - h^2)$ i) $\left(\frac{3}{2}x^2 + \frac{3}{2}y\right)\left(\frac{2}{3}x - \frac{5}{2}y^2\right)$

5 a) Gib zu Fig. 1 und Fig. 2 jeweils einen Term für den Flächeninhalt der gefärbten Fläche an.
b) Zeige durch Umformung, dass beide Terme äquivalent sind.

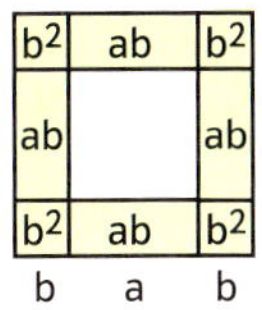

Fig. 1

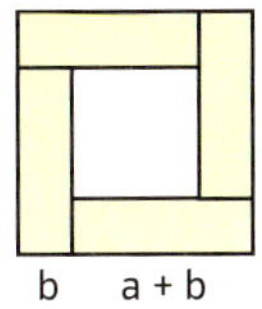

Fig. 2

6 Löse die Klammern auf und fasse, wenn möglich, zusammen.

a) $(x + 1) \cdot (x + 3) - x^2$ b) $(x + 2) \cdot (x - 4) - x^2 + 2x + 6$
c) $(a - 4)(a + 6) - a(a + 1) - a(1 - a)$ d) $(3a + 4)(3a - 1) + (2a - 5)(8 + 4a)$
e) $(4x + 8)(8 + 2y) - 5 \cdot (2x - 5y + 4)$ f) $6pq - (9p + 8q)(5p - 2q) - 4p(q - 3p)$

Bist du sicher?

1 Gib zwei Terme an, die den Flächeninhalt des Rechtecks in Fig. 3 beschreiben und zeige deren Äquivalenz.

2 Multipliziere aus und fasse so weit wie möglich zusammen.

a) $4x \cdot (3y - 5)$ b) $(9ab + a^2) \cdot 5a$
c) $(r - 6) \cdot (r + 5)$ d) $(x - 7) \cdot (2x + 8)$

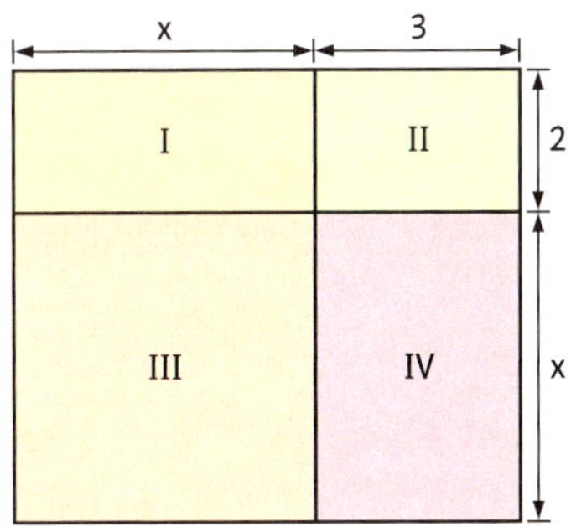

Fig. 3

7 Schreibe als Produkt.

a) $18r^2 + 9s^2$ b) $by - y$ c) $uv + u^2$ d) $9r^2s - r$
e) $20p^2q^3 - 10p^3q^2$ f) $4x - 6y + 8z$ g) $1{,}2u - 1{,}6v - 2w$ h) $a^3 + a^2 - a$
i) $7xy - 14xs + 49ax$ j) $5b^3 + 10b^2 - 25b$ k) $6az^3 - 3az^2 + 9az$ l) $\frac{1}{2}x^2y - x^3y + \frac{3}{4}x^2$

8 a) $a(x - 3) + b(x - 3)$ b) $3u(v - w) + 2t(v - w)$ c) $(r + s)p - (r + s)$
d) $ax - bx + ay - by$ e) $wz - 2w - z + 2$ f) $2ax + 2ay + 3bx + 3by$
g) $a^2c - b^2c - a^2d + b^2d$ h) $4a^2r + 12a^2s - 3b^2r - 9b^2s$

9 Die Flagge in Fig. 4 ist 140 cm lang und 80 cm breit.
a) Der Flächeninhalt der weißen Fläche kann mithilfe der Terme $(140 - b)b + (80 - b)b + b^2$ oder $220b - b^2$ berechnet werden. Erläutere die Terme anhand von Fig. 4.
b) Zeige rechnerisch, dass die beiden Terme aus a) äquivalent sind.
c) Gib einen Term zur Berechnung des Flächeninhalts der roten Fläche an. Berechne dann den Flächeninhalt der weißen und der roten Fläche für $b = 20\,\text{cm}$.

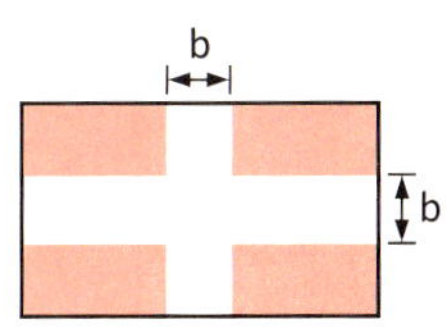

Fig. 4

10 Multipliziere aus und fasse so weit wie möglich zusammen.

a) $(2r + 3s)(3u - 4v) - (2r + 3s)(5u + 3v)$ b) $(33x - 43y) - (3 - y)(43 + 33x)$
c) $2(e + f)(3e + f) - (2f + e) \cdot f$ d) $(x^2 - y) \cdot z + 4(x^2 - y) - 7(z + 4)$
e) $\frac{1}{2}r(5p - q) - 5r(5p - q) + 3q\left(\frac{1}{2} - 5r\right)$ f) $\left(\frac{x}{3} + \frac{y}{4}\right) \cdot z - \frac{3}{4}\left(\frac{x}{3} + \frac{y}{4}\right) + 3x\left(z - \frac{3}{4}\right)$

3 Binomische Formeln

Während der Klassenfahrt beeindruckt Tim beim Abschlussabend die Schülerinnen und Schüler der Parallelklasse mit seinen Rechenkünsten. Aufgaben wie 74^2 oder 58^2 kann er spielend leicht im Kopf ausrechnen.

Wird eine Summe mit sich selbst multipliziert, so kann man den nach dem Ausmultiplizieren entstehenden Term in jedem Fall weiter zusammenfassen.

$(a + b)^2 = (a + b) \cdot (a + b) = a^2 + ab + ba + b^2 = a^2 + 2ab + b^2$

$(a - b)^2 = (a - b) \cdot (a - b) = a^2 - ab - ba + b^2 = a^2 - 2ab + b^2$

Weiterhin ist $(a + b) \cdot (a - b) = a^2 - ab + ba - b^2 = a^2 - b^2$.

Diese Umformungen kommen in vielen Rechnungen vor, sodass es sich lohnt, sie in Kurzform zu notieren und zu merken.

***bi-** (lat.):*
zwei-
***nomen** (lat.):*
Ausdruck; Namen

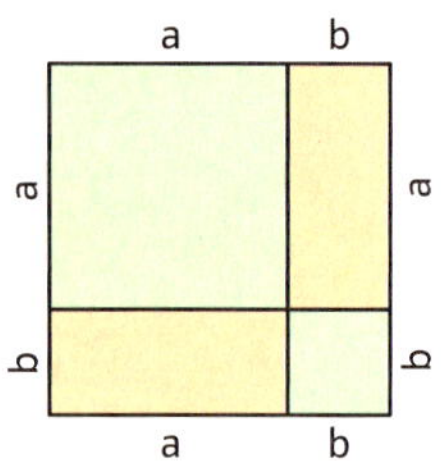

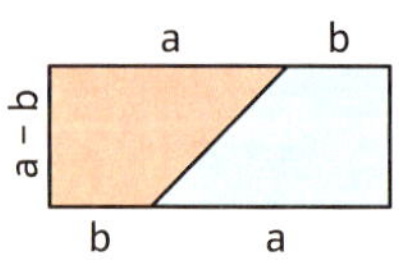

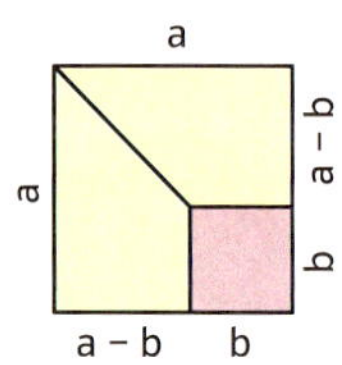

Binomische Formeln

1. binomische Formel: $(a + b)^2 = a^2 + 2ab + b^2$
2. binomische Formel: $(a - b)^2 = a^2 - 2ab + b^2$
3. binomische Formel: $(a + b) \cdot (a - b) = a^2 - b^2$

Mithilfe der binomischen Formeln können Summen in Produkte oder Produkte in Summen verwandelt werden.

Beispiel 1

Verwandle in eine Summe.

a) $(x + 5y)^2$ b) $(2u - 3v)^2$ c) $(4xy + 8z) \cdot (4xy - 8z)$ d) $(-x + 2y)^2$

Lösung:

a) $(x + 5y)^2 = x^2 + 2 \cdot x \cdot 5y + (5y)^2 = x^2 + 10xy + 25y^2$ *1. binomische Formel*

b) $(2u - 3v)^2 = (2u)^2 - 2 \cdot 2u \cdot 3v + (3v)^2 = 4u^2 - 12uv + 9v^2$ *2. binomische Formel*

c) $(4xy + 8z) \cdot (4xy - 8z) = (4xy)^2 - (8z)^2 = 16x^2y^2 - 64z^2$ *3. binomische Formel*

d) *Wenn man die Summanden vertauscht, kann man die 2. binomische Formel anwenden.*

$(-x + 2y)^2 = (2y - x)^2 = (2y)^2 - 2 \cdot 2y \cdot x + x^2 = 4y^2 - 4xy + x^2$

Beispiel 2

Verwandle in ein Produkt.

a) $9x^2 + 12x + 4$ b) $4u^2 - 25$

Lösung:

a) $9x^2 + 12x + 4 = (3x)^2 + 2 \cdot 3x \cdot 2 + 2^2 = (3x + 2)^2$ *1. binomische Formel*

b) $4u^2 - 25 = (2u)^2 - 5^2 = (2u + 5) \cdot (2u - 5)$ *3. binomische Formel*

Aufgaben

1 Wende die binomischen Formeln an.

a) $(x + y)^2$ b) $(6 + a)^2$ c) $(b + 3)(b - 3)^2$ d) $(-s + k)^2$
e) $(2x + 5)^2$ f) $(-7 + 3x)^2$ g) $(5x + 3y)^2$ h) $(2x - 6)(2x + 6)$
i) $(x^2 + 2)^2$ j) $(4a - b^2)^2$ k) $(ab + 2)^2$ l) $(a^2x - ax^2)^2$

2 Die binomischen Formeln können beim Berechnen von Produkten und speziell von Quadratzahlen im Kopf sehr nützlich sein. So ist beispielsweise
$23^2 = (20 + 3)^2 = 20^2 + 2 \cdot 20 \cdot 3 + 3^2 = 400 + 120 + 9 = 529.$
Berechne das Produkt mihilfe der binomischen Formeln. Gehe dabei möglichst geschickt vor.
a) 31^2 b) 44^2 c) 29^2 d) 58^2 e) 65^2 f) $17 \cdot 23$ g) $38 \cdot 42$ h) $54 \cdot 46$

3 Welche der Terme sind äquivalent? Bilde Paare.

$(x + 2)^2$ | $x^2 - 4$ | $x^2 - 10x + 25$ | $(x - 5)^2$ | $9 - 4x^2$ | $x^2 + 4x + 4$ | $(3x + 1)^2$
$(x - 2) \cdot (x + 2)$ | $(3 - 2x) \cdot (2x + 3)$ | $9x^2 - 6x + 1$ | $1 - 4x + 4x^2$ | $(2 - 3x) \cdot (2 + 3x)$
$(3x - 1)^2$ | $(1 - 2x)^2$ | $(3 + 4x)^2$ | $16x^2 + 24x + 9$ | $1 + 6x + 9x^2$ | $4 - 9x^2$

Bist du sicher?

1 Wende die binomischen Formeln an.
a) $(e - f)^2$ b) $(r - s)(r + s)$ c) $(a + 5)^2$ d) $(p + 3q)^2$

4 Löse die Klammern auf und fasse dann zusammen.
a) $(3x + 7)^2 - (3x - 7)^2$ b) $(4a + 5)^2 - (4a - 5)^2$
c) $(4x + 9y)^2 + (4x - 9y)^2$ d) $(5x - 8y)^2 - (5x + 8y)^2$
e) $(3x + 5)^2 - (5 - 3x)^2$ f) $(7x + 9y)^2 - (7x + 9y)(7x - 9y)$
g) $(8a - 1)^2 + (2a + 1)(2a - 1)$ h) $(8u^2 - v^2)(8u^2 + v^2) - (8u^2 - v^2)^2$

5 Ersetze in den Gleichungen passend die Zeichen $\bigcirc$; $\square$; $\triangle$.
a) $(a + b)^2 = \square + 2ab + \triangle$ b) $(\bigcirc + b)^2 = 4a^2 + 4ab + \triangle$
c) $(\triangle - \square)^2 = 4x^2 - \bigcirc + y^2$ d) $(\bigcirc - \square)^2 = x^2 - \triangle + 9y^2$
e) $(\bigcirc - \square)(\bigcirc + 5b) = 36t^2 - \triangle$ f) $(21f + \triangle)(\square - \triangle) = \bigcirc - 9g^2$

6 Verwandle mithilfe der binomischen Formeln in ein Produkt.
a) $x^2 + 50x + 625$ b) $x^2 - 14x + 49$ c) $x^2 - 121$ d) $169x^2 - 52x + 4$
e) $9n^2 + 6n + 1$ f) $225x^2 - 1$ g) $-16x + 16 + 4x^2$ h) $-18x + 36 + \frac{9}{4}x^2$

7 Verwandle in ein Produkt, falls möglich. Manchmal muss man zuerst ausklammern.
a) $4u^2 - v^2$ b) $7x^2 - 7$ c) $p^4q^4r^4 - 2p^2q^2r^2 + 1$
d) $x^2y - y^3$ e) $a^2 + b^2$ f) $7a^2 - 63b^2$
g) $128p^4 - 72q^2$ h) $d^4 - 10d^2 + 100$ i) $20a^2 - 60a + 45$
j) $zx^4 - zy^4$ k) $72ax + 81a^2 + 16x^2$ l) $18u - 12u^2 + 2u^3$

8 Die Seitenlängen eines Quadrats werden um jeweils 3 cm vergrößert. Veranschauliche durch eine Skizze und gib einen Term für die Zunahme des Flächeninhalts an.

4 Gleichungen

Enkelin: „Mensch Opa, ich weiß die richtige Lösung schon lange!"

Gleichungen ergeben sich häufig nicht unmittelbar, sondern müssen aus einem Sachzusammenhang aufgestellt werden. Die Lösung der Gleichung bestimmt man mithilfe von Äquivalenzumformungen. Diese Lösung muss im Sinne des Sachzusammenhangs interpretiert werden.

Bei einem Rechteck ist eine Seite um 6 cm länger als die andere Seite. Verkürzt man die längere Seite um 4 cm und verlängert gleichzeitig die kurze Seite um 3 cm, so entsteht ein Rechteck mit gleichem Flächeninhalt.
Die Frage nach den Seitenlängen des ursprünglichen Rechtecks führt zu der Gleichung $x(x+6) = (x+3)(x+6-4)$, welche durch Äquivalenzumformungen in die Gleichung $x^2 + 6x = x^2 + 5x + 6$ mit der Lösung $x = 6$ umgeformt werden kann. Das ursprüngliche Rechteck hat also die Seitenlängen 6 cm und 12 cm, das veränderte Rechteck die Seitenlängen 9 cm und 8 cm. In beiden Fällen ergibt sich ein Flächeninhalt von $72\,cm^2$.

Umformungen, die die Lösungsmenge einer Gleichung nicht verändern, heißen **Äquivalenzumformungen**.
Wichtige Äquivalenzumformungen sind:
- Termumformungen,
- beidseitiges Addieren oder Subtrahieren derselben Zahl oder desselben Terms,
- beidseitiges Dividieren oder Multiplizieren mit derselben von null verschiedenen Zahl.

Beispiel 1
Tanja macht eine Radtour. Sie fährt durchschnittlich 12 km pro Stunde. Eine halbe Stunde später fährt Claudia mit ihrem Rennrad hinterher. Sie schafft 22 km in der Stunde. Nach welcher Zeit hat Claudia ihre Freundin Tanja eingeholt?
Lösung:

1. Variable einführen: Claudias Fahrzeit bis zum Einholen beträgt x Stunden.

2. Gleichung aufstellen: Tanjas Fahrzeit ist dann $(x + 0,5)$ Stunden. Die Fahrstrecken in km: Claudia: $22x$; Tanja: $12(x + 0,5)$.
Beide legen die gleiche Fahrstrecke zurück.

3. Gleichung lösen:
$22x = 12(x + 0,5)$ | Termumformung *(ausmultiplizieren)*
$22x = 12x + 6$ | $-12x$
$10x = 6$ | $:10$
$x = 0,6$; $0,6\,h = 36\,min$

4. Ergebnis angeben: Claudia hat Tanja nach 36 Minuten eingeholt.

Beispiel 2
Bestimme die Lösungsmenge der Gleichung.

a) $x(x+7) = (x+4)(x-1)$ b) $x(2x-8) = (x-4)^2$

Lösung:

a) $x(x+7) = (x+4)(x-1)$ |Termumformung *(Klammern ausmultiplizieren)*
$x^2 + 7x = x^2 - x + 4x - 4$ |Termumformung *(zusammenfassen)*
$x^2 + 7x = x^2 + 3x - 4$ $|-x^2$
$7x = 3x - 4$ $|-3x$
$4x = -4$ $|:4$
$x = -1$; $L = \{-1\}$

b) $x(2x-8) = (x-4)^2$ |Termumformung *(binomische Formel)*
$2x^2 - 8x = x^2 - 8x + 16$ $|+8x$
$2x^2 = x^2 + 16$ $|-x^2$
$x^2 = 16$; $L = \{4; -4\}$

*Zur Kontrolle empfiehlt es sich, eine **Probe** durchzuführen. Dabei setzt man die gefundene Lösung in beide Seiten der Ausgangsgleichung ein und prüft, ob beide Seiten übereinstimmen.*

linke Seite:
$-1 \cdot (-1 + 7) = -6$
rechte Seite:
$(-1 + 4)(-1 - 1)$
$= 3 \cdot (-2)$
$= -6$

Aufgaben

1 Bestimme die Lösungsmenge der folgenden Gleichungen.
a) $9(3+2x) = -1$ b) $5(x+2) = 3x + 14$ c) $8(5+7y) = 7(10+5y)$
d) $6(y-3) = 5(3-y)$ e) $\frac{1}{2}(4-x) = 8 - 2{,}5x$ f) $1 - \frac{1}{2}x = 2(x-1)$
g) $2\left(1 - \frac{1}{2}x\right) - 3\left(x - \frac{1}{3}\right) = 0$ h) $0{,}5 + (2-x) = 1 - (1+x)$ i) $\frac{3}{5} - 3\left(\frac{1}{2} - 0{,}5z\right) - z = -\frac{1}{4}$

2 a) $11 - (x+3) = 3x$ b) $15 + (5x-8) = 19 + 3x$ c) $10x - (3-5x) = 3x + 9$
d) $7(x-3) = 5x + 17$ e) $8x - 2(x-1) = 8 + 3x$ f) $4(2{,}5 - 2x) = (4x-5)(-2)$

3 a) $0{,}6(4+3z) = 5(0{,}7+0{,}2z) + 2{,}5$ b) $6x + 4(3x-2) = 4(4x-1) - 6$
c) $13(4y-11) = 7 + 5(11y+9)$ d) $5(8x+1) + 13x = 6(9x-4)$
e) $14(25a+19) = 34a - (14a-29) + 17$ f) $5x - 6(x-1) = 40 + 15x - (15-3x)$

4 a) $(x-4)(x-8) = (x-2)(x-6)$ b) $(x-1)(x-3) = (x+3)(x-5)$
c) $(8+y)(y-3) = (6+y)(y-4)$ d) $(8-z)(2+z) = (7-z)(z+1)$
e) $(x-5)(x+2) = (x+4)(x-3)$ f) $(x-6)(x-3) = (5-x)(8-x)$
g) $(u-3)(4u-1) = (2u-2)(2u-6)$ h) $(3x+4)(x-8) = (7-3x)(4-x)$

5 a) $(x-3)(x+3) = (x-5)^2$ b) $(a-4)^2 - 1 = (2a+2)(a-5)$
c) $(s-10)^2 = (s-5)(s+5)$ d) $(8-y)^2 = (y+3)^2$
e) $(x+4)^2 + (x-6)^2 = 4\left(17 - x + \frac{x^2}{4}\right)$ f) $(x-3)(x+3) = (x+4)^2 - 5(x-7)$
g) $(3t-1)^2 - 5t(t+6) = (2t+3)^2$ h) $(2y-7)^2 - (7y-2)^2 = 5 - 5(3y-4)^2$

6 a) $(x-2)(2x-3) + (3x-1)(4x-6) - (2x-5)(7x+9) - 39 = 0$
b) $(z-2)(z-3) - (4z-5)(6z-7) = 10z^2 - 11z(3z-4) + 7$

7 a) $\left(x + \frac{2}{3}x\right) - \frac{1}{3} \cdot \left(x + \frac{2}{3}x\right) = 10$ b) $\left(\frac{1}{2}x - 1\right)^2 = 2 - x$
c) $\frac{x-1}{2} - \frac{x}{3} = \frac{x-2}{3} + 1\frac{1}{6}$ d) $\frac{2x-1}{3} + \frac{1-2x}{9} = \frac{8}{9}$
e) $\left(\frac{1}{2}x + 6\right)\left(\frac{1}{6}x - 2\right) = 0$ f) $(2-5x)^2 + 3x(8x+3) = (7x-1)^2 + 3(1-x)$

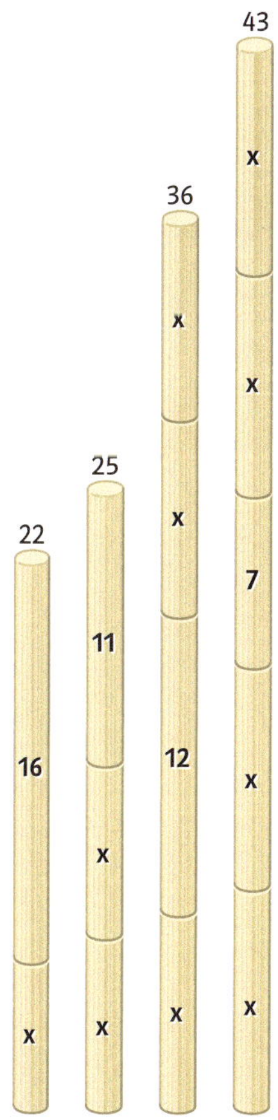

8 Stelle zu jedem Stab auf dem Rand eine Gleichung auf und bestimme die Länge von x.

*Bei Anwendungsaufgaben sollte man das Ergebnis **am Text der Aufgabe** überprüfen.*

8 Zu einem Tanzkurs erscheinen dreimal so viele Mädchen wie Jungen. Nachdem 15 Mädchen gegangen sind, sind noch doppelt so viele Mädchen wie Jungen da. Wie viele Jungen besuchen den Tanzkurs?

9 Welche vier aufeinanderfolgenden geraden Zahlen haben die Summe 148?

10 Bei welchen fünf aufeinanderfolgenden Zahlen ist die Summe viermal so groß wie die Summe der beiden kleinsten Zahlen?

11 Eine Mutter sagt zu ihrer Tochter: „Als ich geboren wurde, war Oma 21 Jahre alt; als du geboren wurdest, war ich ebenfalls 21 Jahre alt. Und heute sind wir beide zusammen gerade 21 Jahre älter als Oma." Wie alt sind Tochter, Mutter und Großmutter?

12 Eine vierköpfige Familie ist zusammen 127 Jahre alt. Das ältere Kind ist halb so alt wie die Mutter. Die Mutter ist drei Jahre jünger als der Vater. Das jüngere Kind ist zwei Jahre jünger als das ältere. Wie alt sind die einzelnen Familienmitglieder?

13 Eine zweistellige Zahl hat die Quersumme 9. Verdoppelt man die Einerziffer, so hat die neue Zahl die Quersumme 13. Wie heißt die ursprüngliche Zahl?

14 Die Summe zweier Zahlen beträgt 38, ihre Differenz 12. Wie heißen die beiden Zahlen?

15 Verkürzt man die Seite eines Quadrats um 3 cm und verlängert die andere um 4 cm, so entsteht ein Rechteck, das den gleichen Flächeninhalt hat wie das Quadrat. Wie lang ist die Quadratseite?

16 Die Seitenlängen eines Rechtecks unterscheiden sich um 2 cm. Verkleinert man die kürzere Seite um 5 cm und verlängert gleichzeitig die längere Seite um 3 cm, so wird der Flächeninhalt um 55 cm² kleiner. Wie lang sind die Seiten des ursprünglichen Rechtecks?

17 Der Oberflächeninhalt eines Würfels nimmt um 450 cm² zu, wenn man die Kanten um 3 cm verlängert. Bestimme die Kantenlänge des Würfels.

18 Aus dem rechten Gefäß von Fig. 1 soll so viel Wasser in das linke gegossen werden, dass der Wasserspiegel in beiden Gefäßen gleich hoch ist. Um wie viel Zentimeter muss dabei der Wasserspiegel im rechten Gefäß sinken?

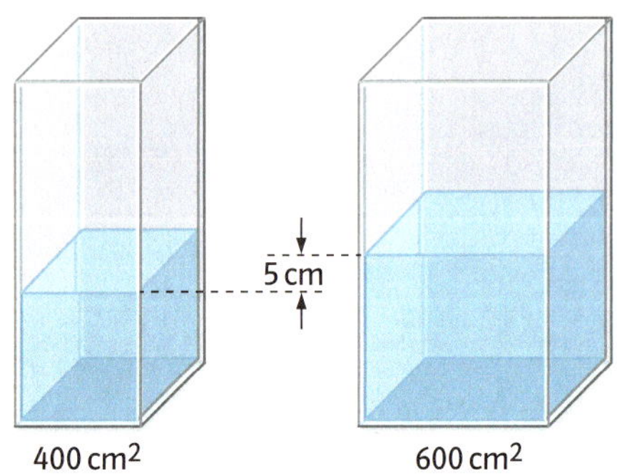

Fig. 1

19 Eine Klasse wandert 4 km in einer Stunde. Ein Nachzügler wandert 10 Minuten später los. Er legt 6 km in einer Stunde zurück. Wie viele Minuten nach dem Start hat er die Klasse eingeholt? Welche Strecke haben sie dabei zurückgelegt?

20 Ein Verkehrsflugzeug im Landeanflug verliert pro Sekunde 3 m an Höhe. Als es sich in 900 m Höhe befindet, startet ein anderes Flugzeug mit einer Steiggeschwindigkeit von 6 m pro Sekunde. Wie viele Sekunden nach dem Start befinden sich beide Maschinen in derselben Höhe? In welcher Höhe befinden sich die Flugzeuge dann?

Info

Manchmal ist es nicht sinnvoll, bei einer Gleichung Klammern auszumultiplizieren. Bei Gleichungen wie $x(x + 7) = 0$ oder $(x - 3)(2x + 9) = 0$ kann man die Lösung direkt ablesen, denn ein Produkt ist gleich 0, wenn mindestens einer der Faktoren 0 ist. Solche Gleichungen nennt man **Produktgleichungen**.

$(x - 3)(2x + 9) = 0$

erster Faktor: $x - 3 = 0 \quad | +3$

$x = 3$

zweiter Faktor: $2x + 9 = 0 \quad | -9$

$2x = -9 \quad | :2$

$x = -4{,}5$

Zur Lösungsmenge der Gleichung gehören alle Zahlen, für die mindestens einer der Faktoren 0 wird, also 3 und $-4{,}5$. Die Gleichung hat die Lösungsmenge $L = \{3; -4{,}5\}$.

Manche Gleichungen kann man in Produktgleichungen umformen. Dazu kann man einen Faktor ausklammern oder die binomischen Formeln anwenden.

$2x^2 = 5x \quad | -5x$

$2x^2 - 5x = 0 \quad |$ x ausklammern

$x(2x - 5) = 0$

Die Gleichung hat die Lösungen $x = 0$ und $x = 2{,}5$.

Man darf die Gleichung nicht bedenkenlos durch x dividieren, denn die entstehende Gleichung $2x = 5$ hat nur die Lösung $x = 2{,}5$ und ist damit nicht äquivalent zur Ausgangsgleichung.

21 Bestimme die Lösungen der folgenden Gleichungen.

a) $3(x + 3)(x - 4) = 0$

b) $\left(-2x - \frac{3}{4}\right)\left(\frac{3}{4} + x\right) = 0$

c) $7(0{,}5 - 2x)(11x + 11) = 0$

d) $(5(x - 1) + 2)(x - 0{,}1) = 0$

22 Schreibe erst als Produktgleichung. Löse dann.

a) $x^2 + 2x = 0$

b) $3x^2 - 15x = 0$

c) $\frac{1}{3}x^2 + 33x = 0$

d) $5(6x^2 - x) = 0$

e) $-(2x - x^2) = 0$

f) $0 = 3x - x^2$

g) $0 = -2(3x - 9x^2)$

h) $0 = 17x^2$

23 Schreibe mithilfe einer binomischen Formel als Produktgleichung. Löse dann.

a) $x^2 + 4x + 4 = 0$

b) $x^2 - 8x + 16 = 0$

c) $x^2 - 81 = 0$

d) $0{,}04 - x^2 = 0$

e) $4x^2 - 8x + 4 = 0$

f) $0{,}16 + 0{,}8x + x^2 = 0$

24 Schreibe erst als Produktgleichung. Löse dann.

a) $x^2 = 5x$

b) $\frac{2}{3}x = 2x^2$

c) $x^2 - 2x = -1$

d) $0{,}25x^2 = 0{,}36$

e) $2x^2 + 4x + 2 = 0$

f) $3 - \frac{1}{3}x^2 = 0$

g) $\frac{4}{5} + \frac{1}{5}x^2 - \frac{4}{5}x = 0$

h) $6{,}25x^2 + 1{,}69 = 6{,}5x$

25 Löse die Gleichungen.

a) $x(x - 7)(8 + x) = 0$

b) $-4x(5 + 2x)(3x - 9) = 0$

c) $(x + 4)(x - 6{,}5)(7 + x) = 0$

d) $\left(\frac{1}{2} - 3x\right)\left(2x - \frac{1}{4}\right)(5x + 2{,}5) = 0$

26 Vereinfache und ordne. Schreibe dann als Produktgleichung und löse diese.

a) $2x^2 - 3x = x^2 - 5x - 1$

b) $9x + 3 - 2x^2 = 5x^2 + 2x + 3$

c) $3x^2 + 7x - 4 = 7x + 5 - 6x^2$

d) $-\frac{1}{2}(4x - 8) + 5x = -x - x^2$

e) $x(2x^2 - 3x) + 3 = 3 + 2x^3 - 12$

f) $-3(5x + 12 + 6x^2) = -19x^2 - 15x$

5 Umstellen von Formeln

Jan lernt für die Physikarbeit und stöhnt: „Diese vielen Formeln kann sich doch kein Mensch merken!"

„Wieso?", staunt Philipp, „So viele sind es doch gar nicht!"

Fragen des Alltags werden oft mithilfe von Formeln oder Gleichungen beantwortet. In einer Formel kommen mehrere Variablen vor. In Abhängigkeit von der Fragestellung kann man die Formel nach der gesuchten Größe **umstellen**. Dazu sagt man auch: Man löst die Formel nach der gesuchten Größe auf.

Die Zinsen Z eines Sparguthabens mit dem Kapital K und dem Zinssatz p % können mit der Zinsformel $Z = K \cdot \frac{p}{100}$ berechnet werden. Mithilfe dieser Formel kann man auch das Kapital bestimmen, wenn die Zinsen und der Zinssatz bekannt sind.

Betragen beispielsweise die Zinsen eines Kapitals bei einem Zinssatz von 2,2 % jährlich 440 €, so setzt man die bekannten Größen in die Zinsformel ein und löst die erhaltene Gleichung unter Beachtung der bekannten Regeln nach K auf.

$440 = K \cdot \frac{2{,}2}{100} \quad | \cdot 100$

$440 \cdot 100 = K \cdot 2{,}2 \quad | : 2{,}2$

$K = \frac{440 \cdot 100}{2{,}2} = 20\,000$

Wenn man das Kapital auch für andere Werte von Z und p % berechnen will, ist es vorteilhaft, die Zinsformel allgemein nach K umzustellen. Dann muss man die notwendigen Äquivalenzumformungen nur einmal durchführen.

$Z = K \cdot \frac{p}{100} \quad | \cdot 100$

$Z \cdot 100 = K \cdot p \quad | : p$

$K = \frac{Z \cdot 100}{p}$

Die Formel kann insbesondere beim Aufstellen einer Tabelle vorteilhaft sein.

Eine Formel kann mithilfe von Term- und Äquivalenzumformungen umgestellt werden. Möchte man eine Größe berechnen, so löst man die Formel nach dieser Größe auf.

Skizze

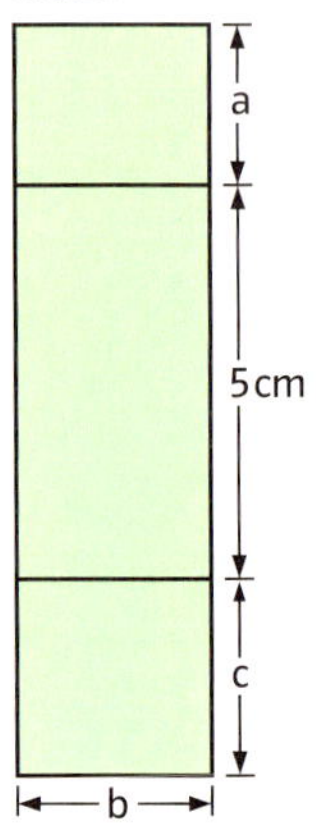

Fig. 1

Beispiel 1

Gegeben ist das Rechteck in Fig. 1.

a) Gib eine Formel an, mit der sich der Flächeninhalt A berechnen lässt.

b) Gib eine Formel zur Berechnung von b an.

c) Welchen Wert hat die Breite b, wenn der Flächeninhalt 100 cm² beträgt, a die Länge 5 cm und c die Länge 2 cm haben?

Lösung:

a) $A = ab + 5\,\text{cm} \cdot b + cb$

b) $A = ab + 5\,\text{cm} \cdot b + cb = b(a + 5\,\text{cm} + c) \quad | : (a + 5\,\text{cm} + c)$

$b = \frac{A}{(a + 5\,\text{cm} + c)}$

c) $b = \frac{A}{(a + 5\,\text{cm} + c)} = \frac{100\,\text{cm}^2}{5\,\text{cm} + 5\,\text{cm} + 2\,\text{cm}} \approx 8{,}33\,\text{cm}$ Die Breite beträgt ca. 8,33 cm.

Beispiel 2
Löse die Gleichung $2x = ax + 6$ nach x auf.
Lösung:

$2x = ax + 6 \quad | -ax$

$2x - ax = 6 \quad |$ Ausklammern von x

$(2 - a) \cdot x = 6$

Durch $(2 - a)$ darf man nur dann dividieren, wenn $a \neq 2$ ist. Man betrachtet deshalb die folgenden Fälle:

1. Fall: $a \neq 2$

$(2 - a) \cdot x = 6 \quad | :(2 - a)$

$x = \frac{6}{2 - a}$

$L = \left\{\frac{6}{2 - a}\right\}$

2. Fall: $a = 2$

Dann lautet die Gleichung

$2x = 2x + 6 \quad | -2x$

$0 = 6$

Die Gleichung hat keine Lösung. $L = \{\,\}$.

Aufgaben

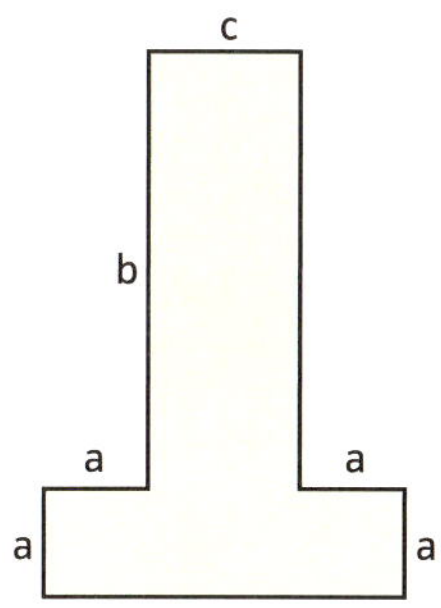

Fig. 1

1 a) Gib eine Formel für den Umfang U der Fläche in Fig. 1 an.
b) Löse die Formel nach b auf. Berechne b für $U = 60\,cm$; $a = 5\,cm$; $c = 3\,cm$.
c) Löse die Formel nach a auf. Berechne a für $U = 50\,cm$; $b = 9\,cm$; $c = 4\,cm$.

2 a) Löse die Formel $x = 2y + 3z$ nach y auf. Berechne y für $x = 12\,cm$ und $z = 2\,cm$.
b) Löse $x = 2y + 3z$ nach z auf. Berechne z für $x = 15\,cm$; $y = 4{,}5\,cm$.

3 Die folgenden Formeln stammen aus der Geometrie. Löse sie nach jeder auftretenden Seiten- bzw. Kantenlänge a, b und c auf. Erkläre, was hier berechnet wird.
a) $U = 2a + 2b$ b) $O = 2ab + 2bc + 2ac$ c) $V = a \cdot b \cdot c$

4 Bei einem Transformator mit den Windungszahlen n_1 und n_2 gilt für die Spannungen U_1 und U_2 die Formel $\frac{U_1}{U_2} = \frac{n_1}{n_2}$. Löse die Formel nach U_2 auf, berechne U_2 für folgende Werte.

	a)	b)	c)	d)
U_1	5V	6V	8V	10V
n_1	400	200	1200	400
n_2	800	300	300	2000

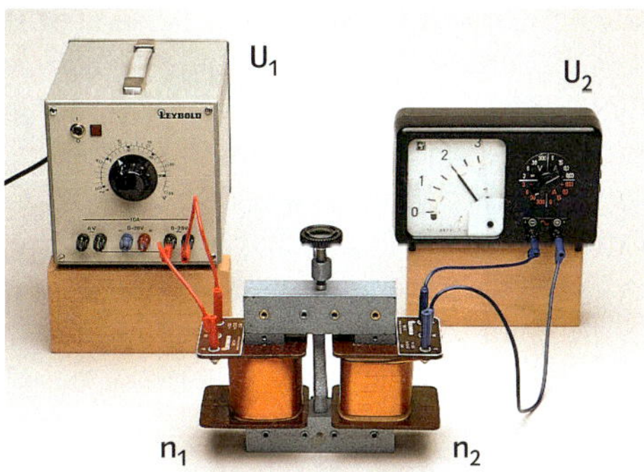

5 Für den Kettenantrieb eines Fahrrades gilt die Beziehung $z_1 \cdot n_1 = z_2 \cdot n_2$ (Fig. 3). Löse die Formel jeweils nach z_1, n_1, z_2 und n_2 auf. Berechne die fehlenden Angaben:

	a)	b)	c)	d)
z_1	44	42	40	
n_1	70	80		60
z_2	22		24	14
n_2		120	105	180

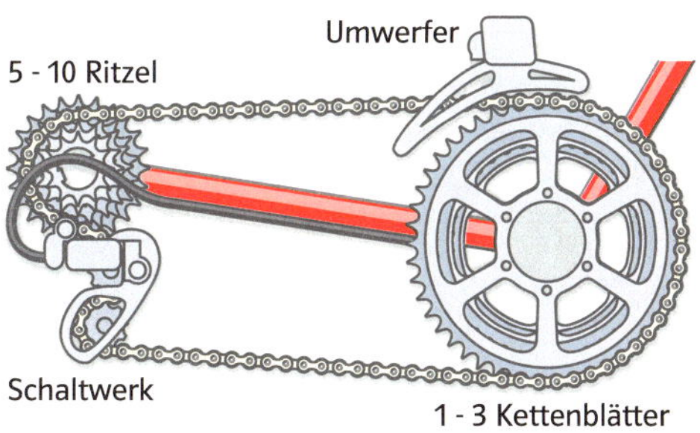

Fig. 2

z_1: Anzahl der Zähne des Kettenblatts
n_1: Anzahl der Umdrehungen (pro Minute) des Kettenblatts
z_2: Anzahl der Zähne des Ritzels
n_2: Anzahl der Umdrehungen (pro Minute) des Ritzels

Fig. 3

Bist du sicher?

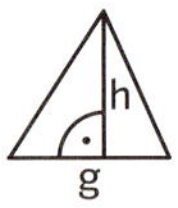

1 Der Flächeninhalt eines Dreiecks wird mit der Formel $A = \frac{1}{2} \cdot g \cdot h$ berechnet.
a) Stelle die Formel nach allen vorkommenden Größen um.
b) Berechne die Höhe des Dreiecks für $A = 36\,cm^2$ und $g = 9\,cm$.

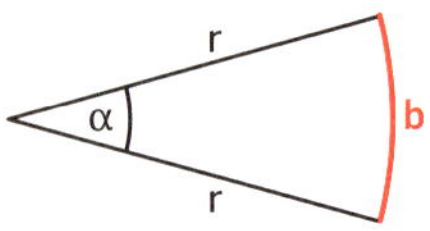

6 a) Der Umfang eines Kreises wird mithilfe der Formel $U = 2\pi r$ berechnet. Welchen Radius hat ein Kreis mit dem Umfang 24 cm? Stelle zunächst die Formel um.
b) Die Länge eines Kreisbogens wird durch die Formel $b = \frac{\alpha}{360°} \cdot 2\pi r$ berechnet. Berechne den Radius eines Kreises für $\alpha = 30°$ und $b = 8\,cm$.

7 In der Zinsrechnung werden die Tageszinsen nach der Formel $Z_t = K \cdot \frac{p}{100} \cdot \frac{t}{360}$ berechnet.
a) Erkläre die Bedeutung der verschiedenen Variablen.
b) Stelle die Formel nach allen vorkommenden Variablen um.
c) Wie hoch ist das Kapital, wenn man bei einem Zinssatz von 3 % für einen Zeitraum von 99 Tagen 52,80 € Zinsen erhält?
d) Für ein Kapital von 800 € erhält ein Anleger bei einem Zinssatz von 2,5 % Zinsen in Höhe von 15 €. Wie lang war das Geld angelegt?

Sehnenviereck

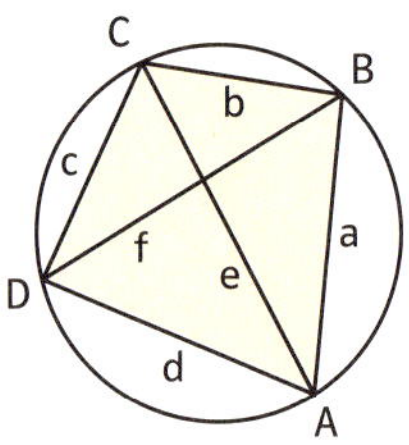

8 Der Oberflächeninhalt eines Quaders wird mithilfe der Formel $O = 2ab + 2ac + 2bc$ berechnet. Dabei sind a, b und c die Kantenlängen des Quaders. Berechne die Länge der Kante c für $a = 12\,cm$, $b = 7\,cm$ und $O = 282\,cm^2$. Stelle zunächst die Formel nach c um.

9 Der Satz des Ptolemäus über die Beziehung zwischen den Seiten und den Diagonalen eines Sehnenvierecks lautet: $e \cdot f = a \cdot c + b \cdot d$. Stelle die Formel nach b (nach c) um.

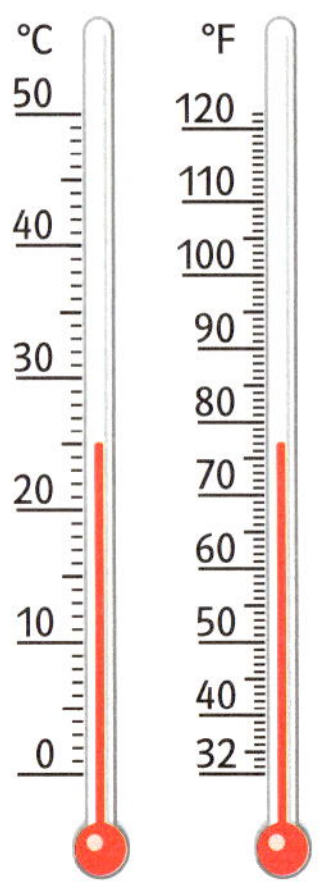

Der amerikanische Wetterbericht gibt die Temperaturen in seventies, upper eighties etc. an.

10 In den USA wird zur Temperaturmessung die **Fahrenheit-Skala** benutzt, benannt nach Gabriel Daniel Fahrenheit, der das erste brauchbare Quecksilberthermometer entwickelte. Anders Celsius aus Upsala schlug 1742 die nach ihm benannte Skala von 0 bis 100 Grad vor. Eine Temperatur, die in Grad Celsius angegeben ist, wird nach der folgenden Formel in Grad Fahrenheit umgerechnet: $T_F = \frac{9}{5} \cdot T_C + 32$.
a) Stelle die Formel so um, dass eine in Grad Fahrenheit angegebene Temperatur in Grad Celsius umgerechnet werden kann.
b) Welchen Temperaturbereichen in Grad Celsius entsprechen die Werte in der nebenstehenden Tabelle?
c) Gib den Siedepunkt des Wassers und den Schmelzpunkt von Eis in Grad Fahrenheit an.

Fahrenheit	feels
40 s	chilly
50 s	cool
60 s	mild
70 s	comfortable
80 s	warm
90 s	real hot

11 Löse die Gleichung nach x auf.
a) $2c + x = c + 2$
b) $0{,}75a - 0{,}5x = 1$
c) $3x + 4a = 5x + 8a$
d) $2(t - x) = 5(2x - t)$
e) $1 - (x - a) = 2(a - 3x)$
f) $4(x - a) + 2a = x - a$

12 Löse die Gleichung wie im Beispiel 2 nach x auf. Unterscheide verschiedene Fälle.
a) $ax = a$
b) $bx = b + 1$
c) $4b = bx$
d) $(k + 1)x = 1$
e) $2x - tx = 0$
f) $tx - 5 = 3 - x$
g) $bx = b - 2x$
h) $(b - 2x) \cdot 3b = 0$
i) $3kx - (5 - kx) = k$
j) $4t + 3(x - s) = -tx$
k) $b(x + 4) = 5a + 5b$
l) $(1 - x)(b - x) = x^2$

6 Aussagen und Beweise

1 = 2

$$\begin{aligned} a &= b & &| \cdot a \\ a^2 &= ab & &| -b^2 \\ a^2 - b^2 &= ab - b^2 & & \\ (a+b)\cdot(a-b) &= b\cdot(a-b) & &| :(a-b) \\ a + b &= b & & \end{aligned}$$

(Da $a = b$ ist, ist $a + b = b + b$.)

$$\begin{aligned} 2b &= b & &| :b \\ 2 &= 1 & & \end{aligned}$$

Überzeugend!

„Ein Quadrat hat parallele Gegenseiten." und „Jedes Produkt zweier natürlicher Zahlen ist ungerade." sind zunächst Behauptungen bzw. Beispiele für mathematische **Aussagen**. Eine mathematische Aussage ist entweder wahr oder falsch. In der Mathematik heißt eine wahre Aussage auch **Satz**.

Mathematische Sätze bestehen im Allgemeinen aus zwei Teilen, der **Voraussetzung** und der **Folgerung**. Sie haben die allgemeine Form:
„Wenn die Voraussetzung erfüllt ist, dann gilt auch die Folgerung."

Viele Aussagen können in die Wenn-dann-Form gebracht werden:

Bei Regen wird der Hof nass.	Wenn es regnet, dann wird der Hof nass.
Eine durch 9 teilbare natürliche Zahl ist auch durch 3 teilbar.	Wenn eine natürliche Zahl durch 9 teilbar ist, dann ist sie auch durch 3 teilbar.

Die Richtigkeit einer Aussage zeigt man mit einem mathematischen **Beweis**. Dabei nimmt man an, dass die Voraussetzung zutrifft und zeigt durch logische Schritte, dass dann auch die Folgerung richtig ist.

Um zu beweisen, dass eine Aussage wahr ist, kann man wie folgt vorgehen:
1. Man gibt die Aussage in der Wenn-dann-Form an.
2. Man nimmt an, dass die Voraussetzung (Wenn-Teil) zutrifft.
3. Man zeigt, dass dann auch die Folgerung (Dann-Teil) zutrifft. Dabei darf man nur die Voraussetzung sowie andere, bereits als wahr erwiesene Aussagen verwenden.

Vertauscht man Voraussetzung und Folgerung, dann erhält man die **Umkehrung** der Aussage. Unabhängig vom Wahrheitsgehalt einer Behauptung kann deren Umkehrung wahr oder falsch sein.

Um zu zeigen, dass eine Aussage falsch ist, genügt ein einziges Beispiel, bei dem die Voraussetzung zwar erfüllt ist, aber die Folgerung nicht zutrifft. Ein solches Beispiel nennt man ein **Gegenbeispiel**.

Beispiel 1
a) Formuliere die Aussage „Ein 18-jähriger Deutscher ist volljährig." in der Wenn-dann-Form und notiere ihre Umkehrung.
b) Entscheide, ob die Umkehrung ebenfalls wahr ist.
Lösung:
a) Wenn-dann-Form: Wenn ein Deutscher 18 Jahre alt ist, dann ist er volljährig.
Umkehrung: Wenn ein Deutscher volljährig ist, dann ist er 18 Jahre alt.
b) Die Umkehrung der Aussage ist falsch, denn eine volljährige Person kann beispielsweise auch 25 oder 60 Jahre alt sein.

Beispiel 2
a) Beweise: Die Summe zweier gerader Zahlen ist wieder eine gerade Zahl.
b) Formuliere die Umkehrung der Aussage aus Teil a) und zeige, dass sie falsch ist.
Lösung:
a) Wenn-dann-Form: Wenn zwei Zahlen gerade sind, dann ist ihre Summe ebenfalls eine gerade Zahl.
Angenommen, a ist eine gerade Zahl. Berechnet man die Hälfte $\frac{a}{2}$ und nennt das Ergebnis r, dann ist r immer noch eine ganze Zahl, also $\frac{a}{2} = r$. Diese Gleichung kann man umformen zu $a = 2r$. Die Zahl b ist ebenfalls gerade, deshalb kann man auch schreiben $b = 2s$. Auch s ist eine ganze Zahl.
Die Summe aus a und b ist $a + b = 2r + 2s$. Klammert man den Faktor 2 aus, so erhält man $a + b = 2(r + s)$. Die Summe von a und b ist also durch 2 teilbar und demnach gerade.
b) Umkehrung: Wenn die Summe zweier Zahlen gerade ist, dann sind auch die beiden Summanden gerade Zahlen.
Die Zahl 16 ist gerade, sie kann als Summe der Zahlen 11 und 5 ausgedrückt werden. 11 und 5 sind ungerade. Die Umkehrung ist falsch, wie dieses Gegenbeispiel zeigt.

Beispiel 3
Zeige: Die Differenz der Quadrate von zwei aufeinanderfolgenden natürlichen Zahlen ist gleich der Summe dieser Zahlen.
Lösung:
Sind x und $x + 1$ die beiden natürlichen Zahlen, so ist zu zeigen: $(x + 1)^2 - x^2 = x + (x + 1)$.
Um die Behauptung zu beweisen, zeigt man, dass die Terme auf beiden Seiten der Gleichung äquivalent sind. Dazu kann man eine Seite der Gleichung so lange umformen, bis die andere Seite der Gleichung entsteht.
$(x + 1)^2 - x^2 = x^2 + 2x + 1 - x^2 = 2x + 1 = x + x + 1$.

Aufgaben

1 Formuliere die folgenden Aussagen in Wenn-dann-Form und notiere ihre Umkehrung.
a) Das Quadrat einer geraden Zahl ist ebenfalls gerade.
b) Eine durch 6 teilbare Zahl ist auch durch 2 und durch 3 teilbar.
c) Ein Quadrat hat gleich lange Seiten.
d) Eine Zahl, die größer als 2 und Primzahl ist, ist ungerade.

Tipp zu Aufgabe 2:
Addiert man 1 zu einer geraden Zahl, so erhält man eine ungerade Zahl.

2 Zeige: Die Summe zweier ungerader Zahlen ist immer gerade.

3 Zeige: Der Wert des Terms $(n + 1)^2 - n^2$ ist immer ungerade.

4 Zeige: Die Summe der Quadrate von zwei aufeinanderfolgenden natürlichen Zahlen ist um 1 größer als das doppelte Produkt dieser Zahlen.

5 Zeige: Subtrahiert man das Quadrat der Differenz zweier Zahlen vom Quadrat der Summe zweier Zahlen, so erhält man das vierfache Produkt der beiden Zahlen.

Bist du sicher?

1 Eine natürliche Zahl b ist um 2 größer als die ungerade Zahl a. Beweise oder widerlege die folgenden Aussagen.
a) Die Summe $a + b$ ist gerade.
b) Das Produkt $a \cdot b$ ist ungerade.
c) Die Differenz $b - a$ ist ungerade.
d) Der Quotient $a:b$ ist kleiner als 1.

6 a) Der Term $n^2 - n + 41$ liefert für $n = 0; 1; 2; 3; \ldots; 40$ nur Primzahlen. Zeige, dass der Term für $n = 41$ keine Primzahl liefert.
b) Zeige, dass für jede natürliche Zahl a die Terme $n^2 - n + a$ und $n^2 + n + a$ beim Einsetzen von a für n keine Primzahlen liefern können.
c) Warum ergibt der Term $n^2 + 42n + 41$ beim Einsetzen natürlicher Zahlen ($\neq 0$) niemals Primzahlen?

7 Beweise:
a) Jede gerade Quadratzahl ist durch 4 teilbar.
b) Eine ungerade Quadratzahl ergibt bei Division durch 8 den Rest 1.
c) Das Produkt von zwei aufeinanderfolgenden geraden (ungeraden) natürlichen Zahlen ist um 1 kleiner als das Quadrat der dazwischen liegenden Zahl.

8 Beweise oder widerlege die folgenden Aussagen.
a) Verdoppelt man die Seitenlänge eines Quadrats, so ist der Flächeninhalt des neuen Quadrats doppelt so groß wie der Flächeninhalt des alten Quadrats.
b) Verdreifacht man eine Zahl, so ist das Quadrat der neuen Zahl sechsmal so groß wie das Quadrat der Zahl.
c) Teilt man eine Zahl durch drei, so ist das Sechsfache der neuen Zahl doppelt so groß wie die ursprüngliche Zahl.

9 Jede Figur in Fig. 1 veranschaulicht einen unvollständigen Satz der Teilaufgaben a) bis c). Ergänze den Satz. Führe einen Beweis mithilfe von Variablen und Termen.
a) Verdoppelt man die Seiten eines Quadrats, so ist der Flächeninhalt der neuen Figur …
b) Werden bei einem Rechteck die Seiten …, so ist der Flächeninhalt des neuen Rechtecks …
c) Wenn man bei einem Quadrat …

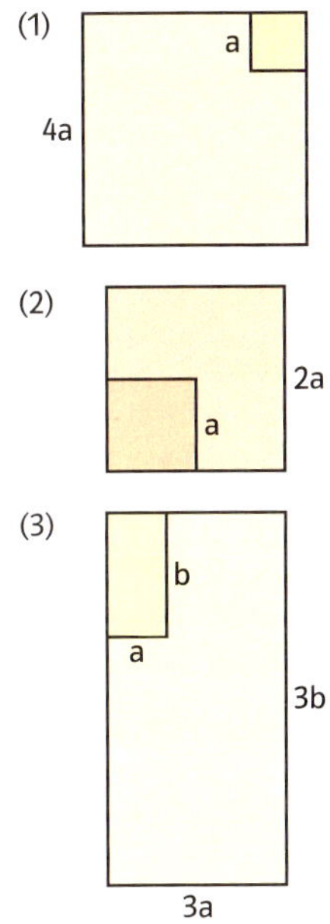

Fig. 1

10 Beweise oder widerlege: Multipliziert man vier aufeinanderfolgende natürliche Zahlen und addiert 1, dann ist die entstehende Zahl stets eine Quadratzahl.

11 Beweise oder widerlege: Wenn man die Quadrate zweier aufeinanderfolgender Zahlen addiert, dann erhält man entweder eine Quadratzahl oder eine Primzahl.

$1^2 + 2^2 = 5$
$2^2 + 3^2 = 13$
$3^2 + 4^2 = 25$
…

12 Zeige: Wenn die Einerziffern zweier natürlicher Zahlen zusammen 10 ergeben, dann haben die Quadrate dieser Zahlen die gleiche Einerziffer.

Wiederholen – Vertiefen – Vernetzen

a + 3		a + 1
	a	
a − 1		a − 3

Fig. 1

a + b	a − b + c	a − c
a − b − c	a	a + b + c
a + c	a + b − c	a − b

Fig. 2

1 a) Setze für die Variable a in Fig. 1 eine natürliche Zahl zwischen 4 und 7 ein. Fülle die leeren Felder so aus, dass ein magisches Quadrat entsteht, d.h., dass die Summe von je drei Zahlen einer Zeile, Spalte oder Diagonale immer die gleiche ist.
b) Setze für die Variablen in Fig. 2 beliebig gewählte natürliche Zahlen ein. Überprüfe jeweils, dass magische Quadrate entstehen.
c) Zeige allgemein, dass es sich bei dem Quadrat in Fig. 2 um ein magisches Quadrat handelt.

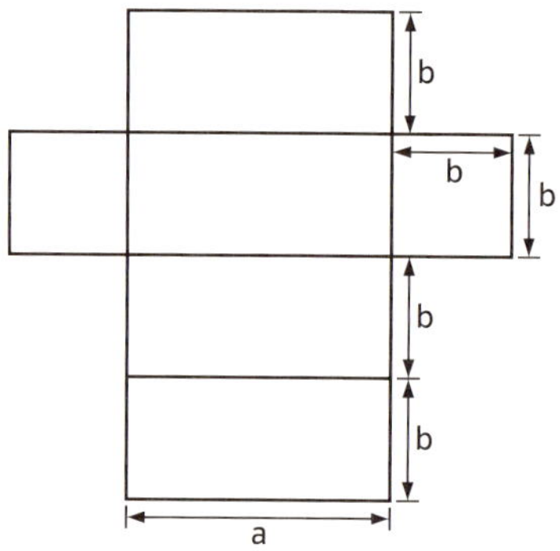

Fig. 3

2 Gib einen Term für den Flächeninhalt des Quadernetzes (Fig. 3) an. Berechne den Flächeninhalt für $a = 4{,}5\,cm$ und $b = 2\,cm$ (für $a = 7\,cm$ und $b = 2{,}5\,cm$).

3 a) Wie ändert sich der Flächeninhalt eines Rechtecks, wenn man seine Länge verdreifacht und seine Breite halbiert?
b) Wie ändert sich das Volumen eines Quaders, wenn man die Länge halbiert, die Breite drittelt und die Höhe vervierfacht?

Natascha Badmann

4 Tina ist Triathletin und trainiert zurzeit besonders das Laufen und Fahrradfahren. Für ihre tägliche Zeitplanung kalkuliert sie den Zeitaufwand Z (in Minuten) pro Trainingseinheit. Sie verwendet dafür die Überschlagsformel $Z = 6 \cdot l + 2 \cdot f + 20$, wobei l die gelaufene und f die mit dem Fahrrad gefahrene Strecke (jeweils in km) beschreibt.
a) Erläutere die Zusammensetzung der Formel.
b) An einem Tag läuft Tina 15 km und fährt 20 km. Wie groß ist ihr Zeitaufwand?
c) An drei Tagen ist sie 150 min, 120 min bzw. 260 min unterwegs. Dabei ist sie jeweils ca. 8 km gelaufen. Berechne mithilfe einer Formel, wie weit sie jeweils Fahrrad gefahren ist.
d) Einmal ist sie 3,5 Stunden ausschließlich gelaufen. Wie viele Kilometer ist sie gelaufen?

5 Bestimme die Lösung der folgenden Gleichung.
a) $8(x + 3) + 14 = -2x + 6(x - 1)$
b) $8x - (3x + 5) + (2x - 7) - (5x - 9) = 1$
c) $7x + 2 - 5x^2 = -23 + 7x - x^2$
d) $\frac{1}{2} - \frac{x}{3} + x = \frac{3}{4} - \frac{1}{2}x$
e) $5 - 3(1 - x)(3x - 1) = 9(1 + x^2)$
f) $(x - 4)^2 + (x + 5)^2 = 3x^2 - (x + 3)(x + 7)$

6 Klammere aus und ermittle, für welche Zahlen der Term den Wert 0 annimmt.
a) $7y - 14y^2$
b) $5a + 30a^2 - 10a$
c) $(x - 2)x + (x - 2) \cdot 3$
d) $b \cdot 3 \cdot b + 6b$

7 In einem Dreieck ist der Winkel α um 15° größer als der Winkel β und β um 12° kleiner als der Winkel γ. Wie groß sind die Winkel?

8 Das Produkt der um 2 kleineren Zahl und der um 2 größeren Zahl ist um 50 größer als der dritte Teil des Quadrats der gedachten Zahl. Wie lautet die Zahl?

9 Eine Tanne wächst in den ersten 20 Jahren etwa 12 cm jährlich, eine Eiche etwa 45 cm jährlich. Es wird eine 60 cm große Eiche neben eine 2,25 m hohe Tanne gepflanzt. Nach wie vielen Jahren sind beide Bäume gleich hoch?

10 Am Einstein-Gymnasium in Böll sind L Lehrer und S Schüler. Auf einen Lehrer kommen 15 Schüler. Welche Gleichungen beschreiben die Situation richtig? Begründe.

$L = 15 \cdot S$	$S : L = 15$	$S = 15 \cdot L$	$L : S = 15$

11 Gregor sagt zu seiner Schwester Henrike: „Ich denke mir zwei natürliche Zahlen. Ihre Summe ist 70, ihre Quadratzahlen unterscheiden sich um 144. Wie heißen die Zahlen?" Henrike: „Die kann's ja gar nicht geben." Warum nicht?

12 Ein Holzwürfel mit der Kantenlänge a wird auf jeder der sechs Seitenflächen abgehobelt. Dadurch verkürzt sich jede Kantenlänge um 1%. Um wie viel Prozent wird sein Volumen dadurch kleiner?

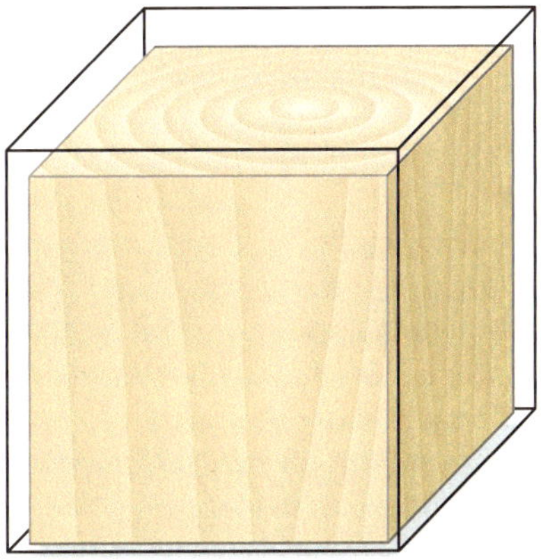

Fig. 1

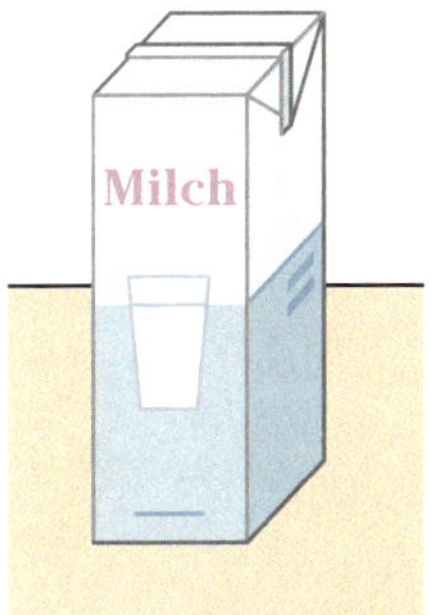

Fig. 2

13 Eine quaderförmige Milchpackung (Tetrapack) besitzt näherungsweise eine Materialoberfläche von $658\,cm^2$. Dabei sind zwei Kanten gleich lang und die andere hat eine Länge von 20 cm.
a) Wie lang sind die Kanten der Grundfläche?
b) Welches Volumen passt in die Packung?

14 Der Flächeninhalt des Rechtecks in Fig. 3 beträgt $A = a^2 + 10a + 21$.
a) Tim meint, dass die Seiten des Rechtecks $(a + 2)$ und $(a + 8)$ Einheiten lang sind. Warum sind diese Längen falsch?
b) Susanne notiert: Die Seitenlängen sind $(a + 1)$ und $(a + 21)$. Hat sie Recht?
c) Erläutere, welchen Fehler Tim und Susanne bei ihren Überlegungen machen. Korrigiere ihre Ergebnisse.
d) Der Flächeninhalt beträgt $45\,cm^2$. Wie lang sind die Seiten in cm?

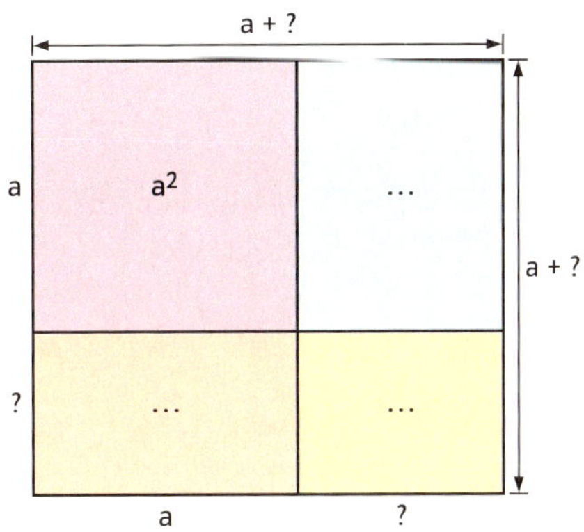

Fig. 3

15 Um eine rechteckige Rasenfläche der Länge a und der Breite b soll ein Plattenweg der Breite x gelegt werden. Drücke den Flächeninhalt des Weges
a) durch eine Differenz,
b) durch eine Summe aus.
Überprüfe, ob beide Terme äquivalent sind.

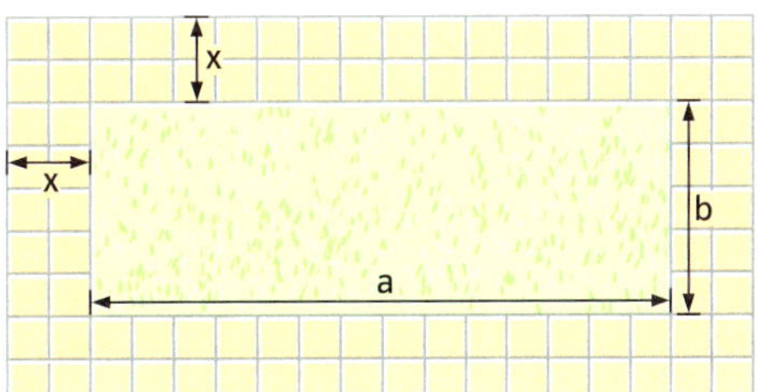

Fig. 4

16 Bei der Termmauer entsteht jeder Eintrag aus den darunter stehenden Termen durch
a) Addition,
b) Multiplikation.

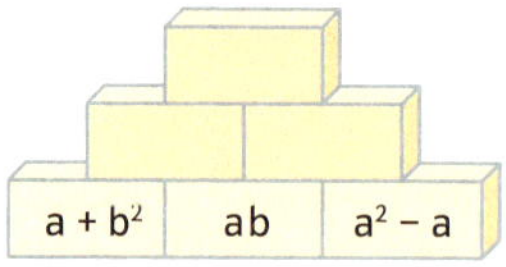

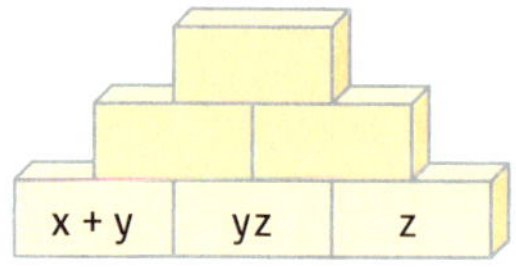

17 Nach einer Klassenarbeit wird eine Liste von fünf häufig gemachten Fehlern erstellt. Suche die Fehler und korrigiere sie in deinem Heft.

I) $(x+4)(x+7) = x^2 + 28$ *f*

II) $(3a+b)(2b-7)$
$= 3a2b + b \cdot 2b + 3a \cdot 7 + b \cdot 7$
$= 6ab + 2b^2 + 21a + 7b$ *f*

III) $(5x-4y)(3x-7y)$
$= 15x^2 - 12xy - 35xy - 21y^2$
$= 15x^2 - 47xy - 21y^2$ *f*

IV) $(-x-4)(x+7)$
$= -x \cdot (x+7) - 4 \cdot (x+7)$
$= x^2 - 7x - 4x + 28 = x^2 - 11x + 28$ *f*

V) $(2s+4t)^2 = 2s^2 + 16st + 4t^2$ *f*

18 Von einem Quadrat mit der Seitenlänge a wird ein kleines Quadrat mit der Seitenlänge b abgeschnitten.
a) Gib einen Term für den Flächeninhalt der entstandenen Figur an.
b) Nun wird der obere Streifen abgeschnitten. Weshalb passt er an die rechte Seite des übrig gebliebenen Rechtecks? Bestimme die Seitenlänge des neuen Rechtecks und gib einen Term für den Flächeninhalt an.

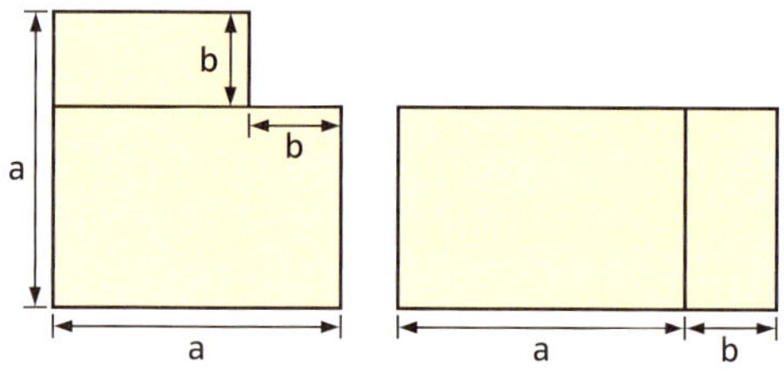

Fig. 2

Die Babylonier lebten in Mesopotamien, einer fruchtbaren Ebene zwischen den Flüssen Euphrat und Tigris, im heutigen Irak. Sie entwickelten eine Schrift, die aus keilförmigen Symbolen bestand und mit Stiften in Tonplatten gedrückt wurde. Anschließend wurden die Platten in der Sonne getrocknet. Viele Tausende dieser Tafeln existieren noch heute, unter ihnen auch Tafeln mit den in Aufgabe 19 behandelten Quadratzahlen.

19 **Babylonische Multiplikationsmethode**
Die Babylonier multiplizierten zwei beliebige Zahlen mithilfe von Tafeln, auf denen die Quadratzahlen notiert waren (siehe Rand).
Wenn zwei Zahlen a und b multipliziert werden sollten, bildeten sie zunächst die Summe $(a + b)$ und die Differenz $(a - b)$. Danach lasen sie die Quadrate der Summe und der Differenz von ihrer Tafel ab und subtrahierten beide Zahlen voneinander. Diese Differenz wurde durch 4 dividiert, um das Ergebnis der Multiplikation $a \cdot b$ zu erhalten.

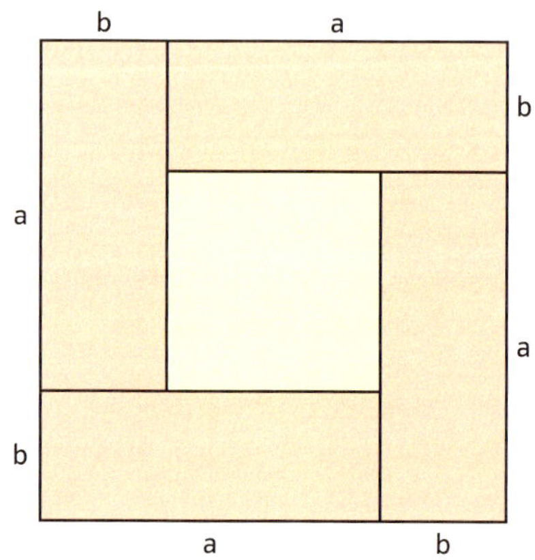

Fig. 3

a) Berechne mit dieser babylonischen Multiplikationsmethode $22 \cdot 18$ bzw. $64 \cdot 56$.
b) Begründe das babylonische Verfahren mithilfe von Termen.
c) Überlege, wie man das babylonische Verfahren mit Fig. 3 begründen kann.

Dem Pascal'schen Dreieck auf der Spur

Blaise Pascal (1623 – 1662) lebte überwiegend in Frankreich und hat sich im Bereich der Mathematik sehr verdient gemacht. Schon mit 16 Jahren hat Pascal einen wichtigen Satz in der Geometrie über so genannte Kegelschnitte aufgestellt. Später war er einer der Mitbegründer der Wahrscheinlichkeitsrechnung – ein Gebiet der Mathematik, das man bis dahin nicht kannte. 1642 arbeitete er an der Konstruktion einer Rechenmaschine für die Addition und Subtraktion. Nach ihm wurden die Einheit des Druckes (1 hPa = 1 mbar) und eine Programmiersprache (PASCAL) benannt. Auch das „Pascal'sche Dreieck" (Fig. 1) geht auf ihn zurück. An diesem Dreieck kann man viel erforschen.

Forschungsauftrag I

```
                1
              1   1
            1   2   1
          1   3   3   1
        1   4   6   4   1
      1   5  10  10   5   1
    1   6  15  20  15   6   1
  1   ?   ?   ?   ?   ?   ?   1
1   ?   ?   ?   ?   ?   ?   ?   1
```

Fig. 1

1 Betrachte die einzelnen Zahlenzeilen. Addiere die Zahlen jeder Zeile und notiere die Ergebnisse. Was fällt auf?

2 Betrachte die Diagonalen in Pfeilrichtung. Man kann feststellen, dass in der ersten Diagonale lauter Einsen stehen.
a) Welche Zahlen stehen in der zweiten?
b) Die Zahlen der dritten Diagonale werden auch Dreieckzahlen genannt. Betrachte Fig. 2 und erkläre diese Bezeichnung.

Fig. 2

3 Wie hängen die einzelnen Zahlenzeilen zusammen? Wie entsteht die dritte Zeile aus der zweiten, die vierte aus der dritten usw.? Stelle eine Regel auf und ergänze die Zeilen.

Bei diesen Aufgaben kannst du auch ein Tabellenkalkulationsprogramm einsetzen.

4 Erstelle ein Pascal'sches Dreieck aus 20 Zeilen. Markiere nun alle geraden Zahlen. Was fällt auf? Mache das Gleiche mit allen Zahlen, die durch 3; 4 bzw. 5 teilbar sind.

Forschungsauftrag II

1 In Fig. 3 ist oben ein zusammengesetzter Würfel dargestellt. Unten sind die Einzelbausteine dieses Würfels abgebildet.
a) Beschreibe anhand der Abbildung den Zusammenhang zwischen den Termen $(a + b)^3$ und $a^3 + 3a^2b + 3ab^2 + b^3$.
b) Bestätige den Zusammenhang rechnerisch, indem du den Term $(a + b)^3$ vollständig ausmultiplizierst.
c) Worin besteht der Zusammenhang zwischen den beiden Termen und dem Pascal'schen Dreieck?

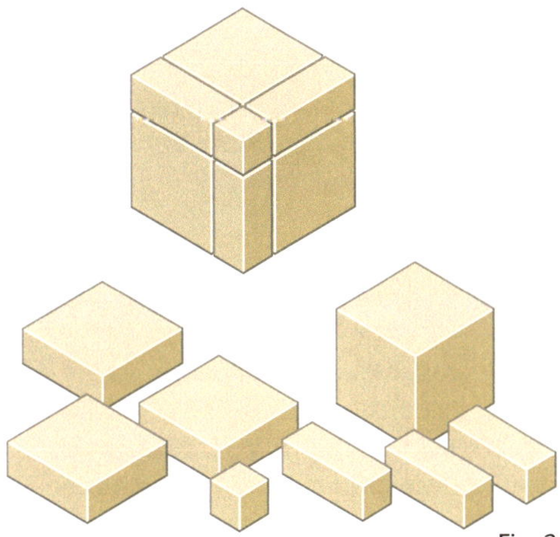

Fig. 3

2 Multipliziere vollständig aus und untersuche den Zusammenhang dieser Formeln mit dem Pascal'schen Dreieck. Kannst du weitere Formeln dieser Art berechnen?
a) $(a + b)^2$ b) $(a + b)^4$ c) $(a + b)^5$ d) $(a + b)^6$

Rückblick

Terme mit mehreren Variablen

Für Terme mit mehreren Variablen gelten die bekannten Rechenregeln. Beim Vereinfachen geht man in folgenden Schritten vor:
1. Gleiche Faktoren in Produkten zu Potenzen zusammenfassen
2. Klammern auflösen
3. Ordnen
4. Diejenigen Summanden zusammenfassen, bei denen gleiche Variablen in gleichen Potenzen vorkommen.

$3ab^2 + a \cdot 4ab - (ba \cdot (-a) + 2ab \cdot b)$
$= 3ab^2 + 4a^2b - (-a^2b + 2ab^2)$
$= 3ab^2 + 4a^2b + a^2b - 2ab^2$
$= 3ab^2 - 2ab^2 + 4a^2b + a^2b$
$= ab^2 + 5a^2b$

Ausmultiplizieren und Ausklammern

Durch Anwenden des Distributivgesetzes kann man Produkte zu Summen und Summen zu Produkten umformen.

$(a + b) \cdot (c + d) = ac + ad + bc + bd$ (Ausmultiplizieren)

$(3 + x) \cdot (2 - x) = 3 \cdot 2 - 3x + 2x - x^2 = 6 - x - x^2$

$a \cdot x + a \cdot y = a \cdot (x + y)$ (Ausklammern)

$5b - b^2 - b \cdot (5 - b)$

Binomische Formeln

1. binomische Formel: $(a + b)^2 = a^2 + 2ab + b^2$
2. binomische Formel: $(a - b)^2 = a^2 - 2ab + b^2$
3. binomische Formel: $(a + b) \cdot (a - b) = a^2 - b^2$

$(3x + 5y)^2 = 9x^2 + 30xy + 25y^2$
$(2u - 4v)^2 = 4u^2 - 16uv + 16v^2$
$(3p + 2q) \cdot (3p - 2q) = 9p^2 - 4q^2$

Gleichungen und Formeln

Beim Lösen von Gleichungen vereinfacht man zunächst die Terme auf beiden Seiten der Gleichung so weit wie möglich.
Anschließend formt man die Gleichung mithife von Äquivalenzumformungen so um, dass man die Lösung der Gleichung direkt ablesen kann.
Zur Probe kann man die gefundene Lösung in die Terme auf beiden Seiten der Ausgangsgleichung einsetzen und überprüfen, ob deren Werte übereinstimmen.

$2 - 3(x - 1) = -(1 + x)$ | *Klammern auflösen*
$2 - 3x + 3 = -1 - x$ | *zusammenfassen*
$-3x + 5 = -1 - x$ | -5
$-3x = -6 - x$ | $+x$
$-2x = -6$ | $:(-2)$
$x = 3; \quad L = \{3\}$

Formeln kann man nach den für Terme und Gleichungen geltenden Regeln umformen. Zur Berechnung einer Größe löst man die Formel nach dieser Größe auf.

$U = 2\pi r \quad |:2\pi$
$\frac{U}{2\pi} = r$

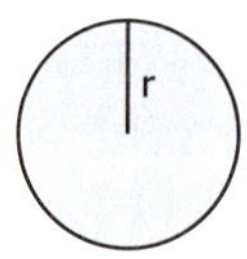

Aussagen und Beweise

Um zu beweisen, dass eine Aussage wahr ist, geht man schrittweise vor:
1. Man formuliert die Aussage in der Wenn-dann-Form.
2. Man nimmt an, dass die Voraussetzung zutrifft.
3. Man zeigt, dass dann auch die Folgerung zutrifft. Dabei darf man nur die Voraussetzung sowie andere, bereits als wahr erwiesene Aussagen verwenden.

Zeige: Das Produkt zweier gerader Zahlen ist gerade.
Beweis: a und b sind gerade, also teilbar durch 2. $a = 2r$, $b = 2s$ *(wobei r und s* $\in \mathbb{N}$*).*
$a \cdot b = 2r \cdot 2s = 4rs = 2 \cdot 2rs$
Das Produkt ist ebenfalls durch 2 teilbar, also gerade.

Um eine Aussage zu widerlegen, genügt es, ein einziges Gegenbeispiel zu finden.

Die Aussage „Wenn eine Zahl eine Quadratzahl ist, dann ist sie gerade." ist falsch, denn 9 ist eine Quadratzahl und 9 ist ungerade.

Training

Runde 1

1 Bestimme die Lösungen der folgenden Gleichung.
a) $11(2 + x) = 5x + 2(x - 10)$ b) $(4 - x)^2 = (x + 2)(x - 6)$ c) $x^2 - 5x = 0$

2 Berechne den Wert des Terms $(x - 2y)\cdot x$ für $x = -4$ und $y = 0{,}6$.

3 Tanja denkt sich eine Zahl, multipliziert sie mit ihrer Vorgängerzahl und addiert 23. Als Ergebnis erhält sie die Summe aus dem Quadrat ihrer Zahl und 5. Wie lautet Tanjas gedachte Zahl?

4 Wie ändert sich der Flächeninhalt eines Rechtecks, wenn man die Länge drittelt und die Breite verdoppelt?

5 Der Flächeninhalt eines Trapezes wird mithilfe der folgenden Formel bestimmt:
$A = \frac{a + c}{2}\cdot h$.
Stelle die Formel nach allen vorkommenden Größen um.

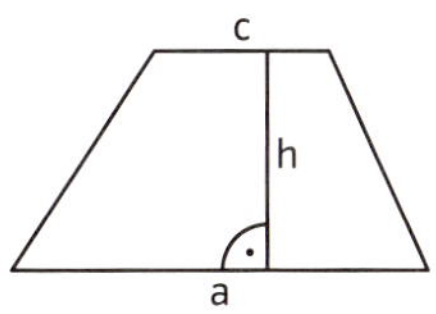

Fig. 1

6 Zeige: Die Summe aus drei aufeinanderfolgenden Zahlen ist immer durch 3 teilbar.

Runde 2

1 Berechne den Wert des Terms $3x - y(z^2 - xy)$
a) für $x = -6$; $y = 3{,}5$ und $z = 0{,}2$, b) für $x = 0{,}8$; $y = 20$ und $z = -4$.

2 Bestimme die Lösungen der folgenden Gleichung.
a) $(3x - 4)(x + 6) = 1 + (x + 8)(2x - 2)$ b) $4x^2 + 28x + 49 = 0$

3 Fülle die Lücken aus.
a) $(\square - \triangle)^2 = 9x^2 - \bigcirc + 49y^2$ b) $(\bigcirc + 4b)\cdot(\bigcirc - \square) = 0{,}25 - \triangle$
c) $(\bigcirc + 0{,}4z)^2 = 121y^4 + \square + \triangle$ d) $(\bigcirc + 0{,}2z)\cdot(\bigcirc - \square) = 1{,}44 - \triangle$

4 Der Term $(a - 2)\cdot(b - 3)$ beschreibt den Flächeninhalt eines Rechtecks.
a) Erstelle eine beschriftete Skizze dieses Rechtecks.
b) Multipliziere den Term aus und begründe an deiner Skizze aus a), dass beide Terme den Flächeninhalt des Rechtecks ausdrücken.

5 a) Wie ändert sich das Volumen eines Würfels, wenn man die Länge jeder Kante halbiert?
b) Wie ändert sich der Oberflächeninhalt eines Würfels bei gleicher Veränderung der Kantenlänge?

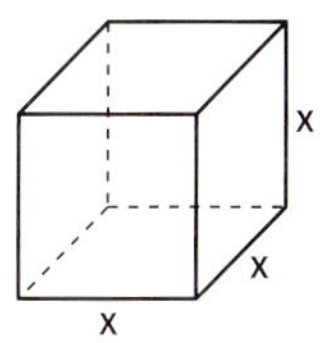

6 Auf der Internetseite eines Treppenbauers steht geschrieben: „Eine Treppe muss vor allem bequem begehbar sein. Darum wird beim Treppenbau die normale menschliche Schrittlänge von etwa 64 cm zugrunde gelegt. Es gilt die Treppenformel: doppelte Steighöhe plus Auftrittsbreite (Tiefe der Stufe) muss eine Schrittlänge ergeben. Die Steighöhe, also die Höhe einer Stufe, sollte nicht mehr als 15 cm betragen."
a) Stelle die Treppenformel auf.
b) Stelle für acht verschiedene sinnvolle Steighöhen die Auftrittsbreite tabellarisch dar.

Lösungen auf den Seiten 221–223.

Das kannst du schon

- Kongruente Figuren erkennen und durch Abbildungen erzeugen
- Besondere Dreiecke konstruieren
- Einfache Zusammenhänge bei geometrischen Figuren begründen

Zahl

Messen

Raum und Form

Funktionaler Zusammenhang

Daten und Zufall

Man muss nicht alles wissen

In unserer Umwelt begegnen uns viele Dreiecke und Vierecke. Wenn man z. B. Gebäude plant und dann baut, muss man wissen, wie diese Figuren „funktionieren."

Es ist erstaunlich, wie wenig man von einem Dreieck wissen muss, um es bereits ganz zu durchschauen. Vierecke sind da schon viel wankelmütiger. Zum Glück kann man auch denen zu mehr Stabilität verhelfen ...

Das kannst du bald

- Dreiecke und Vierecke konstruieren
- Unbekannte Größen von Körpern und Entfernungen im Freien durch Konstruktion bestimmen
- Besondere Zusammenhänge bei geometrischen Figuren erkennen und mit Kongruenzsätzen begründen

1 Die Kongruenzsätze wsw und sws

Frank hat im Winterurlaub eine tolle Snowboardrampe entdeckt. Maren will die Rampe nachbauen und fragt nach der Größe. Frank schreibt eine SMS mit den Maßen der beiden Schrägen. Als Frank aus dem Urlaub zurück ist, meckert Maren: „Man bekommt ja viel zu wenig Schwung zum Springen!“

Um ein vorgegebenes Dreieck mit Zirkel und Lineal zu konstruieren, ist es nicht notwendig, alle Größen zu kennen. Häufig genügt es, wenn drei Größen des Dreiecks gegeben sind.

Zur Erinnerung: Zwei Figuren heißen kongruent zueinander, wenn man sie mit einer oder mehreren Kongruenzabbildungen (Spiegelung, Drehung, Verschiebung) aufeinander abbilden kann.

Ein Dreieck ist **eindeutig konstruierbar**, wenn folgende drei Größen gegeben sind:

Die Länge einer Seite sowie die Größen der beiden anliegenden Winkel (**wsw**).

Die Längen von zwei Seiten sowie die Größe des eingeschlossenen Winkels (**sws**).

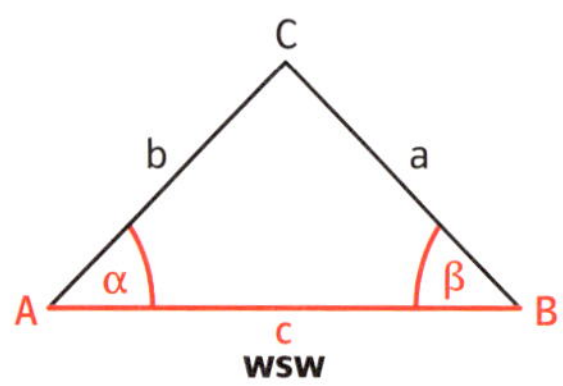

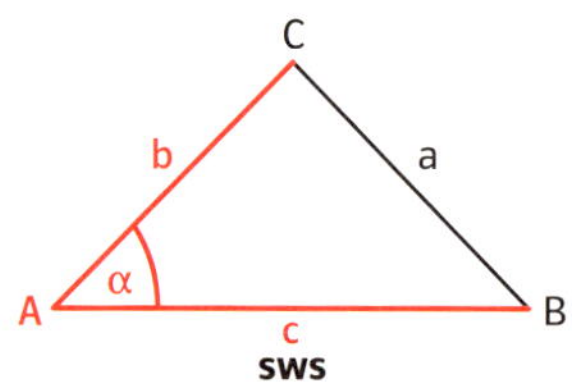

Alle Dreiecke, die aus einer Seite und den beiden anliegenden Winkeln oder aus zwei Seiten und dem eingeschlossenen Winkel konstruiert werden, sind zueinander kongruent. Man nennt **wsw** und **sws** daher auch **Kongruenzsätze**.

*Eine **Planfigur** hilft beim Festlegen der Reihenfolge der Konstruktionsschritte.*

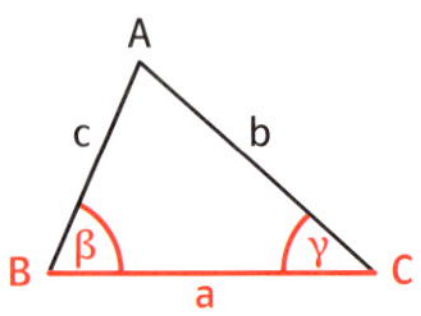

Beispiel 1

a = 6 cm; β = 66°; γ = 41°

Lösung:

Zeichne die Strecke a der Länge 6 cm mit den Endpunkten B und C. Trage die beiden anliegenden Winkel β und γ an. Der Schnittpunkt der freien Schenkel der Winkel β und γ ist die Ecke A des Dreiecks.

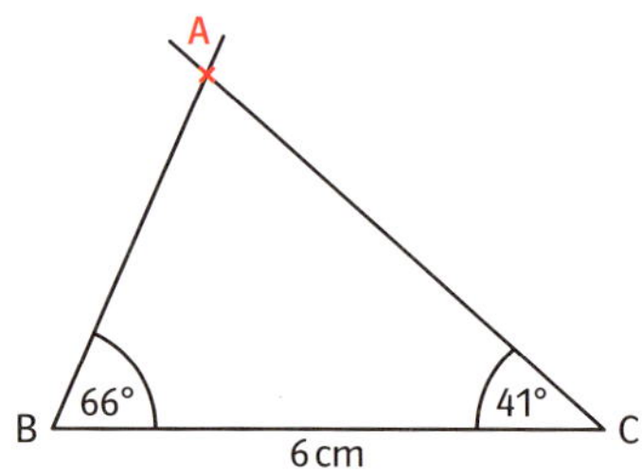

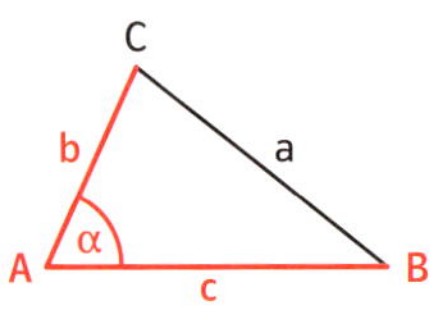

Beispiel 2

b = 5 cm; c = 8 cm; α = 65°

Lösung:

Zeichne die Strecke c der Länge 8 cm mit den Endpunkten A und B. Trage den Winkel α an A an. Zeichne einen Kreisbogen mit dem Radius 5 cm um A. Der Schnittpunkt des Kreisbogens mit dem freien Schenkel des Winkels α ist die Ecke C des Dreiecks.

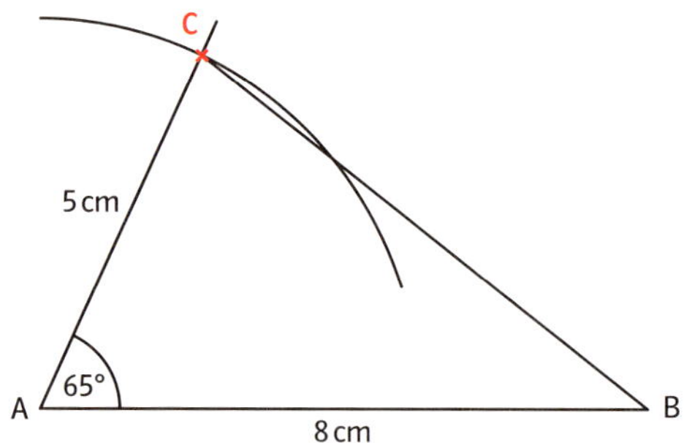

Aufgaben

1 Konstruiere die folgenden Dreiecke. Fertige zuvor jeweils eine Planfigur an und beschreibe die Konstruktion.
a) $b = 5\,cm$; $\gamma = 45°$; $\alpha = 60°$
b) $b = 4{,}6\,cm$; $\alpha = 75°$; $c = 8\,cm$
c) $a = 6{,}8\,cm$; $\gamma = 110°$; $b = 4{,}7\,cm$
d) $c = 0{,}7\,dm$; $\beta = 35°$; $\gamma = 80°$
e) $\overline{AB} = 45\,mm$; $\alpha = 68°$; $\gamma = 55°$
f) $\overline{AC} = 5{,}4\,cm$; $\overline{BC} = 3{,}2\,cm$; $\gamma = 75°$

2 Auf dem Münsterplatz in Ulm ist im Boden vor dem Haupteingang des Münsters eine Tafel eingelassen, welche die Richtungen und die Entfernungen (Luftlinie) Ulms zu verschiedenen Metropolen angibt. Bestimme mithilfe der Angaben auf der Tafel durch Konstruktion geeigneter Dreiecke folgende Entfernungen:
a) London – Zürich b) Amsterdam – Paris

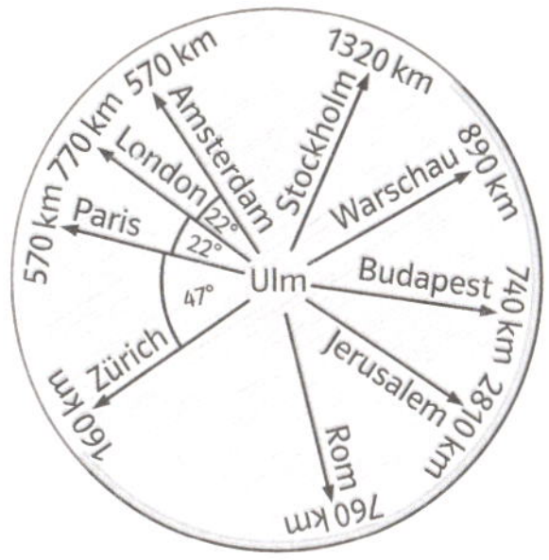

Fig. 1

3 Von einem Dreieck ABC sind die Seite $b = 5{,}3\,cm$ und der Winkel $\alpha = 30°$ gegeben.
a) Zeichne zwei Dreiecke mit diesen Angaben, die nicht zueinander kongruent sind.
b) Ergänze eine Angabe so, dass eine Aufgabe zum Kongruenzsatz wsw entsteht und konstruiere das Dreieck.
c) Ergänze eine Angabe so, dass eine Aufgabe zum Kongruenzsatz sws entsteht und konstruiere das Dreieck.

Bist du sicher?

1 In Fig. 2 ist w die Winkelhalbierende von α. Begründe mithilfe eines Kongruenzsatzes, dass die Dreiecke STU und SUV zueinander kongruent sind.

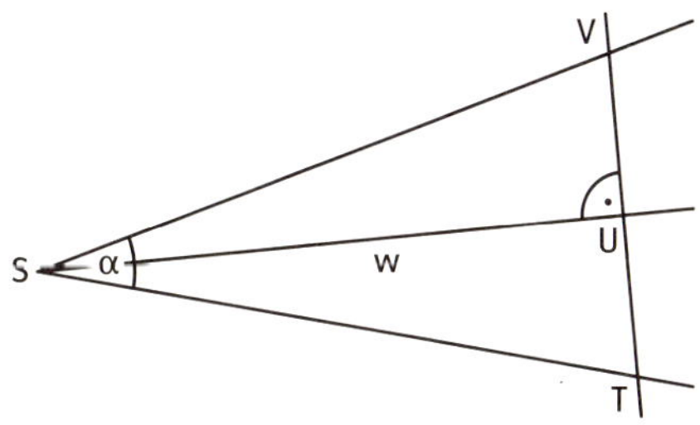

Fig. 2

2 Konstruiere die folgenden Dreiecke:
a) $b = 6{,}5\,cm$; $a = 4\,cm$; $\gamma = 37°$
b) $a = 9\,cm$; $\beta = 112°$; $\gamma = 20°$

4 Wie hoch ist der Turm in Fig. 3, wenn
a) $\overline{AB} = 70\,m$; $\alpha = 40°$; $\beta = 56°$;
b) $\overline{AB} = 20\,m$; $\alpha = 70°$; $\beta = 76°$.
Zeichne in einem geeigneten Maßstab.

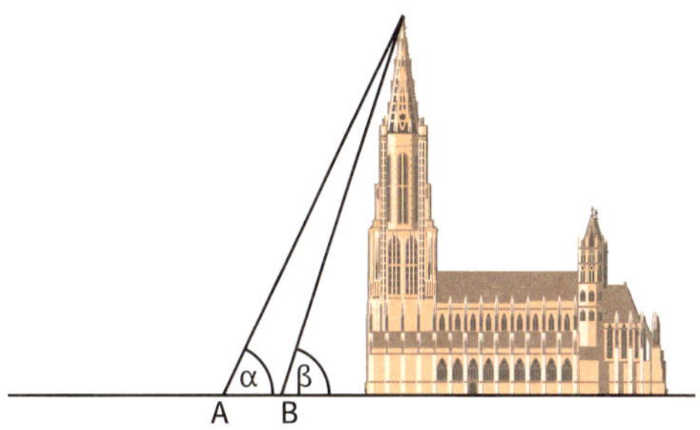

Fig. 3

5 Formuliere eine Konstruktionsaufgabe zum Kongruenzsatz sws. Dein Nachbar soll das Dreieck konstruieren und seine Konstruktion beschreiben. Überprüfe sein Ergebnis.

6 Entscheide, ob die Dreiecke ABC und DEF zueinander kongruent sind.
a) $c = 5\,cm$; $\alpha = 72°$; $\beta = 65°$ und $f = 5\,cm$; $\delta = 65°$; $\varepsilon = 72°$
b) $b = 7\,cm$; $\gamma = 38°$; $\alpha = 85°$ und $e = 7\,cm$; $\varphi = 38°$; $\varepsilon = 85°$
c) $a = 34\,mm$; $\gamma = 80°$; $\alpha = 25°$ und $d = 3{,}4\,cm$; $\varepsilon = 75°$; $\delta = 25°$

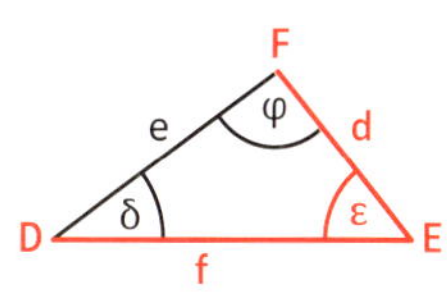

Fig. 2

2 Die Dreiecksungleichung und der Kongruenzsatz sss

„Na toll", schimpft Lukas, „ich habe dir ja gleich gesagt, dass wir nicht irgendeine Ersatzstange nehmen können!" „Stell' dich nicht so an", findet Felix, „nass werden wir jedenfalls nicht, die Spannschnüre sind doch auf jeden Fall lang genug."

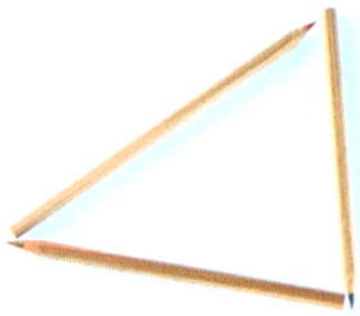

Wenn man aus drei verschieden langen Buntstiften ein Dreieck legt, so erhält man – gleichgültig, wie man beginnt – immer Dreiecke, die zueinander kongruent sind. Die Buntstifte legen die drei Seitenlängen des Dreiecks fest und damit ist das Dreieck eindeutig konstruierbar. Wurden allerdings zwei Stifte sehr oft gespitzt, dann kann es passieren, dass überhaupt kein Dreieck entsteht. Das ist dann der Fall, wenn diese beiden Stifte zusammen kürzer sind als der dritte Stift.

Für die Seitenlängen gilt:
$a + b > c$
$a + c > b$
$b + c > a$

Dreiecksungleichung
In einem Dreieck ist die Summe zweier beliebiger Seitenlängen immer größer als die Länge der dritten Seite.
Ein Dreieck ist eindeutig konstruierbar, wenn die Längen der drei Seiten gegeben sind und die Dreiecksungleichung gilt (**sss**).

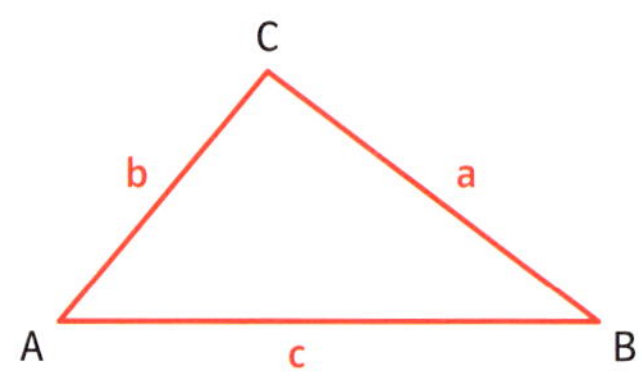

sss

Alle Dreiecke, die aus drei gleichen Seiten konstruiert werden, sind zueinander kongruent. Auch **sss** ist ein Kongruenzsatz.

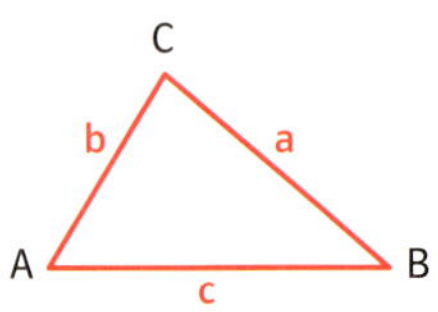

Beispiel 1
Konstruiere, falls möglich, aus den gegebenen Seitenlängen ein Dreieck.
a) c = 7cm; b = 4,5cm; a = 6cm   b) a = 20mm; b = 0,3dm; c = 8cm
Lösung:
a) Zeichne eine Strecke c der Länge 7cm mit den Endpunkten A und B. Zeichne um A einen Kreisbogen mit dem Radius 4,5cm und um B einen Kreisbogen mit dem Radius 6cm. Der Schnittpunkt der beiden Kreisbögen ist die Ecke C des Dreiecks. Verbinde A und C sowie B und C.

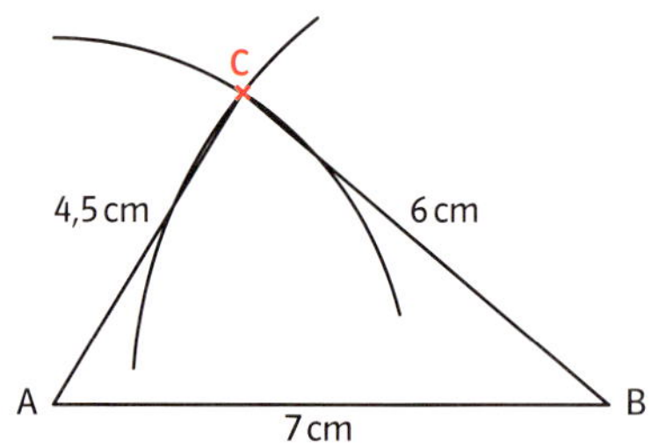

b) Die Dreiecksungleichung ist nicht erfüllt: 20mm = 2cm; 0,3dm = 3cm; es gilt auch $a + b < c$, denn 2cm + 3cm < 8cm.

So würde es aussehen, wenn man versucht das Dreieck zu konstruieren.

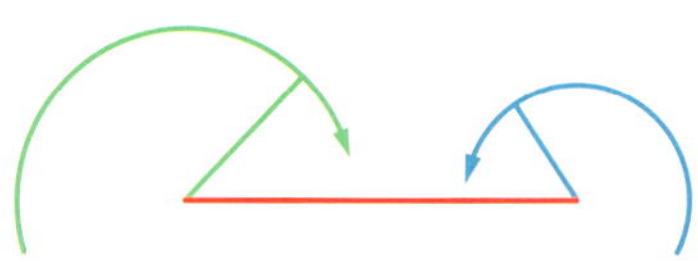

Aufgaben

1 Konstruiere aus den gegebenen Seitenlängen ein Dreieck. Miss die Größen der entstehenden Winkel.

a) a = 7,5 cm; b = 4 cm; c = 5 cm
b) c = 8 cm; a = 64 mm; b = 7,5 cm
c) c = 3 cm; a = 10 cm; b = 8,5 cm
d) b = 5 cm; a = 6 cm; c = 0,7 dm

2 Konstruiere aus den gegebenen Seitenlängen ein Dreieck. Prüfe zunächst, ob die Konstruktion möglich ist.

a) a = 8 cm; b = 0,4 dm; c = 3 cm
b) b = 8 cm; a = 5 cm; c = 60 mm
c) c = 3 cm; a = 85 mm; b = 7 cm
d) a = 6,2 cm; b = 3,9 cm; c = 10,1 cm

3 Gib Seitenlängen an, aus denen sich kein Dreieck konstruieren lässt. Finde zwei Beispiele.

4 Kai behauptet: „Wenn man überprüfen will, ob es ein Dreieck mit den Seitenlängen 3,75 cm; 4,08 cm und 7,82 cm gibt, dann muss man drei Ungleichungen aufstellen."
Johanna meint: „Bei dieser Überprüfung muss ich aber nur einmal rechnen."
Wer hat Recht? Begründe!

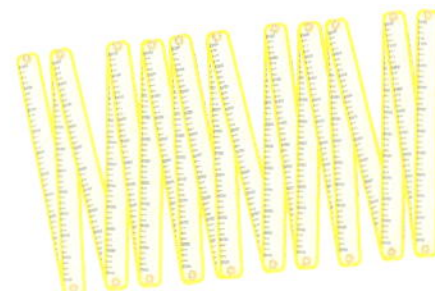

Fig. 1

5 Auf wie viele verschiedene Arten lässt sich der zwei Meter lange Maßstab in Fig. 1 zu einem Dreieck knicken?

6 Konstruiere die Figuren aus Fig. 2. Überlege dir zuvor die Reihenfolge der Konstruktionsschritte.

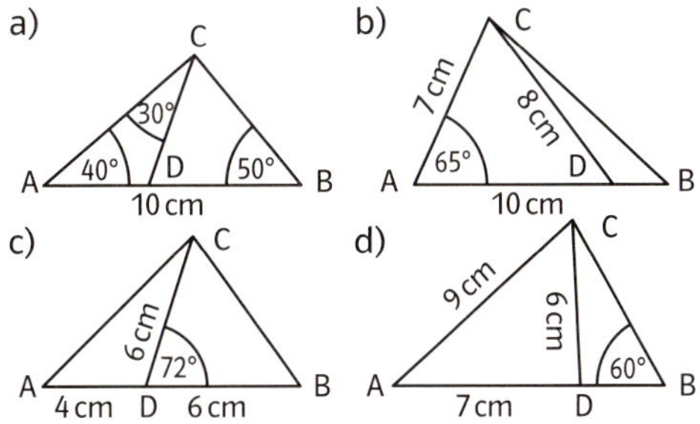

Fig. 2

7 a) Theo blickt von der Stadtmauer auf die Donau. Er weiß, dass die Stadtmauer 20 m höher als der Wasserspiegel der Donau liegt. Nun peilt er die beiden Flussufer an und möchte damit die Breite der Donau bestimmen (Fig. 3).

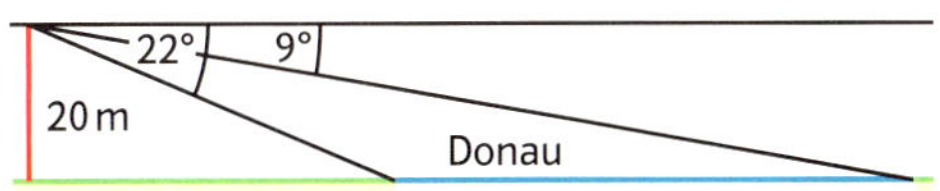

Fig. 3

b) Auf der Donau fährt ein Ausflugsboot. Es ist 150 m von Theos Standpunkt auf der Stadtmauer entfernt. Der Winkel zwischen der Fahrtrichtung und der Richtung zum Standpunkt beträgt 68°. Zwei Minuten später beträgt der entsprechende Winkel 138° (Fig. 4). Bestimme daraus die zurückgelegte Strecke.

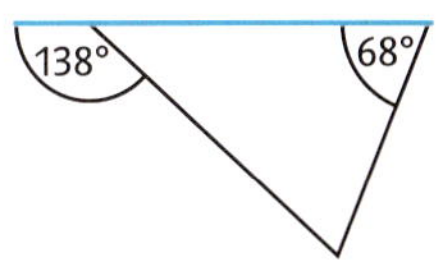

Fig. 4

8 **Gleichschenklige Dreiecke**

a) Moritz behauptet: „Bei einem gleichschenkligen Dreieck muss ich nur zwei Größen kennen, um es eindeutig konstruieren zu können." Was meinst du dazu?
b) Moritz unterstreicht seine Behauptung, indem er drei „Kongruenzsätze für gleichschenklige Dreiecke" formuliert. Wie könnten diese lauten?
c) Erfinde drei Konstruktionsaufgaben für gleichschenklige Dreiecke und tausche sie zur Lösung mit deinem Nachbarn aus.
d) Welche Angaben muss man kennen, um ein gleichseitiges Dreieck eindeutig konstruieren zu können?

Bezeichnungen im gleichschenkligen Dreieck:

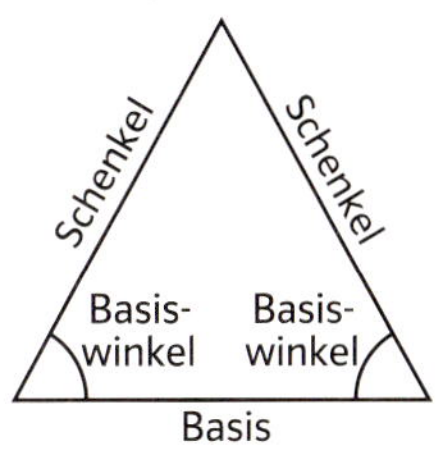

3 Der Kongruenzsatz Ssw

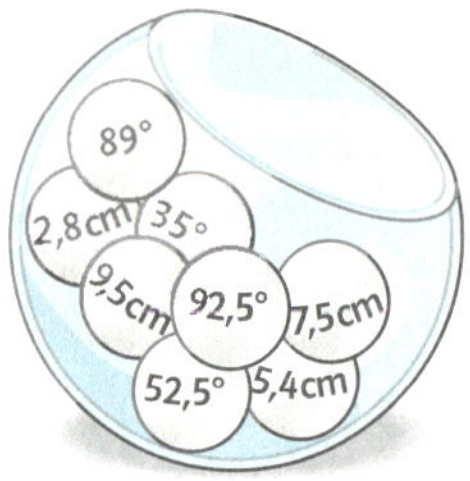

Beim Tag der Mathematik werden mehrere Stationen aufgebaut. An einer Station soll man aus einem Gefäß nacheinander so viele Kugeln ziehen, bis man aus den Angaben ein Dreieck konstruieren kann. Nach jeder Kugel darf man entscheiden, ob man aufhören will oder noch einmal ziehen möchte.

In manchen Fällen ist es nicht möglich, ein Dreieck eindeutig aus drei gegebenen Größen zu konstruieren. Das ist beispielsweise dann der Fall, wenn nur die drei Winkel des Dreiecks bekannt sind. Kennt man von einem Dreieck zwei Seitenlängen und die Größe eines Winkels, der nicht von diesen Seiten eingeschlossen wird, dann ist die Konstruktion nur unter bestimmten Voraussetzungen eindeutig möglich.

Ein Dreieck ist eindeutig konstruierbar, wenn man die Längen zweier Seiten sowie die Größe des Winkels kennt, der der längeren Seite gegenüberliegt (**Ssw**).

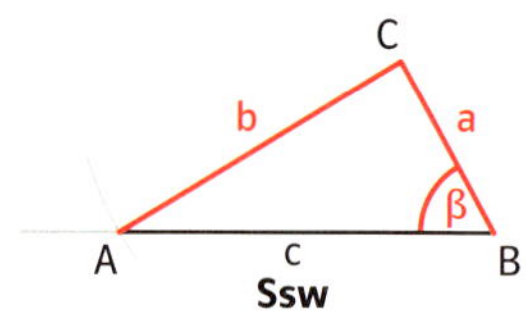

Dreiecke, die aus zwei gegebenen Seiten und dem Winkel konstruiert werden, welcher der kürzeren Seite gegenüberliegt, sind nicht in jedem Fall zueinander kongruent.

Beispiel 1

$a = 5\,cm$; $b = 7\,cm$; $\beta = 50°$

Lösung:

Zeichne die Seite a der Länge 5 cm, bezeichne die Endpunkte mit B und C. Trage den Winkel β an B an. Zeichne um C einen Kreisbogen mit dem Radius 7 cm. Der Schnittpunkt des Kreisbogens mit dem freien Schenkel des Winkels β ist der gesuchte Punkt A. Verbinde A und C.

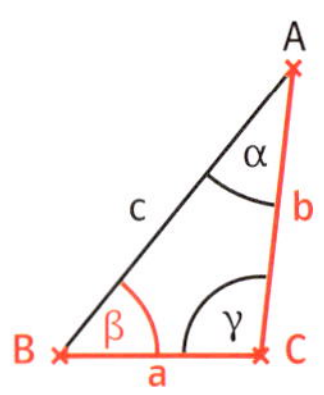

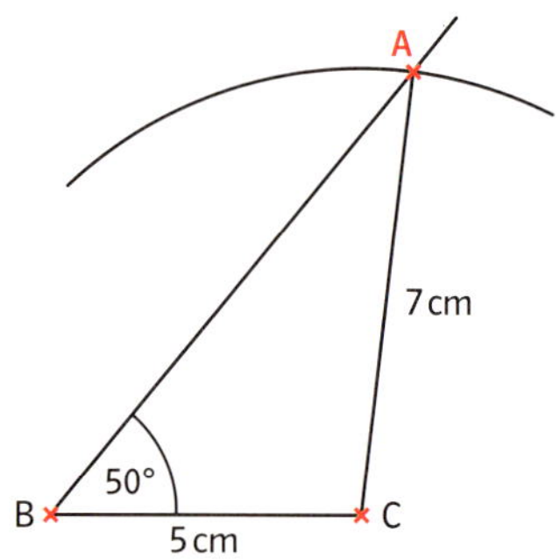

Beispiel 2

Warum ist die Konstruktion eines Dreiecks aus den Angaben $c = 8\,cm$; $a = 6\,cm$ und $\alpha = 35°$ nicht eindeutig?

Lösung:

Der Kreisbogen um B schneidet den Schenkel des Winkels ein zweites Mal. Es gibt zwei verschiedene Dreiecke, die sich mit den gegebenen Größen zeichnen lassen. Die entstehenden Dreiecke sind nicht kongruent.

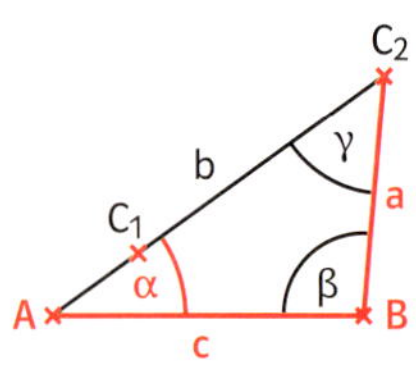

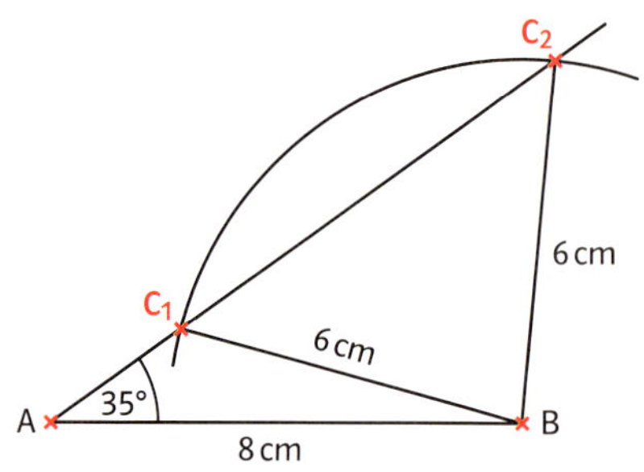

Aufgaben

1 Konstruiere Dreiecke aus den gegebenen Größen. Fertige zuvor Planfiguren an und entscheide, ob die Konstruktionen eindeutig möglich sind.

a) $a = 8\,cm$; $\alpha = 45°$; $c = 36\,mm$
b) $b = 6\,cm$; $a = 0{,}4\,dm$; $\beta = 53°$
c) $c = 0{,}5\,dm$; $b = 68\,mm$; $\gamma = 25°$
d) $b = 8{,}3\,cm$; $a = 0{,}03\,m$; $\alpha = 15°$

2 Prüfe durch Konstruktion, ob es zwei, genau eine oder keine Lösung gibt. Beschreibe die Konstruktion.

a) $c = 8\,cm$; $\alpha = 60°$; $a = 45\,mm$
b) $b = 7{,}2\,cm$; $a = 3{,}9\,cm$; $\beta = 85°$
c) $a = 8{,}7\,cm$; $\beta = 32°$; $b = 4{,}6\,cm$
d) $b = 58\,mm$; $a = 4{,}6\,cm$; $\alpha = 35°$

Bist du sicher?

1 Konstruiere jeweils das Dreieck ABC und beschreibe die Konstruktion. Welcher Kongruenzsatz begründet jeweils die eindeutige Konstruierbarkeit eines Dreiecks?

a) $a = 7\,cm$; $b = 4{,}8\,cm$; $c = 8{,}4\,cm$
b) $b = 3{,}8\,cm$; $\alpha = 35°$; $\gamma = 125°$
c) $a = 5{,}5\,cm$; $c = 6\,cm$; $\beta = 63°$
d) $a = 5{,}3\,cm$; $c = 3{,}9\,cm$; $\alpha = 40°$

3 Von einem Heißluftballon aus werden die Orte A und B unter den Winkeln $\alpha = 50°$ und $\beta = 8°$ angepeilt (Fig. 1).
a) Wie hoch schwebt der Ballon, wenn die Orte A und B 7km voneinander entfernt sind?
b) Wie weit sind die Orte A und B voneinander entfernt, wenn $\alpha = 66°$ und $\beta = 24°$ beträgt und der Ballon in einer Höhe von 1500 m über dem Kirchturm fliegt?

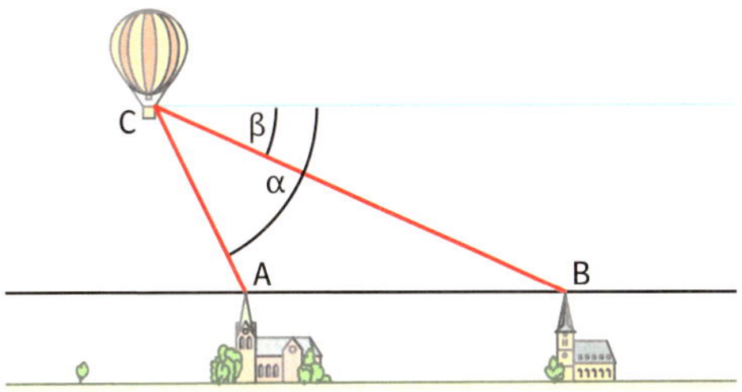

Fig. 1

4 Das Dreieck ABC in Fig. 2 ist gleichschenklig mit $\overline{AC} = \overline{BC}$. Die beiden Dreiecke ADC und DBC stimmen also in zwei Seiten und einem Winkel überein.
a) Welche Seiten und Winkel sind das?
b) Begründe, dass die Dreiecke ADC und DBC dennoch nicht kongruent sind.

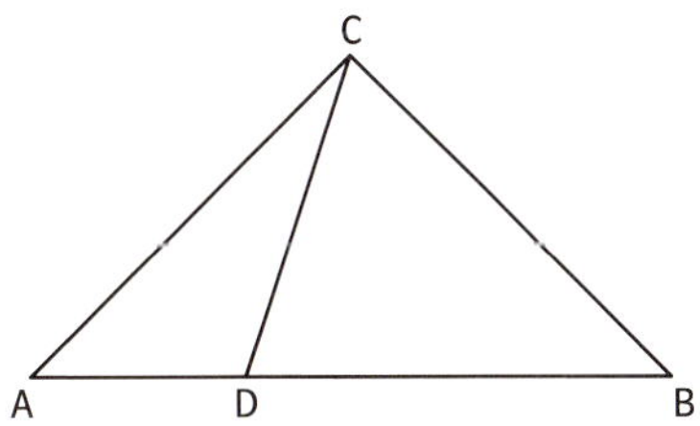

Fig. 2

5 Konstruiere.

a) $a = 4{,}5\,cm$; $b = 5{,}5\,cm$; $s_b = 4{,}8\,cm$
b) $c = 6{,}9\,cm$; $\alpha = 52°$; $s_c = 5{,}7\,cm$
c) $a = 3{,}5\,cm$; $c = 4\,cm$; $h_c = 3{,}3\,cm$
d) $h_c = 4\,cm$; $s_c = 4{,}3\,cm$; $a = 6\,cm$
e) $a = b = c$; $h_a = 4{,}5\,cm$
f) $a = b$; $h_b = 3{,}7\,cm$; $c = 4{,}2\,cm$
g) $a = b$; $s_b = 3{,}7\,cm$; $s_c = 6{,}2\,cm$
h) $\beta = 90°$; $b = 5{,}2\,cm$; $h_b = 2{,}3\,cm$

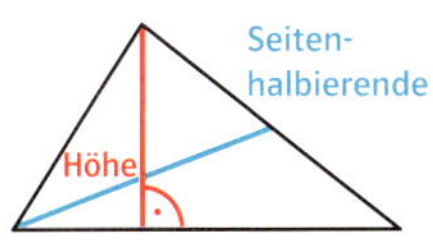

Fig. 3

6 Zeichne ein beliebiges Dreieck ABC. Konstruiere über den Seiten dieses Dreiecks drei gleichseitige Dreiecke ABC_1; BCA_1 und ACB_1.
Begründe: Die Strecken $\overline{AA_1}$; $\overline{BB_1}$ und $\overline{CC_1}$ haben die gleiche Länge.

7 Begründe: Sind in einem Dreieck zwei Seiten gleich lang, dann liegen diesen Seiten auch gleich große Winkel gegenüber.

Gib einen Kongruenzsatz an oder finde ein Gegenbeispiel.

8 Untersuche, welche der folgenden Aussagen wahr sind und welche nicht. Begründe.
a) Zwei gleichschenklige Dreiecke sind zueinander kongruent, wenn sie in einer Höhe und einem Winkel übereinstimmen.
b) Zwei gleichseitige Dreiecke sind zueinander kongruent, wenn sie in einer Höhe übereinstimmen.
c) Stimmen zwei Dreiecke in der Länge einer Seite und im Flächeninhalt überein, so sind sie zueinander kongruent.
d) Zwei rechtwinklige Dreiecke sind zueinander kongruent, wenn sie in einer Seitenlänge und einem weiteren Winkel übereinstimmen.
e) Zwei gleichschenklige Dreiecke sind zueinander kongruent, wenn sie in der Länge eines Schenkels und in einem Basiswinkel übereinstimmen.

*In der Navigation und in der Vermessungstechnik werden im Gegensatz zur Mathematik Winkel **im** Uhrzeigersinn gemessen.*

9 Kompass und Karte sind wichtige Navigationshilfen für Piloten.
Die Nordrichtung entspricht einem Kurs von 0° bzw. 360°. Der geflogene Kurs wird jeweils bezogen auf die Nordrichtung angegeben. Das rote Flugzeug in Fig. 1 fliegt einen Kurs von 60°, das blaue Flugzeug einen Kurs von 210°.
An einem windstillen Sommerabend fliegt Lisas Bruder Bernd mit seinem Ultraleichtflugzeug vom Typ FK9 von Berlin-Strausberg nach Eisenhüttenstadt. Seine Reisegeschwindigkeit beträgt 92 Knoten, das entspricht einer Geschwindigkeit von ca. $170\,\frac{km}{h}$. Er fliegt einen Kurs von 137° und braucht 24 Minuten, um sein Ziel zu erreichen.
Nach dem Auftanken in Eisenhüttenstadt setzt Bernd seine Reise fort und fliegt mit einem Kurs von 267° weiter nach Magdeburg. Für diese zweite Flugstrecke benötigt er 72 Minuten.

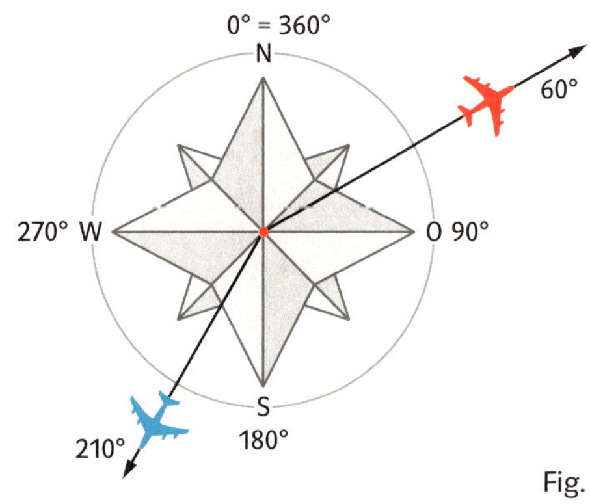

Fig. 1

a) Bestimme die Entfernungen Strausberg – Eisenhüttenstadt sowie Eisenhüttenstadt – Magdeburg und zeichne die geflogene Strecke.
b) Welchen Kurs muss Bernd einhalten, um wieder zurück nach Strausberg zu fliegen?
c) Wie viel Zeit benötigt er für den Heimflug?
d) Suche die Orte Strausberg, Eisenhüttenstadt und Magdeburg in einer Karte und überprüfe deine Konstruktion.

Ein Theodolit ist ein optisch-mechanisches Instrument zum Messen von Horizontalwinkeln und Höhenwinkeln. Besitzt der Theodolit auch Einrichtungen zur Distanzmessung, so entsteht ein Tachymeter-Theodolit.

10 Um die Breite eines Flusses zu bestimmen, kann man folgende Methode der Vermessungstechnik anwenden: Auf derselben Seite des Flusses stellen sich zwei Personen am Flussufer 100 m entfernt voneinander auf. Von ihren beiden Standpunkten aus messen sie im Uhrzeigersinn die beiden Winkel, die sie mit einem dritten Punkt auf der anderen Seite des Flusses bilden. Der dritte Punkt kann beispielsweise ein Baum direkt am Flussufer sein. Für diese Messung wird ein Theodolit verwendet.
Bestimme die Breite des Flusses, wenn die gemessenen Winkel die Größen 50° und 332° haben. Fertige zunächst eine Skizze an und markiere die gemessenen Winkel.

4 Konstruktion von Vierecken

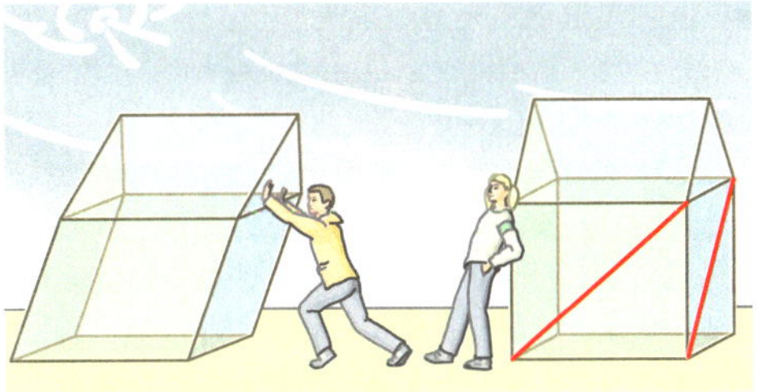

„Ich kann mich sogar anlehnen!“

Wenn man aus vier verschiedenen Buntstiften ein Viereck legen möchte, so stellt man fest, dass es – anders als bei Dreiecken – viele verschiedene Möglichkeiten gibt.

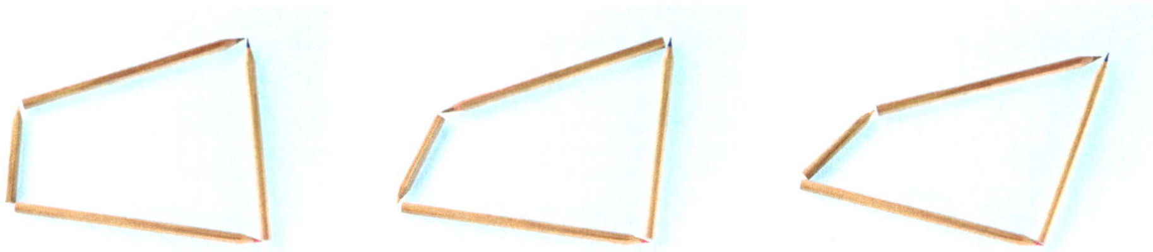

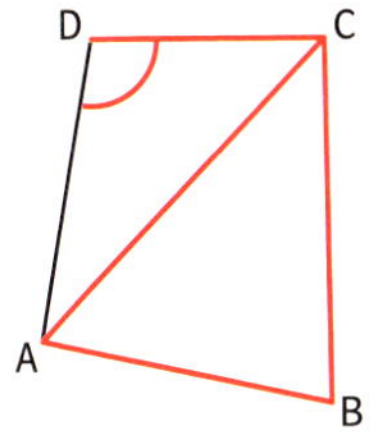

Fig. 1

Das Viereck ABCD in Fig. 1 ist dagegen durch die fünf rot markierten Angaben eindeutig festgelegt. Man kann dies mit den Kongruenzsätzen für Dreiecke begründen: Die Diagonale $\overline{AC}$ zerlegt das Viereck in die Dreiecke ABC und ACD. Das Dreieck ABC ist nach dem Kongruenzsatz sss eindeutig konstruierbar, das Dreieck ACD ist nach dem Kongruenzsatz Ssw eindeutig konstruierbar. Also sind zwei Vierecke, die in diesen Angaben übereinstimmen, zueinander kongruent.

Andererseits gibt es auch Vierecke, die in fünf oder mehr Stücken übereinstimmen und nicht zueinander kongruent sind:

Zur eindeutigen Konstruktion eines Vierecks sind fünf geeignete Angaben notwendig.

Beispiel 1 Eindeutige Konstruktion
Konstruiere ein Viereck mit den angegebenen Seiten und Winkeln. Beschreibe die Konstruktion und begründe mithilfe der Kongruenzsätze für Dreiecke, dass die Lösung eindeutig ist. $a = 6\,cm$; $b = 4{,}5\,cm$; $d = 6{,}8\,cm$; $\alpha = 110°$; $\beta = 78°$
Lösung:
Zeichne die Strecke $\overline{AB} = 6\,cm$. In A trägt man die Strecke $\overline{AD} = 6{,}8\,cm$ unter einem Winkel von $\alpha = 110°$ ab. In B trägt man die Strecke $\overline{BC} = 4{,}5\,cm$ unter einem Winkel von $\beta = 78°$ ab. Dann verbindet man die Punkte C und D.
Die Dreiecke ABD und ABC sind nach dem Kongruenzsatz sws eindeutig konstruierbar. Damit sind auch alle Eckpunkte des Vierecks eindeutig festgelegt.

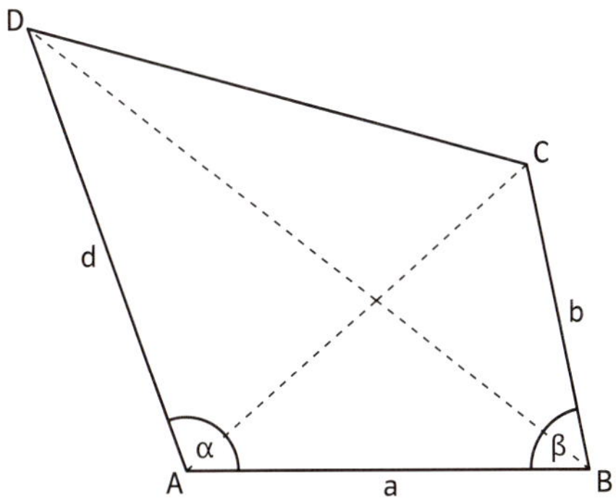

Fig. 2

Bezeichnungen im Viereck:

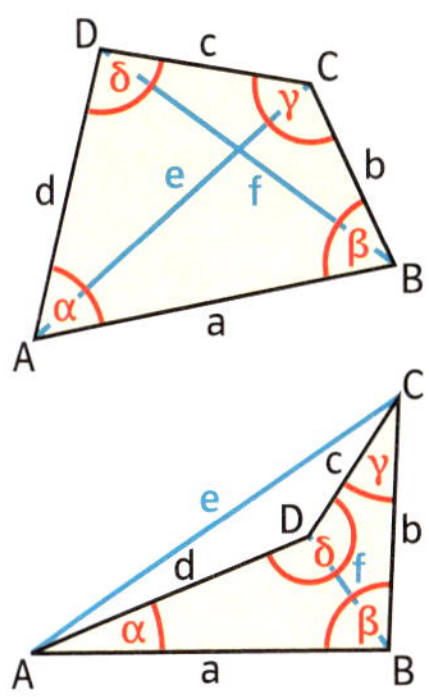

Beispiel 2 Spezielle Vierecke: Parallelogramme
Wie viele Angaben (Seiten, Winkel, Diagonalen) benötigt man, um ein Parallelogramm eindeutig konstruieren zu können? Finde zwei Kongruenzsätze für Parallelogramme und begründe sie mithilfe der Kongruenzsätze für Dreiecke.

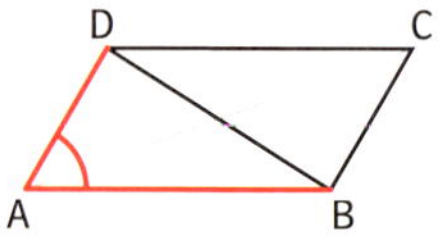

„sws“

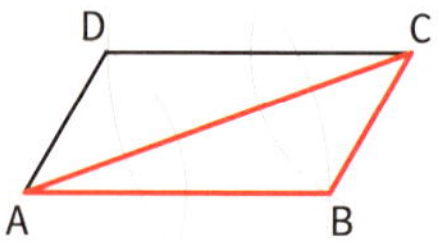

„sds“

Lösung:
Ein Parallelogramm ist eindeutig konstruierbar, wenn man drei geeignete Größen kennt.
Zwei Parallelogramme sind kongruent, wenn sie in folgenden Größen übereinstimmen:
- zwei Seiten und dem eingeschlossenen Winkel (sws),
- zwei Seiten und einer Diagonalen (sds).

Begründung für den Kongruenzsatz sws:
Nach dem gleichnamigen Kongruenzsatz für Dreiecke ist das Teildreieck ABD eindeutig konstruierbar. Den Punkt C erhält man, indem man den Punkt A an der Mitte der Strecke $\overline{BD}$ spiegelt. Damit ist auch dieser Punkt eindeutig konstruiert.
Begründung für den Kongruenzsatz sds:
Nach dem Kongruenzsatz sss für Dreiecke sind die beiden Teildreiecke ABC und ACD eindeutig konstruierbar und somit auch das gesamte Parallelogramm.

Aufgaben

1 Konstruiere ein Viereck mit den angegebenen Seiten und Winkeln. Begründe mithilfe der Kongruenzsätze für Dreiecke, dass die Lösung eindeutig ist.
a) $\alpha = 32°$; $a = 6\,cm$; $b = 1{,}5\,cm$; $d = 4\,cm$; $e = 5{,}5\,cm$
b) $\alpha = 68°$; $\beta = 80°$; $\delta = 98°$; $b = 3\,cm$; $f = 4{,}5\,cm$
c) $a = 3\,cm$; $b = 4{,}5\,cm$; $\beta = 118°$; $\gamma = 20°$; $\delta = 190°$

2 a) Konstruiere beide möglichen Vierecke aus den Stücken $a = 4{,}4\,cm$; $b = 2{,}3\,cm$; $c = 3{,}3\,cm$; $\alpha = 60°$; $e = 4{,}9\,cm$. Wie muss man die Angabe für c bzw. e abändern, damit die Konstruktion eindeutig wird? Argumentiere mit einem der Kongruenzsätze für Dreiecke.
b) Es gibt zwei Vierecke mit $a = 6{,}2\,cm$; $b = 2{,}1\,cm$; $c = 3{,}8\,cm$; $d = 3{,}9\,cm$ und $f = 5{,}8\,cm$. Konstruiere sie und erkläre, warum es zwei Lösungen gibt, obwohl die Teildreiecke BCD und ABD durch den Kongruenzsatz sss eindeutig festgelegt sind.
c) Konstruiere alle vier möglichen Vierecke mit $a = 7\,cm$; $b = 3{,}6\,cm$; $c = 1{,}6\,cm$; $f = 4{,}5\,cm$ und $\alpha = 35°$. Erkläre, wie es zu den vier Fällen kommt, indem du die Teildreiecke ABD und BCD betrachtest.

3 Beim Viereck ABCD in Fig. 1 sind alle Stücke gegeben.
a) Suche fünf geeignete Stücke heraus, durch die das Viereck eindeutig bestimmt ist. Konstruiere das Viereck aus diesen fünf Stücken und begründe, warum die Konstruktion eindeutig ist.
b) Suche fünf Stücke heraus, durch die das Viereck nicht eindeutig bestimmt ist. Konstruiere zwei nicht kongruente Vierecke, die in diesen fünf Stücken übereinstimmen und erkläre, warum das Viereck in diesem Fall nicht eindeutig bestimmt ist.

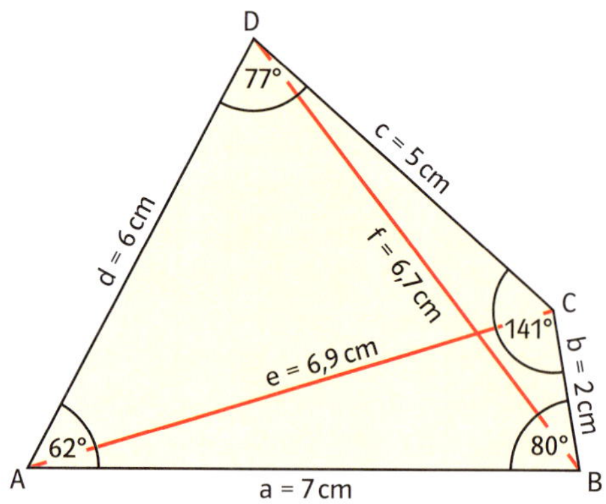

Fig. 1

4 Welche der folgenden „Kongruenzsätze für Vierecke“ sind richtig? Finde Gegenbeispiele oder begründe, warum die Sätze stimmen.
Zwei Vierecke sind zueinander kongruent, wenn sie übereinstimmen in
a) vier Winkeln und einer Seite,
b) drei Seiten und den beiden eingeschlossenen Winkeln,
c) zwei Seiten, dem eingeschlossenen Winkel und den beiden anliegenden Winkeln,
d) allen vier Seiten und einer Diagonalen.

5 Erfindet selbst „richtige und falsche Kongruenzsätze“ wie in Aufgabe 4 und überprüft gegenseitig eure Vorschläge.

Bist du sicher?

1 Ein Viereck besitzt die Seitenlängen a = 7 cm; b = 4,5 cm; c = 6 cm und d = 5 cm.
a) Konstruiere zwei nicht kongruente Vierecke mit diesen Maßen.
b) Ergänze die gegebenen Seitenlängen um eine weitere Angabe (Länge einer Diagonalen oder Weite eines Winkels). Untersuche, ob die Konstruktion damit eindeutig wird.
c) Variiere die zusätzliche Größe so lange, bis du jeweils zwei nicht zueinander kongruente Lösungen erhältst.

6 Bei speziellen Vierecken genügen weniger als fünf Angaben, um eine eindeutige Konstruierbarkeit zu gewährleisten.
a) Eine Raute ist ein Parallelogramm, bei dem alle Seiten gleich lang sind. Überlege, wie viele Angaben notwendig sind, um eine Raute eindeutig festzulegen. Formuliere einen Kongruenzsatz für Rauten und stelle deinem Nachbarn zwei Konstruktionsaufgaben zu diesem Satz.
b) Weil bei einem Trapez mindestens ein Seitenpaar parallel zueinander ist, genügen vier geeignete Stücke, um ein Trapez eindeutig zu bestimmen. Formuliere einen Kongruenzsatz und löse eine Konstruktionsaufgabe dazu, die du dir selbst ausgedacht hast.

Wie würde ein Kongruenzsatz für Quadrate lauten?

7 a) Konstruiere ein Parallelogramm ABCD mit $\overline{AB}$ = 7 cm; $\overline{BC}$ = 5 cm; $\overline{AC}$ = 8 cm.
b) Konstruiere ein Trapez ABCD mit AB || CD und $\overline{AB}$ = $\overline{BC}$ = 7 cm; $\overline{AC}$ = 8 cm und α = 80°.
c) Konstruiere ein Parallelogramm ABCD mit den Diagonalen $\overline{AC}$ = 8 cm und $\overline{BD}$ = 9 cm sowie dem Winkel ∢BAC = 30°.
d) Konstruiere ein Drachenviereck ABCD mit $\overline{AB}$ = 3,6 cm; $\overline{BD}$ = 5 cm und β = 110°.
Die Symmetrieachse liegt auf der Diagonalen $\overline{AC}$.

8 Konstruiere, falls möglich, aus a = 5 cm; b = 4 cm und e = 7 cm
a) ein Parallelogramm, b) einen Drachen, c) ein Rechteck, d) ein Trapez.
In welchen Fällen ist die Konstruktion eindeutig?

Bei einem Drachen ist eine Diagonale Symmetrieachse:

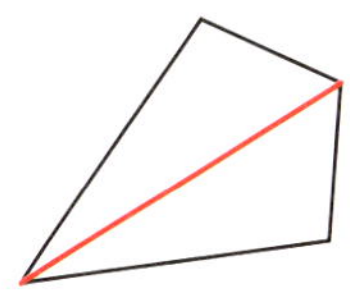

9 Konstruiere jeweils den Querschnitt des Dammes (Fig. 1) im Maßstab 1:200.
a) Dammsohle 16 m, Dammkrone 6 m, Dammhöhe 3,8 m
b) Dammsohle 14 m, Dammhöhe 3,2 m, Böschungswinkel 35°
c) Böschungslänge 7 m, Dammkrone 4,5 m, Böschungswinkel 40°

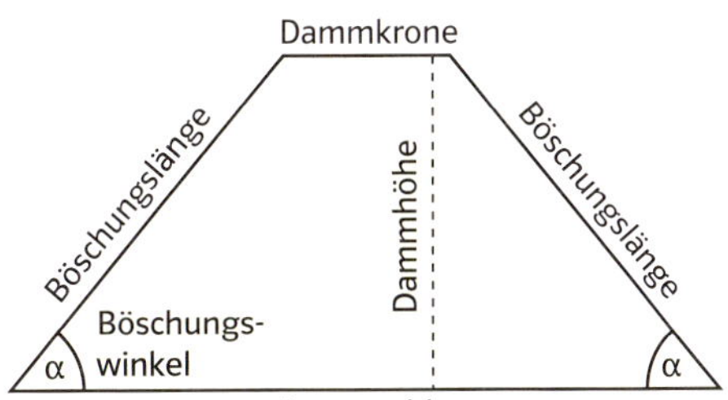

Fig. 1

5 Vierecke, Haus der Vierecke

In einer Quizsendung nannte der Moderator auf die Frage „Jedes Rechteck ist ein …" die vier möglichen Antworten
A: Rhombus B: Quadrat
C: Trapez D: Parallelogramm

Betrachtet man die Eigenschaften verschiedener Vierecke, so kann man verschiedene Zusammenhänge zwischen ihnen entdecken. So ist beispielsweise jedes Quadrat auch ein Rechteck, weil es alle Eigenschaften des Rechtecks besitzt. Es ist auch interessant, die Symmetrieeigenschaften der Vierecke zu untersuchen.

Vierecke, die man nach bestimmten Eigenschaften ordnen kann, heißen **besondere Vierecke**. Man ordnet sie im **Haus der Vierecke** an. Solche Eigenschaften können unter anderem Symmetrie oder die Längen paralleler Seiten sein.

Ganz unten steht das Quadrat. Es hat die meisten Symmetrieeigenschaften. Ganz oben steht das allgemeine Viereck. Es ist nicht symmetrisch.

Das Haus der Vierecke kann anders aussehen, wenn man nach anderen Eigenschaften der Vierecke ordnet.

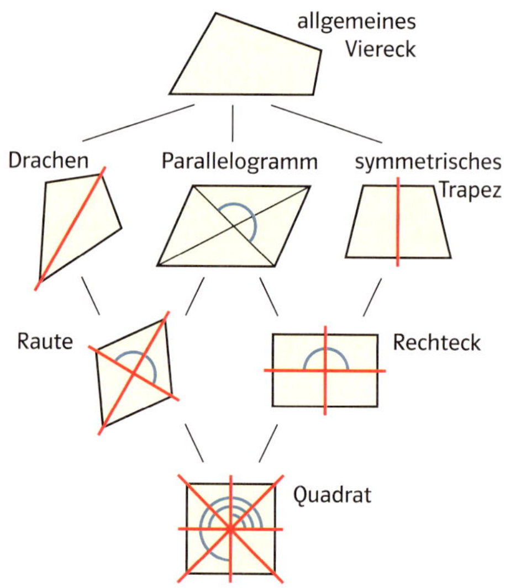

Beispiel
Durch die Punkte A(1|4) und C(5|6) ist die Diagonale d eines Quadrats festgelegt. Bestimme die Koordinaten der Eckpunkte B und D.
Lösung:
Bestimme den Mittelpunkt M der Strecke $\overline{AC}$. Zeichne einen Kreis mit dem Radius $\overline{AM}$ um M. Zeichne die Orthogonale d zu $\overline{AC}$ durch M. Die Schnittpunkte des Kreises mit der Orthogonalen markieren die Ecken B und D des Quadrats. Man erhält B(4|3) und D(2|7).

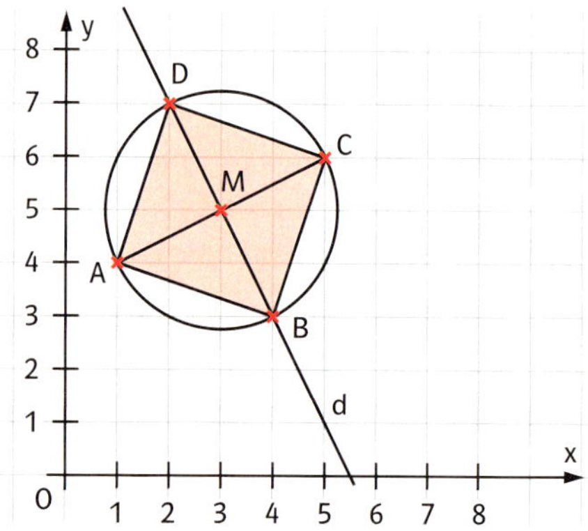

Aufgaben

1 In Fig. 1 ist das Rechteck KMOJ enthalten. Man muss schon genauer hinsehen, um das Drachenviereck EFND zu entdecken. Suche möglichst viele weitere besondere Vierecke.

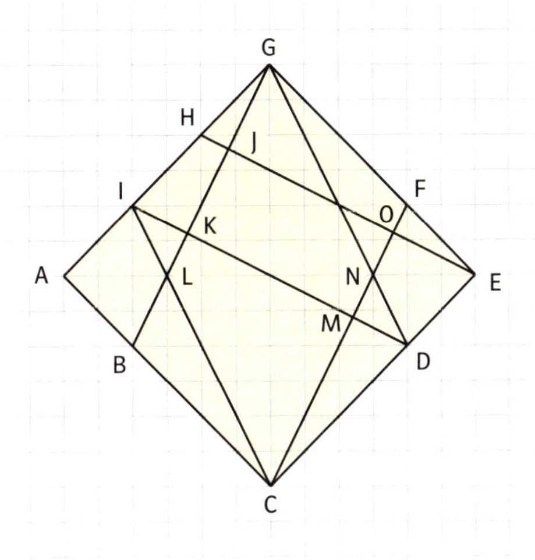

Fig. 1

2 Gegeben sind die Punkte A(2|3); B(7|2) und C(5|5). Ergänze einen vierten Punkt so, dass ein Parallelogramm entsteht. Gibt es mehrere Möglichkeiten?

3 In welchen Vierecken halbiert jede der zwei Diagonalen die andere? Gibt es auch Vierecke, bei denen nur eine der zwei Diagonalen die andere halbiert? Begründe deine Beobachtungen.

4 a) Konstruiere die folgenen Vierecke:
Quadrat: a = 6 cm
Rechteck: a = 6 cm; b = 4 cm
Raute: a = 6 cm; β = 70°
Parallelogramm: a = 6 cm; b = 4 cm; β = 70°
symmetrisches Trapez: a = 6 cm; b = 4 cm; β = 70°
Drachen: a = 6 cm; b = 4 cm; β = 70°
b) Ordne die gezeichneten Vierecke nach zwei verschiedenen, selbst gewählten Eigenschaften.

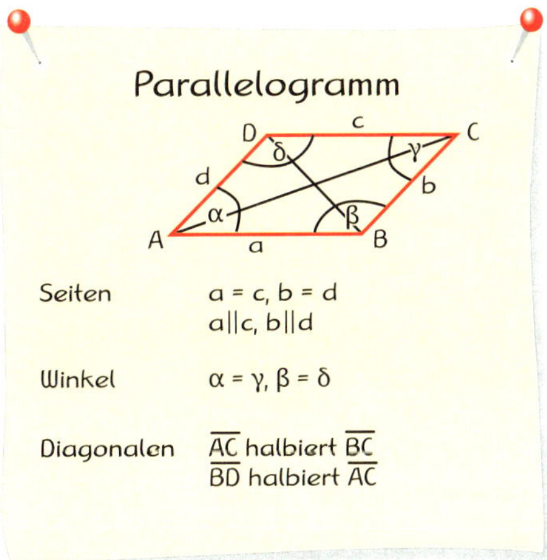

Fig. 2

5 Lege auch für die anderen symmetrischen Vierecke Steckbriefe nach dem Vorbild von Fig. 2 an.

6 a) In welche zwei Figuren lässt sich ein Quadrat durch einen geraden Schnitt zerlegen? Finde mehrere Möglichkeiten!
b) Auch Trapez und Raute kann man in zwei Vierecke zerlegen.
Welche Figuren entstehen dabei?
Finde verschiedene Möglichkeiten.

7 Das Haus der Vierecke (siehe Seite 46) ist nach den Symmetrieeigenschaften der Vierecke geordnet. Es kann aber anders aussehen, wenn man nach anderen Eigenschaften der Vierecke ordnet.
a) Finde andere Sortierungen.
b) Gibt es eine Sortierung, bei der nicht das Quadrat unten steht?

1 Bei einem Dreieck soll eine Seite 5,4 cm lang sein und eine weitere 6,8 cm. Welche Seitenlängen kommen für die dritte Seite in Frage?

Bei Konstruktionen mit Dreieckshöhen muss man Parallelen zeichnen:

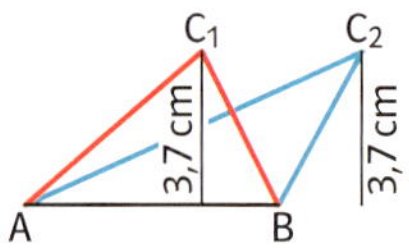

2 Konstruiere ein Dreieck ABC aus den angegebenen Größen. Es gibt immer zwei Lösungen. Gib für beide Lösungen die restlichen Stücke an.

a) $a = 4\,cm$; $c = 4{,}5\,cm$; $h_c = 3{,}5\,cm$
b) $h_c = 4{,}2\,cm$; $b = 4{,}4\,cm$; $\gamma = 40°$
c) $h_c = 4{,}2\,cm$; $a = 4{,}4\,cm$; $b = 4{,}6\,cm$
d) $h_c = 3{,}6\,cm$; $a = 3{,}8\,cm$; $\alpha = 50°$

3 Konstruiere ein Dreieck ABC mit dem Flächeninhalt $A = 8\,cm^2$ und den angegebenen Größen.

a) $c = 4\,cm$; $\alpha = 30°$ b) $a = 8\,cm$; $b = 3\,cm$

4 a) Wie hoch steht ein Drachen, wenn die Schnur 50 m lang ist und der Winkel zwischen der Schnur und der Erde 63° beträgt?
b) Welcher Winkel ergibt sich, wenn der Drachen 40 m hoch steigt?

Die Sonnenstände in Deutschland im Monat Mai ergeben folgende Winkel für α (Fig. 1):

8:00	*35°*
9:00	*45°*
10:00	*52°*
11:00	*58°*
12:00	*61°*

Informationen zu den Sonnenständen findest du im Internet.

5 Richard ist 1,60 m groß. An einem Vormittag im Mai misst Cira seinen Schatten.
a) Cira misst um 8 Uhr. Wie lang ist der Schatten?
b) Später misst Cira erneut und erhält 1,25 m. Um welche Uhrzeit hat Cira gemessen?
c) Richard und Cira messen erneut in den Weihnachtsferien und zwar um 10 Uhr. Wie lang ist der Schatten jetzt?

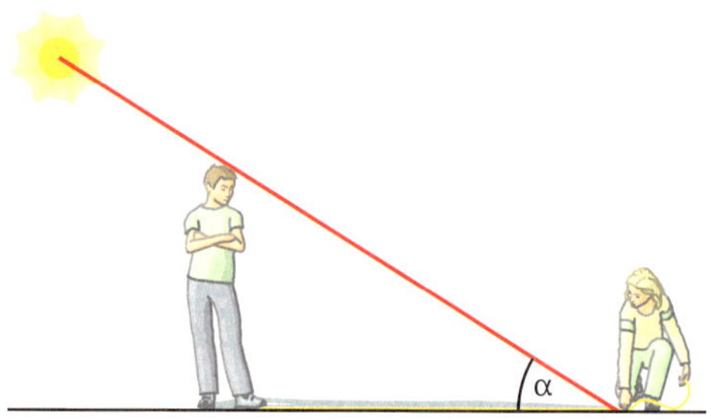

Fig. 1

6 Konstruiere verschiedene Dreiecke mit einer Seite der Länge 7,5 cm, einer weiteren Seite der Länge 6 cm sowie einem Winkel von 48°.
Welcher Kongruenzsatz wird jeweils angewendet? In welchen Fällen ist die Konstruktion eindeutig?

7 Bei einem Dreieck sind zwei Seitenlängen mit 6 cm und 3 cm gegeben. Die Länge der dritten Seite ist beliebig.
a) Wie muss das Dreieck aussehen, damit sein Flächeninhalt möglichst groß wird?
b) Gibt es ein Dreieck mit dem kleinsten Flächeninhalt?

8 Zeichne ein Viereck bei dem gegenüberliegende Seiten gleich lang sind.
a) Um welche Art von Viereck scheint es sich zu handeln?
b) Zeige mithilfe eines Kongruenzsatzes, dass gegenüber liegende Winkel in diesem Viereck gleich groß sind.
c) Bestätige deine Vermutung, indem du mithilfe von b) und von Stufen- und Wechselwinkeln zeigst, dass gegenüber liegende Seiten parallel sind.

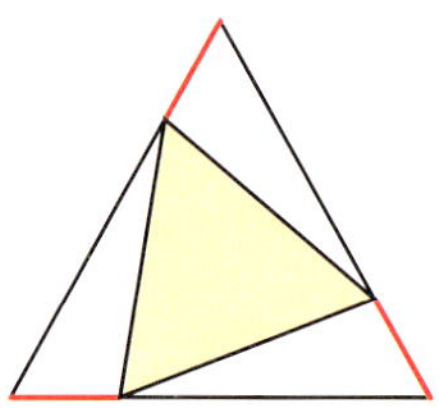
Fig. 2

9 Das Dreieck in Fig. 2 ist gleichseitig. Die rot markierten Stücke haben die gleiche Länge. Zeige, dass das gelbe Dreieck ebenfalls gleichseitig ist.

10 Bei einer Schaukel (Fig. 1) ist das Sitzbrett 3,20 m lang. Im Ruhezustand hängt es 2 m unter der oberen Querstange und 0,5 m über dem Boden.
a) Zeichne die Schaukel mit dem Boden im Maßstab 1 : 50 in der Ruhestellung.
b) Trage in die Zeichnung den Gefahrenbereich ein, in dem man von der schwingenden Schaukel getroffen werden kann.
c) Konstruiere eine Schaukelstellung, bei der das Sitzbrett 1 m seitlich ausschwenkt. Wie weit befindet sich dann das Sitzbrett über dem Boden?

Fig. 1

11 Ein Dampfer fährt parallel zur geradlinigen, 6 km entfernten Küste mit einer Geschwindigkeit von 12 Knoten.
Der Winkel zwischen Fahrtrichtung und dem Leuchtturm A beträgt 70°. Einige Zeit später kommt der Leuchtturm B in Sicht. Der Winkel zwischen Fahrtrichtung und B beträgt nach genau einer halben Stunde Fahrt 82°. Wie weit sind die beiden Leuchttürme voneinander entfernt? Konstruiere.

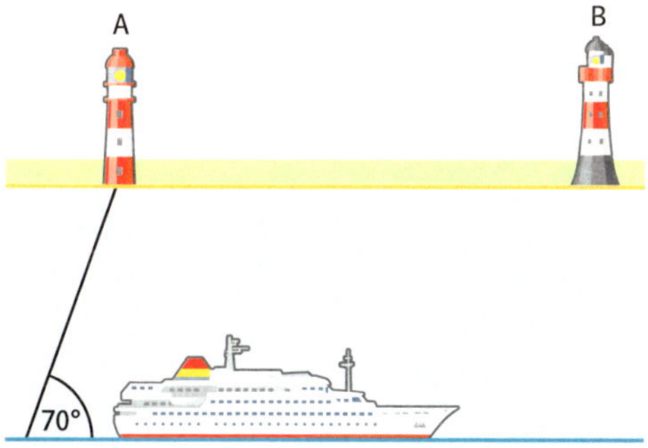

Fig. 2

1 Knoten $= \frac{1 \text{ Seemeile}}{1 \text{ Stunde}}$

1 Knoten $\triangleq 1{,}852 \frac{km}{h}$

12 a) In Fig. 3 ist das Dreieck ABC gleichseitig. Die Strecken $\overline{AD}$, $\overline{BE}$ und $\overline{CF}$ sind gleich lang. Übertrage die Figur in dein Heft und zeige, dass auch das grüne Dreieck gleichseitig ist.
b) Zeichne ein Quadrat und konstruiere auf die gleiche Art wie bei dem Dreieck aus Fig. 3 ein Innenviereck. Handelt es sich dabei auch um ein Quadrat? Begründe.

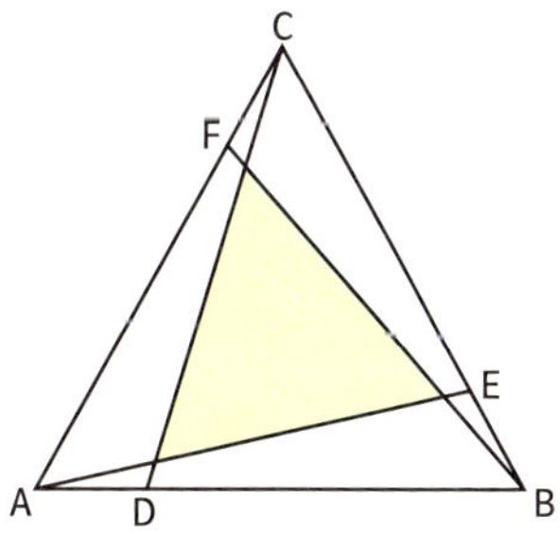

Fig. 3

13 In Fig. 4 ist ein Parallelogramm zweimal auf ganz bestimmte Weise in zwei Teilflächen unterteilt worden.
a) Beschreibe, wie der Schnitt durch das Parallelogramm verläuft.
b) Stelle eine Vermutung darüber auf, welcher Zusammenhang zwischen den jeweils entstandenen Teilflächen besteht.
c) Begründe mithilfe von Kongruenzüberlegungen den in b) beobachteten Zusammenhang.

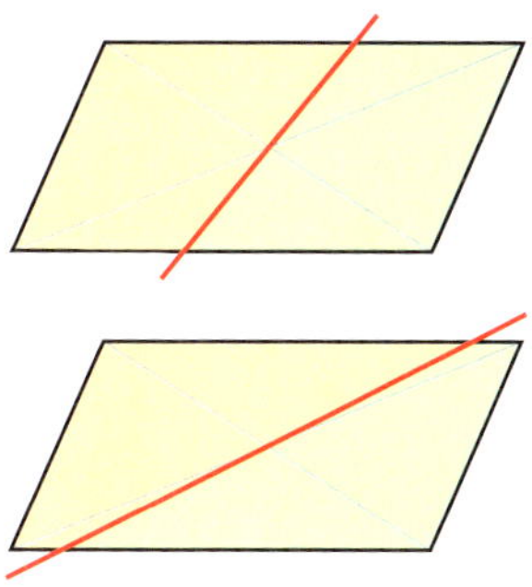

Fig. 4

Dynamische Geometriesoftware

Auch beim Konstruieren von Dreiecken und Vierecken kann ein Geometrieprogramm wie EUKLID DynaGeo oder Geonext eingesetzt werden. Manchmal lassen sich interessante Beobachtungen machen, wenn man konstruierte Vielecke nachträglich durch Ziehen an den Ecken verändert. Dabei ist es besonders wichtig, dass die Konstruktion sorgfältig und exakt durchgeführt wurde, damit ein Dreieck auch ein Dreieck bleibt und ein rechter Winkel nicht plötzlich stumpf wird.
Die meisten Funktionen, die man zum Konstruieren von Vielecken benötigt, wurden bereits in früheren Konstruktionsaufgaben verwendet. Einige zusätzliche nützliche Funktionen sind in der Randspalte erklärt.

Mittelpunkt einer Strecke

Lotgerade

Parallele

Punkt an Linie binden

Konstruiere die folgenden Dreiecke. Bestimme die Größen der übrigen Seiten und Winkel durch Ausmessen.
a) $a = 6\,cm$; $b = 38\,mm$; $c = 8{,}4\,cm$
b) $c = 7\,cm$; $h_c = 8\,cm$; $\alpha = 40°$
c) $b = 72\,mm$; $\beta = 82°$; $c = 2{,}4\,cm$
d) $c = 8\,cm$; $\gamma = 65°$; $h_b = 4{,}8\,cm$

Konstruiere drei nicht zueinander kongruente Dreiecke, bei denen eine Seite 2,5 cm misst, ein Winkel 45° und ein anderer Winkel 82°.

Konstruiere die folgenden Vierecke:
a) ein Quadrat mit $a = 4{,}6\,cm$,
b) eine Raute mit $a = 4{,}2\,cm$ und $\alpha = 115°$,
c) ein Trapez mit $c = 3{,}5\,cm$; $\gamma = 145°$; $\delta = 57°$; $d = 4{,}6\,cm$,
d) ein Parallelogramm mit $b = 3{,}8\,cm$; $\beta = 108°$; $c = 6{,}4\,cm$.

Zeichne
a) ein beliebiges Parallelogramm,
b) ein beliebiges symmetrisches Trapez.
Zeichne jeweils die vier Winkelhalbierenden ein. Markiere die Schnittpunkte der Winkelhalbierenden benachbarter Ecken. Welches Viereck entsteht dabei?

a) Welches besondere Viereck entsteht, wenn man die Seitenmitten eines beliebigen Vierecks verbindet? Erkläre.
b) Welche Form muss das äußere Viereck haben, damit das einbeschriebene Viereck ein Rechteck, eine Raute oder ein Quadrat wird?

Zeichne ein beliebiges Dreieck ABC mit Höhe h_c. Der Fußpunkt der Höhe sei F. Miss die Strecken $\overline{AF}$ und $\overline{BC}$. Verändere das Dreieck durch Ziehen so, dass diese beiden Strecken gleich lang sind. Sind dann die Teildreiecke zueinander kongruent? Argumentiere mit einem Kongruenzsatz.

Zeichne ein beliebiges Dreieck ABC. Wähle einen Punkt P auf $\overline{BC}$; ziehe durch P die Parallelen zu den beiden anderen Seiten. Der Schnittpunkt auf $\overline{AC}$ sei Q, der auf $\overline{AB}$ sei R.
a) Verändere die Lage von P so, dass $\overline{PQ}$ und $\overline{PR}$ gleich lang sind. Experimentiere (variiere das Dreieck), um herauszufinden, wo P genau liegen muss, damit $\overline{PQ}$ und $\overline{PR}$ gleich lang sind.
b) Beweise deine Vermutung (betrachte die Dreiecke ARP und APQ).

Gelenkvierecke mit einem Geometrieprogramm konstruieren

So konstruiert man ein Gelenkviereck mit den Streckenlängen
$a = 6\,cm$; $b = 5{,}5\,cm$; $c = 3{,}8\,cm$ und $d = 6{,}2\,cm$:

1. Zeichne die Strecke $\overline{AB}$ mit der Streckenlänge $a = 6\,cm$.
2. Zeichne die Strecke $\overline{BC}$ mit der Streckenlänge $b = 5{,}5\,cm$.
3. Zeichne einen Kreis um C mit Radius $c = 3{,}8\,cm$.
4. Zeichne einen Kreis um A mit Radius $d = 6{,}2\,cm$.
5. Markiere die Schnittpunkte D_1 und D_2 der beiden Kreise.

Die Vierecke $ABCD_1$ und $ABCD_2$ kann man durch Ziehen an den Punkten B und C verändern. Dabei kann es passieren, dass sich bei einem der beiden Vierecke die Strecken schneiden (Fig. 1). Solche Vierecke „zählen" nicht.

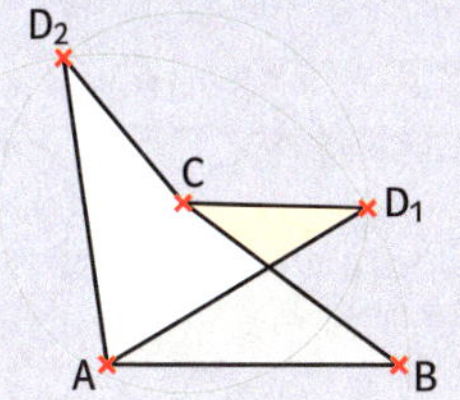

Fig. 1

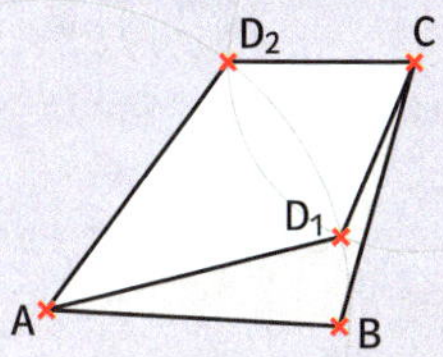

Fig. 2

Konstruiere ein Gelenkviereck mit den Seitenlängen $a = 11\,cm$; $b = 10\,cm$; $c = 6\,cm$ und $d = 7\,cm$. Damit die Übersicht nicht verloren geht, soll hier nur eines der beiden möglichen Vierecke betrachtet werden (Fig. 3)

a) Ermittle durch Ziehen den größtmöglichen Wert für α bzw. β. Überlege dann, wie man diesen Wert mit einer Konstruktion ermitteln könnte.

b) Finde durch Ziehen heraus, für welchen Winkel α bei D ein rechter Winkel entsteht.

c) Untersuche, für welchen Winkel α die Strecke $\overline{CD}$ parallel zur Strecke $\overline{AB}$ ist. Welcher Zusammenhang besteht zwischen den Winkeln α und δ? Begründe.

d) Konstruiere das in b) gesuchte Viereck. Ist die Konstruktion eindeutig?

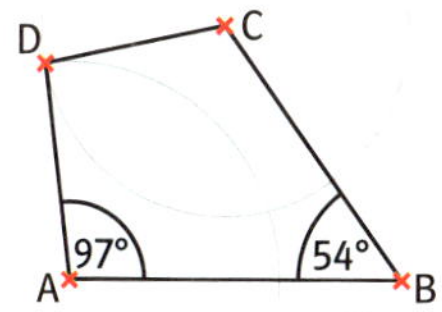

Fig. 3

Konstruiere die Gelenkvierecke $ABCD_1$ bzw. $ABCD_2$ mit $a = 7\,cm$; $b = 5\,cm$; $c = 8\,cm$ und $d = 6\,cm$. Miss die Länge e der Diagonalen $\overline{AC}$.

a) Für welche Diagonalenlängen gibt es mindestens ein Viereck? Welcher Zusammenhang besteht zwischen den Seitenlängen und den gefundenen Grenzen?

b) Für welche Diagonalenlängen gibt es zwei verschiedene Vierecke?

c) Wie kann man die kleinstmögliche Diagonalenlänge e, für die es zwei verschiedene Vierecke gibt, durch Konstruktion ermitteln?

Tipp zu Teil c):

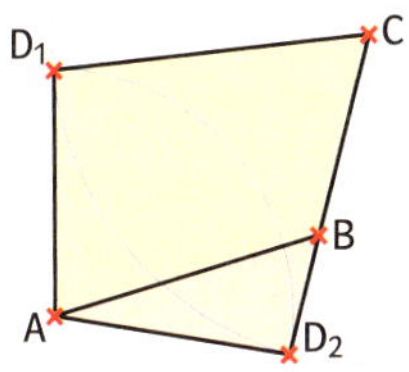

Fig. 4

a) Konstruiere zwei frei bewegliche Vierecke $ABCD_1$ bzw. $ABCD_2$ mit $a = 7\,cm$; $b = 3{,}6\,cm$; $c = 1{,}6\,cm$ und $f = 4{,}5\,cm$.

b) Wenn man den Punkt C bewegt, so gibt es insgesamt vier Positionen, also vier verschiedene Vierecke, bei denen $\alpha = 35°$ ist. Gib für diese vier Vierecke jeweils den Winkel β an.

c) Für welchen Wert von α gibt es nur noch zwei Vierecke? Wie kann man diesen Wert durch Konstruktion ermitteln?

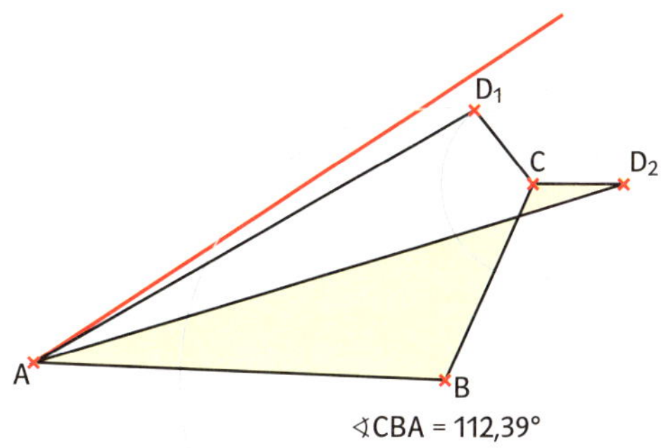

Fig. 5

Tipp zu Teil b): Zeichne bei A einen 35°-Winkel ein. Wenn die Punkte D_1 und D_2 auf diesem Schenkel (rot) liegen, haben die Vierecke die gewünschte Eigenschaft. (vgl. Fig. 5)

Rückblick

Dreiecksungleichung
In einem Dreieck ist die Summe zweier beliebiger Seitenlängen immer größer als die Länge der dritten Seite.

$a + b > c \qquad a + c > b \qquad b + c > a$

Ein Dreieck mit den Seitenlängen 3 cm; 7 cm und 15 cm kann es nicht geben, weil 3 cm + 7 cm < 15 cm ist.

Kongruenzsätze für Dreiecke
Bei Dreiecken genügt es bereits, drei geeignete Angaben zu kennen (Seiten oder Winkel), um eine Aussage über Kongruenz machen zu können.
Die Kongruenzsätze für Dreiecke besagen, dass zwei Dreiecke bereits zueinander kongruent sind, wenn sie in folgenden Größen übereinstimmen:
- drei Seiten (sss)
- zwei Seiten und dem eingeschlossenen Winkel (sws)
- einer Seite und zwei angrenzenden Winkeln (wsw)
- zwei Seiten und dem der längeren Seite gegenüberliegenden Winkel (Ssw)

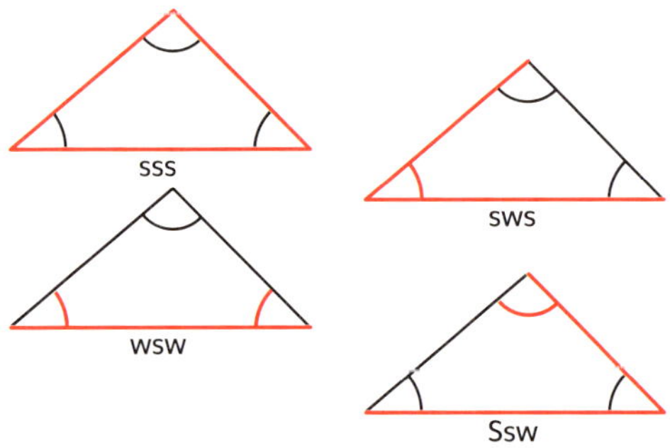

Eindeutige Konstruktion
Die Kongruenzsätze garantieren, dass ein Dreieck eindeutig gegeben ist, wenn man drei geeignete Stücke kennt. Mit diesem Wissen lassen sich durch maßstabsgetreue Konstruktion z. B. Höhen oder Entfernungen ermitteln.

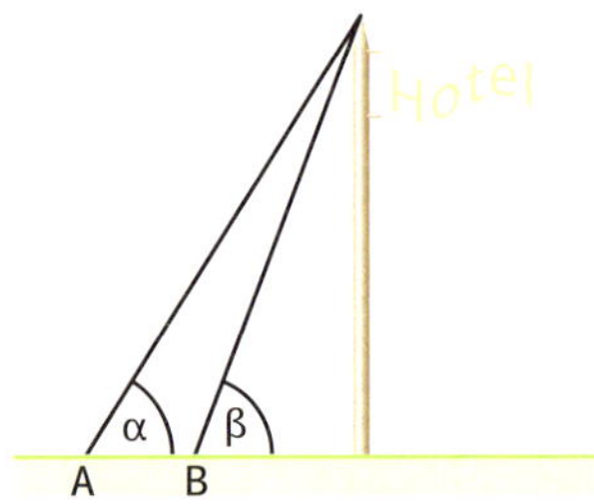

Begründung geometrischer Sachverhalte
Die Kongruenzsätze sind hilfreich, wenn man Eigenschaften geometrischer Figuren überprüfen und begründen möchte.

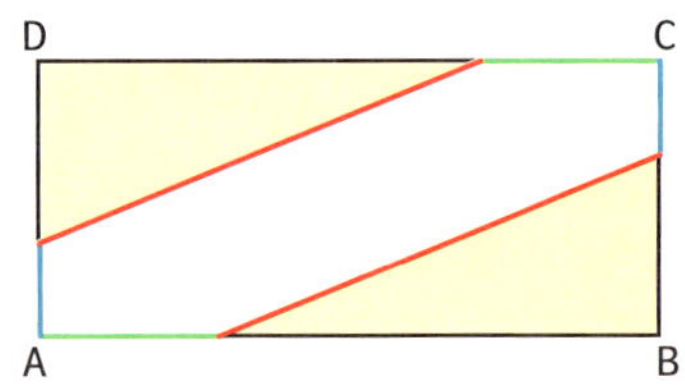

Im Rechteck ABCD sind die grünen und die blauen Strecken jeweils gleich lang.
Mit dem Kongruenzsatz sws kann man zeigen, dass dann auch die roten Strecken gleich lang sind.

Konstruktion von Vierecken
Zur Konstruierbarkeit von Vierecken sind fünf geeignete Angaben notwendig.
Bei speziellen Vierecken kann man auch mit weniger Angaben auskommen.

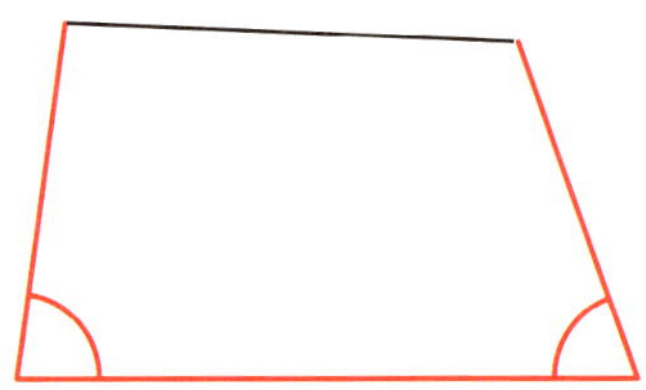

Fünf geeignete Angaben sind z. B. drei Seiten und die zwei eingeschlossenen Winkel.

Training

Runde 1

1 Untersuche, in welchen Fällen sich ein zu Fig. 1 kongruentes Lösungsdreieck ergibt. Argumentiere mit den Kongruenzsätzen.
a) $c = 9\,cm$; $\alpha = 39°$; $\gamma = 57°$
b) $c = 6{,}7\,cm$; $b = 9\,cm$; $\alpha = 84°$
c) $b = 10{,}7\,cm$; $\beta = 39°$; $\gamma = 57°$
d) $c = 10{,}7\,cm$; $b = 9\,cm$; $\beta = 57°$

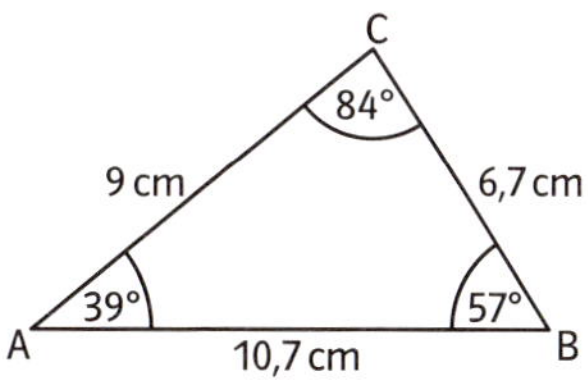

Fig. 1

2 Zerlege ein gleichseitiges Dreieck mit der Seitenlänge 7 cm in zwei, drei bzw. vier kongruente Teilfiguren. Fertige für jede Zerlegung eine neue Zeichnung an.

3 Zeichne jeweils eine Planfigur und entscheide, ob die Dreiecke ABC und DEF zueinander kongruent sind.
a) $b = 6\,cm$; $\gamma = 50°$; $a = 3{,}5\,cm$ und $f = 6\,cm$; $\varepsilon = 50°$; $d = 3{,}5\,cm$
b) $c = 4\,cm$; $\alpha = 70°$; $\beta = 65°$ und $f = 4\,cm$; $\delta = 70°$; $\varphi = 45°$

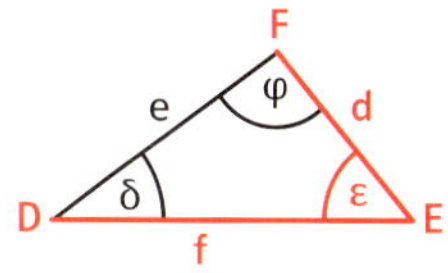

Fig. 2

4 a) Konstruiere eine Raute mit $a = 4\,cm$ und $\beta = 43°$.
b) Konstruiere einen Drachen mit $a = 3\,cm$; $e = 5\,cm$ und $f = 4\,cm$.
c) Konstruiere ein Quadrat mit der Diagonalen der Länge 5 cm.

5 Begründe: Zeichnet man in ein Rechteck (eine Raute) eine Diagonale ein, so entstehen zwei zueinander kongruente Dreiecke.

Runde 2

1 Im Sommer wirft ein 8 m hoher Mast mittags einen 4,30 m langen Schatten. Welchen Winkel bilden dann die Sonnenstrahlen mit der Erdoberfläche?

2 Konstruiere ein Dreieck aus den folgenden Angaben. Miss die übrigen Seiten und Winkel.
a) $a = 3\,cm$; $b = 5{,}4\,cm$; $c = 7{,}7\,cm$
b) $a = 5\,cm$; $\beta = 33°$; $\gamma = 67°$
c) $b = 6{,}7\,cm$; $c = 5{,}8\,cm$; $\alpha = 43°$
d) $b = 5\,cm$; $\alpha = 35°$; $\gamma = 61°$

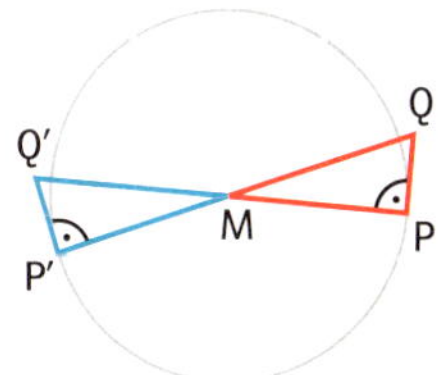

Fig. 3

3 In Fig. 3 ist M der Mittelpunkt des Kreises. Begründe, dass die beiden Dreiecke MPQ und MP'Q' zueinander kongruent sind.

4 Begründe oder widerlege die folgenden Aussagen.
a) Zwei Dreiecke sind zueinander kongruent, wenn sie in allen Winkeln und ihrem Flächeninhalt übereinstimmen.
b) Wenn zwei Dreiecke nicht zueinander kongruent sind, so müssen sie sich mindestens in einer Seitenlänge unterscheiden.

5 Wie weit sind die beiden Messpunkte in Fig. 4 in etwa voneinander entfernt?

6 Zeichne drei verschiedene Vierecke, welche in fünf Größen übereinstimmen, aber nicht zueinander kongruent sind.

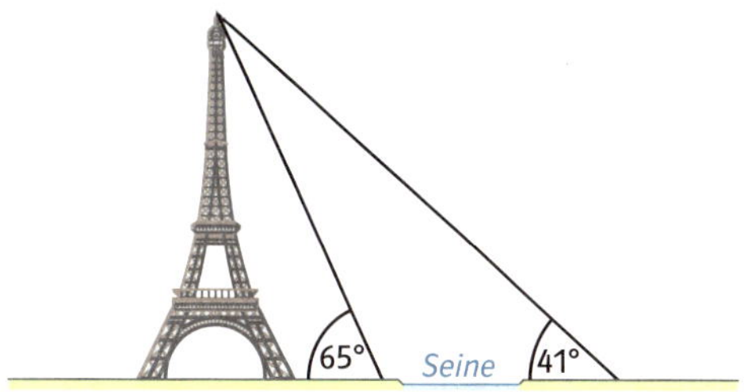

Fig. 4

Die Höhe des Eiffelturms beträgt 324 m.

Lösungen auf den Seiten 223–225.

Das kannst du schon

- Proportionale und antiproportionale Zuordnungen erkennen und grafisch darstellen
- Dreisatzrechnungen durchführen
- Prozentsatz, Prozentwert und Grundwert berechnen
- Sachaufgaben der Prozentrechnung lösen.

Mohammed Junus, Gründer der Grameen Bank (Friedensnobelpreis 2006 für „Mikrokredite“ an arme Menschen in Bangladesch)

Alfred Nobel – er hat das Dynamit erfunden – stiftete die Nobelpreise. Zur Finanzierung der Preisgelder werden die Zinsen aus seinem Vermögen verwendet. Im Jahr 2003 wurden 10 Millionen schwedische Kronen, das sind 1,1 Millionen Euro, an die Preisträger und Preisträgerinnen verteilt.

Berühmte Nobelpreisträger/innen

Marie Curie, 1903 (Physik)

Nelson Mandela, 1993 (Frieden)

Albert Einstein, 1921 (Physik)

Christiane Nüsslein-Volhard, 1995 (Medizin)

Zahl

Messen

Raum und Form

Funktionaler Zusammenhang

Daten und Zufall

5000-€-Kredit bei 4,99 % Jahreszins oder lieber 7500 € bei 3,32 %?

Für alles im Leben muss man bezahlen. Und je später man es tut, um so höher werden die Zinsen.

John Steinbeck

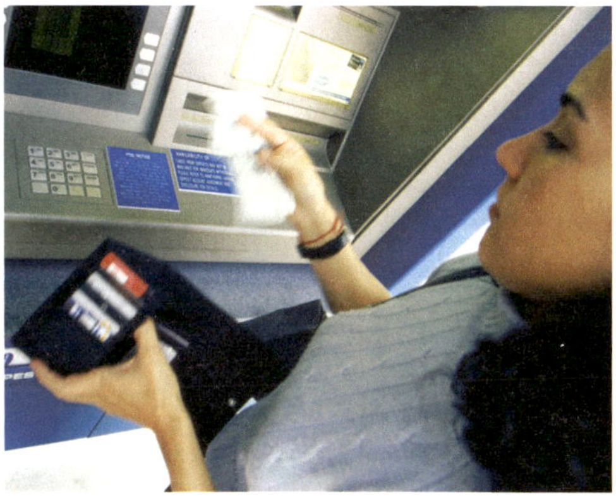

Zinsentwicklung verschiedener Währungen im Vergleich

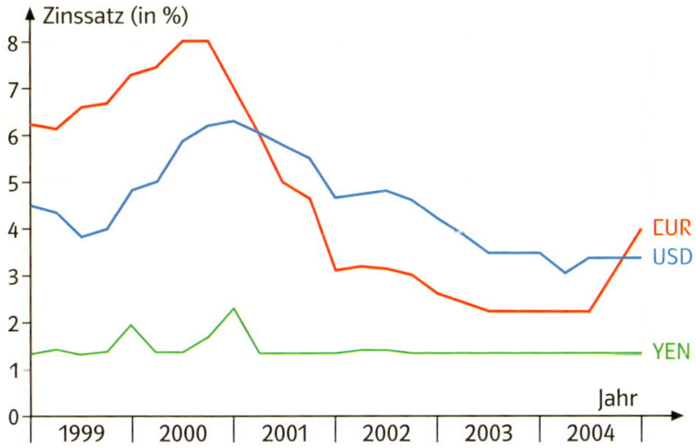

Das kannst du bald

- Beziehungen zwischen den Grundgrößen der Prozentrechnung erkennen und grafisch darstellen
- Zinsrechnung als Anwendungder Prozentrechnung verstehen
- Zinseszinsen berechnen

1 Prozente und Zuordnungen

Firma Profit konnte in diesem Jahr schon zum zweiten Mal ihren Umsatz um 10 % steigern

Die Geschäftsleitung der Firma Profit teilte vergangene Woche der Presse mit, dass die diesjährigen Umsätze alle Prognosen weit übersteigen...

Der Landbote
30. August 2006

„Wenn die so weitermachen, ist die Firma in 10 Jahren doppelt so groß."
„Wie ich die so kenne, schaffen die das noch schneller."
„Wenn du dich da mal nicht täuschst ..."

Grundwert: G
Prozentwert: W
Prozentsatz: p%

Bei einer Aktion werden alle Artikel um 10 % billiger. Ein Pullover, der vorher 30 € gekostet hat, ist jetzt 3 € billiger. Bei 30 % Ermäßigung wäre der Pullover 9 € billiger geworden. Daraus erkennt man: Bei gleichem Grundwert sind Prozentwert und Prozentsatz zueinander proportional. Bei 100 % Ermäßigung wäre der Pullover 30 € billiger geworden.

$G \cdot p\% = W$

$\frac{W}{p\%} = G$

$\frac{W}{G} = p\%$

Bei festem Grundwert ist die Zuordnung *Prozentsatz p% → Prozentwert W* proportional.
Der Proportionalitätsfaktor dieser Zuordnung ist der Grundwert G.

Beispiel 1
Ein Fruchtsaftgetränk enthält 30 % Fruchtsaftkonzentrat, der Rest ist Wasser. Zur Herstellung einer Lieferung wurden 25 Liter Konzentrat verbraucht.
a) Wie viel Konzentrat benötigt man, um gleich viel Fruchtsaftgetränk mit einem Konzentratgehalt von nur 15 % herzustellen?
b) Stelle die Zuordnung *Konzentratanteil A (in %) → Konzentratmenge M (in Liter)* in einem Koordinatensystem dar.
c) Lies am Graphen ab, wie viel Prozent Konzentrat das Getränk enthält, wenn 45 Liter Konzentrat verwendet wurden. Prüfe durch Rechnung.
d) Lies am Graphen ab, wie viel Fruchtsaftgetränk hergestellt wurde. Prüfe durch Rechnung.
Lösung:

Grundwert = Prozentwert für p% = 100 %

a) Bei 30 % benötigt man 25 Liter.
Bei 1 % benötigt man $\frac{25}{30}$ Liter.
Bei 15 % benötigt man $\frac{25 \cdot 15}{30} = 12{,}5$ Liter.
Es werden 12,5 Liter Konzentrat benötigt.
c) 25 Liter Konzentrat bei 30 %.
1 Liter Konzentrat bei $\frac{30}{25}$ %.
45 Liter Konzentrat bei $\frac{30 \cdot 45}{25} = 54$ %.
Der Saft enthält 54 % Konzentrat.
d) Gegeben sind W = 25 l und p% = 30 %.
Gesucht ist G (Prozentwert bei 100 %).
Mit der Formel zur Berechnung des Grundwertes ergibt sich: $G = \frac{W}{p\%} = \frac{25}{0{,}3}\,l = 83{,}\overline{3}\,l$.
Es wurden $83{,}\overline{3}$ Liter Fruchtsaftgetränk hergestellt.

b)
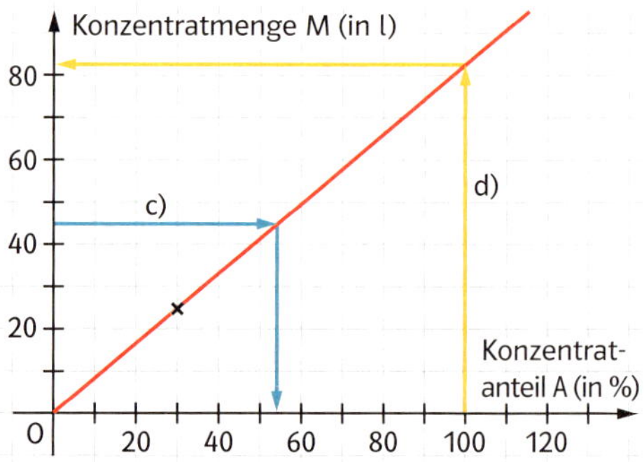

Vor 1995 kostete ein Liter Superbenzin etwa 55 ct, an manchen Tankstellen muss man inzwischen 1,32 € und mehr bezahlen. Das Benzin ist 77 ct teurer geworden. Der Preis ist mehr als doppelt so hoch wie damals. In Prozent ausgedrückt ergibt sich ein Prozentsatz, der höher ist als 100 %, denn 100 % entsprechen 55 ct. 1 ct entspricht $\frac{100}{55}$ % und 77 ct entsprechen $\frac{100 \cdot 77}{55}$ %. Die Preissteigerung beträgt also 140 %. Zur Berechnung des Prozentsatzes wurde das Dreisatzverfahren verwendet. Der Grundwert (55 ct), also der Prozentwert bei 100 %, und der Prozentwert (77 ct) sind gegeben.

Alle drei **Grundaufgaben der Prozentrechnung** kann man auch mithilfe der Dreisatzrechnung lösen.

G gesucht:	*W gesucht:*	*p% gesucht:*
$p\% \mapsto W$	$100\% \mapsto G$	$G \mapsto 100\% = \frac{100}{100} = 1$
$1\% \mapsto \frac{W}{p}$	$1\% \mapsto \frac{G}{100}$	$1 \mapsto \frac{100}{G}\% = \frac{1}{G}$
$100\% \mapsto \frac{\mathbf{W \cdot 100}}{\mathbf{p}} = \mathbf{G}$	$p\% \mapsto \frac{\mathbf{G \cdot p}}{\mathbf{100}} = \mathbf{W}$	$W \mapsto \frac{100 \cdot W}{G}\% = \frac{\mathbf{W}}{\mathbf{G}} = \mathbf{p\%}$

Bei der Dreisatzrechnung entstehen die aus der Klasse 7 bekannten Formeln.

Ist der Prozentwert höher als der Grundwert, so entstehen Prozentsätze über 100 %.

Beispiel 2

a) Das Heft ist jetzt 5 % teurer. Vorher kostete es 80 ct. Um wie viel Cent wurde es teurer?

b) Der Preis für ein Fahrrad wurde um 20 % gesenkt. Es ist dadurch 162 € billiger geworden. Wie viel hat es vorher gekostet?

c) Der Preis für das neue Notebook beträgt 1050 €. Darin sind 19 % Mehrwertsteuer enthalten. Berechne den Preis ohne Mehrwertsteuer.

Lösung:

a) Gegeben: $p\% = 5\%$ und $G = 80$ ct
Gesucht: W
$100\% \mapsto 80$ ct
$1\% \mapsto \frac{80}{100}$ ct
$5\% \mapsto \frac{80 \cdot 5}{100}$ ct $= 4$ ct
Ein Heft ist 4 ct teurer geworden.

b) Gegeben: $p\% = 20\%$ und $W = 162$ €
Gesucht: G
$20\% \mapsto 162$ €
$1\% \mapsto \frac{162}{20}$ €
$100\% \mapsto \frac{162 \cdot 100}{20}$ € $= 810$ €.
Das Fahrrad hat vorher 810 € gekostet.

Wenn man die Formeln aus Klasse 7 benutzt, erhält man:
$W = \frac{G \cdot p}{100} = \frac{80 \cdot 5}{100} = 4;$
$G = \frac{W \cdot 100}{p} = \frac{162 \cdot 100}{20} = 810$

c) *Der angegebene Preis setzt sich zusammen aus dem Preis ohne Mehrwertsteuer (100 %) und dem Mehrwertsteuerbetrag (19 %). Das sind 119 % des Preises ohne Mehrwertsteuer.*
Gegeben sind $p\% = 119\%$ und $W = 1050$ €; gesucht ist G.
$119\% \mapsto 1050$ €
$1\% \mapsto \frac{1050}{119}$ €
$100\% \mapsto \frac{1050 \cdot 100}{119}$ €

Der Taschenrechner zeigt als Ergebnis 882,352941176... an. Sinnvolles Runden ergibt die Antwort: Das Notebook kostet ohne Mehrwertsteuer 882,35 €.

und
$G = \frac{W \cdot 100}{p} = \frac{1050 \cdot 100}{119} \approx 882{,}35$

Aufgaben

1 Der Eintritt für die Nachmittagsvorstellung im Gloria-Kino kostet 75 % des Preises für die Abendvorstellung.

a) Katrin bezahlt am Nachmittag 6,75 €. Wie viel Euro kostet der Eintritt am Abend?

b) Malte hat gestern Abend 8 € bezahlt. Wie viel Euro hätte er am Nachmittag bezahlt?

2 Das Lise-Meitner-Gymnasium wird von 720 Kindern und Jugendlichen besucht, davon sind 380 Mädchen. Das Willy-Brandt-Gymnasium besuchen 275 Mädchen und 265 Jungen. Bei welcher Schule ist der Prozentsatz an Mädchen größer?

3 Tanja trainiert für die norddeutschen Meisterschaften. Sie hat dafür ihre Trainingszeit um 20 % verlängert. Alles klappt gut, sodass ihr Trainer eine Verringerung der neuen Trainingszeit um 10 % erlaubt. Normalerweise trainiert Tanja 5 Stunden pro Woche. Wie lange trainiert sie, nachdem der Trainer ihr erlaubt hat, 10 % weniger zu trainieren?

4 Die Klasse 8a hat bei einer Tombola 150 € Gewinn gemacht.
45 % des Gewinns bleiben in der Klassenkasse. Der Rest wird an die Organisation „Kinder helfen Kindern“ gespendet. Die Organisation verwendet 40 % ihrer Spenden für die Unterstützung von Kindern in Asien und 50 % für Kinder in Afrika.
a) Wie viel Euro gehen nach Asien?
b) Wie viel Prozent des Tombolagewinns sind für Afrika bestimmt?
c) Wie viel Euro werden von der Organisation nicht weitergegeben? Wie viel Prozent des Gewinns sind das?
d) Die Klasse 8b hat 210 € Gewinn gemacht. Sie findet die Idee der Parallelklasse gut und teilt das Geld genauso auf. Wie viel Euro der Klasse 8b kommen asiatischen Kindern zu? Über wie viel Prozent des Gewinns der Klasse 8b können sich Kinder aus Afrika freuen?
e) Vergleiche das Ergebnis aus d) mit den Ergebnissen aus a) und b).

5 35 % der 960 Schülerinnen und Schülern des Mozartgymnasiums spielen mindestens ein Musikinstrument. Von den restlichen Schülerinnen und Schülern sind 6,25 % im Chor.
a) Wie viele Schülerinnen und Schüler des Mozartgymnasiums spielen mindestens ein Musikinstrument?
b) Wie viele Chormitglieder spielen kein Musikinstrument?

6 60 % aller Kinder der Klassenstufe 8 des Hohlweggymnasiums spielen mindestens ein Musikinstrument. Etwa 30 % der Musiker spielen sogar zwei Instrumente.
a) Wie viel Prozent der Kinder der Klassenstufe 8 spielen zwei Instrumente?
b) 27 Kinder spielen kein Instrument, sondern singen. Sänger und Musiker sind zusammen rund 80 % der Kinder. Wie viele Kinder der Stufe sind weder Musiker noch Sänger?
c) Erkläre, warum das Ergebnis aus a) gerundet ist.

7 Ein Händler verkauft seine Ware 20 % teurer, als er sie eingekauft hat.
a) Zu welchem Preis wurde ein Artikel eingekauft, der für 150 € verkauft wird?
b) Zu welchem Preis wird ein Artikel verkauft, der für 150 € eingekauft wurde?

8 Bei einer Rabattaktion werden alle Artikel um 15 % billiger.
a) Ein Pullover wird dadurch 4,50 € billiger. Wie teuer war der Pullover zuvor? Wie viel muss man jetzt bezahlen?
b) Ist die Zuordnung *alter Preis* → *neuer Preis* proportional? Begründe.
c) Stelle die Zuordnung *alter Preis* → *neuer Preis* grafisch dar und lies für drei verschiedene alte Preise die neuen Preise ab.
d) Um wie viel wird eine Hose billiger, die vorher 75 € gekostet hat?
e) Stelle die Zuordnung *alter Preis* → *Preisermäßigung* grafisch dar und lies ab, welche Preisermäßigung sich für einen Artikel ergibt, der zuvor 25 € gekostet hat.
f) Überprüfe die Angaben auf dem Werbeplakat (Fig. 1).

Fig. 1

9 a) Wie viel Gramm Cappuccino-Pulver bekam man früher bei einer Dose Capri?
b) Wie viel Gramm bekommt man, wenn nochmals 20 Prozent hinzukommen? Auf diese Frage kann man zwei Antworten geben – wieso?

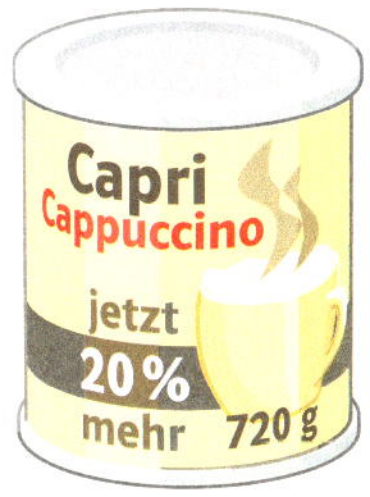

10 100 g ungekochte italienische Spagetti enthalten 11,7 g Eiweiß, 73,7 g Kohlenhydrate und 1,4 g Fett. Werden die Spagetti gekocht, so verringern sich die Anteile: 100 g gekochte Spagetti enthalten 4,2 g Eiweiß, 26,4 g Kohlenhydrate und 0,5 g Fett.
a) Um wie viel Prozent verringern sich die Anteile beim Kochen? Warum?
b) Sina und Tim essen zusammen eine große Portion Spagetti. Dabei nehmen sie insgesamt 132 g Kohlenhydrate zu sich. Wie viel Gramm Spagetti „verdrücken" die beiden?

11 Ein Bauteil kostet mit 19 % Mehrwertsteuer 39,44 €. Wie viel kostet es ohne MwSt.?

12 Von 1998 bis 2006 stieg die Schülerzahl an Gymnasien in der Bundesrepublik Deutschland um etwa 10,5 % auf rund 2 431 300. Wie viele Gymnasiasten gab es 1998 etwa?

13 Silkes Eltern ärgern sich, weil die Miete um 18 % erhöht worden ist. Jetzt müssen sie monatlich 802,40 € bezahlen. Um wie viel Euro wurde die Miete erhöht?

14 In einer Porzellanfabrik rechnet man bei der Herstellung von Geschirr mit 20 % Bruch. Wie viele Teller müssen gefertigt werden, um einen Auftrag über 1000 Stück erfüllen zu können?

15 Der Goldgehalt von Schmuckstücken wird in Promille $\left(1‰ = \frac{1}{1000}\right)$ angegeben. So bedeutet „Feingold 750" einen Goldanteil von 750 ‰. Der Rest besteht meistens aus Silber und Kupfer. Wie viel Gramm reines Gold enthält ein 6 g schwerer Ring aus Feingold 750 (Feingold 585, Feingold 333)?

16 Herr Franz will eine neue Gitarre kaufen. Er hat vier Preisangebote: (1) zuerst 24 % Rabatt, dann plus 19 % MwSt.; (2) zuerst plus 19 % MwSt., dann 24 % Rabatt; (3) 5 % Rabatt; (4) 10 € Preisnachlass. Welches Angebot sollte Herr Franz annehmen?

17 In diesem Jahr gibt es eine Lohnerhöhung von 5 %.
a) Stelle die Zuordnung *altes Gehalt (pro Monat)* → *Gehaltserhöhung* grafisch dar. Erkundige dich, welche Geldbeträge sinnvoll sind (Lehrling, Arbeiter, Facharbeiter, Beamter, Bundeskanzler, Richter …). Runde die Gehälter jeweils auf Hunderter. Warum spricht man von einer „linearen Gehaltserhöhung"?
b) Leas Bruder verdient monatlich 1550 €. Lies seine Gehaltserhöhung an deiner Skizze ab.
c) Stelle die Zuordnung *altes Gehalt* → *neues Gehalt* grafisch dar.
d) Lea hält eine lineare Gehaltserhöhung für ungerecht. Nimm dazu Stellung.
e) Lea schlägt vor, für alle den Lohn um den festen Betrag von 90 € zu erhöhen.
Stelle die Zuordnung *alter Lohn* → *Lohnerhöhung* grafisch dar.
f) Ab welchem Lohn fällt die Erhöhung nach Leas Modell geringer aus als bei einer linearen Erhöhung?
g) Wie viel Prozent erhält ein Arbeiter mit einem Lohn von 1500 € nach Leas Modell mehr?
h) Stelle die Zuordnung *alter Lohn* → *Erhöhung in Prozent* grafisch dar.
Diese Zuordnung ist nicht proportional. Um welche Art von Zuordnung handelt es sich?
i) Ist die Zuordnung *alter Lohn* → *neuer Lohn* nach Leas Modell proportional? Ist sie antiproportional? Zeichne einen Graphen.
j) Nenne Eigenschaften der Zuordnung *alter Lohn* → *neuer Lohn* nach Leas Modell.

Abrechnung der Brutto-Netto-Bezüge

Pers.-Nr.	Geb.-Dat.	Eintritt
00126	10/04/78	18/02/05

Hr. Mustermann Musterhausen	Statistische Werte

Art	Bezeichg.	Betrag
001	Gehalt	1380,00
014	Freiw. Zulage	260,00

2 Prozente und Zinsen

Zur Konfirmation hat Bianca insgesamt 950 € geschenkt bekommen. Sie will das Geld noch ein Jahr lang sparen, weil sie sich mit 16 Jahren einen Roller kaufen möchte.

Zahlt man auf ein Sparkonto ein oder kauft man einen Pfandbrief, so erhält man dafür von der Bank oder Sparkasse **Zinsen**. Will man sich umgekehrt von der Bank oder der Sparkasse Geld leihen (man sagt dazu auch, einen **Kredit** oder ein **Darlehen** aufnehmen), so muss man dafür Zinsen bezahlen. Den gesparten bzw. geliehenen Geldbetrag nennt man in der Zinsrechnung **Kapital**. Die Zinsen für ein Jahr heißen **Jahreszinsen**.

Die **Zinsrechnung** ist eine Anwendung der Prozentrechnung. Grundwert, Prozentwert und Prozentsatz erhalten neue Namen:
Der **Grundwert G** heißt in der Zinsrechnung **Kapital K**.
Der **Prozentwert W** heißt in der Zinsrechnung **Jahreszinsen Z**.
Der **Prozentsatz p%** heißt in der Zinsrechnung **Zinssatz p%**.
Die Berechnung von Grundwert, Prozentwert und Prozentsatz kann man direkt auf die Zinsrechnung übertragen.

Grundaufgaben der Zinsrechnung

Berechnung der Jahreszinsen:	$Z = K \cdot p\% = K \cdot \frac{p}{100}$
Berechnung des Kapitals:	$K = \frac{Z}{p\%} = \frac{Z \cdot 100}{p}$
Berechnung des Zinssatzes:	$p\% = \frac{Z}{K}$ oder $p = \frac{Z \cdot 100}{K}$

Die Grundaufgaben der Zinsrechnung lassen sich auch mithilfe des Dreisatzes lösen.

Beispiel 1
Miloud hat 150 € auf seinem Sparbuch. Das Kapitel wird mit 2,5 % verzinst. Wie hoch sind die Jahreszinsen?
Lösung:
Gegeben sind K = 150 € und p% = 2,5 %, gesucht ist Z.

1. Möglichkeit: Verwendung der Formel
$Z = K \cdot p\% = 150 \cdot 0{,}025\,€ = 3{,}75\,€$
Miloud erhält 3,75 € Jahreszinsen.

2. Möglichkeit: Dreisatz
$100\,\% \mapsto 150\,€$
$1\,\% \mapsto \frac{150}{100}\,€$
$2{,}5\,\% \mapsto \frac{150 \cdot 2{,}5}{100}\,€ = 3{,}75\,€$

Beispiel 2
Frau Beyers erzählt, dass sie von ihrer Bank bei einem Zinssatz von 7,5% jährlich 720€ Zinsen erhält. Wie hoch ist ihr Kapital?
Lösung:
Gegeben sind Z = 720€ und p% = 7,5%, gesucht ist K.

1. Möglichkeit: Verwendung der Formel

$K = \frac{Z \cdot 100}{p} = \frac{720 \cdot 100}{7{,}5} = 9600\,€$

Frau Beyers hat 9600€ auf der Bank.

2. Möglichkeit: Dreisatz

$7{,}5\,\% \mapsto 720\,€$

$1\,\% \mapsto \frac{720}{7{,}5}\,€$

$100\,\% \mapsto \frac{720 \cdot 100}{7{,}5}\,€ = 9600\,€$

Beispiel 3
Herr Dorr benötigt einen Kredit von 5000€. Wenn er das gesamte Geld nach einem Jahr wieder zurückzahlt, muss er 5425€ zahlen. Berechne den Zinssatz.
Lösung:
Gegeben sind K = 5000€ und Z = 5425€ − 5000€ = 425€, gesucht ist p%.

1. Möglichkeit: Verwendung der Formel

$p\% = \frac{Z}{K} = \frac{425}{5000} = 0{,}085 = 8{,}5\,\%$

Die Bank verlangt einen Zinssatz von 8,5%.

2. Möglichkeit: Dreisatz

$5000\,€ \mapsto 100\,\%$

$1\,€ \mapsto \frac{100}{5000}\,\%$

$425\,€ \mapsto \frac{100 \cdot 425}{5000}\,\% = 8{,}5\,\%$

Aufgaben

1 Berechne die fehlenden Angaben.

	a)	b)	c)	d)	e)	f)
Kapital (in €)	2000	500		2500	71240	
Zinssatz	3%		7%		1,5%	3,5%
Jahreszinsen (in €)		10	200	60		340,62

2 a) Bei welchem Zinssatz erhält man für 900€ Kapital Jahreszinsen von 22,50€?
b) Bei welchem Zinssatz erhöht sich ein Kapital in einem Jahr von 1050€ auf 1092€?
c) Wie viel Jahreszinsen erbringt ein Guthaben von 123€ bei einem Zinssatz von 3,5%? Wie viel Jahreszinsen erbringt das 10fache Guthaben?
d) Welches Guthaben erbringt bei einem Zinssatz von 3,5% die Jahreszinsen 315€?
e) Welches Guthaben wächst durch die Jahreszinsen bei einem Zinssatz von 3,5% auf 3105€, welches auf 1293,75€?

3 Frau Joop benötigt für einen Autokauf einen Kredit über 8000€.
a) Die Sparkasse bietet ihr den Kredit für 680€ Zinsen im Jahr an. Welchem Zinssatz entspricht das?
b) Die Kreditbank verlangt für das Darlehen 8% Zinsen und dazu eine Bearbeitungsgebühr von 50€. Wie viel Euro kostet hier der Kredit für ein Jahr?

4 Vergleiche die Kosten für einen Kredit über 12500€ für ein Jahr:
(1) 8,25% Zinsen, 125€ Bearbeitungsgebühr;
(2) monatlich 0,75% Zinsen, keine Bearbeitungsgebühr.

3 Tageszinsen und Zinseszinsen

Nr. 01.123.3 Natalie ... ...ptstraße 10, Dingsdorf

Datum, Unterschrift	Erläuterungen	Auszahlung S = Soll	Einzahlung H = Haben	Guthaben Euro
25.05.05	Einlage		***800,00H	***800,00
25.11.05	Zinsen		*****8,00H	***808,00

Natalie hat 800 € auf ihrem Sparbuch. Die Sparkasse verzinst das Geld mit 2 %. Nach einem halben Jahr möchte sie wissen, wie hoch ihr Kontostand ist. Weil sie nur 8 € Zinsen bekommt, glaubt sie, dass der Zinssatz auf 1 % geändert wurde.

Zinsen für ein Sparbuch werden tageweise berechnet. Dabei setzt man:
1 Jahr = 360 Zinstage, 1 Monat = 30 Zinstage.
Für jeden Tag wird $\frac{1}{360}$ der Jahreszinsen gezahlt, für t Tage $\frac{t}{360}$ der Jahreszinsen.
Damit werden z. B. für 1 Monat $\frac{30}{360}$, also $\frac{1}{12}$ der Jahreszinsen gezahlt.
Dies gilt ensprechend für Kredite, deren Zinsen tageweise berechnet werden.
Man spricht dabei von **Tageszinsen**, die Zeitdauer nennt man die **Laufzeit**.
Die Zuordnung *Tageszinsen → Laufzeit* ist proportional. Wenn man die Jahreszinsen kennt, kann man die Tageszinsen als Anteil der Jahreszinsen mithilfe des Dreisatzes bestimmen.

Die Jahreszinsen werden mit der Zinsformel $Z = K \cdot \frac{p}{100}$ oder auch mit dem Dreisatz berechnet.

Die Tageszinsen Z_t sind der $\frac{t}{360}$-ste Teil von Z: $Z_t = Z\frac{t}{360}$

Berechnung der Tageszinsen Z_t für eine Laufzeit von t Tagen
1. Schritt: Man berechnet die Jahreszinsen Z.
2. Schritt: Man berechnet die Tageszinsen Z_t mithilfe des Dreisatzes.

Nach einem Jahr werden die Zinsen gutgeschrieben und im nächsten Jahr mitverzinst. Man erhält dann für die Zinsen wieder Zinsen. Sie heißen **Zinseszinsen**. Wenn man das gesamte Kapital für eine Laufzeit von n Jahren (n = 2; 3; 4; …) berechnen will, muss man zuerst die Jahreszinsen für das erste Jahr berechnen. Im zweiten Jahr werden dann die Zinsen vom erhöhten Kapital berechnet usw.

Nach einem Jahr:
$K_1 = K + Z$
$= K + K \cdot p\%$
$= K \cdot (1 + p\%)$
$= K \cdot q$
Nach zwei Jahren:
$K_2 = K_1 \cdot (1 + p\%)$
$= K \cdot (1 + p\%) \cdot (1 + p\%)$
$= K \cdot q^2$
Nach n Jahren:
$K_n = K \cdot (1 + p\%)^n$
$= K \cdot q^n$

Berechnung des Gesamtkapitals bei einer Laufzeit von n Jahren
1. Schritt: Man berechnet die Jahreszinsen Z für das Kapital K.
2. Schritt: Man addiert die Zinsen zum Kapital K und erhält so das neue Kapital.
3. Schritt: Man berechnet die Jahreszinsen Z für das neue Kapital.
4. Schritt: Man wiederholt, wenn nötig, die Schritte 2 und 3.

Das Kapital wächst in jedem Jahr um den gleichen **Zinsfaktor** $q = 1 + p\% = 1 + \frac{p}{100}$.
600 € wachsen also in 5 Jahren bei einem Zinssatz von 3 % auf $600 \cdot 1{,}03^5 \approx 695{,}56$ €.

Beispiel 1 Berechnung der Tageszinsen

Herr Kobel hat sein Konto 18 Tage lang um 450 € überzogen. Der Zinssatz für diesen Kredit beträgt 12,5 %. Wie viel Zinsen muss er zahlen?

Lösung:

1. Schritt:

$Z = K \cdot p\% = 450\,€ \cdot 0{,}125 = 56{,}25\,€$

Wenn Herr Kobel sein Konto ein ganzes Jahr lang um 450 € überzogen hätte, müsste er 56,25 € Zinsen zahlen.

2. Schritt.

$360 \text{ Tage} \mapsto 56{,}25\,€$

$1 \text{ Tag} \mapsto \frac{56{,}25}{360}\,€$

$18 \text{ Tage} \mapsto \frac{56{,}25 \cdot 18}{360}\,€ = 2{,}8125\,€ \approx 2{,}81\,€$

Für die 18 Tage Kontoüberziehung muss Herr Kobel 2,81 € Zinsen bezahlen.

360 Tage $\mapsto Z$

1 Tage $\mapsto \frac{Z}{360}$

t Tage $\mapsto \frac{Z \cdot t}{360} = Z \cdot \frac{t}{360}$

also ist:

$Z_t = K \cdot \frac{p}{100} \cdot \frac{t}{360}$

Beispiel 2 Berechnung des Zinssatzes

Die neue Kücheneinrichtung kostet 7200 €. Familie Knicks muss den Betrag erst in 70 Tagen zahlen. Dafür werden 112 € Zinsen berechnet. Welchem Zinssatz entspricht das?

Zinssätze beziehen sich, wenn nichts anderes vereinbart wird, immer auf ein Jahr.

Lösung:

1. Schritt: Berechnung der Jahreszinsen

$70 \text{ Tage} \mapsto 112\,€$

$1 \text{ Tag} \mapsto \frac{112}{70}\,€$

$360 \text{ Tage} \mapsto \frac{112 \cdot 360}{70}\,€ = 576\,€$

Wenn Familie Knicks die Küche erst nach einem Jahr bezahlen würde, müsste sie 576 € Zinsen zahlen.

2. Schritt: Berechnung des Zinssatzes

$p\% = \frac{Z}{K} = \frac{576}{7200} = 0{,}08 = 8\,\%$

Der Zinssatz beträgt 8 %.

Immer zuerst die Jahreszinsen berechnen!

Beispiel 3 Berechnung des Kapitals

Herr Kaufmann hat 5 Tage lang sein Konto überzogen. Die Bank berechnet ihm dafür 4,75 €. Der Zinssatz beträgt 12 %. Um wie viel Euro war das Konto überzogen?

Lösung:

1. Schritt: Berechnung der Jahreszinsen

$5 \text{ Tage} \mapsto 4{,}75\,€$

$1 \text{ Tag} \mapsto \frac{4{,}75}{5}\,€$

$360 \text{ Tage} \mapsto \frac{4{,}75 \cdot 360}{5}\,€ = 342\,€$

2. Schritt Berechnung des Kapitals

$K = \frac{Z}{p\%} = \frac{342}{0{,}12} = 2850\,€$

Das Konto war um 2850 € überzogen.

Beispiel 4 Zinseszinsen

Das Kapital $K = 3000\,€$ wird mit einem Zinssatz von 7,5 % verzinst. Auf welchen Betrag wächst es in 3 Jahren an?

Lösung:

1. Jahr: $K_1 = K + K \cdot 0{,}075 = 3000\,€ + 3000 \cdot 0{,}075\,€ = 3225\,€$

2. Jahr: $K_2 = K_1 + K_1 \cdot 0{,}075 = 3225\,€ + 3225 \cdot 0{,}075\,€ = 3466{,}875\,€$

3. Jahr: $K_3 = K_2 + K_2 \cdot 0{,}075 = 3466{,}875\,€ + 3466{,}875\,€ \cdot 0{,}075\,€ = 3726{,}890\,625\,€$

$\approx 3726{,}89\,€$

Zwischenergebnisse nicht runden!

Beispiel 5 Kapitalverdoppelung

Nach wie vielen Jahren hat sich das Kapital $K = 5000\,€$ ungefähr verdoppelt, wenn es mit 8 % verzinst wird? Wie lange dauert es, bis sich 10 000 € verdoppelt haben?

Lösung:

Gesucht ist n, sodass $K_n = K \cdot q^n \approx 2K$ wird. Das Kapital verdoppelt sich, wenn der Zinsfaktor den Wert 2 annimmt. Durch Probieren findet man: $1{,}08^9 \approx 2$. Nach 9 Jahren hat sich das Kapital (fast) verdoppelt. Die Verdoppelungszeit hängt nicht vom „Startkapital“ K ab.

Aufgaben

1 Berechne die fehlenden Größen.

	a)	b)	c)	d)	e)	f)
Kapital	360 €	6120 €		8640 €	2700 €	
Zinssatz	3,5 %		7,5 %		7,5 %	2,5 %
Zinsen		53,33 €	96 €	780 €		10,20 €
Laufzeit	21 Tage	42 Tage	4 Monate	200 Tage	4 Monate und 5 Tage	153 Tage

2 Kreditzinsen sind meistens vierteljährlich zu bezahlen. Berechne die Zinsen für 3 Monate bei einem Zinssatz von 9,75 % und einer Kredithöhe von
a) 1200 €, b) 3800 €, c) 10 000 €, d) 12 338 €, e) 24 650 €.

3 Berechne die Zinsen für ein Sparbuch mit einem Zinssatz von 2,5 %.
a) Heike hat 4 Monate und 12 Tage lang 190 € auf ihrem Sparbuch.
b) Maik hat 6 Monate und 20 Tage lang 85 € auf seinem Sparbuch.
c) Yasin hat 18 Monate und 10 Tage lang 120 € auf seinem Sparbuch.

4 a) Eine Rechnung über 2500 € (6000 €) kann in einem Monat bezahlt werden. Bei sofortiger Zahlung können 2 % Skonto abgezogen werden. Wie viel Euro sind das?
b) Berechne die Zinsen für einen Kredit über 2500 € (6000 €) für 1 Monat bei einem Zinssatz von 9 %.
c) Vergleiche die Zinsen mit dem Skontobetrag. Wie sollte man die Rechnung bezahlen?
d) Hängt das Ergebnis in c) von der Höhe des Betrages ab?

5 Andy hat am Jahresanfang 150 € auf seinem Sparbuch. Zum 1. Juni zahlt er 90 € ein. Wie viel Euro Zinsen erhält er am Jahresende bei einem Zinssatz von 2,75 %, wenn er sonst nichts einzahlt oder abhebt?

6 Familie Holsten muss dringend neue Möbel kaufen. Sie kann jedoch den Kaufpreis von 8500 € nicht sofort bezahlen. Der Verkäufer bietet an: Nur der halbe Preis wird sofort bezahlt, der Rest einen Monat später. Dafür verlangt er einen Zuschlag von 85 €. Welchem Zinssatz entspricht das?

7 Frau Radowski hat im Fußballtoto gewonnen. Sie legt den Gewinn zu einem Zinssatz von 7,5 % an. Ihrer Freundin erzählt sie, dass sie nach einem Vierteljahr bereits 600 € Zinsen kassiert hat. Wie hoch war der Totogewinn?

8 Herr Kramer lebt von den Zinsen seines Vermögens. Alle 3 Monate bekommt er 6300 €. Der Zinssatz beträgt 7 %. Wie hoch ist das Vermögen?

9 Tobias hat seit 2 Monaten ein Sparbuch, heute erhielt er seine ersten Zinsen: 1,25 €. Der Zinssatz beträgt 2,5 %. Wie viel Euro hat er auf dem Sparbuch?

10 Frau Meier-Rabold hat ihr Gehaltskonto 15 Tage lang überzogen. Bei einem Zinssatz von 11,5 % berechnet die Bank 2,30 € Zinsen. Um wie viel Euro hat sie ihr Konto überzogen?

11 Du hast Anfang des Jahres 2006 ein Guthaben von 1500 €. Das Geld bleibt bis Ende 2008 auf der Bank. Übertrage die Tabelle (Tab. 1) in dein Heft und fülle sie aus für einen Zinssatz von
a) 2 %, b) 3,5 %.

Jahr	Guthaben ohne Zinsen	Zinsen	Guthaben mit Zinsen
2006			
2007			
2008			

Tab. 1

12 Auf welchen Betrag wächst das Kapital mit Zinseszinsen an, wenn es zu Beginn eines Jahres angelegt wird (Tab. 2)?

	a)	b)	c)	d)
Kapital (in €)	600	1500	5000	30 000
Zinssatz	3,5 %	1,5 %	4,2 %	4 %
Jahre	2	3	1,5	2,5

Tab. 2

13 Um wie viel Prozent vergrößert sich ein Kapital von
a) 2000 €, b) 400 €, c) 10 000 €
bei einem Zinssatz von 5 % in vier Jahren?

14 Versucht durch Probieren, die folgenden Aufgaben zu lösen.
Ein Taschenrechner ist dabei hilfreich.
a) Wie viele Jahre muss man ein Kapital von 1000 € bei einem Zinssatz von 10 % (5 %; 3 %) anlegen, damit es sich verdoppelt?
b) Ein Kapital von 1000 € soll sich in fünf Jahren verdoppeln. Welcher Zinssatz – gerundet auf eine Dezimalstelle – ist dazu nötig?

15 Lies am Diagramm (Fig. 1) ab, in wie vielen Jahren sich ein Kapital von 100 € bei einem Zinssatz von 12 % durch Zinsen und Zinseszinsen ungefähr
a) verdoppelt,
b) verdreifacht,
c) vervierfacht.

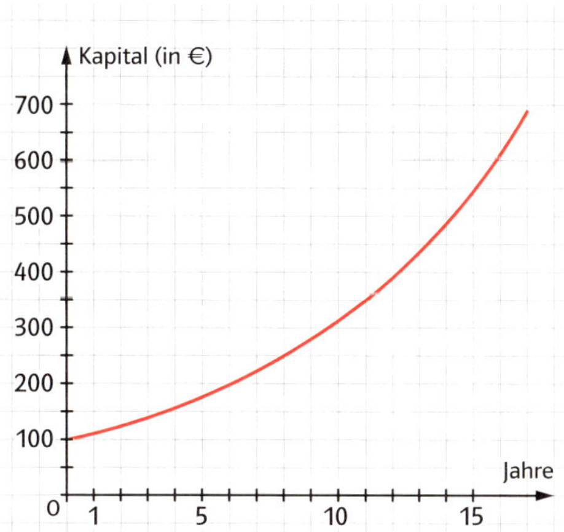

Fig. 1

16 Bestimme wie in Beispiel 5 auf Seite 63, in welcher Zeit sich ein Kapital von 200 € mit Zinsen und Zinseszinsen ungefähr verdoppelt.
Der Zinssatz beträgt:
a) 3,5 %, b) 5 %, c) 7 %, d) 14 %.
Gib jeweils auch das genaue Guthaben an.

17 Hannes hat von Tante Marie 500 € geschenkt bekommen, die für drei Jahre fest angelegt sind. Der Zinssatz steigt im zweiten und dritten Jahr deutlich an (Fig. 2).
a) Wie viel Geld kann Hannes nach dem dritten Jahr abheben?
b) Um wie viel Prozent ist das Sparguthaben im Sparzeitraum angewachsen?

Geduld zahlt sich aus:
1. Jahr 1 %
2. Jahr 2 %
3. Jahr 4 %

Fig. 2

18 Nadia wurde am 1.4.2000 geboren. Seit diesem Tag kaufen ihre Großeltern immer am 1. April für 1000 € einen Sparbrief. Von der Bank erhalten sie dafür 4,5 % Zinsen.
Am 1.8.2006 beginnt Nadias Schulzeit. Ihre Großeltern heben das gesamte Geld ab und schenken es Nadia. Wie viel Geld erhält sie?

Wiederholen – Vertiefen – Vernetzen

1 Das Kreisdiagramm (Fig. 1) zeigt die Zusammensetzung von Kakaopulver.
a) Miss die Innenwinkel des Diagramms und berechne ihren Anteil an 360°. Ist das Diagramm richtig gezeichnet?
b) Wie viel g wiegen die einzelnen Bestandteile einer 800-g-Packung Kakaopulver?

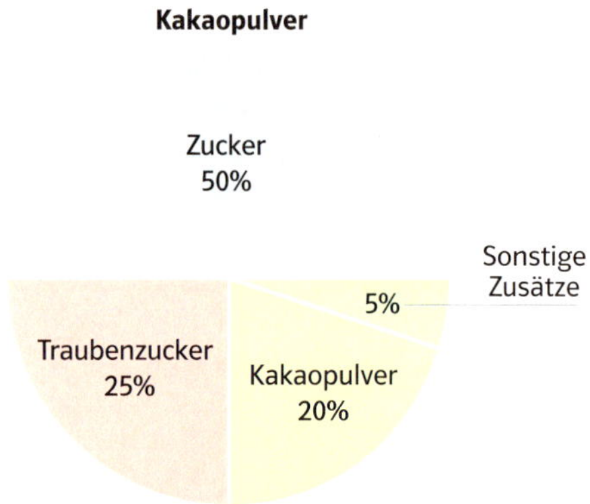

Fig. 1

2 Pommes frites enthalten 34% Kohlenhydrate, 24% Fett und 4% Eiweiß. Der Rest sind Wasser, Fasern und Salze. Stelle die Anteile in einem Kreisdiagramm dar.

3 Herr Albus will eine neue Stereoanlage für 1898 € kaufen. Er kann aber nur 698 € sofort bezahlen. Den Rest möchte er in drei Monatsraten bezahlen. Dafür verlangt der Händler 1% der Restsumme als Zuschlag. Von seiner Bank kann er einen Kredit bekommen. Der Zinssatz beträgt 10,5%. Den Kredit und die fälligen Zinsen muss er nach drei Monaten zurückzahlen. Sollte Herr Albus auf das Angebot des Händlers eingehen oder lieber den Kredit der Bank in Anspruch nehmen?

4 a) Bei welchem Zinssatz erbringen 600 € in 120 Tagen 8 € Zinsen?
b) Bei welchem Zinssatz erhöht sich ein Kapital in 180 Tagen von 2100 € auf 2126,25 €?

5 a) Berechne bei Kathrins Sparbuch die fehlenden Eintragungen für das Jahr 2006. Der Zinssatz beträgt 1,5%.
b) Welches Guthaben hat sie bei gleichbleibendem Zinssatz Ende 2007, wenn sie keine Aus- oder Einzahlungen vornimmt?
c) Wie ändern sich die Zinsen, wenn der Zinssatz ab dem 1. August 2006 auf 2 Prozent angehoben wird?

Sparkonto 12011995-1725 Kathrin Kleine

Datum	Einzahlung	Auszahlung	Guthaben
30.12.2005	300,00 €		300,00 €
30.06.2006		100,00 €	200,00 €
15.08.2006	200,00 €		400,00 €
20.12.2006		250,00 €	150,00 €
Zinsen 2006	?		?

6 Clara legt zu Jahresbeginn 1200 € bei ihrer Bank an. Der Zinssatz beträgt 2,5%. Auf welches Guthaben ist der Anfangsbetrag angewachsen nach
a) einem Jahr und vier Monaten,
b) zwei Jahren und 75 Tagen?

7 Ein Computer kostete ursprünglich 1795 €. Sein Preis wurde um 15% gesenkt. Als ein neues Modell herauskommt, wird er noch einmal 20% billiger.
a) Wie viel Euro kostete der Computer zuletzt?
b) Um wie viel Prozent wurde der Preis insgesamt gesenkt?

8 Der Kurs einer Aktie ist um 36% gefallen. Um wie viel Prozent muss er wieder steigen, um seine alte Höhe wieder zu erreichen?

9 Bianka hat 3000 € gespart. Von der Bank erhält sie jährlich 3,25% Zinsen.
a) Bestimme den Zinsfaktor.
b) Auf welchen Betrag wächst das Kapital mit Zinsen und Zinseszinsen in 5 Jahren?
c) In wie vielen Jahren hat sich das Kapital auf diese Weise verdoppelt?

10 Prozent – Prozentpunkt
Zum Vergleich von Wahlergebnissen oder wirtschaftlichen Daten verwendet man oft den Begriff Prozentpunkt. Wenn z. B. eine Partei bei einer Wahl ihren Stimmenanteil von 42,4 % auf 47,8 % erhöhen konnte, so hat sich der Anteil um 5,4 Prozentpunkte erhöht. Bei der Bundestagswahl 2005 wurden die folgenden Stimmenanteile erzielt (in Klammern stehen die Ergebnisse von 2002): CDU: 35,2 % (38,5 %); SPD: 34,2 % (38,5 %); BÜNDNIS 90 / DIE GRÜNEN: 8,6 % (8,6 %); FDP: 9,8 % (7,4 %); PDS: 8,7 % (4,0 %) und Sonstige 4,0 % (3,0 %).
a) Zeiche ein Säulendiagramm, das die Stimmenanteile der Wahl von 2003 wiedergibt.
b) Gib die Änderung der Stimmenanteile von 2002 zu 2005 in Prozentpunkten an.
c) Gib die Änderung der Stimmenanteile von 2002 zu 2005 in Prozent an.

11 a) Die Anzahl der Zuschauer bei den Spielen eines Fußballvereins stieg im letzten Jahr um 10 % gegenüber dem vorletzten Jahr. In diesem Jahr kamen pro Spiel durchschnittlich 39 600 Zuschauer. Das waren 20 % mehr als im letzten Jahr. Wie viele Zuschauer kamen vor zwei Jahren durchschnittlich zu jedem Spiel?
b) Der Handballverein steigerte seine Zuschauerzahl in zwei aufeinander folgenden Jahren jeweils um 15 %. Um wie viel Prozent stieg die Zuschauerzahl in beiden Jahren insgesamt?
c) Die Zuschauerzahl beim Tennisclub ist in zwei Jahren um insgesamt 44 % gestiegen. Um wie viel Prozent kann die Zuschauerzahl jeweils pro Jahr gestiegen sein?
d) Obwohl die Zuschauerzahl im ersten Jahr nach dem Aufstieg beim Tischtennisverein um 30 % stieg, ging sie innerhalb des Zweijahreszeitraums dennoch um insgesamt 9 % zurück. Um wie viel Prozent sank die Zuschauerzahl im zweiten Jahr?

12 a) Die in Fig. 1 dargestellte Anlageform nennt man auch Wachstumssparen. Klaus hat zur Konfirmation 800 € geschenkt bekommen. Er legt das Geld für 5 Jahre an. Wie viel Euro kann er danach abheben?
b) Wie viel Prozent höher ist das Guthaben nach 5 Jahren im Vergleich zu dem angelegten Betrag?
c) Was bedeutet die Angabe „durchschnittlicher jährlicher Wertzuwachs"?
d) Um wie viel Prozent ist der Zinssatz im 5. Jahr höher als der Zinssatz im 1. Jahr?
e) 800 € werden zu einem Zinssatz von 3,18 % angelegt. Auf wie viel Euro ist das Kapital nach 5 Jahren angewachsen?

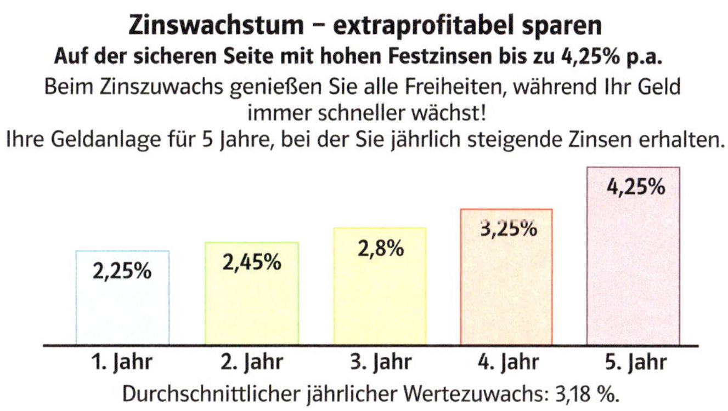

Fig. 1

13 a) Ein Kapital von 1000 € wird jährlich mit 6 % verzinst. Berechne das Endkapital mit Zins und Zinseszinsen nach 5 Jahren. Vergleiche mit dem Inserat.
b) Welchen Fehler hat der Werbetexter der Bau-Steine-Bank (s. Fig. 2) gemacht?
c) Finde durch Ausprobieren mithilfe des Taschenrechners heraus, wie viel Prozent der jährliche Zuwachs tatsächlich beträgt.

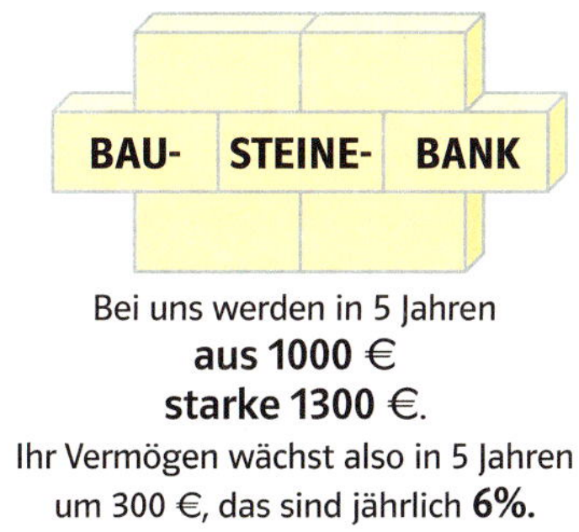

Fig. 2

Taschenrechner und Tabellenkalkulation

Die BANK

Bringen Sie Ihr Geld zu uns. Unser Zinssatz beträgt: 6% !

Nach jeweils einem Vierteljahr schreiben wir die Zinsen gut. Das ergibt einen effektiven Zinssatz von 6,14% pro Jahr.

Effektiver Zinssatz

Petra und Malte haben die Werbung der Bank studiert und können sich nicht erklären, wie die 6,14% zustande kommen. Nach einigem Überlegen meint Malte: „Ich glaube, das liegt daran, dass die Zinsen, die nach drei Monaten gutgeschrieben worden sind, ab dann mitverzinst werden." Petra sagt daraufhin: „Wenn das so ist, dann muss man doch genauso rechnen wie bei den Zinseszinsen. Aber wie groß ist der Zinsfaktor?" Malte hat eine Idee: „Wir teilen die 6% durch vier und nehmen dann als Zinsfaktor $1 + 1{,}5\%$. Wenn wir für das, was früher die Anzahl der Jahre war, die Anzahl der Vierteljahre, also $n = 4$, nehmen, dann müsste es klappen."

Petra nimmt sofort den Taschenrechner und rechnet für 100 € Startkapital:
$100 \cdot 1{,}015^4 \approx 106{,}136356$.

Malte meint: „Siehst du, meine Idee war richtig. Es sind 6,14% mehr." Petra ist sich nicht ganz sicher: „Kann schon sein, aber vielleicht hat das ja nur so gut funktioniert, weil ich 100 € Startkapital genommen habe." „Blödsinn", meint Malte, „das muss immer klappen, denn sonst könnten die in der Werbung doch nicht sagen, dass der effektive Zinssatz immer 6,14% beträgt."

Probiere die Rechnung für mehrere Startwerte aus. Rechne jeweils zuerst aus, wie viel Euro nach einem Jahr auf der Bank sind, und berechne dann den Zuwachs in Prozent. Versuche zu begründen, warum du stets denselben Prozentsatz erhältst.

Durchschnittlicher Zuwachs

Da fällt Malte die Aufgabe 12 auf Seite 67 ein: „Damals hatten wir verschiedene Zinsfaktoren und 800 € angelegt. Eigentlich müsste der durchschnittliche Wertzuwachs in Prozent ausgedrückt auch bei jedem Geldbetrag gleich sein." Jürgens Kommentar: „Logisch! Es kommt nur darauf an, um wie viel Prozent das Kapital jährlich wächst."

Denkt euch vier verschiedene Prozentzahlen aus und lasst eure Nachbarn den durchschnittlichen Wertzuwachs in Prozent ausrechnen.

Petra meint: „Das ist ja alles ganz schön. Aber eigentlich ist es doch viel wichtiger, zu wissen um wie viel Euro sich mein Geld vermehrt, wenn ich es zur Bank bringe. Für meinen Führerschein muss ich mindestens 900 € selbst zahlen. Von meinem Taschengeld geht das sicher nicht. Wenn ich einen Teil des Geldes, das ich zur Konfirmation geschenkt bekomme, für vier Jahre fest anlege, könnte es reichen. Aber wie viel müsste ich dann anlegen?"

Petra hat sich bei der Bank erkundigt. Sie erhält 7,5% Zinsen jährlich. Wie viel Euro muss Petra mindestens anlegen, wenn sie nach vier Jahren 900 € abheben möchte?

Jürgen sucht im Internet nach anderen Angeboten und findet eines mit wachsendem Zinssatz und meint: „Wenn ihr mich fragt, ich würde das hier nehmen."

Was meinst du? Sollte Petra lieber das Angebot aus dem Internet annehmen? Rechne nach.

internetBANK

Bringen Sie Ihr Geld zu uns.
Unser wachsender Zinssatz beträgt:

5,5%; 6,5%; 7,5% und 10,5%

Taschenrechner und Tabellenkalkulation

Zinseszinsen und Tabellenkalkulation
Petras große Schwester hat von ihrem Konfirmationsgeld 500 € angelegt. Das wird wohl nicht reichen. Malte überlegt: „Wenn es nicht reicht, dann leg es trotzdem an. Vielleicht kannst du später noch etwas dazutun."

Wie viel müsste Petra zwei Jahre später noch einzahlen, wenn sie mit 500 € startet und 7,5 % Zinsen erhält?

Jürgen sitzt immer noch vor seinem Computer. Das bringt ihn auf eine Idee: „Wenn wir ein Tabellenkalkulationsprogramm nehmen, dann können wir die Datei so anlegen, dass wir nur noch das Startkapital und den Zinssatz eingeben müssen und schon rechnet uns das Programm aus, wie viel wir nach 4 oder auch nach 7 Jahren haben. Beim Taschenrechner musst du alle Rechnungen immer wieder neu eintippen. Das dauert ..." Jürgens Programm könnte so aussehen:

	A	B	C
1	**Berechnung des Endkapitals nach vier Jahren**		
2			
3	Startkapital (in €):	500	
4	Zinssatz (in Prozent):	7,5	
5			
6	**Endkapital:**	=B3*(1+B4/100)^4	

„Seht ihr", freut sich Jürgen, „damit bekommen wir sofort das gesuchte Ergebnis. Nach vier Jahren ist unser Guthaben auf 667,73 € angewachsen."
Malte hat sofort die Schwachstelle erkannt: „Und wie soll das dann bei 7 Jahren funktionieren?"

Probiere Jürgens Programm aus. Schreibe das Programm so um, dass es nicht nur für vier, sondern für eine beliebige Anzahl von Jahren benutzt werden kann.

Malte hat ein Programm entworfen, bei dem er für jedes Jahr das Kapital zu Beginn des Jahres und zum Jahresende ablesen kann. Weil man bei der Tabellenkalkulation Formeln einfach kopieren kann, ist er genau so schnell fertig wie die anderen. Sein Programm fängt so an:

C8 = =B8*D4/100

	A	B	C	D
1	**Zinseszinsrechnung**			
2				
3		**Anfangskapital:**		500,00 €
4		**Zinssatz (in Prozent):**		7,5
5				
6	**Jahre**	**Kapital zu**	**Zinsen**	**Kapital am**
7		**Beginn d. J.**		**Ende d. J.**
8	1	500,00 €	37,50 €	537,50 €
9	2	537,50 €	40,31 €	577,81 €
10	3	577,81 €	43,34 €	621,15 €
11	4	621,15 €	46,59 €	667,73 €

Petra findet Maltes Idee toll und probiert es gleich aus.

Schreibe selbst ein Programm, bei dem du die Vermehrung des Kapitals nach Eingabe des Anfangskapitals und des Zinssatzes Jahr für Jahr verfolgen kannst.

Jürgen ist jetzt so richtig in Fahrt und hat immer neue Ideen: „Also Leute. Richtig sparen geht anders. Da nimmt man sich vor, regelmäßig einen festen Betrag einzuzahlen. Wenn man lange genug durchhält, können auch schon kleine Beträge recht groß werden. Ich hab's mal für 200 € jährlich getestet."

	A	B	C	D
1	**Sparplan**			
2				
3	**Einzahlung pro Jahr:**		200,00 €	
4	**Zinssatz (in Prozent):**		4,75	
5				
6	**Jahre**	**Kapital zu**	**Zinsen**	**Kapital am**
7		**Beginn d. J.**		**Ende d. J.**
8	1	200,00 €	9,50 €	209,50 €
9	2	409,50 €	19,45 €	428,95 €
10	3	628,95 €	29,88 €	658,83 €
11	4	858,83 €	40,79 €	899,62 €
12	5	1.099,62 €	52,23 €	1.151,85 €

Schreibe ein Programm, das zu Jürgens Ergebnissen passt. Mache deinen eigenen Sparplan. Probiere verschiedene Zinssätze aus. Setze dir Sparziele. Wie viel Geld hättest du gerne nach 10 oder 15 Jahren ...?

Rückblick

Prozentrechnung und proportionale Zuordnungen

Bei festem Grundwert G ist die Zuordnung *Prozentsatz p% → Prozentwert W* proportional: $\frac{W}{p\%} = G$. G ist der Proportionalitätsfaktor.
Für $p\% = 100\%$ gilt $W = G$.
Für $W > G$ sind die zugehörigen Prozentsätze größer als 100%.

Der Graph der Zuordnung ist eine Gerade durch den Punkt (0 | 0).
Am Graphen kann man zusammengehörige Paare und den Grundwert ablesen.

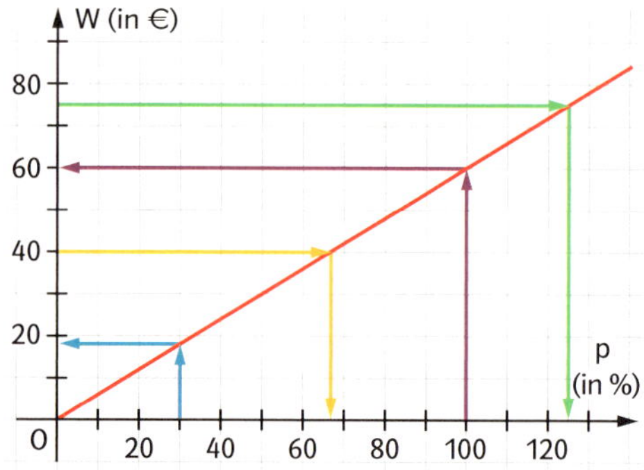

Prozentrechnung und Dreisatz

Lösen der Grundaufgaben der Prozentrechnung mithilfe von Dreisatzrechnungen:

G gesucht:
$p\% \mapsto W$
$1\% \mapsto \frac{W}{p}$
$100\% \mapsto \frac{W \cdot 100}{p} = G$

W gesucht:
$100\% \mapsto G$
$1\% \mapsto \frac{G}{100}$
$p\% \mapsto \frac{G \cdot p}{100} = W$

p% gesucht:
$G \mapsto 100\% = 1$
$1 \mapsto \frac{100}{G}\% = \frac{1}{G}$
$W \mapsto \frac{100 \cdot W}{G}\% = p\%$

Berechnung des Kapitals:
p% = 15%; Z = 300 €; K gesucht
$15\% \mapsto 300\,€$
$1\% \mapsto \frac{300}{15}\,€$
$100\% \mapsto \frac{300 \cdot 100}{15}\,€ = 2000\,€ = K$

Prozentrechnung und Zinsrechnung

Bezeichnungen der Zinsrechnung		Entsprechende Bedeutung in der Prozentrechnung	
Zinssatz	(p%)	Prozentsatz	(p%)
Jahreszinsen	(Z)	Prozentwert	(W)
Kapital	(K)	Grundwert	(G)

Berechnung der Jahreszinsen:
p% = 30%; K = 250 €; Z gesucht
$100\% \mapsto 250\,€$
$1\% \mapsto \frac{250}{100}\,€$
$30\% \mapsto \frac{250 \cdot 30}{100}\,€ = 75\,€ = Z$

Berechnen des Zinssatzes:
Z = 40 €; K = 200 €; p% gesucht
$200\,€ \mapsto 100\%$
$1\,€ \mapsto \frac{100}{200}\%$
$40\,€ \mapsto \frac{100 \cdot 40}{200}\% = 20\% = p\%$

Tageszinsen Z_t und Laufzeit t

Man berechnet zuerst die Jahreszinsen Z.
Man berechnet dann die Tageszinsen Z_t für die Laufzeit t als Anteil der Jahreszinsen.

K = 500 €; p% = 7,5%; t = 24 Tage
$Z = \frac{K \cdot p}{100} = \frac{500 \cdot 7{,}5}{100}\,€ = 37{,}50\,€$
$Z_t = Z \cdot \frac{t}{360} = 37{,}50 \cdot \frac{24}{360}\,€ = 2{,}50\,€$

Zinseszinsen und Gesamtkapital

1. Möglichkeit: Berechnung in Einzelschritten
(1) Man berechnet die Jahreszinsen Z für das Kapitel K.
(2) Man addiert die Zinsen zum Kapital K und berechnet die Jahreszinsen für das neue Kapital.
(3) Man wiederholt (1) und (2) so oft wie nötig.

K = 1000 €; p% = 5%; n = 3 Jahre
1. J.: $Z = 1000\,€ \cdot 0{,}05 = 50\,€;\ K_1 = 1050\,€$
2. J.: $Z = 1050\,€ \cdot 0{,}05 = 52{,}5\,€;\ K_2 = 1152{,}5\,€$
3. J.: $Z = 1152{,}5\,€ \cdot 0{,}05 \approx 55{,}13\,€;$
$K_3 \approx 1207{,}63\,€$
Gesamtkapital nach drei Jahren: 1207,63 €

2. Möglichkeit: Benutzen des Zinsfaktors
Man berechnet den Zinsfaktor $q = 1 + p\%$ und multipliziert das Kapital K bei einer Laufzeit von n Jahren n mal mit dem Zinsfaktor.
Gesamtkapital nach n Jahren: $K_n = K \cdot q^n$.

K = 650 €; p% = 7,6%; n = 7 Jahre
$q = 1 + 7{,}6\% = 1 + 0{,}076 = 1{,}076$
$K_7 = K \cdot q^7 = 650\,€ \cdot 1{,}076^7 \approx 1085{,}42\,€$
Gesamtkapital nach 7 Jahren: 1085,42 €

Training

Runde 1

1 Die folgende Tabelle zeigt das Ergebnis einer Umfrage am Burggymnasium.

Umfrage zur Arbeit der SV

Mit Arbeit der SV waren	zufrieden	weniger zufrieden	nicht zufrieden	keine Angabe
Anzahl	336	204		21
Anteil	56 %		6,5 %	

a) Vervollständige die Tabelle im Heft.
b) Stelle die Zuordnung *Anzahl* → *Anteil* grafisch dar und lies den Grundwert ab. Prüfe durch Rechnung.

2 Herr Faber hat sein Konto 25 Tage lang um 880 € überzogen. Wie viel Zinsen muss er zahlen, wenn der Zinssatz für das Überziehen des Kontos 12,6 % beträgt?

3 Die Bank verlangt für einen Kredit einen Zinssatz von 8 %. Wie hoch darf der Kredit sein, wenn im Jahr höchsten 680 € Zinsen bezahlt werden können?

4 Judith bekommt zum Geburtstag einen Sparbrief über 450 € geschenkt. Er wird mit 3,25 % jährlich verzinst. Wie viel Zinsen erhält sie insgesamt nach 4 Jahren, wenn sie
a) die Zinsen nach jedem Jahr abhebt oder
b) Zinsen und Zinseszinsen am Ende der 4 Jahre abhebt?

Runde 2

1 a) Herr Schrader will ein Haus bauen. Er kann pro Jahr nicht mehr als 9000 € für Zinsen ausgeben. Stelle die Zuordnung *Zinssatz* → *Darlehensbetrag* für Zinssätze zwischen 2 und 12 Prozent (Schrittweite 2) grafisch dar.
b) Für seinen Neubau benötigt Herr Schrader ein Darlehen von mindestens 120 000 €. Das günstigste Angebot seiner Hausbank liegt bei 7,6 %. Lies an dem Graphen ab, ob Herr Schrader sich das leisten kann. Überprüfe durch Rechnung.

2 Wie lange war das Konto überzogen, wenn bei einer Überziehung um 550 € und einem Zinssatz von 13,5 % ein Betrag von 18,15 € verlangt wird?

3 Übertrage die Tabelle in dein Heft fülle sie aus. Runde sinnvoll.

	1. Jahr	2. Jahr	3. Jahr	4. Jahr	5. Jahr	10. Jahr
Guthaben	2000 €					
Zinsen	190 €					
Neues Guthaben	2190 €					

4 Rainer hat zur Einschulung vor 7 Jahren 500 € geschenkt bekommen. Seine Mutter hat das Geld zu einem Zinssatz von 4,5 % angelegt.
a) Nach dieser Zeit hebt Rainer das gesamte Geld ab. Welche Summe erhält er?
b) Rainers Zwillingsschwester Ramona hat auch 500 € bekommen. Sie hebt nach jedem Jahr ihre Zinsen ab. Zu welchem Zinssatz hatte die Mutter das Geld angelegt, wenn Ramona nach 7 Jahren insgesamt genauso viel Geld abgehoben hat wie Rainer?

Lösungen auf den Seiten 225 – 226.

Das kannst du schon

- Zuordnungen darstellen
- Eigenschaften von Zuordnungen beschreiben und am Graphen ablesen
- Sachprobleme mithilfe von proportionalen und antiproportionalen Zuordnungen lösen

Zahl

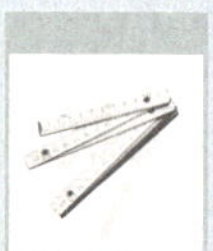
Messen

Raum und Form

Funktionaler Zusammenhang

Daten und Zufall

Wie Funktionen funktionieren

Geschwindigkeit (in km/h)	Reaktionsweg (in m)	Bremsweg (in m)
25	7,5	2,5
50	15,0	10,0
75	22,5	22,5
100	30,0	

Aus dem Lexikon:
Funktion [lat.] **1.** die Position eines Menschen oder der Arbeitsbeitrag eines technischen Aggregats innerhalb einer Organisation **2.** Betätigungsweise eines Gewebes; Aufgabe eines Organs im Gesamtorganismus **3.** eine Zuordnungsvorschrift.

Das kannst du bald

- Zuordnungen und Funktionen unterscheiden
- Verschiedene Schreibweisen für Funktionen verwenden
- Graphen von linearen Funktionen zeichnen und beschreiben
- Lineare Gleichungen und Ungleichungen rechnerisch und grafisch lösen

1 Eindeutige Zuordnungen – Funktionen

Die Briefmarke zeigt, wie sich der Aufbau der Alterspyramide Deutschlands im Laufe der Zeit verändert hat. Der Begriff der Alterspyramide passte 1889 noch gut, wird heute aber zunehmend seltener verwendet.

In der Natur bzw. im täglichen Leben gibt es viele Größen, die voneinander abhängen: Bei Jugendlichen ändert sich beispielsweise mit dem Alter auch die Körpergröße; an einer Wetterstation kann man zu jeder Uhrzeit die Temperatur ablesen. Jeder Uhrzeit ist also eine Temperatur zugeordnet. Solche Zuordnungen kann man als Tabellen oder als Graph in einem Koordinatensystem veranschaulichen.

Im Folgenden sind die Graphen zweier Zuordnungen dargestellt, die jeweils den Zusammenhang zwischen Höhe (in der Erdatmosphäre) und Temperatur beschreiben.

Beachte:
Die Werte der zugeordneten Größe werden auf der y-Achse abgetragen.

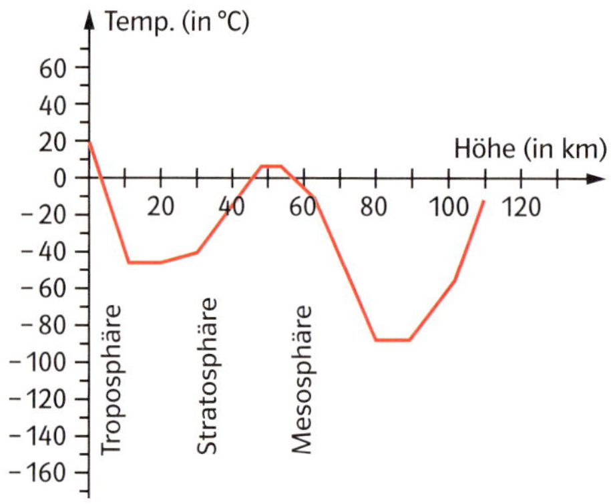

Fig. 1

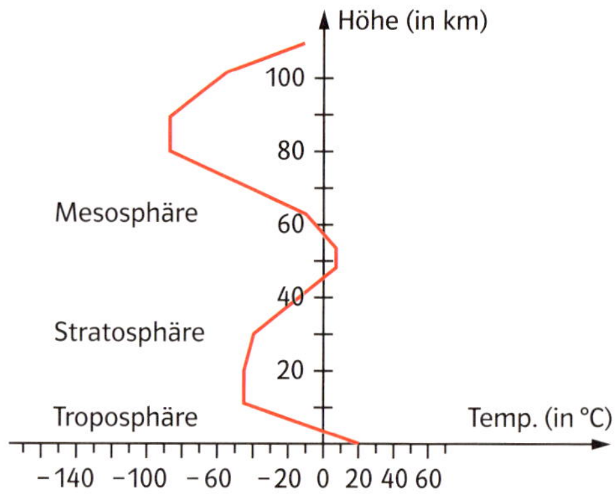

Fig. 2

Fig. 1 zeigt die grafische Darstellung der Zuordnung
Höhe (in km) → Temperatur (in °C).
Jeder Höhe ist genau eine Temperatur zugeordnet. Diese Zuordnung ist eindeutig.

Fig. 2 zeigt die Zuordnung
Temperatur (in °C) → Höhe (in km).
Diese Zuordnung ist nicht eindeutig. So sind beispielsweise der Temperatur 0 °C mehrere Höhen zugeordnet.

Zuordnungen und Funktionen bezeichnet man häufig mit Kleinbuchstaben wie f, g oder h.

Eindeutige Zuordnungen nennt man **Funktionen**.
Bezeichnet man die Funktion *Höhe x → Temperatur y* mit t, so schreibt man kurz $t: x \to y$.
Fig. 1 zeigt: Dem x-Wert 30 wird der Funktionswert −40 zugeordnet. Man schreibt auch:
$t(30) = -40$ (lies: t von 30 gleich −40).

*Funktionen sind **eindeutige Zuordnungen**.*

Eine Zuordnung $f: x \to y$, die jedem Wert für x genau einen Wert für y zuordnet, nennt man **Funktion**. Der jeweils zugeordnete Wert f(x) heißt **Funktionswert an der Stelle x**.

Ob eine Zuordnung eine Funktion ist, kann man leicht an ihrem Graphen erkennen. Weil bei Funktionen jedem x-Wert genau ein y-Wert zugeordnet wird, gibt es keine Parallele zur y-Achse, die den Graphen einer Funktion in mehr als einem Punkt schneidet (Fig. 2).
Die Zuordnung in Fig. 1 ist keine Funktion.

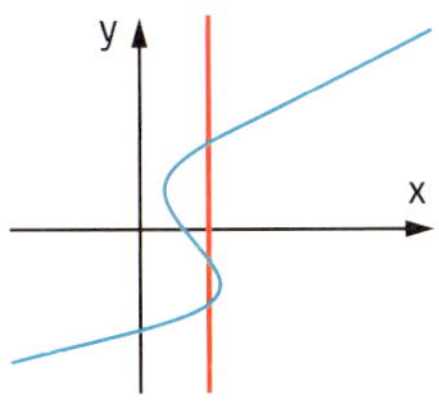

Dieser Graph gehört nicht zu einer Funktion
Fig. 1

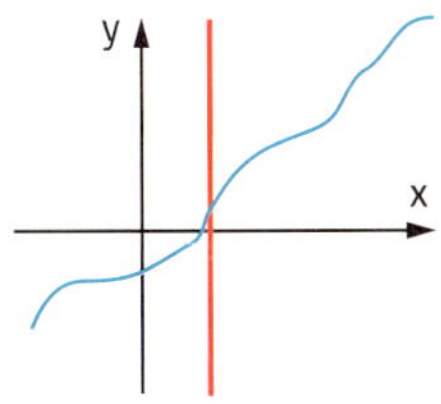

Dieser Graph gehört zu einer Funktion
Fig. 2

Beispiel 1
In der Betriebsanleitung eines Autos findet man nebenstehende Tabelle.
Zeichne den Graphen der Zuordnung *Geschwindigkeit → Gang-Nr.*
Handelt es sich um eine Funktion? Begründe.
Lösung:
Hier liegt keine Funktion vor, da u.a. der Geschwindigkeit 40 $\frac{km}{h}$ mehrere Gänge zugeordnet werden (2. und 3. Gang).
Es gibt Parallelen zur y-Achse, die den Graphen zweimal schneiden (Fig. 3).
Die Zuordnung ist nicht eindeutig.

Geschwindigkeit (in $\frac{km}{h}$)	Gang-Nr.
0–20	1
15–50	2
30–100	3
90–160	4

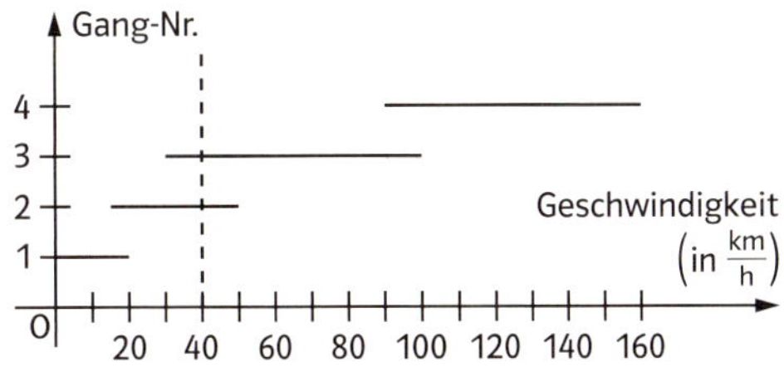

Fig. 3

Beispiel 2
In einem Aussichtsturm befindet sich ein Fahrstuhl, der die Gäste zu den Besucherplattformen bringt. Der Turm ist insgesamt 120 m hoch. Die erste Besucherplattform befindet sich in 60 m Höhe, die zweite in 100 m Höhe. Der Fahrstuhl hält zunächst auf der höher gelegenen Plattform und verweilt dort länger als auf der darunter. Insgesamt benötigt er 6 min, um wieder zum Ausgangspunkt zurückzukehren. Dieser Vorgang wiederholt sich immer wieder.
a) Skizziere einen möglichen Graphen, der die Funktion h: *Fahrzeit → Höhe des Fahrstuhls* veranschaulicht.
b) Skizziere einen möglichen Graphen für die umgekehrte Zuordnung *Höhe des Fahrstuhls → Fahrzeit* und prüfe, ob diese Zuordnung eine Funktion ist. Begründe.
Lösung:
a) zum Beispiel wie in Fig. 4
b) Die umgekehrte Zuordnung ist nicht eindeutig und daher keine Funktion. Beispielsweise können der Höhe 50 m mehrere Fahrzeiten zugeordnet werden (Fig. 5).

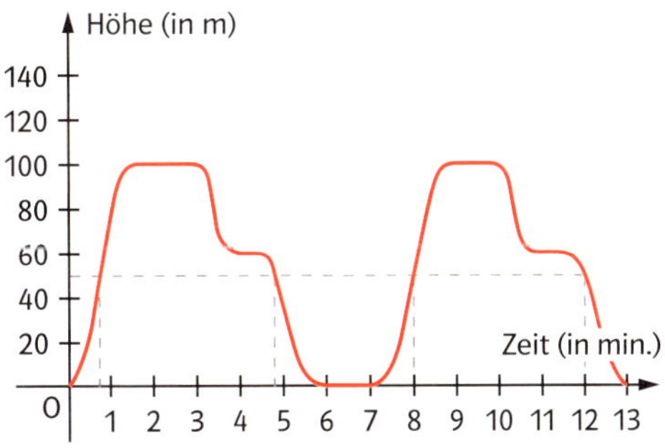

Fig. 4

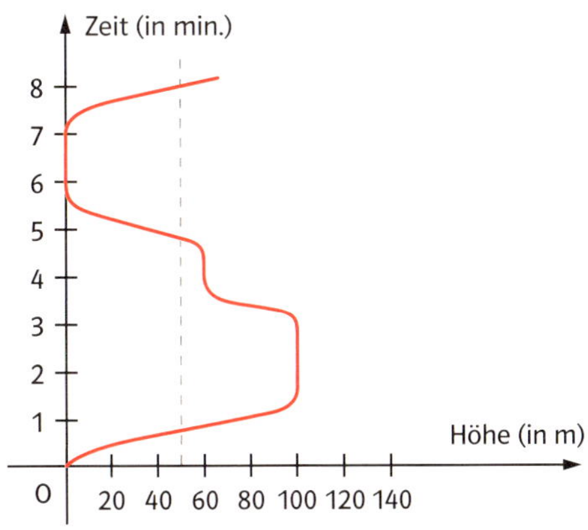

Fig. 5

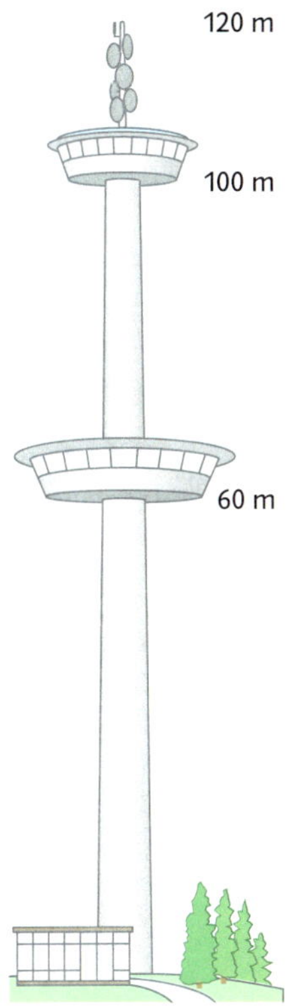

Aufgaben

1 Welcher Graph gehört zu einer Funktion, welcher nicht? Begründe.

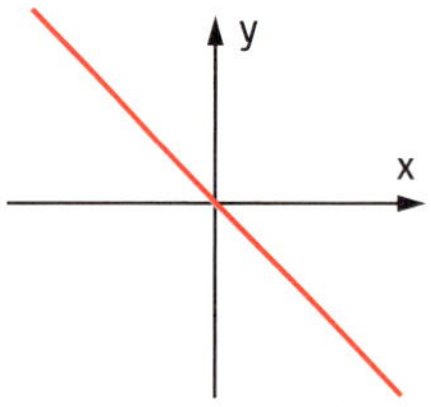

Fig. 1

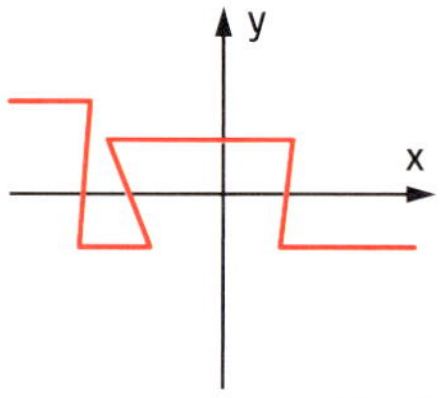

Fig. 2

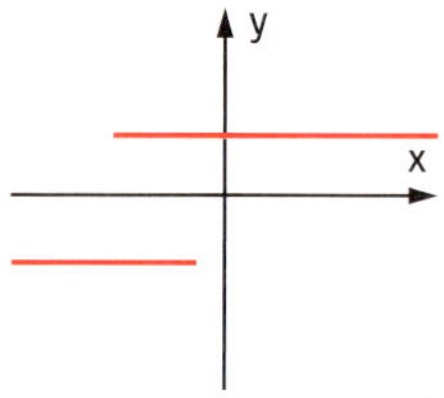

Fig. 3

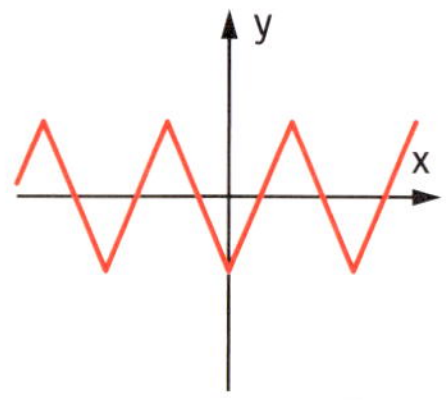

Fig. 4

2 Zeichne drei Graphen von Zuordnungen x → y, die Funktionen sind, und drei Graphen von Zuordnungen x → y, die keine Funktionen sind.

3 Ist die Zuordnung eine Funktion? Begründe deine Antwort.
a) *Parkdauer → Parkgebühr*
b) *Parkgebühr → Parkdauer*
c) *Seitenlänge eines Quadrats → Umfang des Quadrats*

4 Begründe, warum die Zuordnung *englische Vokabel → deutsche Übersetzung* keine Funktion ist. Welche Schwierigkeiten ergeben sich daraus?

Bist du sicher?

1 Handelt es sich bei der Zuordnung um eine Funktion? Begründe deine Antwort. Skizziere jeweils einen möglichen Graphen der Zuordnung.
a) *gefahrene Strecke → Benzinverbrauch*
b) *Benzinverbrauch → gefahrene Strecke*
c) *Alter → Körpergröße eines Menschen*
d) *Körpergröße eines Menschen → Alter*

5 Sucht und beschreibt verschiedene Zuordnungen, die euch im Alltag begegnen wie die Zuordnungen *Datum → Benzinpreis* oder *Briefgewicht → Porto*.
Beschafft euch Anregungen und Informationen zu den ausgewählten Zuordnungen durch Zeitungen, Schul- und Fachbücher oder durch das Internet. Überlegt jeweils, ob es sich um eine Funktion handelt.

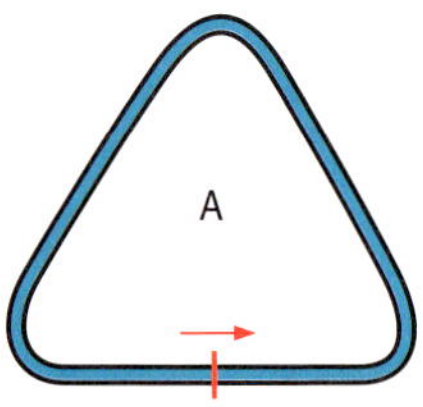

Start und Ziel

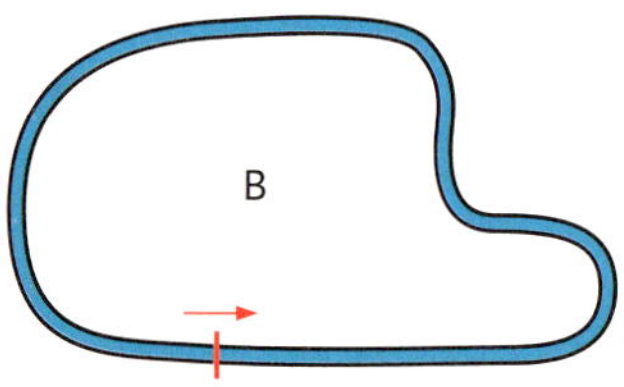

Start und Ziel

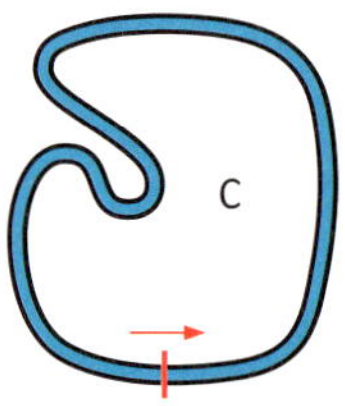

Start und Ziel

6 Motorradrennen finden auf unterschiedlichen Rennstrecken statt. Skizziere für jeden der drei Kurse den Graphen der Zuordnung *zurückgelegter Weg → Geschwindigkeit*.

7 Wählt verschieden geformte Gefäße und befüllt diese gleichmäßig mit Wasser. Notiert eure Messwerte in einer Tabelle.
a) Stellt den Zusammenhang zwischen den Größen Wasserhöhe und Zeit grafisch dar.
b) Welche der Zuordnungen sind Funktionen? Begründet.
c) Welche weiteren Informationen kann man den Graphen entnehmen?

2 Funktionsgleichungen

Ein Drittel Deutschlands von Wald bedeckt

Deutschland hat eine Fläche von etwa 360 000 Quadratkilometern. Die Wälder in Deutschland breiten sich immer weiter aus. Zwischen 1992 und 2004 sei die Waldfläche pro Jahr durchschnittlich um 160 Quadratkilometer gewachsen, das entspreche der Fläche der Stadt Aachen, teilte das Statistische Bundesamt in Wiesbaden zum Internationalen Tag des Waldes mit.

„Wenn das so weitergeht …“

Funktionen lassen sich nicht nur mit Graphen, durch Tabellen oder in Worten, sondern oft auch durch Terme beschreiben. Hat man z. B. einen Würfel mit der Kantenlänge x, so erhält man die Größe seiner Oberfläche, indem man das Sechsfache der Größe einer Seitenfläche ermittelt. Die Zuordnung $f: x \rightarrow 6x^2$ ist eindeutig und daher eine Funktion. Mithilfe des Terms $6x^2$ kann man für jeden Wert von x den zugehörigen Funktionswert f(x) berechnen.

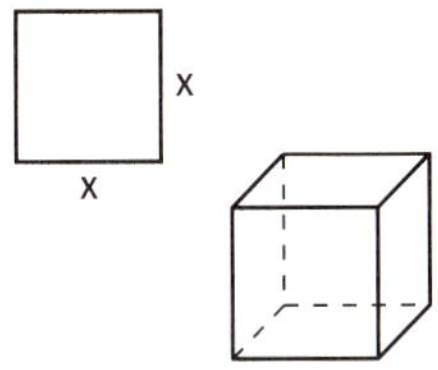

Will man wissen, wie lange es dauert, bis eine Geburtstagskerze abgebrannt ist, kann man eine solche Kerze anzünden und jeweils nach einer Minute notieren, wie hoch sie noch ist. Die Tabelle enthält die zugehörigen Messergebnisse, die sich in einen Graphen übertragen lassen.

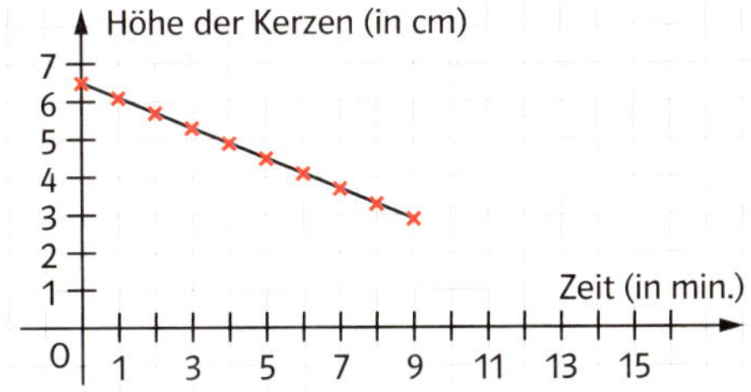

Fig. 1

Zeit (in min)	0	1	2	3	4	5	6	7	8	9
Höhe (in cm)	6,5	6,1	5,7	5,3	4,9	4,5	4,1	3,7	3,3	2,9

Eine solche Tabelle nennt man ***Wertetabelle****.*

Durch einen Luftzug erlischt die Kerze nach 9 min. Um herauszufinden, wie lange es dauern würde, bis die Kerze vollständig abgebrannt ist, kann man entweder den Graphen verlängern oder einen rechnerischen Zusammenhang zwischen der Ausgangsgröße x (Zeit) und der zugeordneten Größe k(x) (Höhe) herstellen. Der Tabelle entnimmt man, dass sich in jeder Minute die Kerzenhöhe von anfangs 6,5 cm Höhe um 0,4 cm vermindert und jedem Zeitpunkt genau eine Kerzenhöhe zugeordnet ist. Für die Kerzenhöhe k(x) kann man den Term $6{,}5 - 0{,}4x$ notieren. Mithilfe eines solchen Terms kann man für jeden Wert von x den zugehörigen Funktionswert k(x) berechnen.
Folgende Schreibweisen sind üblich:

Der Graph einer Funktion heißt ***Funktionsgraph****.*

Funktionsvorschrift $k: x \rightarrow 6{,}5 - 0{,}4x$
Funktionsterm $6{,}5 - 0{,}4x$
Funktionsgleichung $k(x) = 6{,}5 - 0{,}4x$ oder $y = 6{,}5 - 0{,}4x$

Lässt sich eine Funktion $f: x \rightarrow f(x)$ durch einen Term beschreiben, so kann man zu jedem Wert von x den zugehörigen **Funktionswert** f(x) mithilfe der **Funktionsgleichung** berechnen. Die zugehörigen Punkte $P(x \mid f(x))$ bilden den **Funktionsgraphen**.

Durch Verlängern des Graphen in Fig. 1 auf Seite 39 sieht man, dass die Kerze theoretisch nach ca. 16 min erlischt.

Will man wissen, ob der Graph der Funktion k durch die Punkte P(12 | 1,7) und T(14 | 0) verläuft, so muss man prüfen, ob die Koordinaten der Punkte P und T die Funktionsgleichung $k(x) = 6{,}5 - 0{,}4 \cdot x$ erfüllen. Dieses Vorgehen nennt man **Punktprobe**. Man rechnet:
Punkt P: $k(12) = 6{,}5 - 0{,}4 \cdot 12 = 1{,}7$. Also liegt P auf dem Graphen von k.
Punkt T: $k(14) = 6{,}5 - 0{,}4 \cdot 14 = 0{,}9 \neq 0$. Also liegt T nicht auf dem Graphen von k.
Dies ist auch am Graphen erkennbar. Der Punkt P(12 | 1,7)liegt auf dem Graphen, da die Kerze nach 12 min noch 1,7cm hoch war. Der Punkt T(14 | 0) hingegen liegt nicht auf dem Graphen, da die Kerze nach 14 min noch nicht vollständig abgebrannt war.

Beispiel 1
In vielen Tropfsteinhöhlen tropft kalkhaltiges Wasser von der Decke und ständige Kalkablagerungen bilden an solchen Stellen einen hängenden Tropfstein (Stalaktit) und einen vom Boden aufsteigenden Tropfstein (Stalagmit). Tropfsteine wachsen sehr langsam und brauchen zu ihrer Entstehung viele tausend Jahre. Fig. 1 zeigt, wie sich die Tropfsteine allmählich annähern. (Es wird gleichmäßiges Wachstum angenommen.)
a) Bestimme zeichnerisch, wann sich die Stalaktiten mit den Stalagmiten treffen.
b) Stelle die Gleichung der Funktion h: *Zeit t (in Jahren) → Höhe der Stalagmiten (in cm)* auf.
Lösung:
a) Die rot gestrichelten Linien zeigen, wie beide Tropfsteinarten wachsen. Sie treffen sich nach ca. 30 000 Jahren.
b) Fig. 1 kann man entnehmen, dass die Höhe der Stalagmiten in 5000 Jahren um etwa 20cm zunimmt. Damit erhält man: $h(t) = \frac{20}{5000} t$.

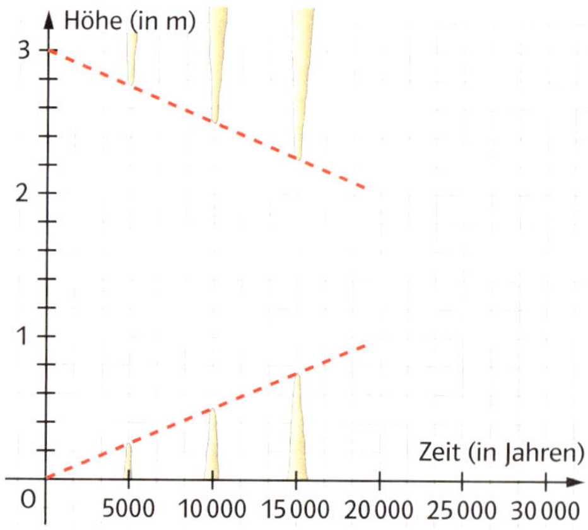

Fig. 1

Beispiel 2
Gegeben sind die Funktionen $f: x \to -\frac{1}{2}x - 1$ und $g: x \to x^2 - 2$.
a) Gib für f und für g jeweils die Funktionsgleichung an.
b) Berechne f(0) und g(−1).
c) Liegt der Punkt A(10,5 | −6) auf dem Graphen von f?
d) Zeichne die Graphen der Funktionen f und g in ein Koordinatensystem.
Lösung:
a) $f(x) = -\frac{1}{2}x - 1$ und $g(x) = x^2 - 2$
b) $f(0) = -\frac{1}{2} \cdot 0 - 1 = -1$
$g(-1) = (-1)^2 - 2 = -1$
c) $f(10{,}5) = -\frac{1}{2} \cdot 10{,}5 - 1 = -6{,}25 \neq -6$.
Also ist A kein Punkt des Graphen von f.
d) Graphen: vgl. Fig. 2; Wertetabellen:

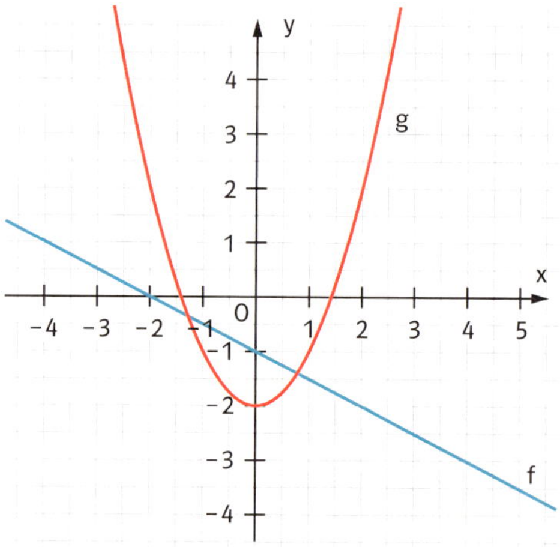

Fig. 2

x	−3	−2	−1	0	1	2	3
f(x)	0,5	0	−0,5	−1	−1,5	−2	−2,5

x	−3	−2	−1	0	1	2	3
g(x)	7	2	−1	−2	−1	2	7

Aufgaben

1 Gib jeweils den Funktionsterm an und bestimme den Funktionswert, wenn für die Zahl $3\left(\frac{1}{2}; -2\right)$ gewählt wird. Zeichne den Graphen der Funktion.

a) g: *Zahl → das Zweifache der Zahl*
b) h: *Zahl → der Kehrwert der verdoppelten Zahl*
c) t: *Zahl → das um eins verminderte Doppelte der Zahl*
d) k: *Zahl → das Quadrat der um zwei verminderten Zahl*
e) w: *Zahl → der Kehrwert der um eins erhöhten verdoppelten Zahl*

2 Liegen die Punkte P(2|1), Q(1|−1) auf dem Graphen der Funktion f?

a) $f: x \to 2x - 3$ b) $f: r \to \frac{1}{r} - 2$ c) $f: x \to (x - 1)^2$ d) $f: t \to t(t - 2)$

3 Welche Funktionsvorschrift liegt der Wertetabelle zugrunde? Beschreibe in Worten.

a)

x	−2	−1	0	1	2
y	−3	−2	−1	0	1

b)

p	−3	−1	0	2	3
q	9	1	0	4	9

c)

t	−2	4	6	7	10
s	−3	6	9	10,5	15

d)

a	−8	−5	−2	1	4
b	−3	−1	1	3	5

4 Stelle für jede Funktion die Funktionsgleichung, den Funktionswert an der Stelle x = 2, die Funktionseigenschaft und den Graphen richtig zusammen.

Funktionsgleichung		f(2)		Funktionseigenschaft		Graph
$y = 2x + 1$	H	1	Ü	Dem doppelten x-Wert wird der doppelte y-Wert zugeordnet.	L	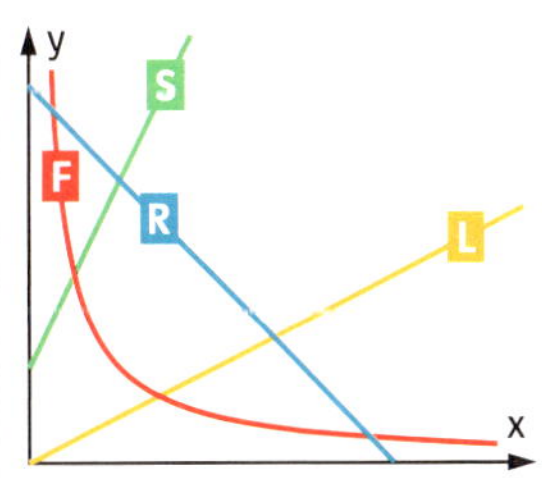
$y = \frac{1}{x}$	G	5	A	Bei Zunahme der x-Werte um 1 nehmen die y-Werte um 1 ab.	E	
$y = 0{,}5x$	M	2	E	Dem doppelten x-Wert wird der halbe y-Wert zugeordnet.	L	
$y = -x + 4$	M	0,5	O	Bei Zunahme der x-Werte um 1 nehmen die y-Werte um 2 zu.	U	

Lösungskontrolle zu Aufgabe 4: Für jede Funktion ergeben die roten Buchstaben ein Losungswort.

5 Zeichne den Graphen der Funktion f. Für welche Werte von x sind die Funktionswerte positiv?

a) $f: x \to \frac{1}{2}x$ b) $f: x \to -2x - (3 - x)$ c) $f: x \to 2x - 6$
d) $f: x \to \frac{1}{2}x(2x - 6)$ e) $f: x \to \frac{1}{4}x^2 - 2x$ f) $f: x \to 3 + 2x - x^2$

6 Zeichne die Graphen der Funktionen f und g. Für welche Werte von x sind die Funktionswerte von g größer als die Funktionswerte von f?

a) $f(x) = 2x + 2$
$g(x) = 0{,}5x - 1$
b) $f(x) = -x - 2$
$g(x) = 1 - (x + 1)^2$
c) $f(x) = -x^2 + 4x - 3$
$g(x) = 0{,}5x^2 - 3$

7 Gib die Funktionsterme von drei verschiedenen Funktionen an, deren Graphen durch den angegebenen Punkt verlaufen. Wie viele verschiedene Terme gibt es insgesamt? Begründe deine Antwort.

a) A(0|3) b) B(−2|0) c) C(2|−1)

Bist du sicher?

1 a) Zeichne die Graphen der Funktionen f: $x \to \frac{1}{3}x + 1$ und g: $x \to -x + 3$ in ein Koordinatensystem.
b) Überprüfe rechnerisch, welcher der Punkte A(1,5 | 1,5); B(−3 | 0); C(−1 | 4) auf welchem der beiden Graphen liegt.

2 a) Zeichne den Graphen der Funktion f: $x \to 3 - 1{,}5x$.
b) Entscheide durch Rechnung, ob die Punkte P(6 | −5); Q(−5 | 7); R(−8 | 15) jeweils auf dem Graphen von f liegen.

8 a) Zu jeder Funktion gehört einer der abgebildeten Graphen. Entscheide, welcher Graph zu welcher Funktion gehört. Begründe deine Entscheidung.
(1) f: $x \to 0{,}5x$ (2) g: $x \to x - 1$
(3) h: $x \to 0{,}25x^2$ (4) k: $x \to -x + 3$
b) Denke dir selbst drei Funktionen aus und zeichne die zugehörigen Graphen in ein gemeinsames Koordinatensystem. Lass deinen Partner anschließend herausfinden, welcher Graph zu welcher Funktion gehört.

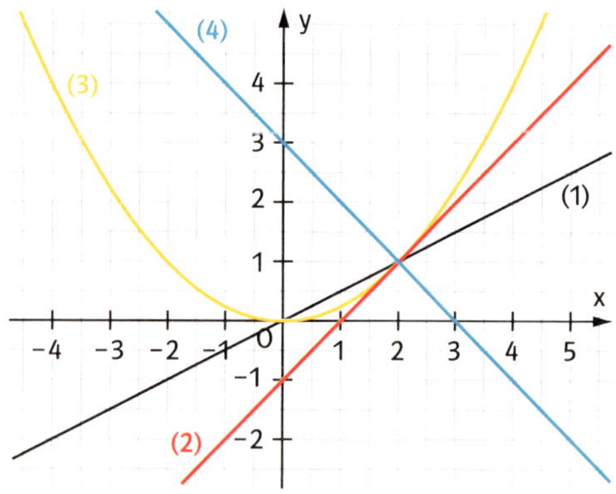

Fig. 1

9 Zeichne den zum Funktionsterm gehörenden Graphen für $-3 \leq x \leq 3$. Beschreibe den Verlauf des Graphen im gezeichneten Bereich.
a) $g(x) = 0{,}5x - 2$ b) $f(t) = -2t - (3 - t)$ c) $k(x) = (x - 1)^2$ d) $t(x) = -(x - 5) + x$

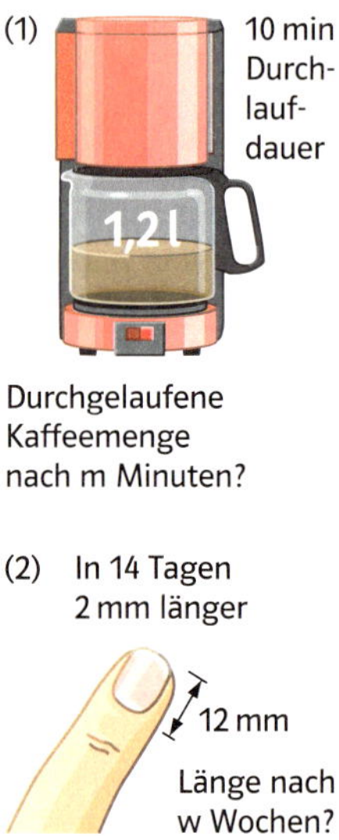

Fig. 2

10 a) Zeichne zur jeweils dargestellten Sachsituation in Fig. 2 einen passenden Graphen.
b) Gib jeweils den zugehörigen Funktionsterm an.

11 Ein Wald muss im Laufe seines etwa 100-jährigen Wachstums dreimal durchforstet werden. Der Graph in Fig. 3 zeigt den Holzbestand in einem 1 ha großen Wald.
a) Nach wie vielen Jahren beträgt der Holzbestand 300 m^3 (400 m^3; 275 m^3)?
b) Wann wurde jeweils durchforstet und wie viel m^3 wurde bei den Durchforstungen insgesamt geschlagen?

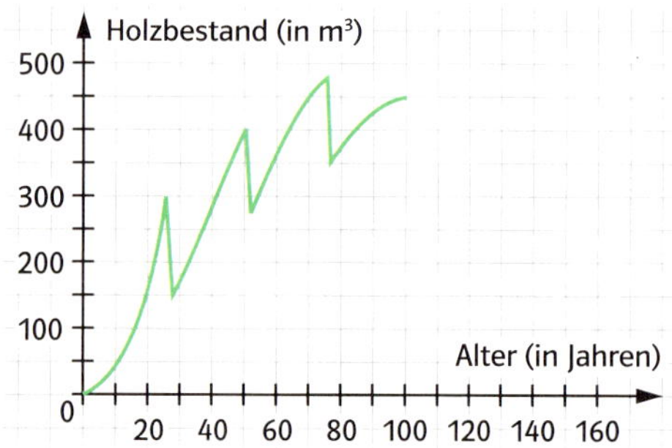

Fig. 3

12 Untersuche, welche der folgenden Funktionen einen kleinsten bzw. einen größten Funktionswert besitzen.
a) f: $x \to x^2 - 1$ b) $x \to 2(x + 1)$ c) f: $x \to -x^2 - 4x$ d) f: $x \to 2x + \frac{1}{x}$

13 Zeichne den Graphen der Funktion. Ersetze dann die im Funktionsterm rot markierte Zahl nacheinander durch 3; 4; −2; −4. Zeichne jeweils den zugehörigen Graphen. Beschreibe, wie sich die Graphen dabei ändern.
a) f: $x \to 2x$ b) g: $x \to x + 1$ c) w: $x \to 2|x|$ d) k: $x \to |x| + 1$

3 Lineare Funktionen

Beide Verkehrsschilder mahnen zur Vorsicht. Aber warum soll man als Radfahrer sogar absteigen …?

Aus Brunnenrohren fließt Wasser gleichmäßig in die abgebildeten Gefäße. Der Wasserstrom ist bei Gefäß 2 (Fig. 2) stärker als bei Gefäß 1 (Fig. 1). In Gefäß 1 steigt die Füllhöhe h pro Sekunde um 1 cm, in Gefäß 2 dagegen um 2 cm.

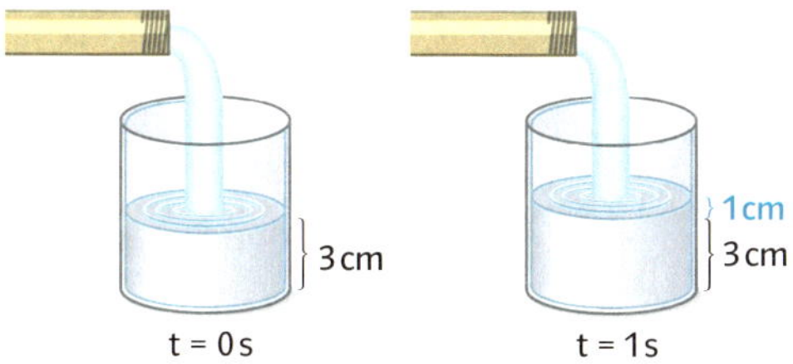

Fig. 1

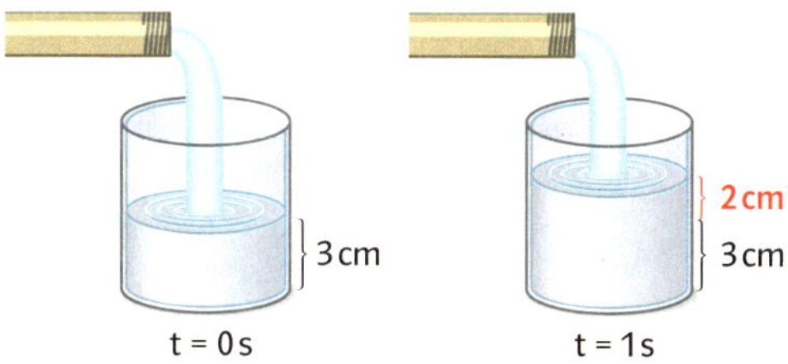

Fig. 2

Bezeichnet man die Füllhöhe mit h und die Zeit mit t, so kann man das Füllen der Gefäße mithilfe der Funktion $t \rightarrow h$ beschreiben. Man erhält die folgenden Wertetabellen:

Gefäß 1	+1	+1	+1	+1	+1	
t (in s)	0	1	2	3	4	5
h (in cm)	3	4	5	6	7	8
	+1	+1	+1	+1	+1	

Gefäß 2	+1	+1	+1	+1	+1	
t (in s)	0	1	2	3	4	5
h (in cm)	3	5	7	9	11	13
	+2	+2	+2	+2	+2	

Überträgt man diese Werte in ein Koordinatensystem und verbindet die Punkte, so ergibt sich in beiden Fällen eine Gerade. Deshalb nennt man die Funktion eine **lineare Funktion**. Die Füllhöhe nimmt bei beiden Gefäßen pro Sekunde um jeweils denselben Wert zu. Lineare Funktionen haben eine gleich bleibende **Wachstumsrate**. Aus den Wertetabellen kann man für die Funktion $t \rightarrow h$ für beide Gefäße je eine passende Funktionsvorschrift ablesen. Beide Wasserstände sind am Anfang gleich und wachsen dann linear pro Sekunde um 1 cm bzw. 2 cm. Daraus ergeben sich die Funktionsvorschriften $t \rightarrow 3 + 1t$ bzw. $t \rightarrow 3 + 2t$ sowie die unter Fig. 3 stehenden Funktionsgleichungen.

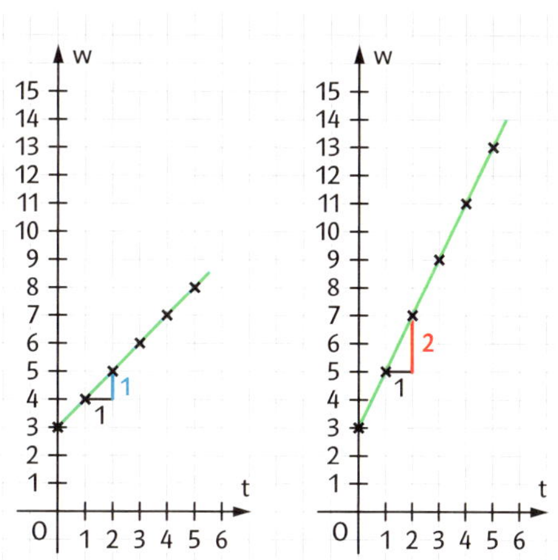

Fig. 3

$h(t) = 1 \cdot t + 3$ $\quad$ $h(t) = 2 \cdot t + 3$

*Statt y-Achsenabschnitt sagt man auch **Ordinatenabschnitt**.*

Alle linearen Funktionen haben Gleichungen der Form $f(x) = mx + b$. Die Graphen linearer Funktionen sind Geraden. Die Wachstumsrate einer linearen Funktion ist die **Steigung m** der zugehörigen Geraden. Der Funktionswert an der Stelle $x = 0$ heißt **y-Achsenabschnitt** der Geraden.

Eine Funktion mit der Gleichung $f(x) = mx + b$ heißt **lineare Funktion**. Ihr Graph ist eine Gerade mit der Steigung m und dem y-Achsenabschnitt b.

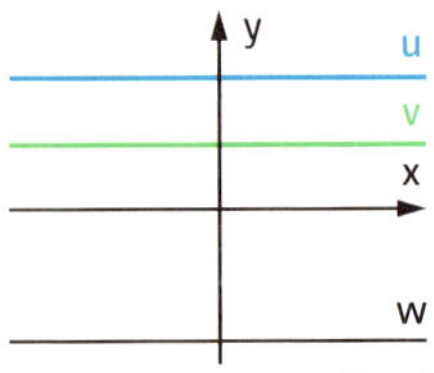

Fig. 1

Ist bei einer linearen Funktion $m > 0$, so steigt die zugehörige Gerade; ist $m < 0$, fällt sie.

Sonderfälle

Ist $m = 0$ und $b \neq 0$, so verlauft die Gerade parallel zur x-Achse (Fig. 1).
Ist $m = 0$ und $b = 0$, so ist die Gerade identisch mit der x-Achse.
Für den Fall $b = 0$ ergibt sich die Funktionsgleichung $f(x) = mx$ oder $y = mx$. Die einander zugeordneten Werte sind dann quotientengleich. Es liegt also eine **proportionale Funktion** vor. Die Steigung der zugehörigen Geraden (Fig. 2) ist der Proportionalitätsfaktor dieser Funktion.

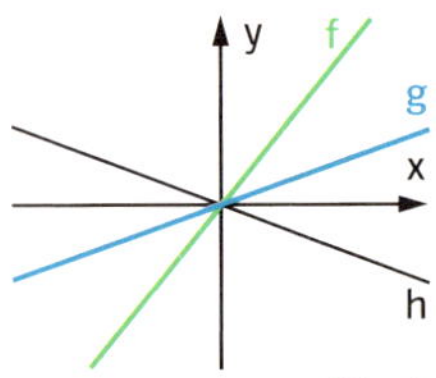

Fig. 2

Zur Erinnerung:
Ist der Quotient $\frac{x}{y}$ für alle Wertepaare einer Zuordnung $x \rightarrow y$ gleich groß, nennt man die Wertepaare quotientengleich.

Eine lineare Funktion mit der Gleichung $f(x) = mx$ ist eine **proportionale Funktion**. Die zugehörige Gerade verläuft durch den Ursprung. Ihre Steigung m ist der Proportionalitätsfaktor der Funktion.

Um die zu einer linearen Funktion gehörende Gerade zu zeichnen, genügt es, mithilfe der Funktionsgleichung die Koordinaten zweier Punkte zu berechnen. Dabei sollte man darauf achten, dass die Punkte nicht zu nahe beieinanderliegen. Die Gerade mit der Gleichung $g(x) = \frac{5}{2}x - \frac{1}{2}$ verläuft durch die Punkte $P(1|2)$ und $Q(-1|-3)$, denn $g(1) = 2$ und $g(-1) = -3$ (Fig. 3).

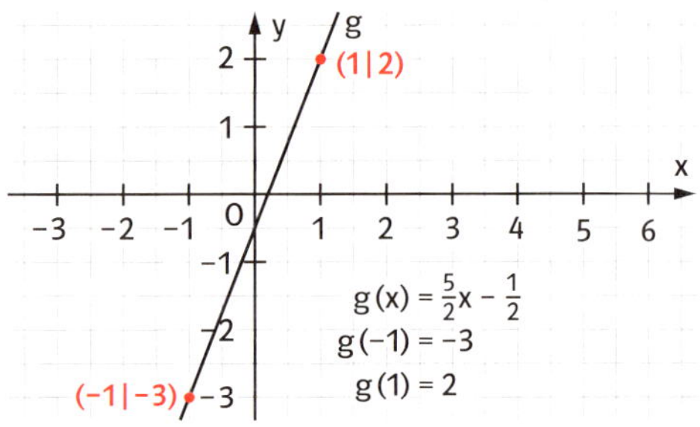

Fig. 3

Statt des zweiten Punktes kann man zum Zeichnen der Geraden auch die Steigung verwenden. Die Gerade mit der Gleichung $h(x) = -\frac{1}{4}x + \frac{11}{4}$ verläuft durch den Punkt $P(-1|3)$, denn $h(-1) = 3$. Einen zweiten Punkt Q erhält man, wenn man von P aus beispielsweise 8 Einheiten in die positive x-Richtung und dann $8 \cdot \frac{1}{4}$ Einheiten in y-Richtung geht. Da die Steigung negativ ist, muss man in die negative y-Richtung gehen. Das eingezeichnete Dreieck heißt **Steigungsdreieck**.

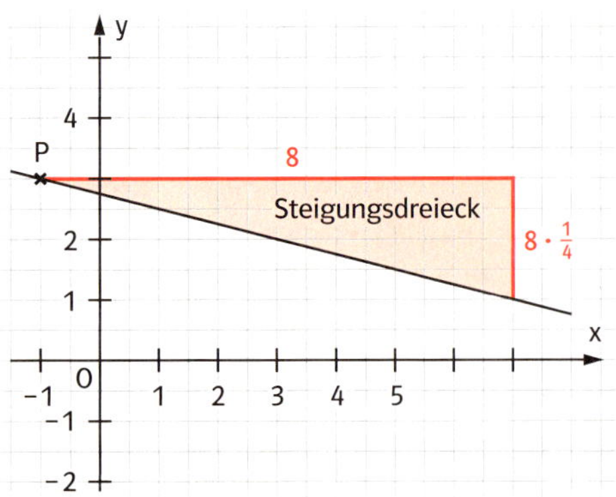

Fig. 4

In manchen Fällen ist es nicht erforderlich, die Koordinaten des ersten Punktes auszurechnen. Ist beispielsweise der y-Achsenabschnitt eine ganze Zahl (Fig. 1), so eignet sich dieser besonders gut als Ausgangspunkt für ein Steigungsdreieck. Dann kann man wie oben k Einheiten in x-Richtung und $k \cdot m$ Einheiten in y-Richtung gehen.

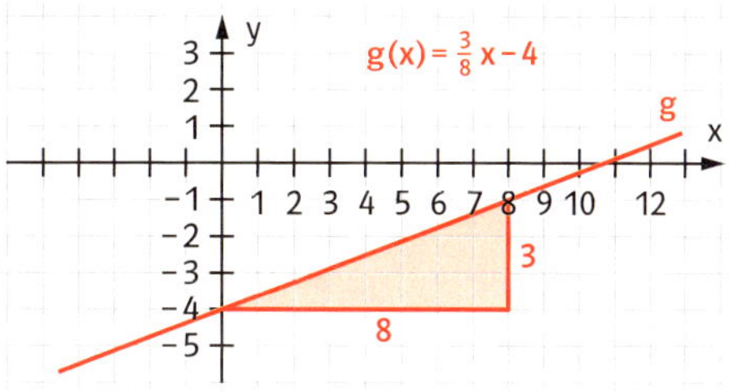

Fig. 1

Beispiel 1 Steigungsdreiecke

Gegeben ist die Gerade g, die zur Funktion $g(x) = 2x - 5$ gehört. Zeichne drei verschiedene Steigungsdreiecke ein.

Lösung:

Ein mögliches Steigungsdreieck (Fig. 2) beginnt im y-Achsenabschnitt. Man geht 1 Einheit in x-Richtung und 2 Einheiten in y-Richtung. Ein anderes Steigungsdreieck beginnt im Punkt P(2 | −1). Von dort aus geht man 2 Einheiten in x-Richtung und 4 Einheiten in y-Richtung.

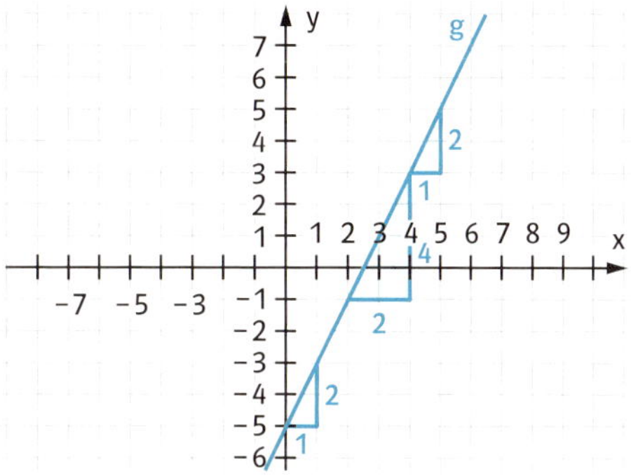

Fig. 2

Beispiel 2 Steigung und Ordinatenabschnitt

Zeichne

a) die Gerade h mit der Steigung 3 und dem Ordinatenabschnitt −2,

b) die Gerade f mit der Steigung $-\frac{4}{5}$ und dem Ordinatenabschnitt 3.

Lösung:

a) *Vom Punkt P(0 | −2) aus zeichnet man das Steigungsdreieck und geht 1 Einheit in x-Richtung und 3 Einheiten in y-Richtung.*

b) *Vom Punkt Q(0 | 3) aus geht man 5 Einheiten in x-Richtung und 4 Einheiten in die negative y-Richtung.*

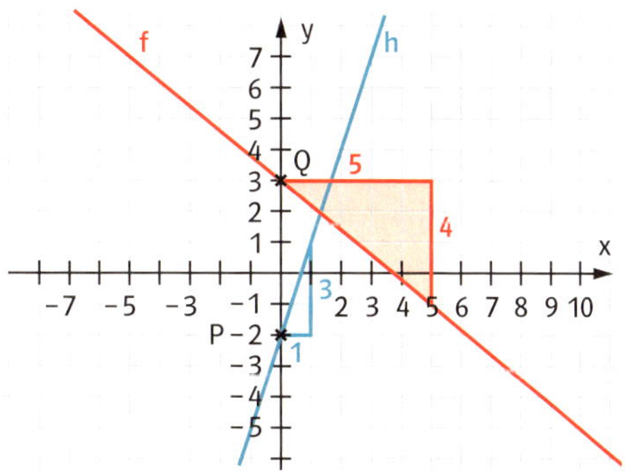

Fig. 3

Beispiel 3

a) Zeichne die Gerade h mit $m = -2$ und $b = 1$ mithilfe eines Steigungsdreiecks. Wie lautet die Gleichung der Geraden?

b) Berechne den fehlenden Wert u so, dass der Punkt P(3 | u) auf der Geraden liegt.

c) Wie lautet die Gleichung einer Parallelen t zur x-Achse, die die Gerade in Fig. 4 im Punkt P schneidet?

Lösung:

a) siehe Fig. 4; $h(x) = -2x + 1$

b) $h(3) = -2 \cdot 3 + 1 = -5$. Also $u = -5$.

c) $m = 0$. Also $b = -5$. Somit lautet die Gleichung der Geraden $t(x) = -5$.

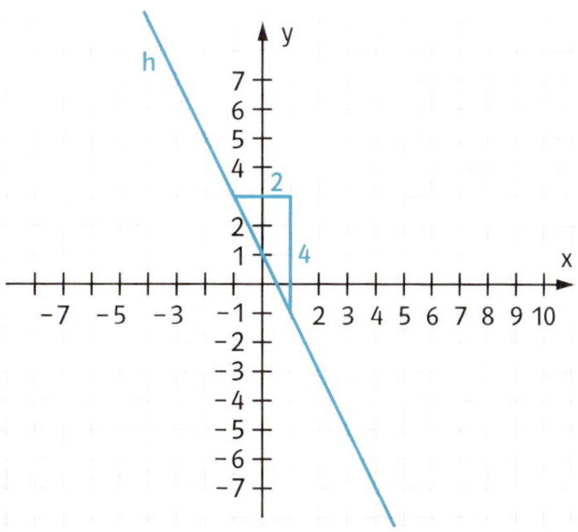

Fig. 4

Beachte:
Steigungsdreiecke kann man auf zwei Arten einzeichnen.
Bei positiver Steigung kann man entweder zuerst nach rechts und dann nach oben gehen oder zuerst nach links und dann nach unten.

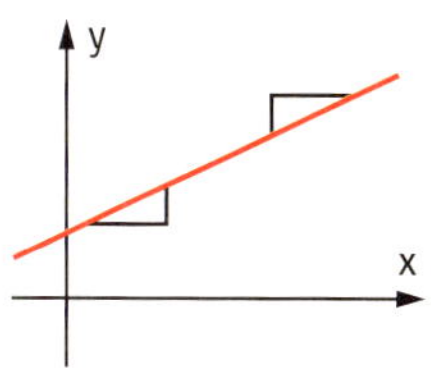

Bei negativer Steigung geht man entweder zuerst nach rechts und dann nach unten oder zuerst nach links und dann nach oben.

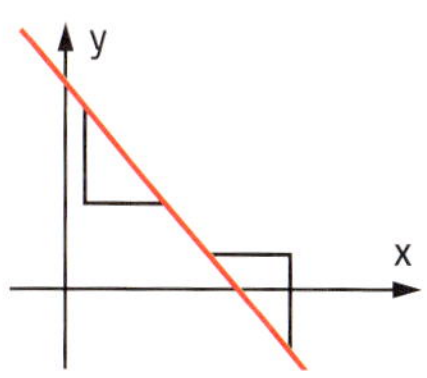

Aufgaben

1 Zeichne den Graphen von $x \to y$.
Welche der Funktionen sind proportional?

a) $y = 2 \cdot x + 1$ b) $y = \frac{1}{2} \cdot x$
c) $y = -x + 3$ d) $y = 3$
e) $y = \frac{3}{2} \cdot x - 2$ f) $y = -2 \cdot x$

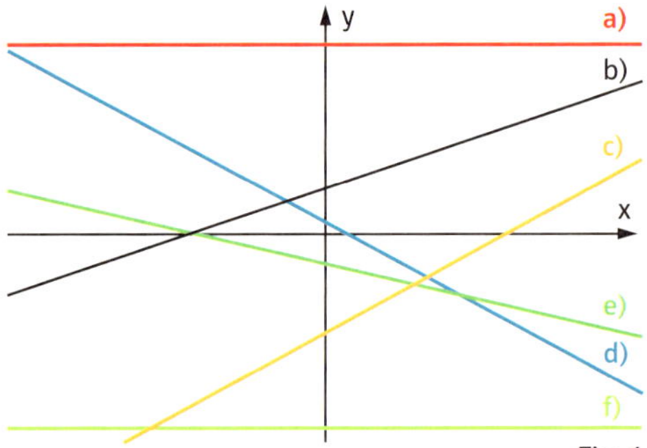

Fig. 1

2 In Fig. 1 sind Graphen abgebildet, die zu linearen Funktionen gehören.
a) Bei welcher Funktion nehmen die y-Werte für wachsende x-Werte zu?
b) Bei welcher Funktion nehmen die y-Werte für wachsende x-Werte ab?
c) Bei welcher Funktion sind die y-Werte konstant?
d) Welche Funktionen haben für $x = 0$ einen positiven y-Wert?

3 Gib jeweils die Gleichung zu den Geraden (Fig. 2) der Zuordnung $x \to y$ an, mit der sich der y-Wert berechnen lässt.

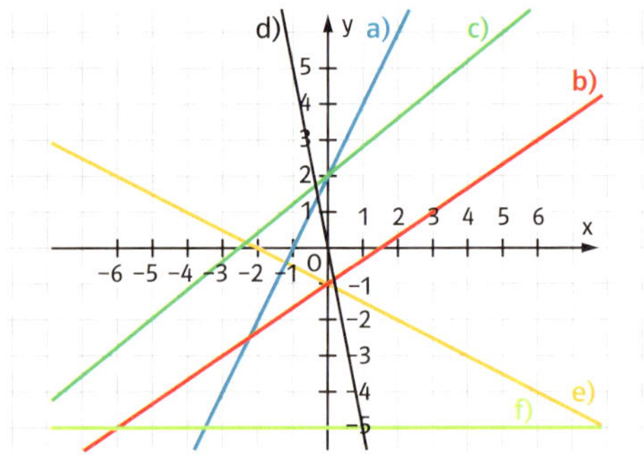

Fig. 2

4 Aus einem Leck in einem Gefäß läuft Wasser heraus. Pro Sekunde sinkt die Füllhöhe des Wassers um 1,4 cm. Zu Beginn der Messung stand das Wasser 22 cm hoch.
a) Ist die Funktion *Zeit t → Füllhöhe h* linear? Begründe.
b) Zeichne den Graphen der Funktion.
c) Mit welchem Funktionsterm lässt sich die Füllhöhe h berechnen?

5 In vier Gefäße A bis D fließt Öl. Hierbei lässt sich jeweils die Füllhöhe h (in cm) in Abhängigkeit von der Zeit t (in s) mit einer Funktionsgleichung berechnen.

A: $h(t) = \frac{3}{2} \cdot t + 2$ B: $h(t) = 2 \cdot t + 2$ C: $h(t) = t + 1$ D: $h(t) = 3 \cdot t$

a) Wie hoch steht das Öl in den Gefäßen A und B zu Beginn der Messung?
b) Wie schnell steigt das Öl in Gefäß C?
c) In welchen Gefäßen ist zu Beginn der Messung kein Öl vorhanden?
d) In welchem Gefäß steigt das Öl um 2 cm pro Sekunde?
e) In welchem Gefäß steigt das Öl am schnellsten (langsamsten)?
f) Zeichne die Graphen der Zuordnungen *Zeit t → Füllhöhe h*.

6 Familie Kern möchte im Garten eine Terrasse anlegen und benötigt dafür Sand. Auf Anfrage bei einem Unternehmen erhält sie folgende Preisliste.

Sandmenge (in m^3)	1	2	3	4	5	6
Kosten (in €)	150	210	270	330	390	450

a) Begründe, warum die Zuordnung *Sandmenge (in m^3) → Kosten* eine lineare Funktion ist.
b) Wie viel Geld muss Familie Kern bezahlen, wenn sie 8 m^3 (22 m^3) Sand bestellt?
c) Mit welcher Funktionsgleichung lassen sich die Kosten bestimmen?
d) Warum rechnet das Unternehmen nicht mit einer proportionalen Funktion?

7 Zeichne den Graphen der Funktion mit der Gleichung $g(x) = mx + b$ für $m = \frac{4}{5}$, $b = 1$.
Untersuche die Auswirkungen auf den Graphen von g.
a) Kehrwertbildung bei m
b) Vorzeichenwechsel bei m
c) Vorzeichenwechsel bei b
d) Vorzeichenwechsel bei m und bei b

Info

Steigungen gibt man häufig in Prozent an (bei der Bahn auch in Promille). Eine Steigung $m = 0{,}2 = 20\,\%$ bedeutet, dass man auf 100 m in der Horizontalen 20 m an Höhe gewinnt. 20 % bedeutet $\frac{20}{100} = \frac{1}{5}$. Deshalb kann man die Steigung auch in der Form 1 : 5 schreiben (Quotient aus Höhenunterschied und Länge der Horizontalen; $1:5 = 0{,}2 = 20\,\%$).

8 Welche Steigung ist größer?
a) 3 % oder 1 : 30
b) 1 : 20 oder 5 %
c) 25 ‰ oder 1 : 42
d) 1 : 38 oder 25 ‰

9 Die Hunsrückbahn gilt im Abschnitt von Boppard nach Emmelshausen als steilste Adhäsionsbahn Deutschlands. Von Boppard nach Buchholz beträgt die Steigung durchschnittlich 6 %. Gib die Steigung in der Form 1 : n an.

Bei einer Adhäsionsbahn (Reibungsbahn) erfolgt – im Gegensatz zu Zahnradbahnen oder Straßenbahnen – der Antrieb allein über die Haftung der Räder.

10 Die steilste Straße der Welt befindet sich in Dunedin. Wie viel Prozent Steigung muss man auf dieser Straße überwinden?

11 Zu jeder Steigung gehört ein Steigungswinkel (Fig. 1).
a) Zeichne zu den Steigungen 1 und 2 jeweils ein Steigungsdreieck und lies den zugehörigen Steigungswinkel ab.
b) Sind Steigungswinkel und Steigung proportional zueinander?

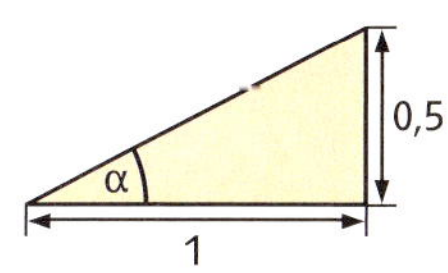

Fig. 1

Bist du sicher?

1 Eine Daunenfeder wird in einer Höhe von 240 cm losgelassen. Sie schwebt gleichmäßig 30 cm pro Sekunde abwärts.
a) Begründe, warum die Zuordnung *Zeit t (in s) → Höhe h (in cm)* linear ist.
b) Mit welcher Funktionsgleichung lässt sich die Höhe h berechnen?
c) Welche Höhe hat die Daunenfeder nach 2,5 Sekunden?
d) Zeichne den Graphen der linearen Funktion.

2 Welche Wertetabellen können zu linearen Funktionen gehören? Begründe.

a)

x	1	2	4	5	7
f(x)	4	5	7	8	10

b)

x	−0,5	0,5	1	3,5	3,5
f(x)	−2	−5	−6,5	−12,5	−14

c)

x	0,1	0,3	0,5	−0,1	7	18
f(x)	4	5	7	8	10	11

3 Prüfe, ob die Punkte auf der Geraden mit der Gleichung $y = -2x + 1$ liegen.
a) $P(5\,|\,-9)$
b) $Q(-3\,|\,6)$
c) $R\left(\frac{3}{4}\,\middle|\,-\frac{1}{2}\right)$
d) $S(2{,}5\,|\,-3{,}5)$

12 Zeichne den Graphen der Funktion f: $x \to 1{,}5x - 3$. Gib drei Funktionen g_1, g_2 und g_3 an, deren Graphen parallel zum Graphen von f verlaufen.

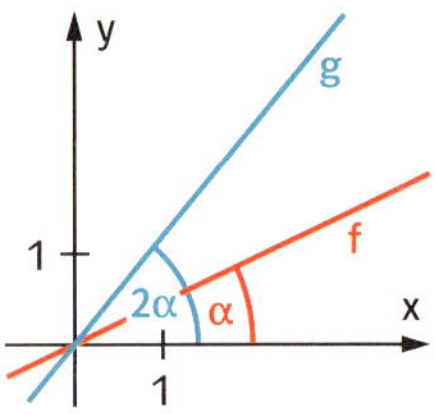

13 Max zeichnet in ein Koordinatensystem die Graphen der proportionalen Funktionen f und g. Der Graph von f schließt mit der x-Achse den Winkel α ein, der Graph von h schließt mit der x-Achse den Winkel 2α ein. Max folgert: „Die Steigung des Graphen von h ist doppelt so groß wie die Steigung des Graphen von f." Hat er Recht? Begründe.

14 Gib die Steigung m und den y-Achsenabschnitt b an.

a) $f(x) = 0{,}5x + 3$ b) $f(x) = 2x - 1$ c) $f(x) = x$ d) $f(x) = 1$

e) $f(x) = 2\left(\frac{1}{4}x - 1\right)$ f) $f(x) = 2x - (1 - x)$ g) $f(x) = 2x - (3 + 2x)$ h) $f(x) = -4 + \frac{1}{3}x$

15 Zeichne den Graphen der linearen Funktion.

a) f: $x \to 1{,}5x + 1$ b) g: $x \to x - 2$ c) h: $x \to \frac{3}{4}x - 1$ d) k: $x \to 0$

e) m: $x \to -1{,}8x$ f) n: $x \to 1 + 2{,}5x$ g) p: $x \to -x$ h) q: $x \to -3{,}5 - \frac{1}{2}x$

16 Frau Böttger erhält die abgebildete Telefonrechnung für ihr Handy (Fig. 1). Der zu bezahlende Rechnungsbetrag setzt sich aus dem Basispreis und den Kosten für die Einheiten zusammen.

a) Wie hoch liegen die Kosten für eine Einheit?

b) Gib eine Funktionsgleichung an, mit der man den Rechnungsbetrag mit der Anzahl der Einheiten berechnen kann.

c) Wie hoch wäre der Rechnungsbetrag bei 205 (857) vertelefonierten Einheiten?

d) Erfinde selbst einen Handytarif. Findet dein Nachbar die Gesetzmäßigkeit?

Frau Kathrin Böttger	
RECHNUNG	
Erfassungszeitraum vom 1.2. bis 1.3.2004	
Basispreis (monatlich)	
1 D3-Karte im 10-Sek.-Takt	**9,50 €**
Verbindungspreise	
158 Einheiten	**42,66 €**
Rechnungsbetrag	**52,16 €**

Fig. 1

17 a) Gib die Gleichungen von drei linearen Funktionen an, deren Graphen durch den Punkt $P(0\,|\,-3{,}5)$ verlaufen. Vergleiche dein Ergebnis mit dem deines Nachbarn.

b) Zeichne den Graphen der Funktion g: $x \to 2x - 3$ und lass deinen Nachbarn die Graphen für drei weitere Funktionen einzeichnen, deren Funktionsterm die Form $2x + b$ hat. Was fällt euch auf?

18 Welche der Punkte $A(-4\,|\,-5)$; $B(4\,|\,0)$; $C(2\,|\,-1{,}6)$; $D(40\,|\,27)$ und $E(-7\,|\,-9)$ liegen oberhalb, welche unterhalb und welche auf der Geraden mit der Gleichung $y = \frac{3}{4}x - 3$?

19 Gib die Gleichungen der in Fig. 2 dargestellten Geraden an.

20 Gibt es eine Funktion, die die x-Achse (die y-Achse) als Graphen hat? Begründe.

21 Welche der Funktionen sind linear?

a) $f(x) = 0{,}3 - 300x$ b) $g(x) = \frac{1}{x} + 4$

c) $h(x) = 5x^2 - 3x + 1$ d) $k(x) = \frac{5}{3}x - 2x$

e) $p(x) = \frac{1}{2}x \cdot 3x + 3$ f) $v(x) = 4(1 - x)$

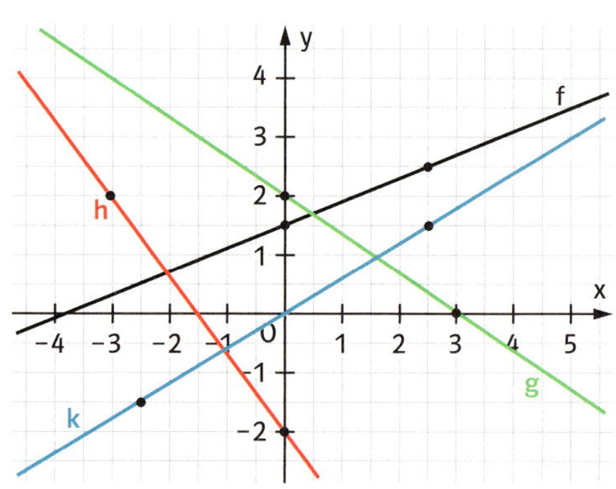

Fig. 2

4 Geradengleichungen

Claudia berichtet aus dem Chemieunterricht: „Flüssigkeitsthermometer werden so konstruiert, dass die Funktion f: *Temperatur T (in °C) → Höhe h der Flüssigkeitssäule (in mm)* linear ist." Claudias kleine Schwester Anke schaut sich das rechte Thermometer an und meint: „Das kannst du in einem kalten Winter aber vergessen!"

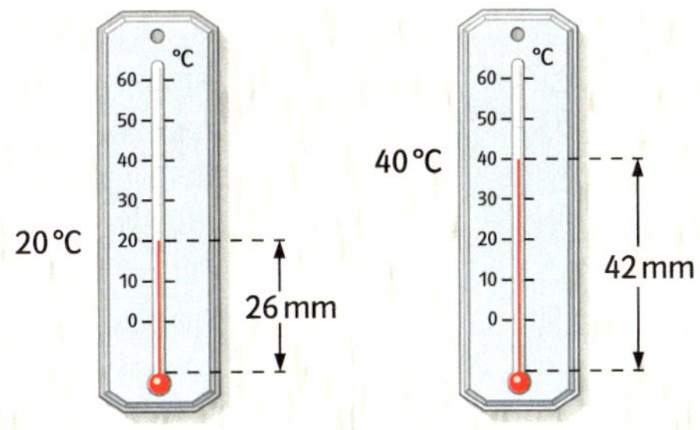

Der Graph einer linearen Funktion $g: x \to mx + b$ ist eine Gerade. Die Gerade hat die Gleichung $g(x) = mx + b$.

Kennt man die Koordinaten zweier Punkte, gibt es genau eine Gerade, die durch beide Punkte verläuft. Die Steigung und den Ordinatenabschnitt der Geraden kann man dann eindeutig berechnen.

Kennt man nur die Koordinaten eines Punktes einer Geraden sowie ihre Steigung, so ist die Gleichung der Geraden ebenfalls eindeutig berechenbar.

Sind beispielsweise die Punkte P(1 | 3) und Q(4 | 5) Punkte einer Geraden (Fig. 1), so kann man zunächst deren Steigung m mithilfe eines Steigungsdreiecks berechnen.
Es ist

$$m = \frac{5-3}{4-1} = \frac{2}{3}.$$

Also hat die Gleichung die Form

$$g(x) = \frac{2}{3}x + b.$$

Da der Punkt P auf der Geraden liegt, muss er diese Gleichung erfüllen.
Aus $g(1) = 3$ folgt $3 = \frac{2}{3} \cdot 1 + b$. Daraus ergibt sich $b = \frac{7}{3}$.
Die Gleichung der Geraden lautet:

$$g(x) = \frac{2}{3}x + \frac{7}{3} \text{ oder } y = \frac{2}{3}x + \frac{7}{3}.$$

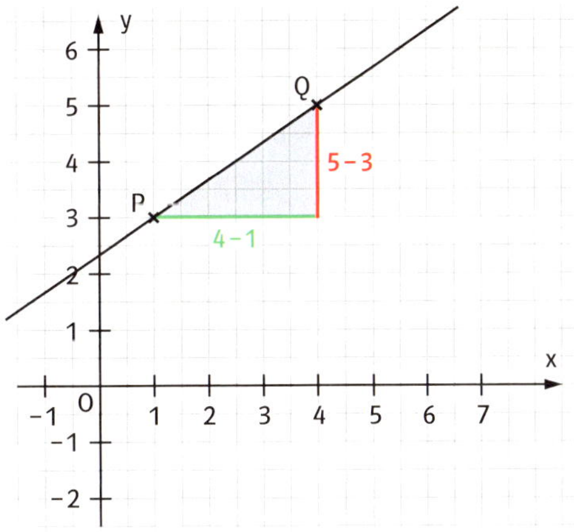

Fig. 1

Sind $P_1(x_1 | y_1)$ und $P_2(x_2 | y_2)$ zwei verschiedene Punkte auf der Geraden mit der Gleichung $y = mx + b$, dann hat diese die Steigung

$$m = \frac{y_2 - y_1}{x_2 - x_1}.$$

Bei bekannter Steigung ergibt sich der Wert für b aus der Geradengleichung $y = mx + b$ durch Einsetzen der Koordi-

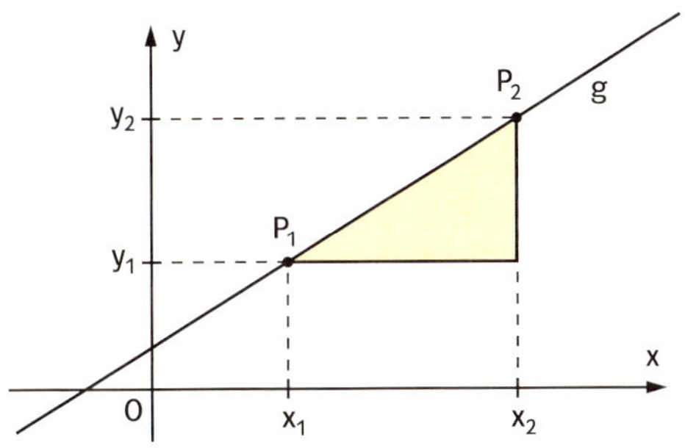

Beispiel

Stelle die Geradengleichung $y = mx + b$ für
a) die Gerade g,
b) die Gerade h
auf (Fig. 1).

Lösung:

Die Gleichung für g könnte man auch durch Ablesen der Koordinaten zweier Punkte finden.

a) Die Gerade g schneidet die y-Achse in $(0 \mid -2)$, also ist $b = -2$. Zeichnet man ein Steigungsdreieck ein, so erkennt man, dass $m = \frac{1}{2}$ ist. Damit ergibt sich zu g die Geradengleichung $y = \frac{1}{2}x - 2$.

Die Gleichung für h könnte man auch mithilfe eines Steigungsdreiecks erhalten.

b) Die Gerade h verläuft durch die beiden Punkte $A(-2 \mid 1)$ und $B(1 \mid -1)$. Damit erhält man $m = \frac{y_B - y_A}{x_B - x_A} = \frac{-1-1}{1-(-2)} = \frac{-2}{3} = -\frac{2}{3}$.
Also hat die Geradengleichung die Form $g(x) = -\frac{2}{3}x + b$. Da B auf der Geraden liegt, muss gelten: $g(1) = -1$, woraus $b = -\frac{1}{3}$ und damit $y = -\frac{2}{3}x - \frac{1}{3}$ folgen.

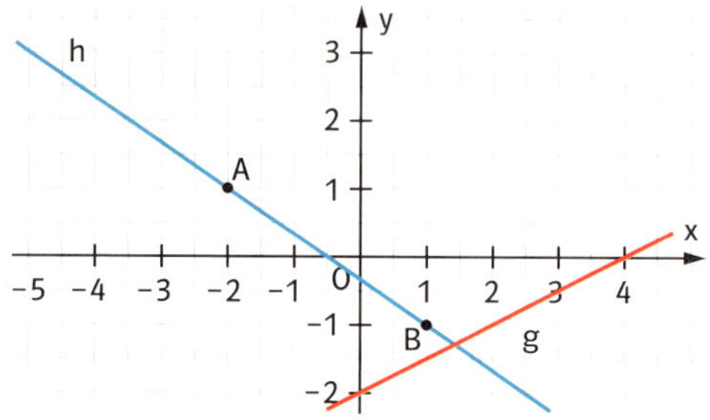

Fig. 1

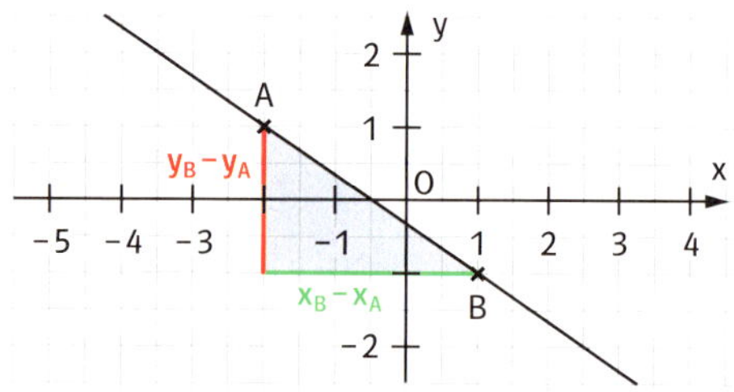

Fig. 2

Aufgaben

1 Bestimme die Gleichung der Geraden durch den Punkt P mit der Steigung m.
a) $P(5 \mid -5)$; $m = 2$ b) $P(4 \mid 7)$; $m = -3$ c) $P(-2 \mid 5)$; $m = -\frac{1}{3}$ d) $P\left(\frac{1}{2} \mid -\frac{3}{4}\right)$; $m = 2{,}1$

2 Bestimme die Gleichung der Geraden, die durch die Punkte A und B geht.
a) $A(2 \mid 3)$; $B(5 \mid 6)$ b) $A\left(\frac{1}{2} \mid \frac{1}{4}\right)$; $B\left(-1 \mid -\frac{3}{4}\right)$
c) $A(-4 \mid 1)$; $B(4 \mid 5)$ d) $A\left(\frac{1}{2} \mid 0{,}8\right)$; $B(1{,}5 \mid 0)$

3 Liegt der Punkt R auf der Geraden PQ?
a) $P(1 \mid 2)$; $Q(3 \mid 5)$; $R(-3 \mid -4)$
b) $P(0{,}5 \mid 0{,}7)$; $Q(-1 \mid -0{,}5)$; $R(1 \mid 1{,}2)$
c) $P(0 \mid 0)$; $Q(-50 \mid 45)$; $R(2 \mid -1{,}8)$

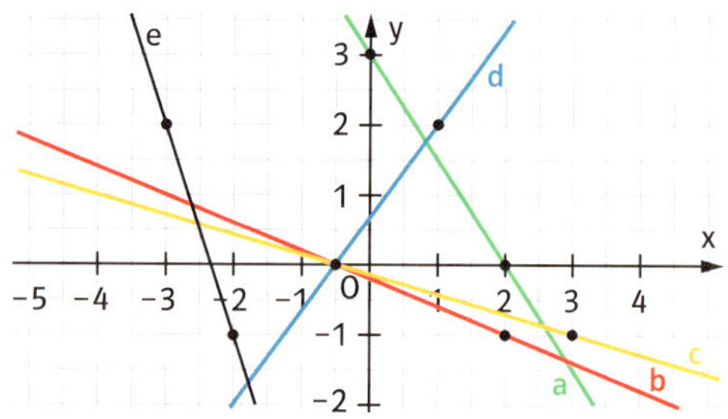

Fig. 3

4 Bestimme die Gleichungen der in Fig. 3 gezeichneten Geraden.

5 Die Tabelle gehört zu einer linearen Funktion. Übertrage die Tabelle ins Heft, ergänze die fehlenden Zahlen und gib jeweils die Funktionsvorschrift an.

a)

x	0	1	3	
f(x)	2	0		−6

b)

x	−3	0	2	
f(x)	5		2,5	0

6 Zeichne die Geraden mit den Gleichungen
a) $y = \frac{2}{5}x - 2$, b) $y = -\frac{2}{5}x - 2$, c) $y = \frac{2}{5}x + 2$, d) $y = -\frac{2}{5}x + 2$.
Was fällt dir auf? Beschreibe den geometrischen Zusammenhang.

7 Zeichne die Geradenpaare zu den Gleichungen
a) $y = \frac{3}{4}x + 3$; $y = -\frac{4}{3}x + 3$, b) $y = -3x + 9$; $y = \frac{1}{3}x - 1$, c) $y = 0{,}625x$; $y = -1{,}6x$.
Was fällt dir auf? Beschreibe den geometrischen Zusammenhang.

Bist du sicher?

1 Bestimme zu Fig. 1
a) die Gleichungen der Geraden g und h,
b) die Gleichung der Geraden p, die parallel zu g durch den Punkt B verläuft,
c) die Gleichung der Geraden q, die parallel zu h durch den Punkt A verläuft.

2 Bestimme zu Fig. 1 die Gleichung
a) der Geraden BC, b) der Geraden AD.

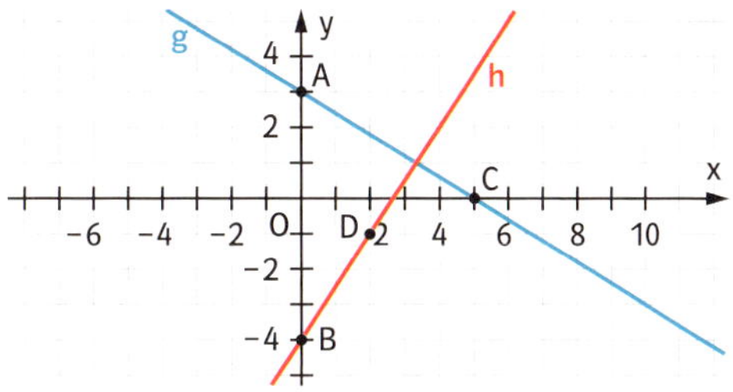

Fig. 1

8 Bei Autoreifen nimmt die Profiltiefe durch die Nutzung gleichmäßig ab. Deshalb überprüft Herr Fuchs sie von Zeit zu Zeit. Nachdem er mit den neuen Sommerreifen 16 000 km gefahren war, betrug die Profiltiefe 6 mm, nach 24 000 km waren es noch 5 mm.
a) Wie viele Kilometer könnte Herr Fuchs mit diesen Reifen fahren, wenn mindestens 1,6 mm Profiltiefe vorgeschrieben sind?
b) Um wie viele Millimeter nimmt die Profiltiefe alle 10 000 km ab?
c) Welche Profiltiefe hatten die Reifen, als Herr Fuchs sie kaufte?

9 In einer Klinik wird einem Patienten aus einer Infusionsflasche eine Kochsalzlösung gleichmäßig zugeführt. Nach einer halben Stunde sind noch 0,8 l in der Flasche, nach zwei Stunden sind es nur noch 0,2 l.
a) Zeichne den Graphen der Funktion f: *Zeitdauer x (in h) → Flascheninhalt y (in l).* Beantworte die Fragen mithilfe des Graphen.
(1) Wie viel Liter waren bei Infusionsbeginn in der Flasche, wie viel eine Stunde später?
(2) Nach welchem Zeitraum ab Infusionsbeginn gerechnet ist die Flasche leer?
b) Gib für die Funktion f einen Funktionsterm an und überprüfe deine Antworten durch Rechnung. Für welche x-Werte liefert die Funktion f sinnvolle Funktionswerte? Begründe.

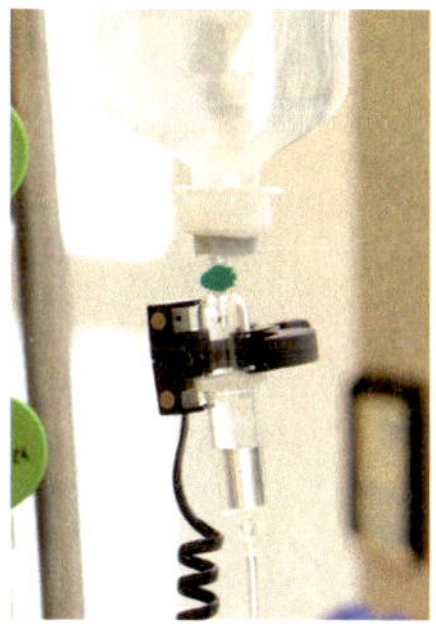

10 Zeichne vier beliebige Geraden. Lass deinen Tischnachbarn die zugehörigen Geradengleichungen herausfinden.
Welche der Geradengleichungen lassen sich einfach bestimmen, bei welchen Geraden ist es schwieriger, die zugehörige Geradengleichung herauszufinden? Begründe.

Kannst du das noch?

11 Für das Dorffest hatten die Veranstalter täglich etwa 8000 Teilnehmer erwartet. Am Samstag waren es nur 4960. Am Sonntag waren es 75 % mehr. Um wie viel Prozent wichen die Besucherzahlen jeweils vom erwarteten Richtwert 8000 ab?

12 a) Ein Kreis hat einen Durchmesser von 60 cm. Berechne seinen Flächeninhalt.
b) Ein Fernsehsender hat eine Reichweite von 45 km. Wie groß ist sein Empfangsgebiet?
c) Eine alte Eiche hat einen Umfang von 4,00 m. Berechne ihren Durchmesser und den Flächeninhalt des Querschnitts.

5 Lineare Gleichungen

Die Klasse 8 b plant für Ende Januar des folgenden Schuljahres eine Skifahrt. Für jeden Schüler werden monatlich mit Beginn im September des laufenden Schuljahres 20 € angespart. Laura ist skeptisch, ob diese Rate genügt, um die gesamten Festkosten der Fahrt anzusparen. Sie überlegt, wann wohl genügend Geld angespart sein wird.

An welcher Stelle eine Funktion einen bestimmten Funktionswert annimmt, lässt sich am zugehörigen Graphen ablesen oder durch das Lösen einer Gleichung bestimmen.

Fig. 1

Ein Lkw mit einem Leergewicht von 3 t wird an einer Schüttanlage befüllt (Fig. 1), die 2 t innerhalb von 3 min schafft. Der Ladevorgang wird durch den Graphen der Funktion f: *Schüttzeit x (in min) → Gesamtgewicht y (in t)* dargestellt (Fig. 2). Es ist $f(x) = \frac{2}{3}x + 3$. Mithilfe des Graphen kann man bestimmen, wie lange der Vorgang bis zum Erreichen des zulässigen Gesamtgewichts von 12,5 t etwa dauert. Man kann eine Parallele zur x-Achse durch den Punkt P(0 | 12,5) einzeichnen, die den Graphen von f etwa an der Stelle 14,5 schneidet. Der Vorgang dauert somit ungefähr 14 min 30 s. Den genauen Wert erhält man mit der Funktionsgleichung. Man berechnet den x-Wert, für den sich der Funktionswert 12,5 ergibt:

$$\frac{2}{3}x + 3 = 12{,}5 \quad | -3$$
$$\frac{2}{3}x = 9{,}5 \quad | \cdot \frac{3}{2}$$
$$x = 14{,}25.$$

Also dauert der Ladevorgang bis zum Erreichen des zulässigen Gesamtgewichts 14 min und 15 s.

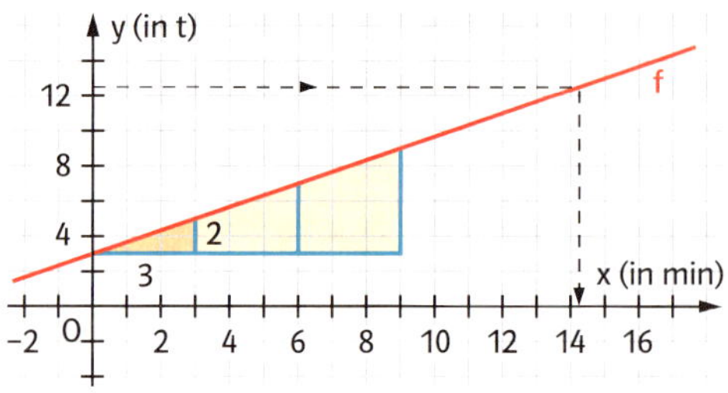

Fig. 2

Die Lösung von Gleichungen wie $-\frac{1}{2}x + 8 = 0$ oder $3x + 2 = 5$ kann mithilfe von linearen Funktionen veranschaulicht werden (Fig. 3). Im Fall $-\frac{1}{2}x + 8 = 0$ sucht man die Stelle, an der die Funktion g mit der Gleichung $g(x) = -\frac{1}{2}x + 8$ den Funktionswert null annimmt. Eine solche Stelle nennt man **Nullstelle** von g. Man erhält die Lösung dieser Gleichung (x = 16) durch Ablesen aus dem Graphen (Fig. 3) oder durch Umformen der linearen Gleichung:

$$-\frac{1}{2}x + 8 = 0 \quad | -8$$
$$-\frac{1}{2}x = -8 \quad | : \left(-\frac{1}{2}\right)$$
$$x = 16.$$

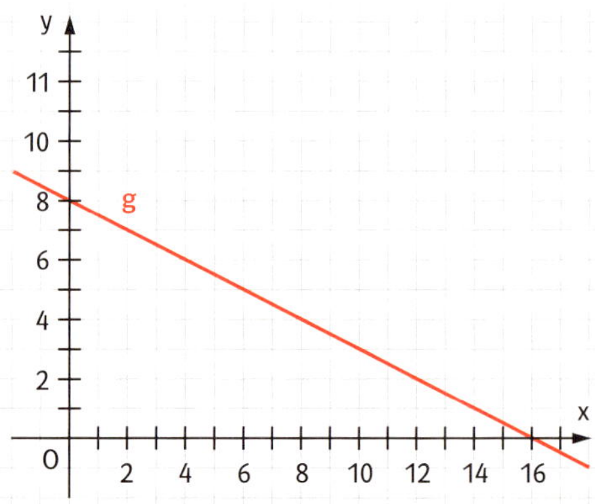

Fig. 3

In diesem Beispiel liefert auch die grafische Lösung den exakten Wert.

Die **Lösung der linearen Gleichung** $ax + b = c$ ist die Stelle x, an der die lineare Funktion $g: x \to ax + b$ den Funktionswert c annimmt. Im Fall $c = 0$ ist die Lösung der Gleichung die **Nullstelle** der Funktion.

Die rechnerische Methode ergibt stets den exakten Wert. Das Ablesen der Lösung am Graphen liefert oft nur einen Näherungswert, kann aber die Orientierung erleichtern.

Lineare Gleichungen vom Typ $ax + b = c$ haben immer dann genau eine Lösung, wenn $a \neq 0$ ist. Rechnerisch bedeutet dies, dass der letzte Schritt, nämlich die Division durch a, ausführbar ist. Zeichnerisch bedeutet dies, dass die zugehörige Gerade $g(x) = ax + b$ eine von null verschiedene Steigung hat und deshalb jeden beliebigen Funktionswert c annehmen kann.
Wenn aber $a = 0$ ist, dann hat die zugehörige Gerade $g(x) = b$ für alle x-Werte nur einen einzigen Funktionswert, nämlich b (Fig. 1). Die Gerade hat die Steigung null und verläuft parallel zur x-Achse. Die Gleichung $0 \cdot x + b = c$ hat keine Lösung, wenn $b \neq c$ ist. Für $b = c$ ist jeder Wert für x eine Lösung der Gleichung.

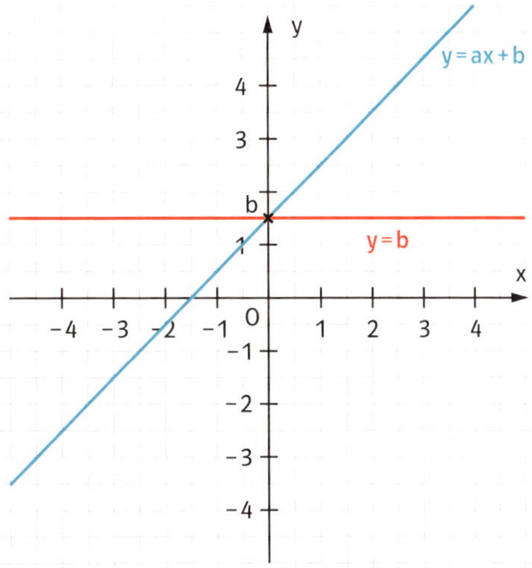

Fig. 1

Beispiel 1
Bestimme rechnerisch und grafisch die Nullstellen der Funktionen
$a: x \to \frac{1}{3}x + 1{,}4$ und $b: x \to -2x - 1$.
Lösung:
rechnerisch:
zu a:
$$\frac{1}{3}x + 1{,}4 = 0 \quad |-1{,}4$$
$$\frac{1}{3}x = -1{,}4 \quad |:\frac{1}{3}$$
$$x = -4{,}2$$
Die Nullstelle ist bei $x = -4{,}2$.
zu b:
$$-2x - 1 = 0 \quad |+1$$
$$-2x = 1 \quad |:(-2)$$
$$x = -0{,}5$$
Die Nullstelle ist bei $x = -0{,}5$.

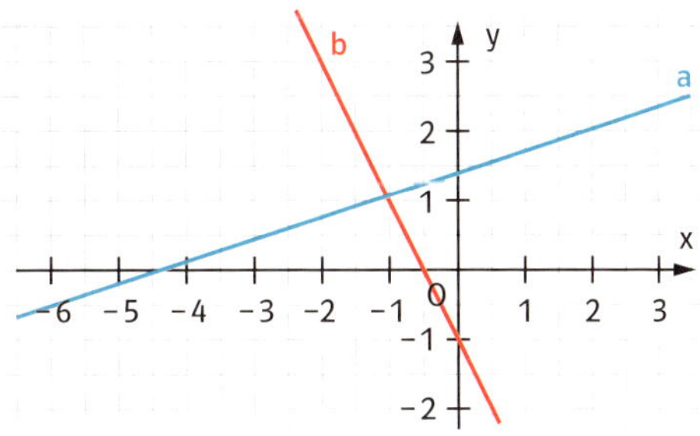

Durch Ablesen erhält man: Die Gerade a schneidet die x-Achse ungefähr bei $x = -4{,}2$, die Gerade b ungefähr bei $x = -0{,}5$.

Beispiel 2
Löse die Gleichung $2x + 2 = 2{,}75$ rechnerisch und grafisch.
Lösung:
rechnerisch:
$$2x + 2 = 2{,}75 \quad |-2$$
$$2x = 0{,}75 \quad |:2$$
$$x = \frac{3}{8} = 0{,}375$$

grafisch

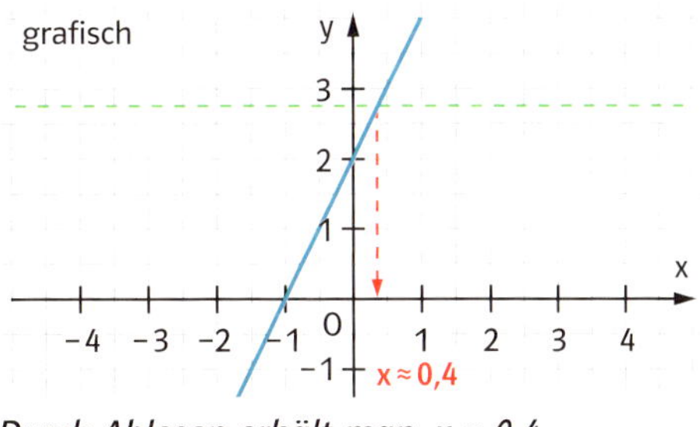

Durch Ablesen erhält man $x \approx 0{,}4$.

Aufgaben

1 Löse die Gleichungen rechnerisch und zeichnerisch.
a) $7x + 5 = 4$ b) $0{,}2x - 4 = 1$ c) $-3 + 2x = 0$
d) $-0{,}6x + 2 = -1$ e) $5 + \frac{1}{3}x = 3$ f) $-3x + 5 = 7$

2 Bestimme die Nullstelle der linearen Funktion f.
a) $f(x) \rightarrow 2x - 6$ b) $f(x) \rightarrow 3x + 8$ c) $f(x) \rightarrow \frac{1}{7}x - 4$
d) $f(x) \rightarrow 2(5 - x)$ e) $f(x) \rightarrow 8x + 3$ f) $f(x) \rightarrow 0{,}7x - 4$

3 a) Welche linearen Funktionen haben keine Nullstellen? Nenne Beispiele.
b) Gib eine lineare Funktion mit zwei Nullstellen an.

4 Löse die Gleichungen grafisch. Überprüfe deine Ergebnisse durch Rechnung.
a) $\frac{3}{4}x - 2 = 2$ b) $\frac{3}{4}x - 2 = 0$ c) $\frac{3}{4}x - 2 = 6$ d) $\frac{3}{4}x - 2 = -4$

5 Bestimme die fehlenden Werte in den Wertetabellen. Die Funktion f ist jeweils linear.

a)

x	−2	0	1		
f(x)	−1,5	0,5		2	3

b)

x	4	6	0		
f(x)	−2	3		5	−1

c)

x	−2	−3	−4		
f(x)	4	5		0	2

d)

x	−4	−1	1		5
f(x)	1,2	1,8		2,6	

6 Der Punkt P liegt auf dem Graphen der linearen Funktion $f: x \rightarrow mx + b$.
Berechne die Schnittpunkte des Graphen von f mit den Koordinatenachsen.
a) $P(2|5)$; $f(x) = x + b$ b) $P(-2|-5)$; $f(x) = mx - 10$ c) $P(0{,}5|3{,}5)$; $f(x) = 1{,}8x + b$

7 Der Graph einer linearen Funktion hat die Steigung 2 und schneidet bei $x = 4$ die x-Achse. Bestimme die Lösung der Gleichung $f(x) = 5$ rechnerisch und zeichnerisch.

Bist du sicher?

1 a) Zeichne die Gerade g mit der Gleichung $y = -\frac{2}{3}x + 4$.
b) Bestimme die Schnittpunkte der Geraden g mit den Koordinatenachsen.

2 Gegeben ist die lineare Funktion mit der Funktionsgleichung $f(x) = 3x + 18$.
Für welchen x-Wert ergibt sich der Funktionswert 6?

Tipp:
Häufig kann man Gleichungen auch ohne Äquivalenzumformungen lösen.

8 Welche der Gleichungen sind allgemeingültig, welche sind unerfüllbar? Vereinfache, wenn notwendig, die Gleichungen mithilfe von Äquivalenzumformungen.
a) $3x + 7x = 10x$ b) $3 + 7x = 7x$ c) $12 + 3x = 3x + 12$
d) $3 - 2x = 7 - 2x$ e) $(x + 1) - (x - 3) = 4$ f) $x - 5 = 2x + 3 - (x - 2)$
g) $1 - (x - 1) = 2 - x$ h) $8x + 7 = 4(2x + 3) - 5$ i) $5 - (2x + 3) = -2(x + 1)$

9 a) Notiere jeweils drei Gleichungen mit $L = \{2\}$; $L = \mathbb{Q}$; $L = \{\,\}$ und $L = \{\frac{3}{7}\}$.
b) Gibt es auch eine lineare Gleichung mit der Lösungsmenge $\{-2; 2\}$? Begründe.

10 Zeichne das zu den Gleichungen gehörende Geradenpaar. Gib an, in welchem Quadranten der Schnittpunkt liegt. Lies die Koordinaten des Schnittpunktes S näherungsweise ab.

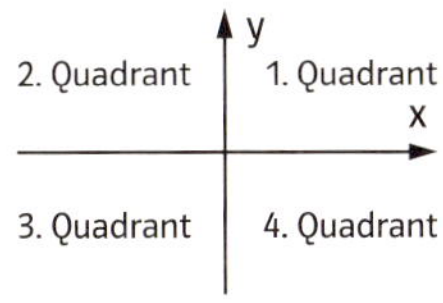

a) $y = 4x - \frac{1}{6}$ und $y = 3x + \frac{1}{3}$
b) $y = -\frac{1}{6}x + 4$ und $y = -\frac{1}{3}x + 3$
c) $y = 3x - \frac{1}{2}$ und $y = 2x + \frac{1}{2}$
d) $y = 0{,}03x - 3$ und $y = -1{,}32x + 6$

11 Schreibe als Gleichung und löse sie.
a) Welche Zahl muss man verdoppeln und dieses Doppelte von $\frac{1}{4}$ subtrahieren, um 0,05 zu erhalten?
b) Von welcher Zahl ist das 3-Fache der Zahl um 4 größer als das 5-Fache der Zahl?
c) Welche Zahl wird durch Halbieren um 1 größer?

12 **Orakel-Spiel**
Ein Spieler verkörpert das Orakel. Nur das Orakel kennt die geheime Zuordnungsvorschrift $x \rightarrow mx + b$ mit den beiden selbst ausgedachten Zahlen m, $b \in \mathbb{Q}$. Alle anderen Mitspieler – die Anwärter – wollen das Orakel ablösen und versuchen, hinter sein Geheimnis zu kommen. Dazu ruft einer der Anwärter dem Orakel eine Zahl x zu, die das Orakel in seine geheimnisvolle Gleichung (z. B. $y = 3x - 1$) einsetzt und mit dem Ergebnis antwortet. Die Anwärter dürfen nacheinander Zahlen nennen und das Orakel antwortet. Weiß ein Anwärter die richtige Zuordnungsvorschrift, so darf er das Orakel ablösen. Damit man leichter hinter das Geheimnis des Orakels kommt, kann man die Zahlen in eine Tabelle schreiben oder die Zahlenpaare als Koordinaten in ein Koordinatensystem eintragen.

Anwärter-Zahl								
Orakel-Antwort								
Das Geheimnis des Orakels: y =								

13 Bei welchen fünf aufeinander folgenden geraden ganzen Zahlen ist die Summe viermal so groß wie die Summe der beiden kleinsten Zahlen?

14 Zwei Autovermieter bieten Mietwagen zu folgenden Konditionen an: Vermieter Ast verlangt eine Grundgebühr von 85 € und 0,35 € je gefahrenem Kilometer. Vermieter Lang verlangt 50 € Grundgebühr und 0,50 €/km.
Für welchen Vermieter sollte man sich entscheiden? Begründe.

15 Schon im Papyrus Rhind (ca. 1700 v. Chr.) findet man viele Aufgaben, die auf Gleichungen führen.
Stelle jeweils eine Gleichung für die gesuchte Zahl auf. Löse die Gleichung.
a) 24. Aufgabe des Papyrus Rhind:
Ein Haufen und sein Siebtel ist 19.
b) 28. Aufgabe:
Zu einem Haufen werden $\frac{2}{3}$ davon hinzugenommen, $\frac{1}{3}$ des Ganzen wird weggenommen. Der Rest ist 10.
c) 29. Aufgabe:
Zu einer Zahl werden $\frac{2}{3}$ von ihr addiert und noch $\frac{1}{3}$ der Summe. $\frac{1}{3}$ vom Ganzen ist 10.

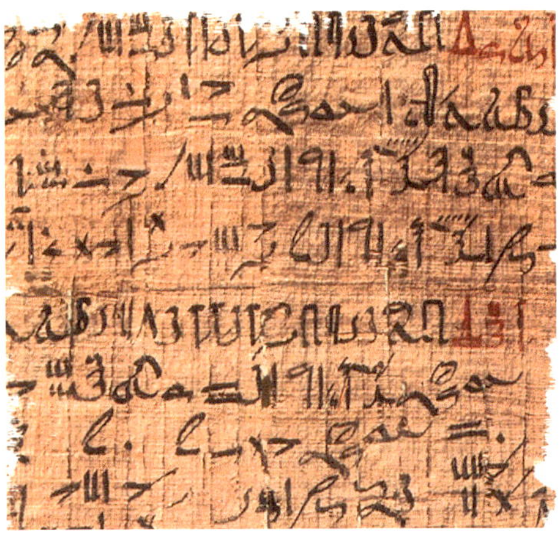

6 Lineare Ungleichungen

Paul: „Drei Personen dürfen noch mitfahren."
Tina: „Aber wir sind doch kleiner, dann dürfen alle vier noch mitfahren."

Viele Sachprobleme führen auf **Ungleichungen**, die sich mit ähnlichen Verfahren lösen lassen wie Gleichungen.

Der Betrag von 50 € steht zum Kauf von Kinokarten zur Verfügung. Eine Karte kostet 8 €. Um herauszufinden, wie viele Karten man kaufen kann, bezeichnet man beispielsweise die Anzahl der Kinokarten mit x. Das führt zu der Ungleichung $50 - 8x \geqq 0$.
Anders formuliert: Wie oft kann man 8 von 50 subtrahieren, ohne dass das Ergebnis negativ wird? Man kann dies durch systematisches Probieren (z. B. durch Aufstellen einer Tabelle) lösen.

*Ungleichungen enthalten anstelle des Gleichheitszeichens „=" **Relationszeichen** wie „<", „≦", „>", „≧".*

Beim grafischen Lösen sucht man die Stellen, für die die Werte der linearen Funktion $f: x \rightarrow 50 - 8x$ größer als oder gleich null sind (Fig. 1). Der Funktionswert null wird bei $x = 6{,}25$ angenommen. Für $x < 6{,}25$ ist $f(x) > 0$, für $x > 6{,}25$ dagegen ist $f(x) < 0$. Man hätte also mehr als 50 € ausgegeben. Da als Lösungen nur natürliche Zahlen infrage kommen, ergibt sich als **Lösungsmenge** der Ungleichung
$L = \{0; 1; 2; 3; 4; 5; 6\}$.

Aus dem Graphen lässt sich u. a. ablesen, dass man beim Kauf von sieben Kinokarten 6 € mehr ausgegeben hätte, als man zur Verfügung hat, da $f(7) = -6$.

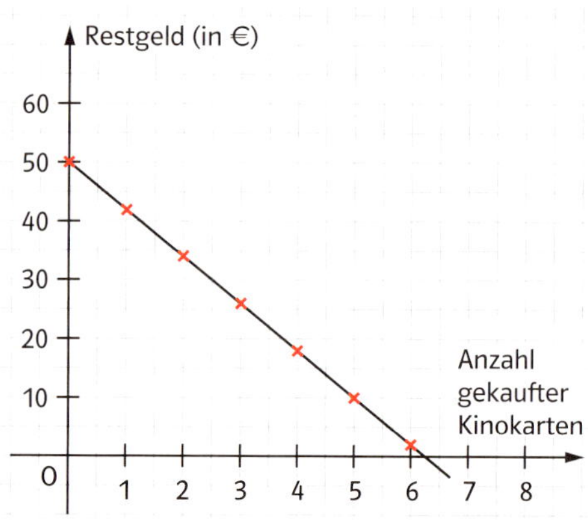

Es können somit bis zu sechs Kinokarten gekauft werden. Wegen $f(6) = 2$ bleiben beim Kauf von sechs Karten noch 2 € übrig.

Sind alle rationalen Zahlen als Lösungen von Ungleichungen wie $x < 7$ oder $x \geqq 0$ zulässig, so ist ein Aufzählen aller Lösungen nicht möglich, und man schreibt
$L = \{x \mid x < 7\}$ bzw. $L = \{x \mid x \geqq 0\}$.
Die Lösungsmengen dieser Ungleichungen kann man auch an der Zahlengeraden veranschaulichen.

$\{x \mid x \leqq 8\}$ bedeutet „Die Menge aller Zahlen x, die kleiner oder gleich 8 sind."

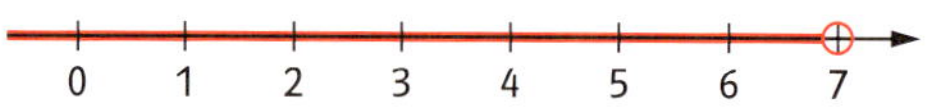

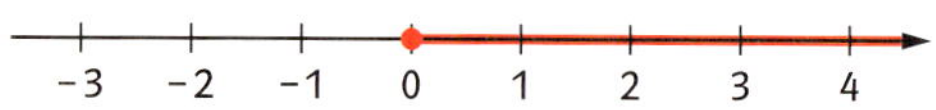

Ungleichungen wie $0{,}8x - 1 < 3$ lassen sich wie Gleichungen schrittweise durch Äquivalenzumformungen vereinfachen oder grafisch lösen.

1. rechnerisch		2. grafisch
$0{,}8x - 1 < 3$	$\mid +1$	$0{,}8x - 1 < 3$
$0{,}8x < 4$	$\mid :0{,}8$	vgl. Fig. 1
$x < 5$		

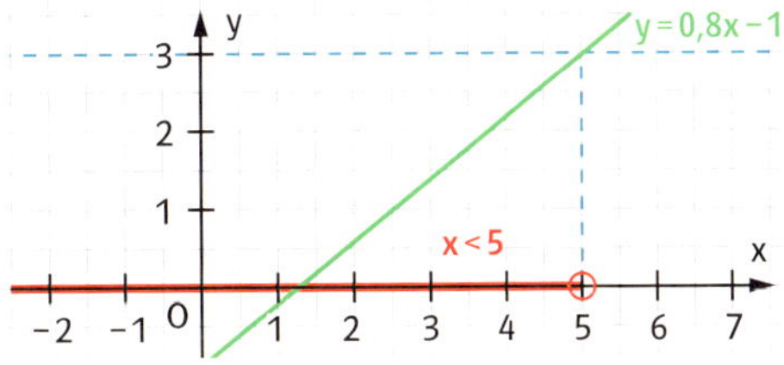

Fig. 1

Bei der grafischen Lösung sucht man den Bereich, in dem die Funktionswerte der zugehörigen linearen Funktion f kleiner als 3 sind, also $\{x \mid x < 5\}$.

Lösungen der linearen Ungleichung $ax + b < c$ $(ax + b > c)$ sind die Stellen x, an denen die Funktionswerte der linearen Funktion $g: x \to ax + b$ kleiner als c (größer als c) sind.

Beim Lösen einer Ungleichung muss man beachten, dass die beidseitige Multiplikation mit der gleichen negativen Zahl oder Division durch die gleiche negative Zahl nur dann eine Äquivalenzumformung ist, wenn man gleichzeitig das Relationszeichen umkehrt.

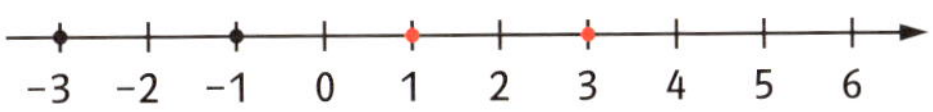

$-3 < -1 \quad \mid \cdot(-1)$

$3 > 1$

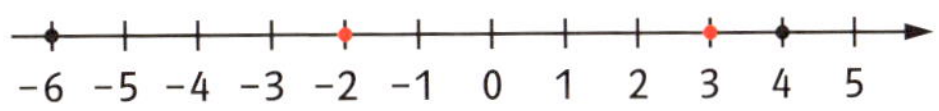

$-6 < 4 \quad \mid :(-2)$

$3 > -2$

Zur Erinnerung:
„Kleiner" bedeutet „liegt weiter links auf der Zahlenengeraden".

Komplexere Ungleichungen wie $-2x + 3 \geqq \frac{1}{4}x - 1{,}5$ lassen sich rechnerisch ebenfalls durch Äquivalenzumformungen lösen.

$-2x + 3 \geqq \frac{1}{4}x - 1{,}5 \quad \mid -3$

$-2x \geqq \frac{1}{4}x - 4{,}5 \quad \mid -\frac{1}{4}x$

$-2{,}25x \geqq -4{,}5 \quad \mid :(-2{,}25)$; Umkehren des Relationszeichens

$x \leqq 2$

Multiplikation mit negativen Zahlen: Relationszeichen umdrehen!

Äquivalenzumformungen von Ungleichungen sind
- Termumformungen,
- beidseitige Addition oder Subtraktion der gleichen Zahl oder des gleichen Terms,
- beidseitige Multiplikation mit der gleichen oder Division durch die gleiche **positive** Zahl,
- beidseitige Multiplikation mit der gleichen oder Division durch die gleiche **negative** Zahl, wenn zugleich das Relationszeichen umgekehrt wird.

Beispiel 1
Löse die Ungleichung $2(x - 1) < 4x + 5$. Gib die Lösungsmenge an und veranschauliche sie an einer Zahlengeraden.
Lösung:

$2(x - 1) < 4x + 5 \quad \mid$ Distributivgesetz

$2x - 2 < 4x + 5 \quad \mid +2 \mid -4x$

$-2x < 7 \quad \mid :(-2)$

$x > -3{,}5$

Lösungsmenge: $L = \{x \mid x > -3{,}5\}$

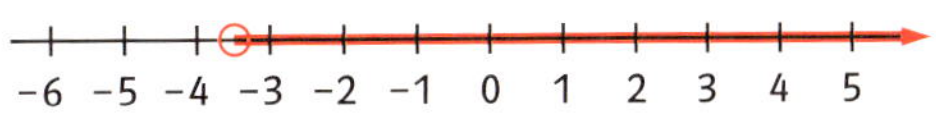

Multiplikation mit null ist keine Äquivalenzumformung.

Beispiel 2

Bestimme die Lösungsmenge der Ungleichung $2x + 1 \leqq 2$ rechnerisch und grafisch.

Lösung:

rechnerisch:

$2x + 1 \leqq 2 \quad | -1$

$2x \leqq 1 \quad | :2$

$x \leqq \frac{1}{2}$

$L = \{x \mid x \leqq 0{,}5\}$

grafisch:

$2x + 1 \leqq 2$

vgl. Fig. 1

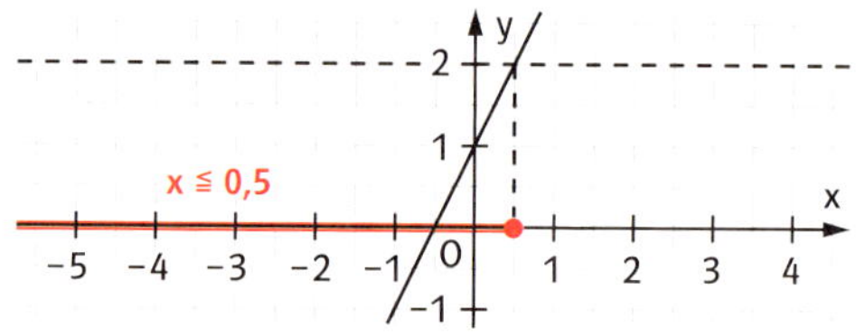

Fig. 1

Aufgaben

Auch bei Ungleichungen kann der Fall $L = \{\ \}$ (leere Menge) auftreten. Sind Ungleichungen ***allgemeingültig****, so ist $L = \mathbb{Q}$.*

1 Bestimme die Lösungsmenge und veranschauliche sie an einer Zahlengeraden.

a) $2x - 1 \leqq 5$ b) $2(1 - 2x) \geqq 4(x - 7)$ c) $3x - 2(3 - x) > 4$

2 Bestimme die Lösungsmenge.

a) $\frac{1}{2}x + 2 \leqq 3$ b) $2x + 3 > -x$ c) $-\frac{2}{3}x - 2 \leqq \frac{2}{3}x$ d) $-\frac{3}{5}x - 2 < -\frac{1}{5}x + 2$

e) $3x - 6 < 3x - 5$ f) $3x - 6 \geqq 3x - 5$ g) $x + 1 < x - 1$ h) $15x > 12x$

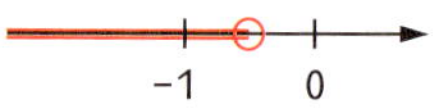

Fig. 2

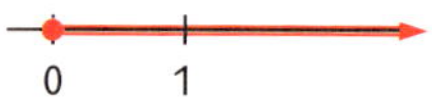

Fig. 3

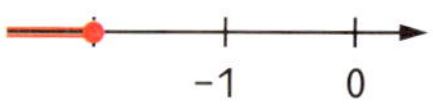

Fig. 4

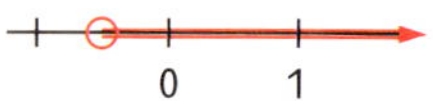

Fig. 5

3 Welche Mengen sind auf den Zahlengeraden in Fig. 2 bis Fig. 5 dargestellt?

4 Peter, Sebastian und Matthias wiegen zusammen 175 kg und möchten Getränkekisten (14 kg pro Kiste) in den 3. Stock transportieren. Der Fahrstuhl trägt maximal 350 kg. Peter denkt sich: „$175 + k \cdot 14 \leqq 350$."

a) Erläutere die Bedeutung der angegebenen Ungleichung.

b) Wie viele Getränkekisten könnten die drei noch im Fahrstuhl mitnehmen?

c) Wie lautet die Ungleichung, wenn eine Getränkekiste 12 kg wiegt?

5 Formuliere in eigenen Worten, ohne die Begriffe „mindestens" bzw. „höchstens" zu verwenden.

a) „Der Film ist für Personen freigegeben, die mindestens 12 Jahre alt sind."

b) „Ein Zuschuss kann beantragt werden, wenn das Jahreseinkommen höchstens 30 000 € beträgt."

6 Gib eine Ungleichung an, die die Lösung $x < 3$ hat. Lass sie deinen Nachbarn lösen. Geht mit den Lösungen $x \geqq -1$; $x < 2{,}5$; $x \geqq 4$ entsprechend vor.

7 Ein Kompaktbrief darf höchstens 50 g wiegen. Ein Blatt Schreibmaschinenpapier wiegt 5 g, der Umschlag wiegt 7 g. Wie viel Blatt Papier darf man höchstens in den Umschlag stecken? Notiere für diese Fragestellung eine Ungleichung.

8

Bis zu wie vielen Bildern lohnt sich Angebot B von Laborfix gegenüber Angebot A?

9 Betrachte Fig. 1. Wo steckt jeweils der Fehler?

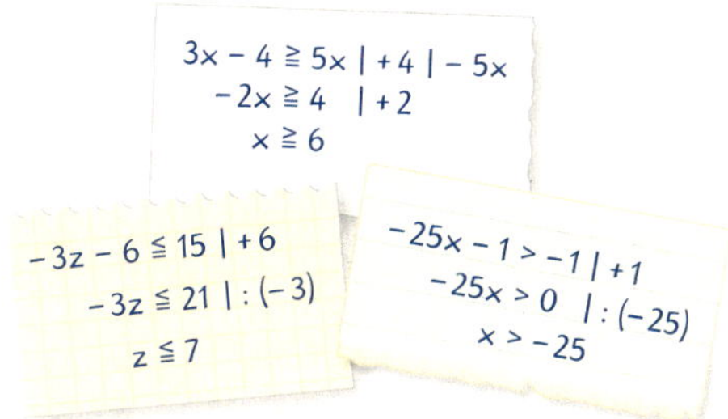

Fig. 1

10 Ordne die in Fig. 2 abgebildeten Lösungsmengen den Ungleichungen zu und du erhältst ein Lösungswort.

a) $7x + 10 < 2x - 5$
b) $-3 - \frac{3}{4}x \leqq \frac{1}{4}x$
c) $-14 - \frac{5}{4}x > -\frac{3}{8}x - 21$
d) $0{,}6 + 0{,}8x > -0{,}5 + x$
e) $-\frac{1}{4}(4 + 8x) \leqq \frac{1}{2}(x - 1)$
f) $22x - 21 - 20x < -13 + 20 - 5x$
g) $2 - 7x + 5(1 + x) > 4(1 - 2x) + 3$
h) $23x - 45 + 55 - 25x \geqq 0$
i) $-3(1 + 3x) \leqq 12x - 24x - 18 - 3$
j) $(x - 5)^2 \leqq (x - 7)(x - 3)$
k) $x + \frac{1}{3} \geqq 0$
l) $\frac{8 + 2x}{4} < 2 \cdot \frac{1 - x}{-2}$

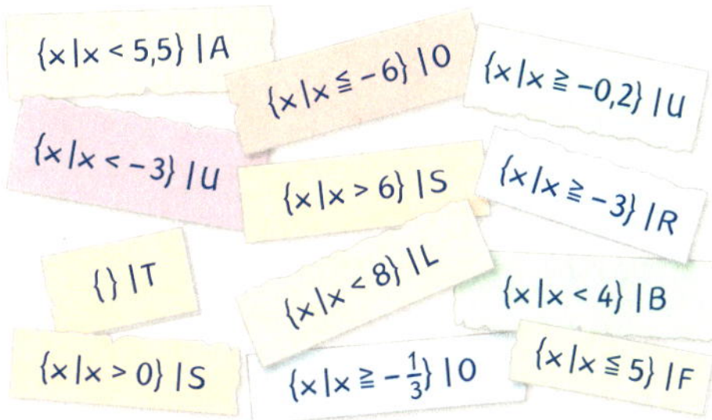

Fig. 2

11 Der Umfang eines Rechtecks soll höchstens 60 cm betragen. Eine Seite des Rechtecks ist dreimal so lang wie die andere. Wie lang sind die Rechteckseiten höchstens?

12 Verlängert man alle Seiten eines Quadrats um jeweils 3 cm, so nimmt der Flächeninhalt um weniger als 30 cm² zu. Wie lang können die Seiten des Quadrats sein?

13 Ein Reisebüro macht verschiedene Angebote für Fahrten nach Berlin. Ermittle die Kosten für Fahrten mit unterschiedlich langen Reisen nach Berlin. Für welches der Angebote sollte man sich entscheiden? Begründe deine Antwort.

14 Der Umfang eines Quadrats soll höchstens 60 % des Umfangs des Dreiecks betragen (Fig. 3).
a) Welche Seitenlängen sind für das Quadrat möglich?
b) Welche Lösungen ergeben sich, wenn nur natürliche Zahlen zugelassen sind?

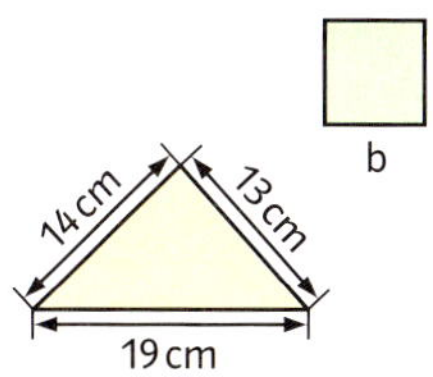

Fig. 3

Kannst du das noch?

15 Ein Würfel besitzt die Kantenlänge $a = 6$ cm. Berechne
a) das Volumen V,
b) den Oberflächeninhalt O
des Würfels.

16 Das Volumen eines Quaders mit der Kantenlänge $a = 2$ cm und der Höhe $h = 5$ dm beträgt $V = 500$ cm³. Berechne den Oberflächeninhalt des Quaders.

7 Nichtlineare Funktionen

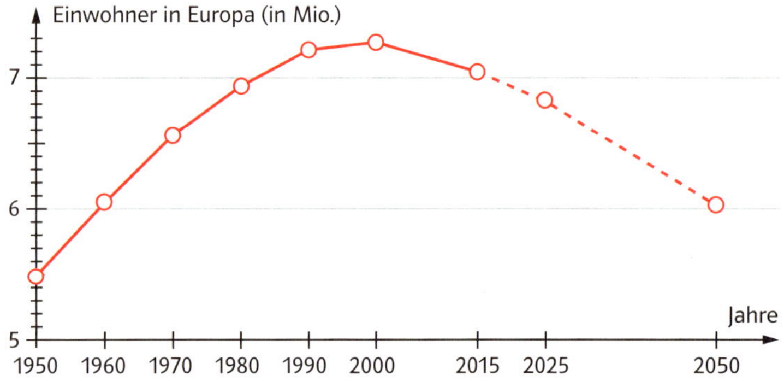

Man sagt sinkende Einwohnerzahlen für Europa voraus.

Oftmals ist der funktionale Zusammenhang zwischen zwei Größen nicht linear. Solche Funktionen heißen **nichtlinear**.

Der Seitenlänge x eines Quadrats ist eindeutig der Flächeninhalt des Quadrats zugeordnet. Die Funktion f: *Seitenlänge* → *Flächeninhalt* hat die Funktionsgleichung $f(x) = x^2$. Mithilfe einer Wertetabelle lässt sich der Graph dieser Funktion zeichnen.

Zur Erinnerung:
Bei komplexeren Funktionsgleichungen kann ein Tabellenkalkulationsprogramm beim Aufstellen einer Wertetabelle hilfreich sein.

Seitenlänge x	0	0,5	1	1,5
Flächeninhalt f(x)	0	0,25	1	2,25
Seitenlänge x	2	2,5	3	3,5
Flächeninhalt f(x)	4	6,25	9	12,25

Trägt man die einzelnen Punkte in ein Koordinatensystem ein und verbindet sie, so entsteht der nebenstehende Graph. Man erkennt, dass der Flächeninhalt des Quadrats mit größer werdender Seitenlänge nicht linear zunimmt, da der Graph keine Gerade ist. Die Funktion mit der Gleichung $f(x) = x^2$ ist keine lineare Funktion.

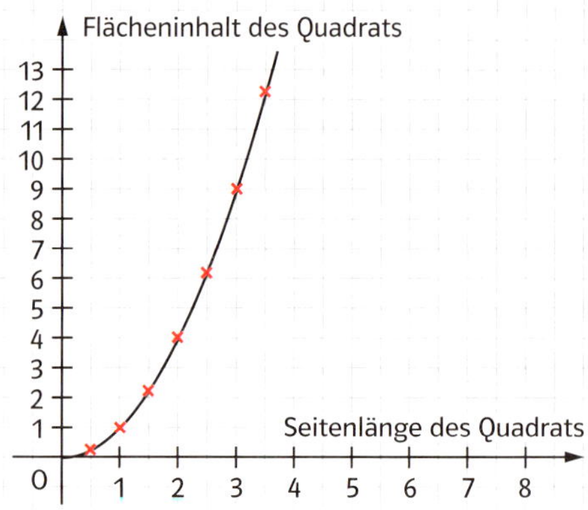

Fig. 1

Dem Graphen entnimmt man, dass man bei zunehmender Geschwindigkeit immer weniger Zeit für 100 km benötigt. Dieser Zusammenhang ist nur innerhalb bestimmter Grenzen sinnvoll.

Fährt man eine Strecke s mit konstanter Geschwindigkeit v, so benötigt man die Zeit t. Bei doppelter Geschwindigkeit benötigt man die halbe Zeit, bei halber Geschwindigkeit die doppelte Zeit. Das Produkt aus Geschwindigkeit und benötigter Zeit ist immer konstant. Die Zuordnung $v \to t$ ist antiproportional. Aus der Produktgleichheit $v \cdot t = s$ ergibt sich die zugehörige Funktionsgleichung $t(v) = \frac{s}{v}$. Fig. 2 zeigt den Graphen der Funktion für $s = 100\,\text{km}$.

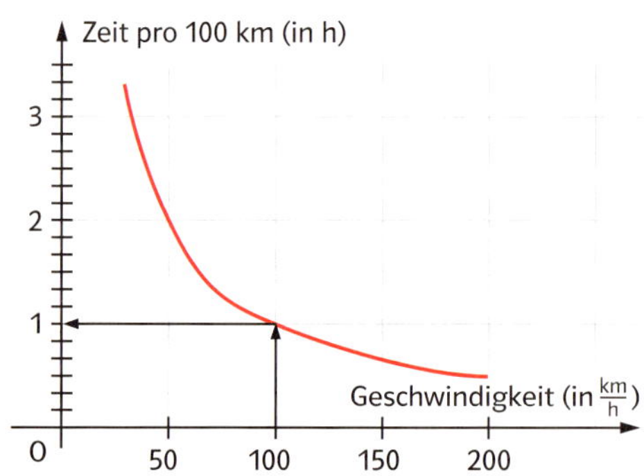

Fig. 2

Eine Hyperbel schmiegt sich immer näher an die beiden Achsen an, ohne sie je zu berühren.

Auch der Graph einer antiproportionalen Zuordnung ist eine Kurve, eine so genannte Hyperbel. Eine Hyperbel ist ein weiteres Beispiel für Graphen einer nichtlinearen Funktion.

Eine Funktion, deren Funktionsterm sich nicht in der Form $mx + b$ darstellen lässt, heißt **nichtlineare Funktion**. Ihr Graph ist keine Gerade.

Beispiel 1

Der dargestellte Graph zeigt die tägliche Sonnenscheindauer im Verlauf eines Jahres.
Gib für die Sonnenscheindauer an,

a) in welchen Monaten sie zunimmt,
b) wann sie am größten ist,
c) wie lang sie im Mai ist.

Lösung:
Die Sonnenscheindauer
a) nimmt etwa von Januar bis Juni zu,
b) ist im Juni am größten,
c) beträgt im Mai etwa 15 bis 16 Stunden.

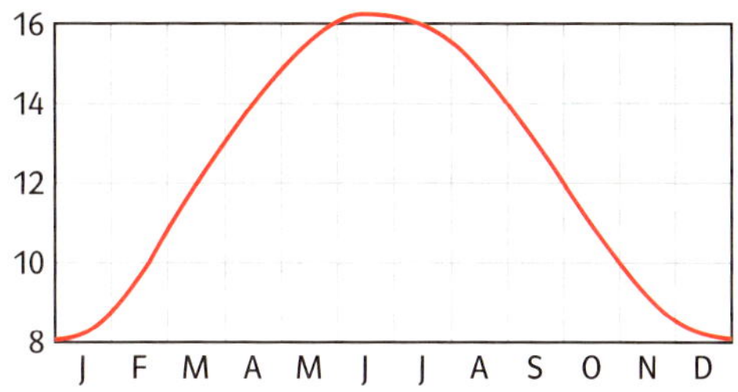

Beispiel 2

Entscheide jeweils, ob die Funktion linear ist oder nicht.

a) *Länge einer Strecke in einer Karte → Länge der Strecke in der Natur*
b) *Benzinverbrauch eines Autos (in l/100 km) → Reichweite (in km)*
c) *Alter eines Menschen (in Jahren) → Körpergröße (in cm)*

Lösung:
a) Bei festem Maßstab ist diese Funktion proportional, also linear.
b) Die Funktion ist bei gleichem Fahrzeug antiproportional; die Funktion ist nichtlinear.
c) Bis zu einem Alter von ca. 20 Jahren nimmt die Körpergröße unregelmäßig zu, bleibt danach im Wesentlichen unverändert und kann im hohen Alter sogar abnehmen. Der Graph steigt in den ersten zwanzig Lebensjahren unregelmäßig. Die Funktion ist nichtlinear.

Aufgaben

1 Ein Würfel hat die Kantenlänge a. Gib jeweils die zugehörige Funktionsgleichung an und zeichne den Graphen der Funktion.

a) *Kantenlänge a (in cm) → Oberflächeninhalt des Würfels (in cm^2)*
b) *Kantenlänge a (in cm) → Volumen des Würfels (in cm^3)*

2 Sven beschreibt den Verlauf eines Funktionsgraphen: „Der Graph beginnt oberhalb des Ursprungs und steigt ganz allmählich an. Dabei wird die Steigung stets größer und bleibt nie gleich. Nach einiger Zeit hat der Graph seinen höchsten Punkt erreicht. Danach fällt er zunächst langsam und dann allmählich immer steiler, bis er schließlich die x-Achse schneidet." Skizziere den beschriebenen Graphen.

3 Mit 1100 m Tauchtiefe ist der Pottwal Rekordhalter. Er braucht dazu 75 Minuten. Skizziere einen möglichen Graphen der Zuordnung *Zeit → Tauchtiefe*. Lass den Riesen auch wieder auftauchen.

4 Mit einem 40 m langen Zaun soll an einer Hauswand ein rechteckiges Stück Rasen eingezäunt werden. Die Hauswand bildet eine Seite dieses Rechtecks; dort wird kein Zaun benötigt.
a) Fertige eine Skizze der beschriebenen Situation an.
b) Berechne den Flächeninhalt des Rechtecks für verschiedene Maße der Längsseite.
c) Zeichne den Graphen der Funktion *Länge der Längsseite* → *Flächeninhalt des Rechtecks*.
d) Gib an, was du aus dem Graphen ablesen kannst.
e) Welche Bedeutung haben die Schnittpunkte des Graphen mit der x-Achse?

5 Die abgebildeten Füllgraphen stellen dar, wie sich die Füllhöhe von Wasser in Gefäßen ändert, während diese gleichmäßig mit Wasser befüllt werden. Skizziere die zu den Graphen passenden Gefäße.

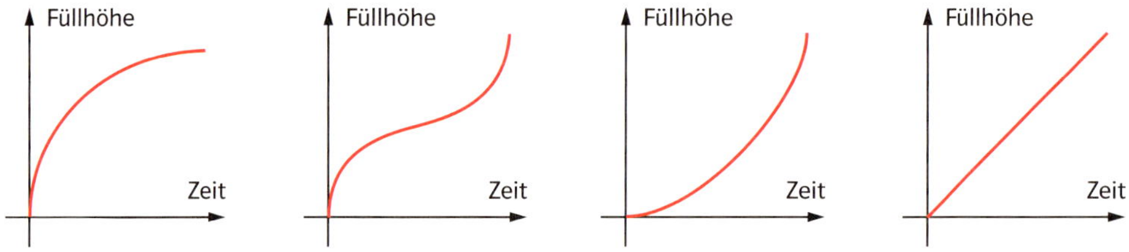

6 Ergänze die jeweilige Wertetabelle so, dass sie zur angegebenen Art einer Funktion passt.

a) lineare Funktion

x	1	3	8	16
y		6		

b) proportionale Funktion

x	1	3		10
y	4		24	

c) antiproportionale Funktion

x	6	8	12	48
y	4			

d) nichtlineare Funktion

x	2	3	6	10
y	4			

7 In einer Seglerzeitschrift findet sich eine Tabelle mit Informationen über das Volumen, die mittlere Tiefe und den Salzgehalt verschiedener Meere.

Name	Ostsee	Nordsee	Mittelmeer	Atlantik	Indischer Ozean	Pazifik
Volumen (in Mio. km^3)	0,02	0,05	4,38	322,98	284,34	696,19
mittlere Tiefe (in m)	55	93	1450	3844	3872	4188
Salzgehalt (in %)	3,0	3,5	3,7	3,7	3,7	3,4

a) Stelle die Funktion *mittlere Tiefe* → *Volumen* in einem Koordinatensystem dar. Begründe, ob ein linearer oder nichtlinearer Zusammenhang vorliegt.
b) Begründe, ob für die Funktion *mittlere Tiefe* → *Salzgehalt* ein linearer oder nichtlinearer Zusammenhang vorliegt.

8 Über ein Förderband wird Salz zu einem kegelförmigen Haufen (Schüttkegel) abgeladen. Welcher Graph beschreibt den Vorgang? Begründe deine Wahl.

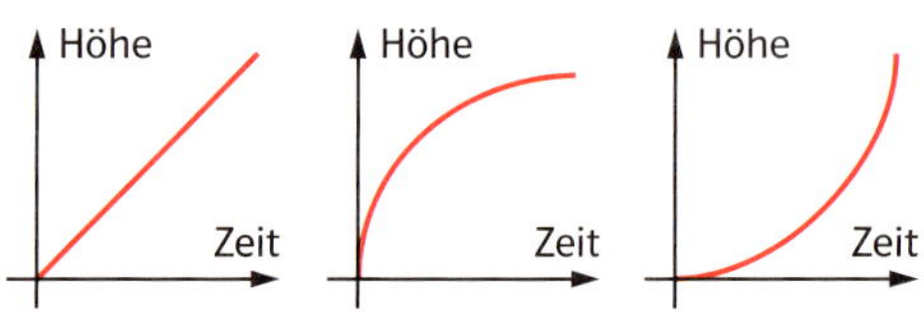

1 Beschreibe, woran man erkennen kann, dass ein Graph kein Funktionsgraph sein kann.

2 a) Welcher Graph gehört zu welcher Funktion? Ordne sinnvoll zu.
(1) *Brenndauer → Höhe einer Kerze*
(2) *Alter eines Menschen → Körpergröße*
(3) *Zeit → Höhe einer Schaukel*
(4) *Zeit → Temperatur eines sich abkühlenden Tees*

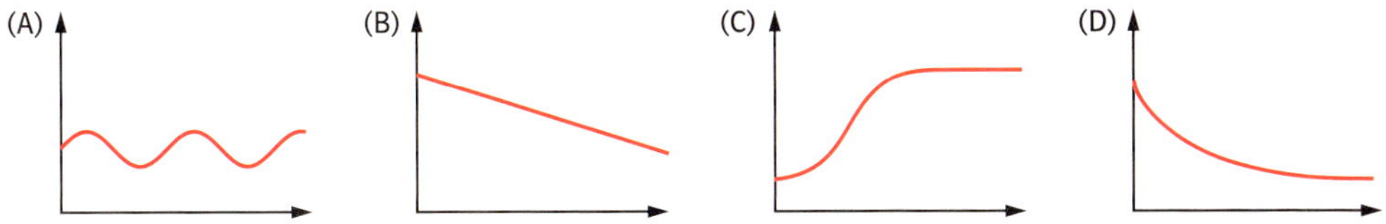

b) Zeichne die Graphen in dein Heft und beschrifte die Achsen geeignet (einschließlich der Zahlenskala).
c) Der sich abkühlende Tee wird wieder gleichmäßig erwärmt, nachdem er sich auf 50% der Ausgangstemperatur abgekühlt hat. Zeichne einen Graphen in das Diagramm zu (4) ein, der dies beschreibt.

3 Christian behauptet, dass die drei Graphen in Fig. 1 zur selben Funktion gehören. Hat er Recht? Begründe.

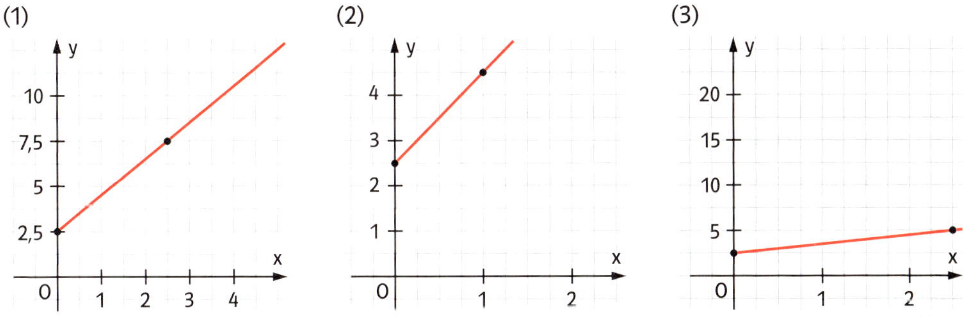

Fig. 1

4 a) Eine 10 cm lange Kerze brennt in 4 h gleichmäßig ab. Zeichne den Graphen der Funktion k: *Brenndauer x (in h) → Kerzenhöhe y (in cm).*
b) Zeichne ebenso einen Graphen für den Fall, dass die Kerze nach einer Stunde bzw. drei Stunden Brenndauer jeweils eine Stunde lang nicht brennt.

5 Zeichne jeweils den Graphen der Funktion. Gib die Nullstellen an. Für welche x-Werte sind die Funktionswerte negativ?
a) a: $x \rightarrow 2x - 3$
b) b: $x \rightarrow x^2 - 4$
c) c: $x \rightarrow 4(1 - 0{,}5x) + 2$
d) d: $x \rightarrow (x - 1)^2$

6 Zeichne den Graphen der Funktion h: $x \rightarrow \frac{5}{4}x - 4$ und berechne den Flächeninhalt des vom Graphen und den Koordinatenachsen eingeschlossenen Dreiecks.

7 Eine Gerade geht durch den Punkt P und hat die Nullstelle $x = 5$. Bestimme die Geradengleichung.
a) P(0 | 5)
b) P(2 | −1)
c) P(−2 | 5)
d) P(−4 | −7)

8 P(−1|3) und Q(3|6) bestimmen eine Gerade g.
a) Bestimme den Term einer proportionalen Funktion h, deren Graph parallel zur Geraden g verläuft.
b) Bestimme den Term einer linearen Funktion p, deren Graph parallel zur Geraden g und durch den Punkt R(8|9) verläuft.

9 Die Graphen der beiden proportionalen Funktionen a: $x \to \frac{4}{7}x$ und b: $x \to -2x$ sowie die Parallele c zur x-Achse durch den Punkt P(0|2) schließen ein Dreieck ein.
a) Bestimme den Flächeninhalt des von den drei Geraden a, b und c gebildeten Dreiecks.
b) Spiegele das Dreieck an c. Welches Viereck entsteht? Begründe.
c) Gib die Gleichungen der Geraden an, die die beiden anderen Seiten des Vierecks bilden.

Zeichne ebenfalls die Gerade mit der Gleichung $y = x$ mit ein.

10 a) Der Punkt P(3|4) wird an der Geraden mit der Gleichung $y = x$ gespiegelt. Bestimme die Koordinaten des Bildpunktes P′.
b) Spiegele die Gerade g mit der Gleichung g: $x \to \frac{1}{4}x + 1{,}5$ an der Geraden mit der Gleichung $y = x$. Wie lautet die Gleichung der gespiegelten Geraden?
c) Der Graph der linearen Funktion h: $x \to mx + b$ mit $0 < m < 1$ wird an der Geraden mit der Gleichung $y = x$ gespiegelt. Gib den Funktionsterm des gespiegelten Graphen an.

11 Konstruiere das Spiegelbild der Geraden $g(x) = \frac{2}{3}x + 3$ bei einer Punktspiegelung
a) am Ursprung,
b) am Zentrum Z(−1,5|0,5).
Gib jeweils die Gleichung der gespiegelten Geraden an.

12 Kann die Tabelle zu einer linearen Funktion gehören?
Begründe deine Antwort.

a)

x	−2	0	1	4	5
f(x)	2	3	3,5	5	5,5

b)

x	−2	−1	0	1	4
f(x)	2,5	1,75	0,75	0,25	−2

13 Bestimme die Gleichung einer Geraden, die
a) durch den Punkt P (1,5|−2,5) geht und parallel zur Geraden mit der Gleichung $y = \frac{1}{3}x + \frac{2}{3}$ verläuft,
b) bei $x = 5$ die Nullstelle hat und die Steigung −0,5 besitzt.

14 Prüfe, ob die Punkte A(1|0), B(−2|−4,5) und C(3|3) auf einer Geraden liegen.

15 Ein Wasserbehälter enthält 2500 l Wasser.
a) In jeder Minute fließen 200 l zu. Gib eine Funktionsvorschrift für die Funktion *Zeit x (in min) → Wassermenge y im Behälter (in l)* an und zeichne den Graphen.
b) Nach wie viel Minuten enthält der Behälter 3250 l Wasser? Löse die Aufgabe zeichnerisch und rechnerisch.
c) Gib die Funktionsvorschrift an und zeichne den Graphen, wenn in jeder Minute 400 l Wasser abfließen.

16 Der Punkt P liegt auf dem Graphen einer linearen Funktion f mit der Steigung m. Bestimme die Funktionsvorschrift und die Schnittpunkte mit den Koordinatenachsen.
a) P(2|3); $m = -2$
b) P(5|4); $m = 0{,}5$

17 Wie lang muss a sein, damit der Umfang des Dreiecks (Fig. 1) größer als 30 cm ist?

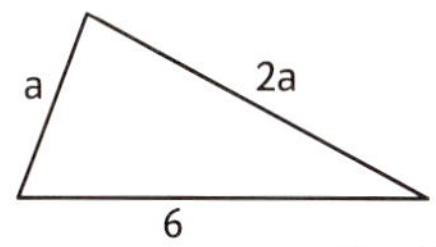

Fig. 1

18 Welcher der Vorgänge ist linear? Begründe.
a) Auf ein Sparbuch, das zu Jahresbeginn ein Guthaben von 200 € aufweist, werden monatlich 25 € eingezahlt.
b) Von einem Sparguthaben von 5000 € werden jedes Jahr 10 % abgehoben, auf das Restguthaben jedoch 2,5 % Zinsen gutgeschrieben.
c) Ein Sparguthaben von 590 € wächst im ersten Jahr um 25 €, im zweiten Jahr um 30 €, im dritten Jahr um 35 € usw.

19 a) Gegeben ist eine Gerade a mit der Gleichung a: $y = \frac{2}{5}x - 1$. Welche Steigung m muss der Graph einer proportionalen Funktion haben, damit die Gerade a, die Ursprungsgerade und die x-Achse ein Dreieck bilden? Begründe.
b) Wie ändert sich der Flächeninhalt des Dreiecks, wenn m größer (kleiner) wird? Begründe.

20 Bestimme die Lösungsmenge und veranschauliche sie an der Zahlengeraden.
a) $\frac{1}{3}x + 2 > 0$ b) $3x - 4 < 6x + 1$ c) $\frac{1}{3}(3 - x) \geqq \frac{7}{4}x$ d) $2 \leqq \frac{1}{4}x + 2(1 + x)$

21 Elfi fährt mit einer Rolltreppe. Die Funktionsvorschrift für die Funktion
f: *Fahrzeit (in s)* → *Höhe (in m)* lautet $x \to -0{,}5x + 6{,}5$.
a) Zeichne den Graphen der Funktion f.
b) Auf welcher Höhe befindet Elfi sich nach 8 s?
c) Wann befindet sie sich in einer Höhe von 3,5 m?

22 In Tageszeitungen finden sich immer wieder Grafiken, die Auskunft über die Entwicklung der Bevölkerungszahlen geben. Im September 2006 wurde für Deutschland die nachstehende Grafik veröffentlicht.

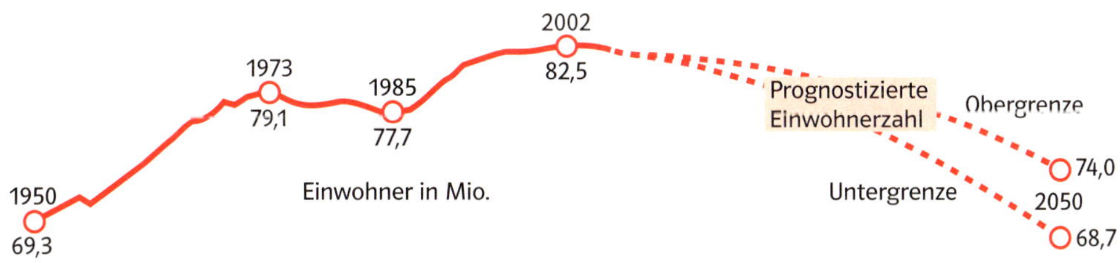

a) In welchen Zeiträumen verläuft die Bevölkerungsentwicklung annähernd linear?
b) Wie hoch wäre die Bevölkerungszahl im Jahr 2002 etwa gewesen, wenn sich die Entwicklung der Jahre 1973 bis 1985 fortgesetzt hätte?
c) Der zugehörige Artikel trug die Überschrift: „Eine Republik wirft Falten – Im Jahr 2050 dominieren die Achtzigjährigen – Einwohnerzahl schrumpft von 82,4 auf 69 Millionen". Beurteile diese Überschrift mit Bezug zu der Grafik.

23 Für ein Land mit 30 Millionen Einwohnern werden verschiedene Prognosen für seine Bevölkerungsentwicklung abgegeben. In einer Prognose erwartet man eine jährliche Zunahme der Bevölkerung um 10 000 Personen, in einer anderen Prognose geht man von einer jährlichen Zunahme von 15 000 Personen aus.
a) Stelle Funktionsvorschriften für beide Prognosen auf.
b) Wann wird die Bevölkerungszahl nach beiden Prognosen theoretisch erstmals die 40-Millionen-Grenze überschritten haben? Schätze erst und rechne dann.

24 Jan benötigt beim Radfahren für das Jugendsportabzeichen bei gleichmäßiger Fahrt für eine 20 km lange Strecke 42 min.
a) Bestimme die Funktionsvorschrift für die Funktion *Fahrzeit (in min) → restliche Fahrstrecke (in km)* und zeichne den Graphen.
b) Wie viele Kilometer muss er nach 25 min Fahrzeit noch fahren?
c) Nach wie vielen Minuten Fahrzeit beträgt die Reststrecke noch 2 km?

25 Benzin dehnt sich im Sommer aus. Daher sollte man den Tank nicht randvoll füllen. Werden 40 l Benzin mit einer Temperatur von 10 °C in einen Tank gefüllt, lautet die Gleichung der Funktion *Temperatur T (in °C) → Volumen V (in l)*: $V(T) = 39{,}6 + 0{,}04T$.
a) Zeichne den Graphen dieser Funktion.
b) Bei welcher Temperatur des Benzins hat der Tankinhalt um einen halben Liter zugenommen? Löse grafisch und rechnerisch.

Höhenfleckvieh ist eine Rinderrasse.

26 In einer Untersuchung wurde bei Höhenfleckvieh die durchschnittliche wöchentliche Milchleistung ermittelt. Dabei ergab sich im Alter von 3 Jahren eine Milchleistung von 64,5 l und im Alter von 7 Jahren eine Milchleistung von 72,2 l.
Die Funktion *Alter (in Jahren) → Milchleistung (in l)* kann für Alterswerte zwischen 3 und 8 Jahren als linear angenommen werden.
a) Bestimme die Milchleistung im Alter von 5 Jahren.
b) In welchem Alter beträgt die Milchleistung 120 l?

Asafa Powell

27 Der Tabelle kann man entnehmen, wie sich die 100-m-Weltrekordzeiten von 1960 bis 2006 verändert haben. Im Jahr 1960 wurde die Zeit noch auf Zehntelsekunden genau ermittelt. Ermittle grafisch, wann der Weltrekord bei 9,50 s liegen könnte. Beurteil dieses Vorgehen.

Datum	Läufer	Zeit
21.06.1960	Armin Harry	10,0
14.10.1968	Jim Hines	9,95
03.07.1983	Calvin Smith	9,93
24.09.1988	Carl Lewis	9,92
14.06.1991	Leroy Burrell	9,90
25.08.1991	Carl Lewis	9,86
06.07.1994	Leroy Burrell	9,85
27.07.1996	Donovan Baily	9,84
16.06.1999	Maurice Green	9,79
14.09.2002	Tim Montgomery	9,78
14.06.2005	Asafa Powell	9,77

Tab. 1

28 Tab. 2 stammt aus einem Handbuch für Techniker.
a) Zeichne den Graphen der Funktion *Durchmesser (in mm) → maximale Belastung (in kg)*. Ist diese Funktion linear?
b) Um die Belastbarkeit eines Seiles mit 25 mm Durchmesser zu bestimmen, verbindet man die Punkte A(20 | 2000) und B(28 | 8000) des Graphen durch eine Gerade und berechnet den Punkt (25 | y) auf dieser Geraden.
Welche Belastbarkeit ergibt sich nach dieser Rechnung für die Seildicke 25 mm?
Ist der so berechnete Wert zu groß oder zu klein?
c) Berechne wie in b) die Belastbarkeit eines Drahtseils mit einem Durchmesser von 15 mm.

Belastbarkeit eines Drahtseils

beim Durchmesser	mit dem Gewicht
12 mm	820 kg
14 mm	1000 kg
18 mm	1500 kg
20 mm	2000 kg
28 mm	8000 kg

Tab. 2

Von der Messreihe zur Funktion

1 a) Lass aus einem Wasserhahn Wassertropfen in einen Messzylinder fallen. Miss das Volumen des Wassers in Abhängigkeit von der Anzahl der Tropfen.

Tropfenzahl	50	100	150	200	250	...
Volumen						

b) Stelle die Funktion *Tropfenzahl → Volumen (in cm³)* wie in Fig. 2 grafisch dar.
c) Bestimme die Funktionsvorschrift. Berechne daraus das Volumen eines Wassertropfens.

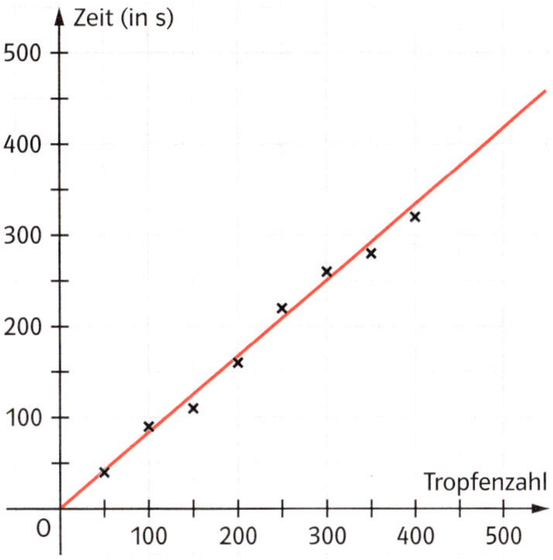

Fig. 2

Fig. 1

2 a) Nimm 10 gleichartige Nägel von 12 cm Länge und wiege 1, 2, 3, ..., 10 Nägel mit einer Briefwaage. Stelle die Funktion *Anzahl → Gewicht (in g)* grafisch dar. Liegen die Messpunkte auf einer Geraden? Woher können Abweichungen kommen?
b) Stelle den Funktionsterm auf. Wie viel Gramm wiegt ein Nagel? Wie viele Nägel enthält eine Packung von 200 g (von 1 kg)?

3 Für eine Schraube wie in Fig. 3 soll die Funktion *Anzahl der Umdrehungen der Mutter → Abstand d* untersucht werden.
a) Drehe zuerst die Mutter bis an den Schaft. Miss den Abstand d. Drehe dann die Mutter von dort aus immer um eine ganze Umdrehung zurück und miss den Abstand d.
b) Stelle die Funktion wie in Fig. 4 grafisch dar.
c) Gib den Typ der Funktion an. Bestimme auch den Term der Funktion.
d) Bestimme zu Fig. 4 die Länge des Schaftes und die „Gewindesteigung".

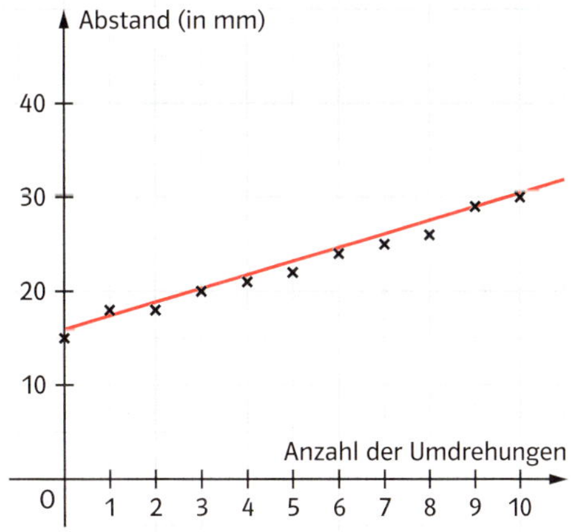

Fig. 4

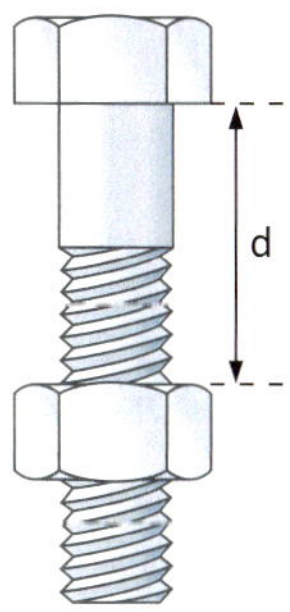

Fig. 3

4 a) Nimm eine Schüssel oder einen Topf mit warmem Wasser. Miss alle 5 Minuten die Temperatur des Wassers. Stelle die Funktion *Zeitdauer (in min) → Temperatur (in °C)* grafisch dar.
b) Ist die Funktion linear? Wenn nein, warum nicht? Wenn ja, bestimme auch den Funktionsterm.
c) Nach wie viel Minuten hat das Wasser ungefähr Zimmertemperatur angenommen? Wie zeigt sich das am Graphen?

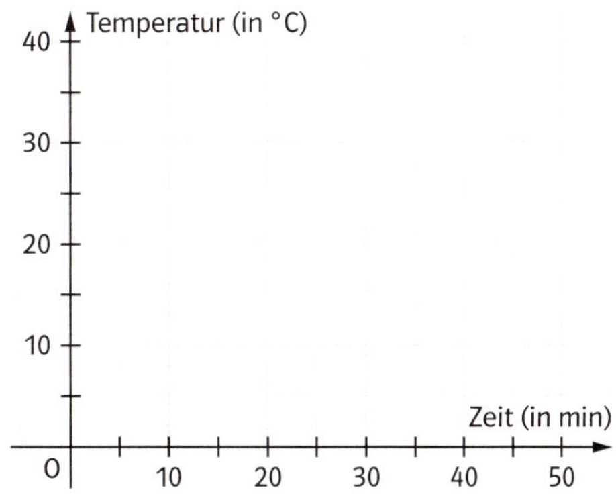

Fig. 5

Rückblick

Funktion und Funktionsgraph

Eine Zuordnung $x \to y$, die jedem Wert für x genau einen Wert für y zuordnet, heißt Funktion.

Ein Graph ist nur dann der Graph einer Funktion, wenn jede Parallele zur y-Achse den Graphen in höchstens einem Punkt schneidet.

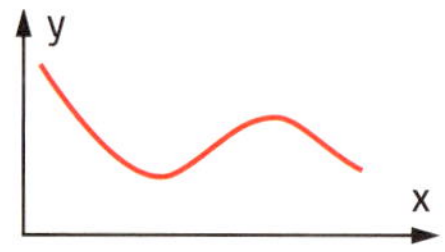

Funktionsgraph

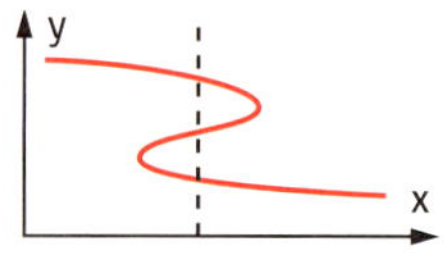

kein Funktionsgraph

Funktionsterm und Funktionsgleichung

Lässt sich eine Funktion $f: x \to f(x)$ durch einen Term beschreiben, so kann man zu jedem Wert von x den zugeordneten Funktionswert f(x) mithilfe der Funktionsgleichung berechnen. Die zugehörigen Punkte $P\,(x\,|\,f(x))$ bilden den Funktionsgraphen.

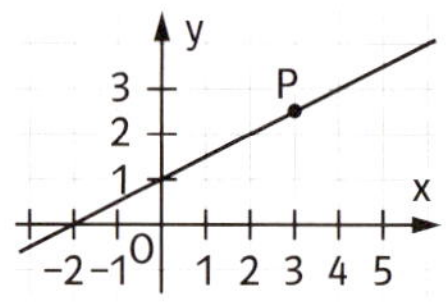

$f(x) = 0{,}5x + 1$
$P(3\,|\,2{,}5)$ liegt auf dem Graphen von f, da
$f(3) = 0{,}5 \cdot 3 + 1 = 2{,}5$.

Lineare Funktionen

Jede Funktion $g: x \to mx + b$ mit $m, b \in \mathbb{Q}$ heißt lineare Funktion. Der Graph einer linearen Funktion ist eine Gerade mit der Steigung m und dem y-Achsenabschnitt b.
Ist $m = 0$, so verläuft der Graph der Funktion parallel zur x-Achse, ist $m = b = 0$, so ist der Graph der Funktion die x-Achse selbst.
Im Fall $b = 0$ liegt eine proportionale Funktion vor.

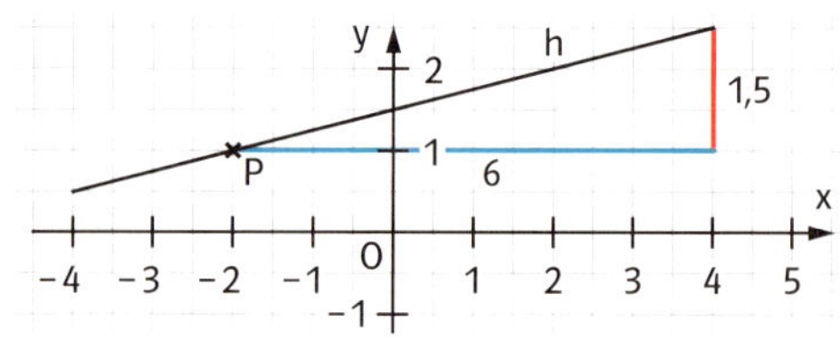

Sind umgekehrt $P(x_1\,|\,y_1)$ und $Q(x_2\,|\,y_2)$ Punkte des Graphen einer linearen Funktion $g: x \to mx + b$, so gilt: $m = \frac{y_2 - y_1}{x_2 - x_1}$.

Mithilfe der Steigung und der Koordinaten eines Punktes kann man die Gleichung einer Geraden bestimmen.

$P(-2\,|\,1)$ und $Q(4\,|\,2{,}5)$ liegen auf dem Graphen einer linearen Funktion $h: x \to mx + b$.
$m = \frac{2{,}5 - 1}{4 - (-2)} = \frac{1{,}5}{6} = \frac{1}{4}$, daher gilt $h(x) = \frac{1}{4}x + b$.
Insbesondere ist $h(-2) = \frac{1}{4} \cdot (-2) + b = 1$.
Es ergibt sich $b = 1{,}5$, also $h(x) = \frac{1}{4}x + 1{,}5$.

Lineare Gleichungen

Die Lösung der linearen Gleichung $ax + b = c$ ist die Stelle x, an der die lineare Funktion $g: x \to ax + b$ den Funktionswert c annimmt.
Im Sonderfall $c = 0$ ist die Lösung der Gleichung die Nullstelle der Funktion.

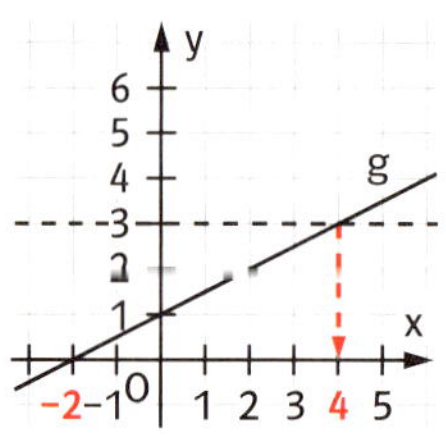

$$0{,}5x + 1 = 3 \quad |\ -1$$
$$0{,}5x = 2 \quad |\ \cdot 2$$
$$x = 4$$

$$0{,}5x + 1 = 0 \quad |\ -1$$
$$0{,}5x = -1 \quad |\ \cdot 2$$
$$x = -2$$

Lineare Ungleichungen

Die Lösungen der linearen Ungleichung $ax + b < c$ $(ax + b > c)$ sind diejenigen Stellen x, an denen die Funktionswerte der linearen Funktion $g: x \to ax + b$ kleiner als c (größer als c) sind.

Ungleichungen können mit den gleichen Verfahren gelöst werden wie Gleichungen. Zu beachten ist, dass das Relationszeichen umgedreht werden muss, wenn eine Ungleichung beidseitig mit der gleichen negativen Zahl multipliziert oder durch die gleiche negative Zahl dividiert wird.
Die Gesamtheit aller Lösungen einer Ungleichung fasst man zur Lösungsmenge L zusammen.

$$(2 - x) \cdot 7 < -21 \quad |\ \text{vereinfachen}$$
$$14 - 7x < -21 \quad |\ -14$$
$$-7x < -35 \quad |\ :(-7)$$
$$x > 5$$

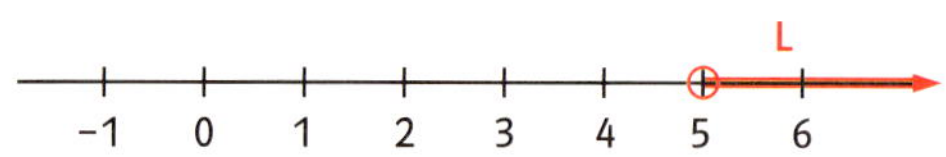

$$L = \{x\,|\,x > 5\}$$

Training

Runde 1

1 Beim Füllen des Aquariums in Fig. 1 ist jedem Zeitpunkt t eine bestimmte Wasserhöhe h zugeordnet.
a) Skizziere den Graphen der Zuordnung $t \rightarrow h$. Begründe, dass es sich um eine Funktion handelt. Ist diese Funktion linear?
b) Ist auch die Zuordnung $h \rightarrow t$ eine Funktion? Erläutere.

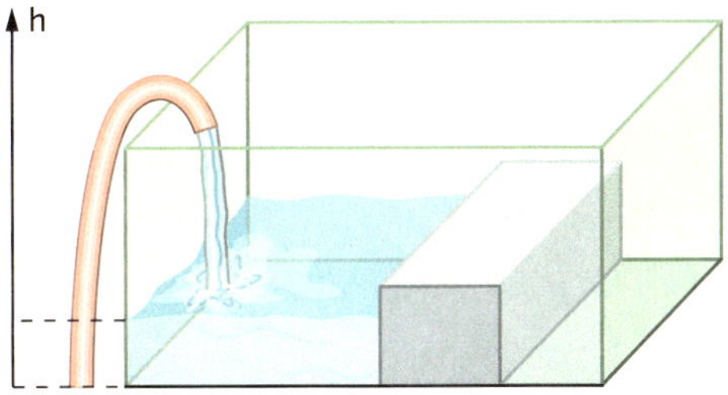

Fig. 1

2 Prüfe, ob der Punkt P(3 | 9) oberhalb oder unterhalb des Graphen der Funktion $t\colon x \rightarrow 2x + 5$ liegt. Begründe.

3 Die Punkte P und Q liegen auf dem Graphen einer linearen Funktion. Bestimme die Funktionsgleichung und die Nullstelle.
a) P(−2 | 1), Q(3 | 6) b) P(3 | −4), Q(5 | 7) c) P(−1,5 | −3,5), Q(0,5 | −1)

4 Löse die Gleichung grafisch und rechnerisch.
a) $-2x + 6 = 1$ b) $1{,}2x - 3 = 0{,}6$ c) $-\frac{2}{5}x + 3 = \frac{7}{2}$

5 Bestimme die Lösungsmenge L der Ungleichung. Veranschauliche die Lösungsmenge an der Zahlengeraden.
a) $8 - 5x \geqq 3$ b) $3 - 2(x - 4) \geqq 1 - 6x$ c) $-\frac{2}{3}x - \frac{5}{6} \geqq \frac{3}{2}x + \frac{4}{3}$

6 Gib die Gleichung einer Geraden an, die parallel zur angegebenen Geraden verläuft.
a) $f(x) = 7x + 9$ b) $g(x) = -\frac{1}{3}x + 5$ c) $t(x) = 8$ d) $k(t) = -5t - 9$

Runde 2

1 Beim Taxifahren kann man an einem Taxameter mitverfolgen, wie sich die Kosten im Verlaufe der Fahrt entwickeln. Zeichne für verschiedene Taxifahrten die Zuordnungen *gefahrene Zeit t → Fahrkosten p* und *Fahrkosten p → gefahrene Strecke s*. Welche der beiden Zuordnungen ist eine Funktion? Begründe.

2 Die Geraden in Fig. 2 sind die Graphen linearer Funktionen. Gib zu jeder der Geraden die Funktionsvorschrift an.

3 a) Bestimme die Nullstellen der in Fig. 2 dargestellten linearen Funktionen.
b) Prüfe, ob es sich um proportionale Funktionen handelt.

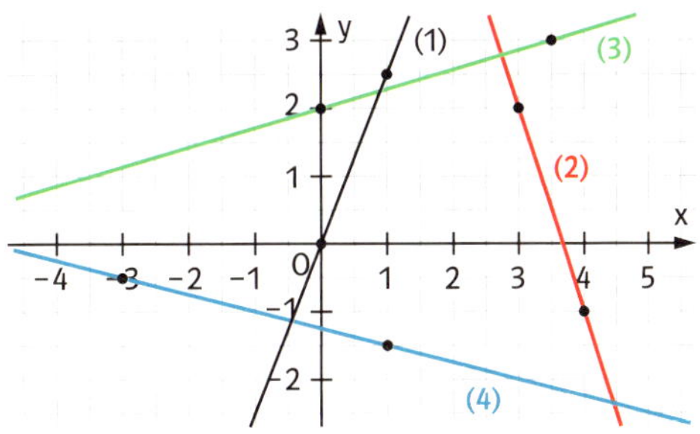

Fig. 2

4 Zeichne den Graphen mithilfe eines Steigungsdreiecks.
a) $f(x) = 2x - 3$ b) $f(x) = \frac{3}{2}x$ c) $f(x) = -1{,}2x + 3{,}5$ d) $f(x) = -\frac{2}{3}x + 4$

5 Bestimme die Lösungsmenge L der Ungleichung rechnerisch und grafisch.
a) $-2x + 4 \geqq 3$ b) $x + 5 \leqq -x + 1$ c) $\frac{4}{3}x + 1 \geqq -\frac{2}{3}x - 2$

6 Handelt es sich bei der Zuordnung um eine lineare Funktion? Begründe.
Seitenlänge eines gleichseitigen Dreiecks → Umfang des Dreiecks

Lösungen auf den Seiten 228 – 230.

Das kannst du schon

- Das Geodreieck zum Zeichnen und Messen von Strecken und Winkeln nutzen
- Dreiecke und Kreise konstruieren

Zahl

Messen

Raum und Form

Funktionaler Zusammenhang

Daten und Zufall

Rund um den Kreis

Noli turbare circulos meos!
(Störe meine Kreise nicht!)

Archimedes von Syrakus

Das kannst du bald

- Tangenten konstruieren
- Umfangs- und Mittelpunktswinkel bestimmen
- Umfang und Flächeninhalt von Kreisen ermitteln
- Mit Kreisausschnitten und Kreisbögen umgehen

1 Kreis und Gerade

„Wann die CD wohl zu kippen beginnt?“

Eine Gerade kann einen Kreis in zwei Punkten schneiden, in einem Punkt berühren oder ihn passieren, ohne ihn zu berühren. Je nach Lage heißt eine solche Gerade:

secare (lat.): schneiden

tangere (lat.): berühren

passer (frz.): vorbeigehen

Sekante

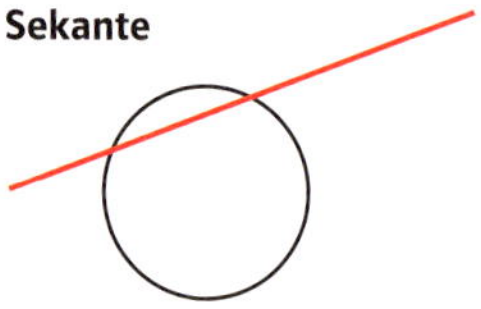

Tangente

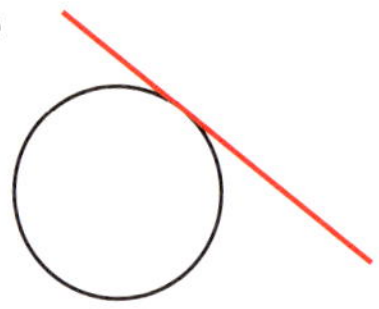

Passante

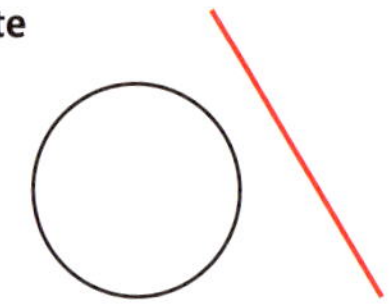

Der gemeinsame Punkt von Kreis und Tangente heißt **Berührpunkt**.

Bei einem Kreis kann man zwischen dem Kreisinneren, dem Kreisäußeren und der Kreislinie unterscheiden. Hier ist mit Kreis stets die Kreislinie gemeint.

Konstruktion einer Tangente

Konstruktionsbeschreibung:

1) Lege den Berührpunkt B fest.

2) Zeichne durch B und den Mittelpunkt M des Kreises eine Gerade.

3) Spiegele M an B (s. Fig. 1).

4) Konstruiere die Mittelsenkrechte der Strecke $\overline{MM'}$.

Die Mittelsenkrechte zu $\overline{MM'}$ ist die Tangente t an den Kreis im Punkt B (s. Fig. 2).

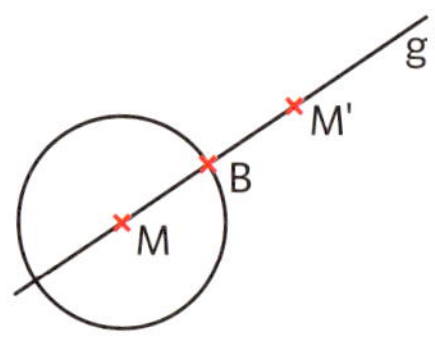

Fig. 1

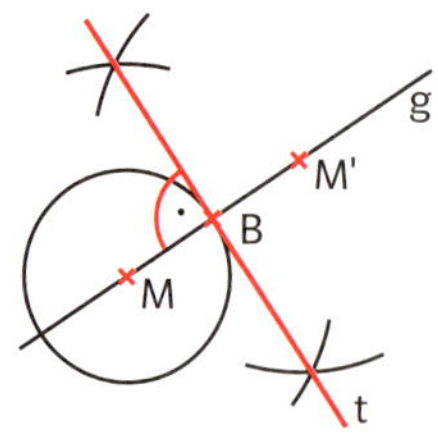

Fig. 2

Zur Erinnerung:

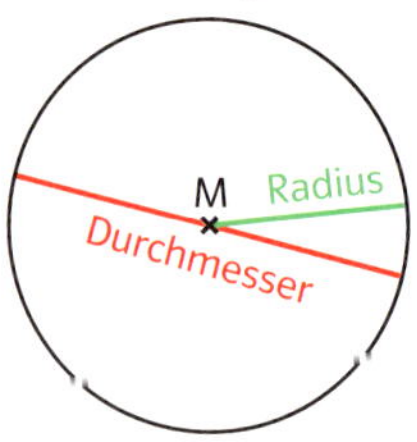

Eine Gerade t, die einen Kreis um M in einem Punkt B berührt, heißt **Tangente**. Sie steht senkrecht auf dem Radius $\overline{MB}$ durch diesen **Berührpunkt** B.

Beispiel

Zeichne an einen Kreis mit dem Radius 4 cm

a) eine Tangente im Berührpunkt B,

b) eine Sekante und eine Passante in einem Abstand von jeweils 1,5 cm zur Tangente.

Lösung:

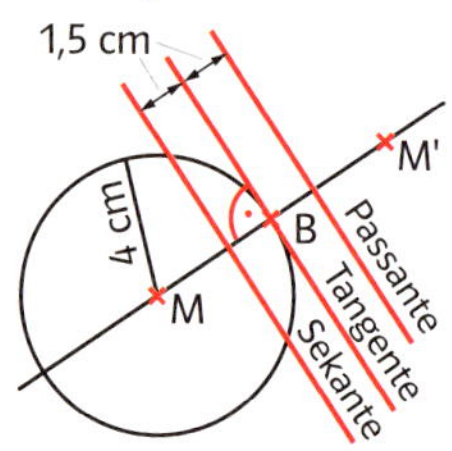

Um die Passante und die Sekante zu konstruieren, kann man die Tangente parallel verschieben.

Aufgaben

1 Zeichne einen Kreis mit dem Radius 5 cm. Wähle auf dem Kreis die Punkte T, P und Q. Konstruiere die Tangenten in diesen Berührpunkten.

2 M(2|2) ist der Mittelpunkt eines Kreises mit Radius 2,7 cm. Gib jeweils an, ob die Gerade durch die beiden Punkte eine Tangente, Passante oder Sekante an den Kreis ist und bestimme die Abstände der Geraden von M.
a) P(5,5|0); Q(7|3,5) b) C(−1,5|0,5); U(4,5|−0,5) c) V(4,5|6); T(−1|3,7)
d) Gib die Koordinaten zweier Punkte L und K an, sodass die Strecke $\overline{KL}$ Durchmesser des Kreises ist.

3 Zeichne einen Kreis mit dem Mittelpunkt M und dem Radius 3,2 cm. Zeichne
a) eine Passante p und konstruiere alle Tangenten des Kreises, die zu p parallel sind.
b) eine Sekante s und konstruiere alle Tangenten des Kreises, die parallel zu s verlaufen.

Konstruktion einer Tangente im Berührpunkt P mit dem Geodreieck:

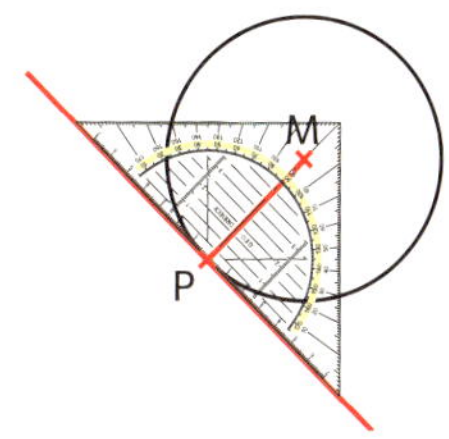

4 Überprüfe folgende Aussagen und begründe deine Antwort.
a) Der Abstand einer Sekante vom Mittelpunkt M eines Kreises ist immer kleiner als der Abstand einer Tangente von M.
b) Eine Tangente und eine Sekante eines Kreises verlaufen stets parallel.
c) Eine Passante schneidet jede Tangente eines Kreises genau einmal.
d) Jede Sekante durch die Kreispunkte P und T bildet mit den Tangenten in den Punkten P und T ein gleichschenkliges Dreieck.

5 Zeichne einen Kreis und konstruiere drei Tangenten so, dass deren Schnittpunkte ein gleichseitiges Dreieck bilden.

6 a) Wie groß ist der Winkel α unter der Annahme, dass β = 26° groß ist?
b) Zeichne einen Kreis mit dem Mittelpunkt M. Konstruiere zwei Tangenten, die sich in einem Winkel von 75° schneiden.

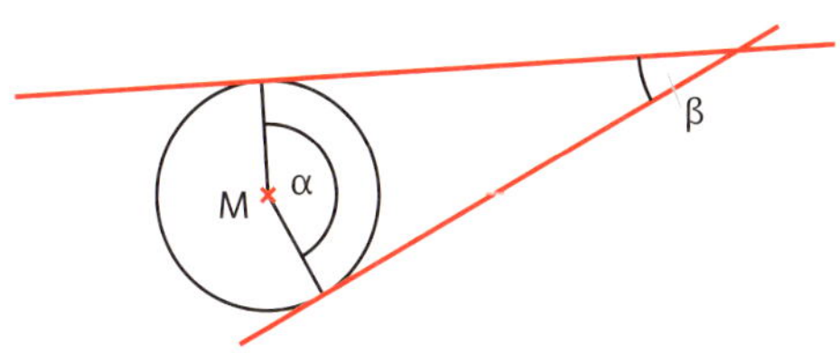

7 Eine punktförmige Lichtquelle befindet sich 3 m vom Rand eines Zylinders mit 1,20 m Durchmesser entfernt (s. Fig. 1). Wie breit ist der Schatten an der 5 m von der Lichtquelle entfernten Wand? Zeichne im Maßstab 1 : 40.

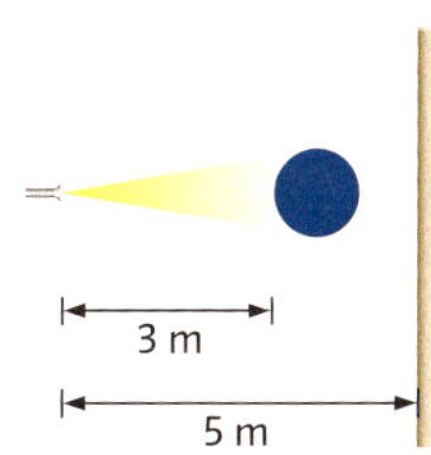

Fig. 1

8 Trage die Punkte A(2|0,4); B(9,5|2,2) und C(2|6,4) in ein Koordinatensystem ein und zeichne die drei Geraden durch jeweils zwei der drei Punkte. Konstruiere den Mittelpunkt M des Kreises, der diese drei Geraden als Tangenten hat. Gib die Koordinaten von M und den Radius an.

9 Gegeben sind ein Kreis und zwei Punkte P und Q auf dem Kreis. Konstruiere zwei Tangenten an den Kreis, die mit dem Kreismittelpunkt und dem Schnittpunkt S der Tangenten ein Drachenviereck bilden. Welche Fälle können eintreten, wenn P unverändert bleibt und Q wandert?

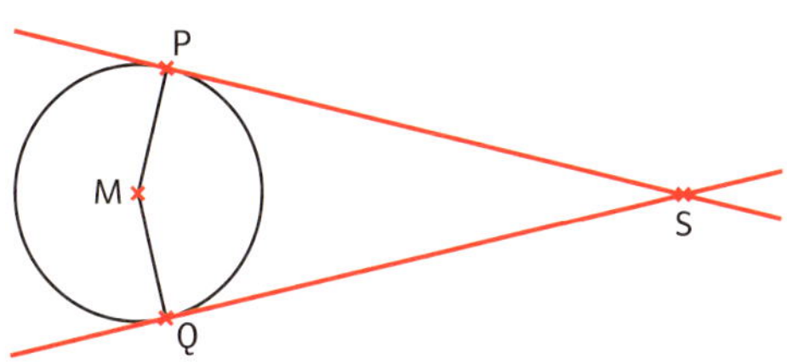

2 Der Satz des Thales

Zwei Stecknadeln und eine Postkarte „sind“ ein Zirkel!

Die Sehne $\overline{AB}$ ist hier der Durchmesser.

Zeichnet man in einen Halbkreis mehrere Dreiecke ein, die alle die Seite $\overline{AB}$ gemeinsam haben, so kann man vermuten, dass alle so gezeichneten Dreiecke rechtwinklig sind. Um diese Vermutung allgemein zu begründen, betrachtet man Fig. 2:

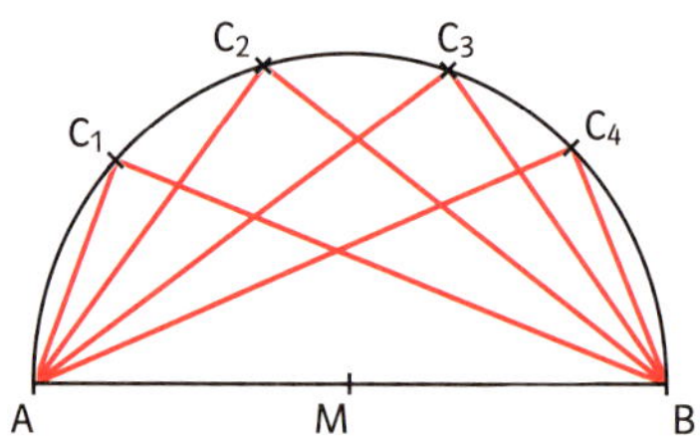

Fig. 1

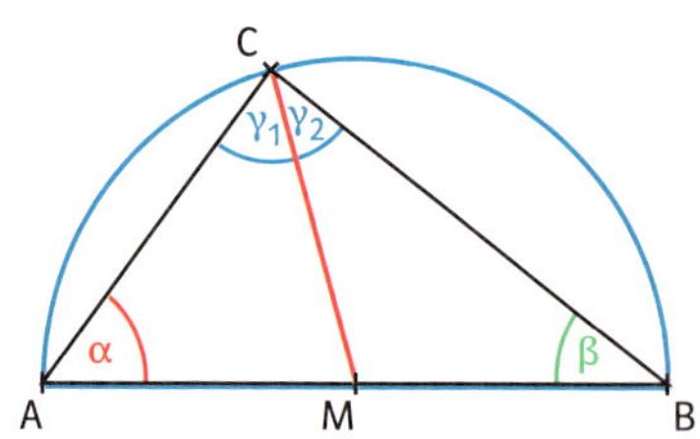

Fig. 2

$\overline{MA}$, $\overline{MB}$ und $\overline{MC}$ sind die Radien des Kreises, also ist $\overline{MA} = \overline{MB} = \overline{MC}$; die Dreiecke AMC und CMB sind somit gleichschenklig. Es ist $\gamma_1 = \alpha$ und $\gamma_2 = \beta$ (Basiswinkel).
Mit dem Satz über die Winkelsumme gilt im Dreieck ABC:
$\alpha + \beta + \gamma = \alpha + \beta + (\gamma_1 + \gamma_2) = \gamma_1 + \gamma_2 + (\gamma_1 + \gamma_2) = \gamma_1 + \gamma_2 + \gamma_1 + \gamma_2 = 2\gamma_1 + 2\gamma_2 = 180°$.
$2\gamma_1 + 2\gamma_2 = 180°$; $2(\gamma_1 + \gamma_2) = 180°$; $\gamma_1 + \gamma_2 = 90°$. Das Dreieck ABC ist also rechtwinklig.

Der griechische Philosoph und Mathematiker Thales hat schon etwa 600 v. Chr. eine Begründung dieses Sachverhalts erbracht. Deshalb ist der Satz nach ihm benannt. Der Kreis über dem Mittelpunkt einer Strecke wird auch ***Thaleskreis*** *genannt. Siehe dazu die Infobox auf S. 113.*

Satz des Thales
Wenn ein Punkt C auf dem Thaleskreis über einer Strecke $\overline{AB}$ liegt, dann hat das Dreieck ABC bei C einen rechten Winkel.

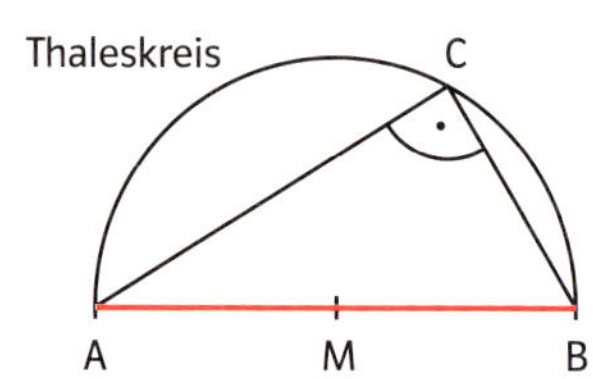

Die Bewegung des Punktes C auf der Halbgeraden g kann man gut mit dem Zugmodus eines Geometrieprogramms ausführen.

Umgekehrt kann man mit Fig. 3 begründen, dass jeder Punkt C, der mit A und B ein rechtwinkliges Dreieck bildet, auf dem Thaleskreis liegt.
Der Winkel γ wird größer als 90°, wenn sein Scheitelpunkt innerhalb des Kreises liegt, andernfalls wird er kleiner als 90°.

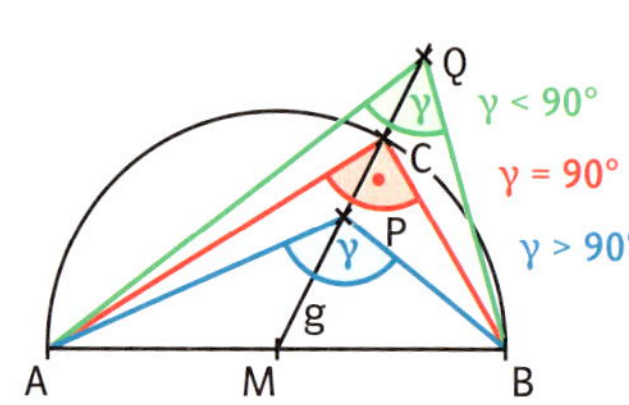

Fig. 3

Umkehrung zum Satz des Thales
Wenn von einem Punkt C aus die Strecken zu den Endpunkten einer Strecke $\overline{AB}$ einen rechten Winkel bilden, dann liegt der Punkt C auf dem Thaleskreis der Strecke.

Mit einem Thaleskreis kann man von einem Punkt P außerhalb des Kreises k die beiden Tangenten an einen Kreis konstruieren.
In Fig. 1 schneidet der Thaleskreis über der Strecke $\overline{PM}$ den Kreis k in den Berührpunkten Q und R dieser Tangenten.

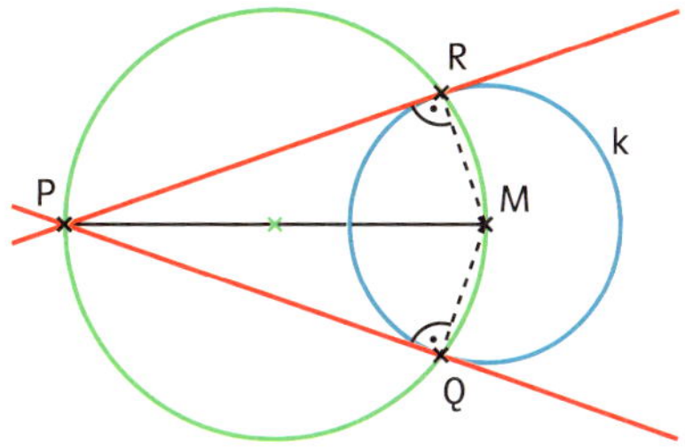

Fig. 1

Beispiel Konstruktion eines rechten Winkels
Zeichne drei Dreiecke mit $\overline{AB} = c = 6\,cm$ und $\gamma = 90°$.
Lösung:
Siehe Fig. 2.
Man zeichnet den Thaleskreis k über der Strecke $\overline{AB}$ und wählt drei Punkte C_1, C_2 und C_3 auf k. Die Dreiecke ABC_1, ABC_2 und ABC_3 sind rechtwinklig.

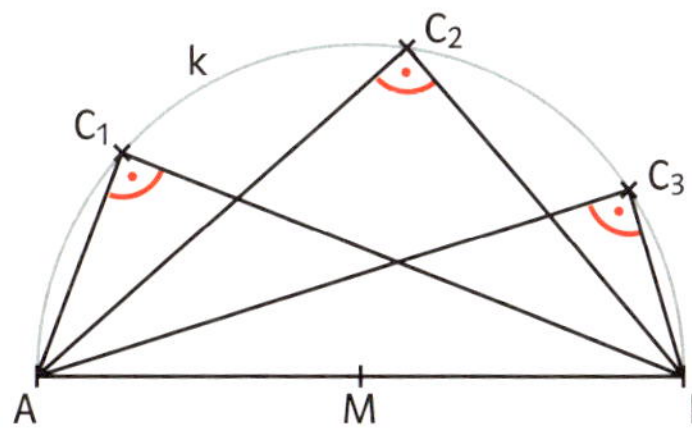

Fig. 2

Aufgaben

1 a) Zeichne mehrere Dreiecke mit $\overline{AB} = 5\,cm$ und $\gamma = 90°$.
b) Zeichne einen Kreis k mit Radius 4 cm. Bestimme die Punkte A, B und C auf k so, dass das Dreieck ABC rechtwinklig ist. Begründe deine Lösung.

2 Zeichne in einem Koordinatensystem die Punkte $A(-2|1)$ und $B(4|1)$.
Wo liegen alle Punkte P, deren Verbindungsstrecken $\overline{PA}$ und $\overline{PB}$ einen rechten Winkel bilden? Gib nach deiner Zeichnung diejenigen Punkte P durch Koordinaten an, die nahe bei Gitterpunkten liegen.

3 **Experimente zur Umkehrung des Satzes von Thales**
a) Zeichne ein beliebiges Dreieck ABC und einen Thaleskreis über der Strecke $\overline{AB}$. Miss den Winkel γ bei C. Bewege den Punkt C und achte darauf, wie sich die Weite des Winkels γ verändert, je nachdem, ob du dich mit C innerhalb, außerhalb oder auf dem Thaleskreis befindest. Schreibe deine Beobachtungen auf.
b) Zeichne eine Strecke $\overline{AB}$ und eine Halbgerade von A aus. Fälle das Lot von B auf diese Halbgerade und bezeichne den Lotfußpunkt mit C.
Um welches besondere Dreieck handelt es sich beim Dreieck ABC?
Variiere die Lage der Halbgeraden. Auf welcher Linie bewegt sich der Punkt C?

4 Verwende, wenn möglich, den Satz des Thales zum Zeichnen eines rechtwinkligen Dreiecks ABC.
a) $c = 6\,cm$; $\alpha = 50°$; $\gamma = 90°$
b) $b = 7\,cm$; $\alpha = 50°$; $\beta = 90°$
c) $\alpha = 40°$; $\gamma = 50°$; $b = 5\,cm$
d) $\alpha = \beta$; $c = 8\,cm$

Für welche Teilaufgaben von Aufgabe 4 kannst du den Satz des Thales nicht verwenden?

5 Zeichne zuerst eine Planfigur und schreibe eine Konstruktionsbeschreibung auf.
Konstruiere ein Dreieck ABC aus

a) $c = 6\,\text{cm}$; $\gamma = 90°$; $h_c = 2\,\text{cm}$;
b) $a = 5\,\text{cm}$; $\alpha = 90°$; $h_c = 1{,}5\,\text{cm}$;
c) $b = 7{,}8\,\text{cm}$; $\beta = 90°$; $h_b = 3{,}2\,\text{cm}$;
d) $c = 5{,}4\,\text{cm}$; $\beta = 35°$; $\alpha = 55°$.

6 a) Konstruiere ein Dreieck ABC mit einem rechten Winkel bei C und der Seite $\overline{AB} = 6\,\text{cm}$, das einen Flächeninhalt von $6\,\text{cm}^2$ hat.
b) Welches Dreieck mit der Grundseite $\overline{AB} = 6\,\text{cm}$ und einem rechten Winkel bei C hat einen möglichst großen Flächeninhalt? Begründe.

7 Konstruiere, ohne Winkel zu messen, mit Zirkel und Lineal. Begründe.
a) Ein rechtwinkliges Dreieck, bei dem ein weiterer Winkel 45° misst.
b) Ein rechtwinkliges Dreieck, bei dem ein weiterer Winkel 30° misst.

8 Konstruiert ein Rechteck, das eine 5 cm lange Seite und eine 6 cm lange Diagonale hat. Versucht verschiedene Lösungswege zu finden.

Zu Aufgabe 9 kannst du dir die Anordnung in Fig. 1 nachbauen oder mit einem Geometrieprogramm experimentieren.

9 In Fig. 1 sind vier gleich lange Stäbe im Punkt D drehbar angebracht.
Ihre Enden sind durch Gummischnüre verbunden. Sie bilden ein Viereck. Kann man die Stäbe so anordnen, dass das Viereck vier verschiedene, genau zwei, genau drei oder genau vier gleich große Winkel hat? Beantworte die Fragen mit einer Zeichnung und einer schriftlichen Begründung.

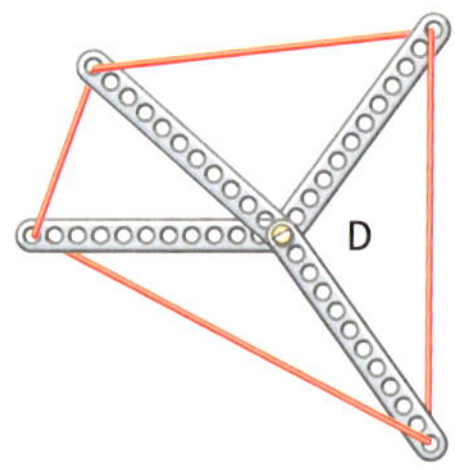

Fig. 1

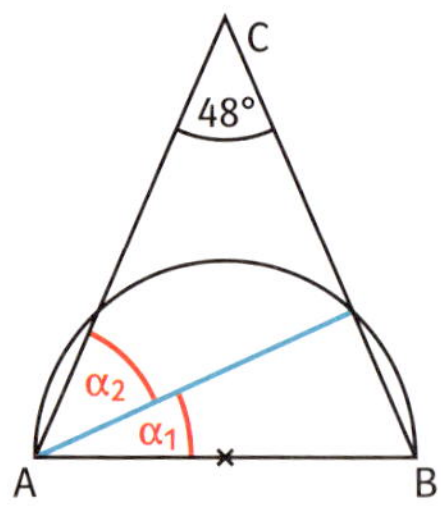

Fig. 2

10 Berechne die Größe der Winkel in Fig. 2.

11 Vom Sitzplatz eines Theaters ist der Blickwinkel von Bedeutung, unter dem man die Bühne sieht. Das nebenstehende Foto eines antiken Theaters zeigt diesbezüglich eine Besonderheit für alle Besucher in der ersten Reihe. Welche?

12 Uta wollte eigentlich drei rechtwinklige Dreiecke mithilfe des Satzes von Thales konstruieren.
Kannst du sagen, welcher Fehler ihr unterlaufen ist?

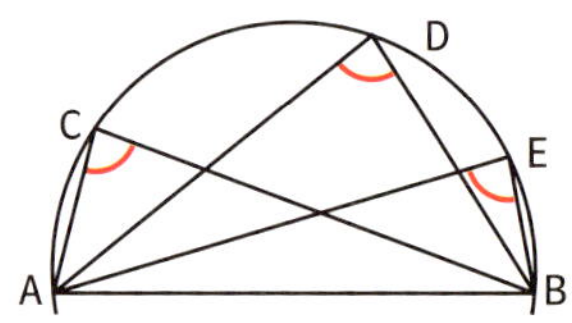

Fig. 3

13 Von der Abfahrt A der neuen Umgehungsstraße sind es noch 3 km bis zum Krankenhaus. Die geradlinige Umgehungsstraße u wurde so geplant, dass sie dem Krankenhaus K an keinem Punkt näher als 1 km kommt. Konstruiere in einem geeigneten Maßstab. In welchem Winkel zweigt die Straße von der Umgehungsstraße ab?

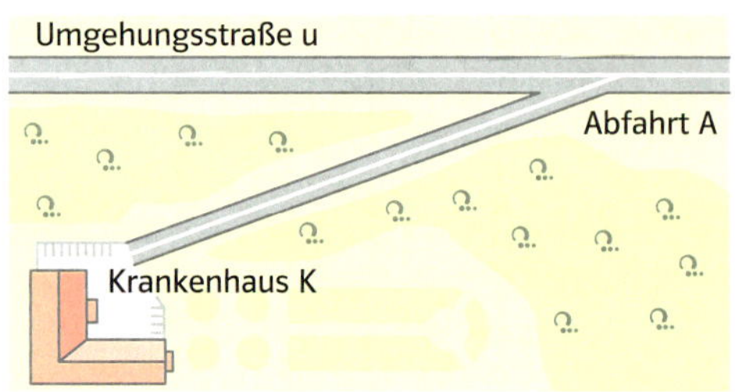

Fig. 4

14 Tangenten konstruieren

Zeichne in ein Koordinatensystem den Kreis um $M(3|4)$ mit Radius 2,5 cm und den Punkt $P(-1|-2)$. Bestimme beide Tangenten durch P. Gib die Koordinaten ihrer Berührungspunkte an.

15 Eine neu zu bauende Stichstraße, deren äußere Seite durch den Punkt P geht, soll an der Außenseite ohne „Knick" in den vorhandenen Kreisverkehr einmünden. Konstruiere nach dem Plan in einem geeigneten Maßstab.

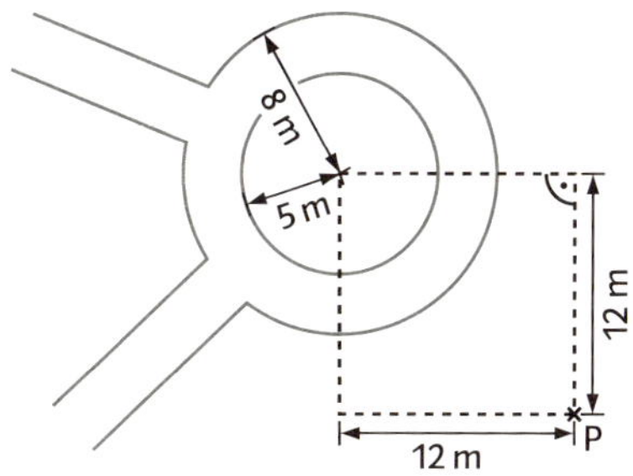

Fig. 1

16 Zeichne zwei Kreise mit den Mittelpunkten M_1 und M_2 mit $\overline{M_1M_2} = 7\,cm$ und den Radien $r_1 = 3\,cm$ und $r_2 = 2\,cm$. Zeichne eine Gerade, die Tangente an den Kreis mit dem Mittelpunkt M_1 ist und durch den Mittelpunkt M_2 des anderen Kreises geht.

17 Die Geraden g und h in Fig. 2 sind parallel. Wie groß ist δ, wenn α 30° misst?

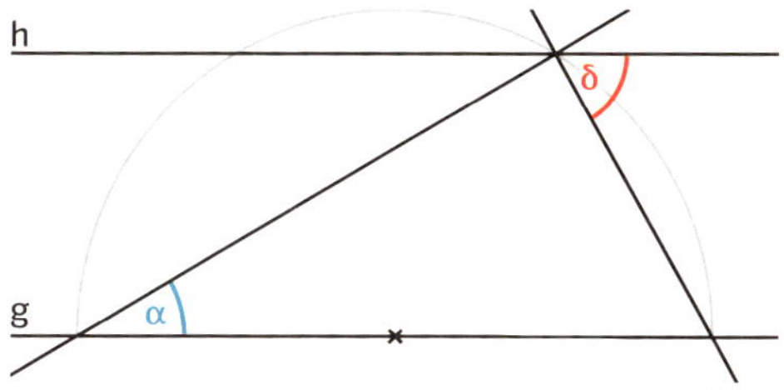

Fig. 2

Info

Thales von Milet (um 600 v. Chr.) – Wegbereiter der wissenschaftlichen Mathematik

Infolge der dorischen Wanderung (1200 v. Chr.) mussten viele Griechen ihre Heimat verlassen. Über die Inseln der Ägäis bevölkerten sie auch die kleinasiatische Küste. Im 7. Jahrhundert v. Chr. entwickelte sich dort die griechische Siedlung Milet zu einem bedeutenden Handelsplatz. Hier war Thales als Kaufmann, Philosoph und Mathematiker tätig.

Zu den großen Verdiensten von Thales gehört, dass er die Vorgänge in der Natur nicht mehr dem Wirken der Götter zuschrieb, sondern die Ursachen in den Dingen selbst und ihren Zusammenhängen suchte. Er erklärte z. B. die jährlichen Überschwemmungen in Ägypten mit der Schneeschmelze in den Bergen und erkannte als Erster, dass die Sonne durch den Mond verfinstert wird. Für den 28. Mai 585 v. Chr. sagte er eine Sonnenfinsternis voraus, deren wirkliches Eintreten ihn selbst sehr erstaunt haben soll. Danach galt er als der größte der sieben Weltweisen.
Der nebenstehende Satz ist nach ihm benannt. Er war schon den Babyloniern bekannt. Thales hat den Sachverhalt jedoch als Erster mit den symmetrischen Eigenschaften von Figuren begründet.

Satz des Thales

Jeder Winkel von einem Punkt auf dem Halbkreis einer Strecke zu ihren Endpunkten ist ein Rechter.

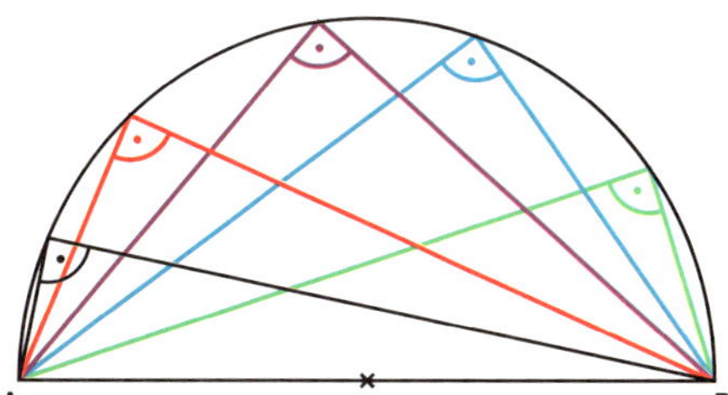

3 Umfangs- und Mittelpunktswinkelsatz

„Ich sitze in der dritten Reihe und kann die gesamte Bühne sehen, ohne meinen Kopf zu drehen."
„Hier ist es genauso. Ich sitze zwar in der siebten Reihe, aber weiter in der Mitte. Und wie ist es bei dir in der zweiten Reihe, du sitzt ja ganz am Rand?"

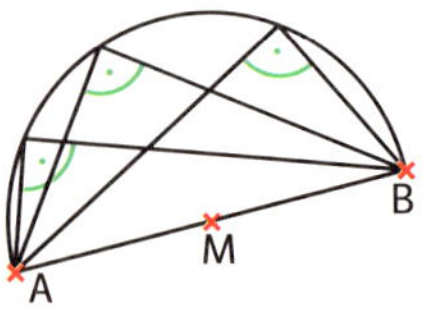

Fig. 1

*Den Umfangswinkel nennt man auch **Peripheriewinkel**.*

In einem Thaleskreis ist ein Winkel über dem Durchmesser $\overline{AB}$ des Kreises ein rechter Winkel. Zeichnet man solche Winkel ein (s. Fig. 1), so sind diese alle gleich groß (90°). Diese Winkel nennt man **Umfangswinkel**.

Lässt man Punkt A auf dem Kreisbogen wandern (s. Fig. 2), so verändern sich die Längen der Sehne $\overline{AB}$ und des zugehörigen Kreisbogens sowie die Größe des Umfangswinkels. Die Sehne wird kürzer und der Umfangswinkel wird kleiner.
Zeichnet man nun den Radius in die entstandene Figur ein, so entsteht im Mittelpunkt des Kreises der **Mittelpunktswinkel**.

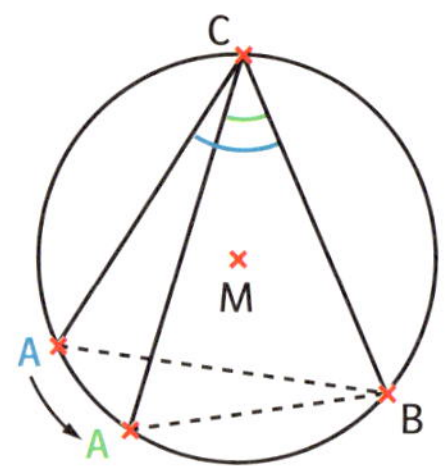

Fig. 2

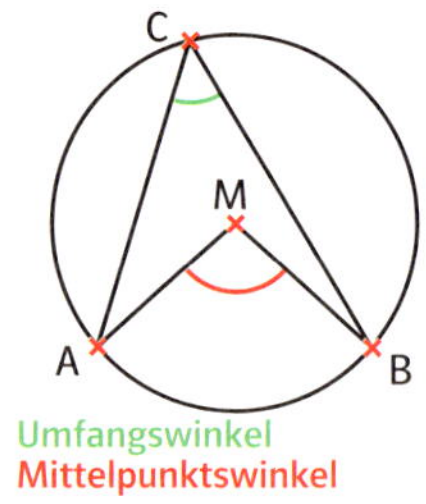

Fig. 3

Der Satz des Thales ist ein Spezialfall des Umfangswinkelsatzes. Beweis des Satzes siehe Seite 115, Aufgabe 6.

Liegen die Punkte A, B und C auf einem Kreis mit Mittelpunkt M und liegt C nicht auf dem Kreisbogen $\overset{\frown}{AB}$, so heißt der Winkel ∡ ACB **Umfangswinkel**.
Der Winkel ∡ AMB heißt **Mittelpunktswinkel**.

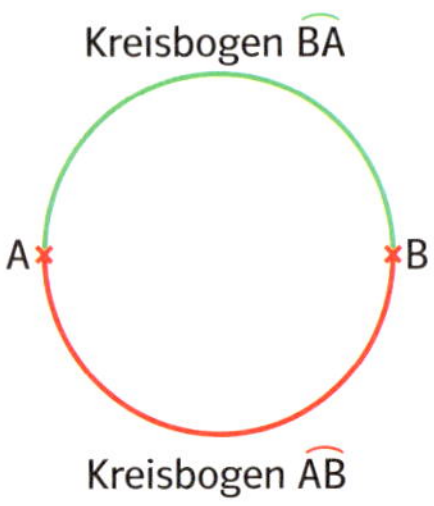

Beim Satz des Thales ist der Mittelpunktswinkel 180° groß, alle zugehörigen Umfangswinkel sind halb so groß (s. Fig. 4).

Entsprechendes gilt auch, wenn der zugehörige Kreisbogen kein Halbkreis ist.

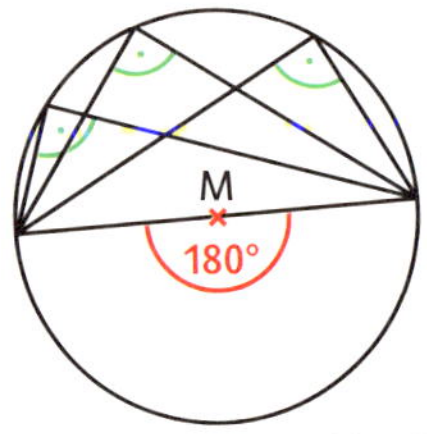

Fig. 4

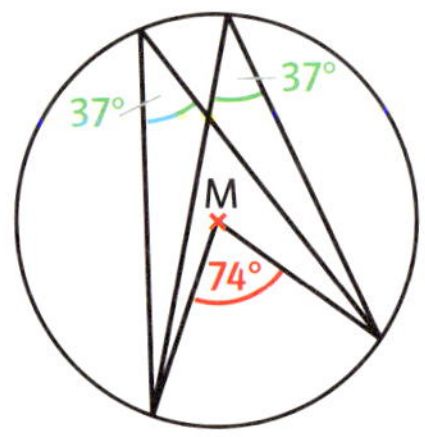

Fig. 5

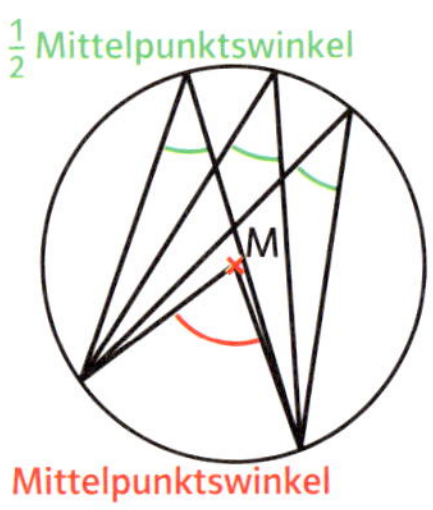

Umfangswinkelsatz
Alle Umfangswinkel über demselben Kreisbogen sind gleich groß.

Mittelpunktswinkelsatz
Jeder Umfangswinkel über einem Kreisbogen ist halb so groß wie der zugehörige Mittelpunktswinkel.

Beispiel
Konstruiere einen Kreisbogen $\overset{\frown}{PQ}$, dessen Umfangswinkel 60° groß sind, mit $\overline{PQ}$ = 4 cm.
Lösung:
Der Mittelpunkt des Kreisbogens soll M heißen. Der Mittelpunktswinkel ist 2 · 60° = 120° groß.
Das Dreieck PQM ist gleichschenklig und seine Basiswinkel sind 30° groß.

1. Zeichne die Strecke $\overline{PQ}$.
2. Trage bei P und Q jeweils einen 30° großen Winkel an $\overline{PQ}$ an.
3. Die freien Schenkel der Winkel schneiden sich im Punkt M.
4. Zeichne den Kreisbogen $\overset{\frown}{PQ}$ um den Mittelpunkt M mit dem Radius $\overline{MP}$.

Konstruktion:

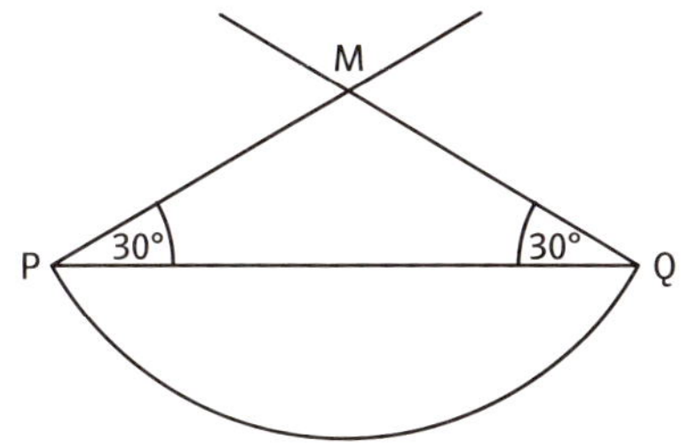

Aufgaben

1 Zeichne einen Kreis mit dem Mittelpunkt M und dem Radius r = 5 cm.
Zeichne zwei Punkte A und B so ein, dass die Umfangswinkel über dem Kreisbogen $\overset{\frown}{AB}$ 60° groß sind.

2 Zeichne einen Kreis mit dem Mittelpunkt M und dem Radius r = 5 cm.
Zeichne zwei Punkte A und B so ein, dass der Mittelpunktswinkel über dem Kreisbogen $\overset{\frown}{AB}$ 60° groß ist.

3 Konstruiere einen Kreisbogen $\overset{\frown}{AB}$ mit $\overline{AB}$ = 4,5 cm und Umfangswinkeln von
a) 30°; b) 45°; c) 60°; d) 70°; e) 90°; f) 100°; g) 140°.

4 Bei der Freilichtbuhne (Fig. 1) gibt es einen Zuschauerplatz, von dem aus jede der beiden Bühnenkanten a und b gleichzeitig unter einem Blickwinkel von 25° gesehen werden kann.
Fertige eine Zeichnung im Maßstab 1 : 300 an und bestimme diesen Zuschauerplatz.

Fig. 1

5 Konstruiere ein Dreieck ABC; nutze dabei dein Wissen über Umfangswinkel.
a) c = 7 cm; h_c = 4,5 cm; γ = 70°
b) c = 5 cm; s_c = 4 cm; γ = 57°
c) a = 7 cm; h_b = 3,5 cm; α = 53°
d) b = 4 cm; s_b = 3,5 cm; β = 57°

6 $\overset{\frown}{AB}$ sei ein Kreisbogen, M der Mittelpunkt des zugehörigen Kreises und C der Scheitel eines Umfangswinkels über $\overset{\frown}{AB}$. Beweise die Aussage des Mittelpunktswinkelsatzes.
Unterscheide dabei drei Fälle:
Fall 1: M liegt im Innern des Umfangswinkels.
Fall 2: M liegt auf einem Schenkel des Umfangswinkels.
Fall 3: M liegt im Äußeren des Umfangswinkels.

4 Umfang eines Kreises

Tina möchte an ihrem Fahrrad einen Kilometerzähler anbringen. In der Bedienungsanleitung liest sie:
- Bringen Sie an der Fahrradgabel und an einer Speiche des Vorderrads jeweils einen kleinen Magneten an.
- Geben Sie den Durchmesser des Vorderrads in den Kilometerzähler ein.

Fig. 1

Der griechische Buchstabe π kommt von peripheria (griechisch): Umfang.

Im Taschenrechner ist ein genauerer Wert gespeichert:

$\pi \approx 3{,}141\,592\,654\ldots$

$\pi \approx \frac{22}{7}$

Die Gegenstände in Figur 1 haben unterschiedliche Umfänge (1. Zahlenwert Umfang; 2. Zahlenwert Durchmesser). Je größer ihr Durchmesser ist, desto größer ist ihr Umfang. Mit einer Messreihe kann man diese Abhängigkeit genauer untersuchen. Um beispielsweise den Umfang einer CD zu ermitteln, kann man einen Faden um sie herum legen und anschließend dessen Länge messen. Bei allen Gegenständen ist der Umfang etwas mehr als dreimal so groß wie der Durchmesser. Um dieses Verhältnis zu berechnen, bildet man jeweils den Quotienten aus Durchmesser und Umfang. Für die CD (Umfang: 38 cm, Durchmesser: 12 cm) gilt: 38 cm : 12 cm ≈ 3,2. Für die anderen Gegenstände erhält man ähnliche Werte.
Um einen genaueren Wert zu erhalten, kann man das arithmetische Mittel dieser Werte bilden. Tatsächlich ist der Quotient aus Kreisumfang und Durchmesser stets gleich; der Umfang ist also proportional zum Durchmesser und damit auch zum Radius. Der Proportionalitätsfaktor ist bei allen Kreisen gleich, man bezeichnet ihn als **Kreiszahl** π (sprich: pi).

Für den **Umfang** U eines Kreises mit Durchmesser d bzw. Radius r gilt:
$U = d \cdot \pi$ bzw. $U = 2 \cdot r \cdot \pi$. Für die **Kreiszahl** π gilt: $\pi \approx 3{,}14$.

Beispiel 1 Umfang eines Kreises
a) Berechne den Umfang eines Kreises mit dem Radius 2 m.
b) Welchen Durchmesser hat ein Kreis mit dem Umfang 37,7 cm?
Lösung:
a) Durchmesser des Kreises: $2 \cdot 2\,m = 4\,m$
Umfang: $\pi \cdot 4\,m \approx 12{,}6\,m$
b) Umfang: $37{,}7\,cm = \pi \cdot d$
Durchmesser: $d = 37{,}7\,cm : \pi \approx 12{,}0\,cm$

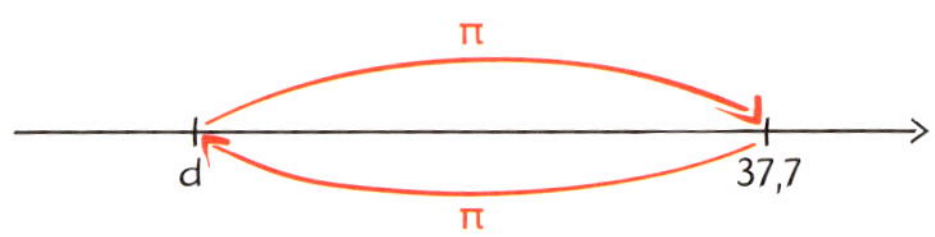

Fig. 2

Beispiel 2 Umfang einer Figur
Berechne den Umfang der Figur 3.
Lösung:
Die Figur besteht aus einem Halbkreis mit Durchmesser 4 cm und 2 Halbkreisen mit Durchmesser 2 cm.
Umfang:
$\frac{1}{2} \cdot \pi \cdot 4\,cm + 2 \cdot \frac{1}{2} \cdot \pi \cdot 2\,cm \approx 12{,}6\,cm$

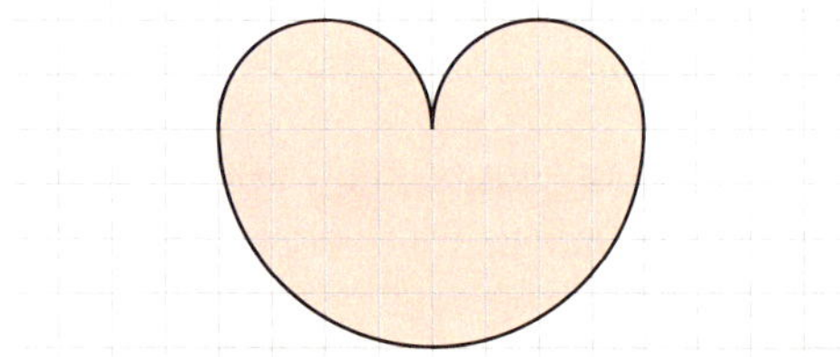
Fig. 3

Aufgaben

1 Ein Kreis hat den Radius 4 cm.
a) Berechne seinen Umfang.
b) Wie vergrößert sich sein Umfang, wenn man seinen Radius verdoppelt?
c) Um wie viele Zentimeter vergrößert sich sein Umfang, wenn sein Radius um 1 cm vergrößert wird?

2 Ein Kreis hat den Umfang 78,5 m.
a) Berechne seinen Durchmesser und seinen Radius.
b) Wie muss man den Durchmesser verändern, wenn der Umfang nur halb so groß sein soll?
c) Um wie viele Zentimeter wird der Durchmesser kleiner, wenn man den Umfang um 5 cm verkleinert?

3 Übertrage die Tabelle in dein Heft und ergänze die fehlenden Angaben.

Radius	2 m			
Durchmesser		8 cm		
Umfang			44 cm	1 m

4 Der Abwurfkreis beim Diskuswerfen hat einen Durchmesser von 2,50 m. Er ist von einem 70 mm hohen Blechstreifen umschlossen.
a) Wie lang ist dieser Blechstreifen?
b) Berechne den Flächeninhalt des Streifens.

5 Berechne die gesamte Länge des Rands der Figur.

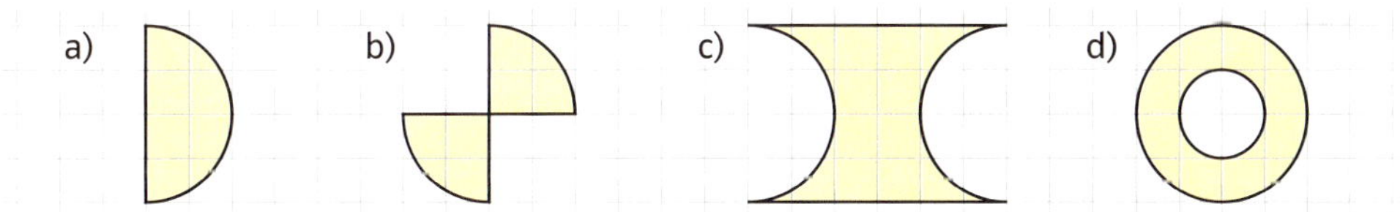

6 a) Lege um den Rand eines Tellers einen dicht anliegenden Faden. Miss die Länge des Fadens und berechne damit den Durchmesser des Tellers. Überprüfe dein Ergebnis.
b) Verlängere nun den Faden um 10 cm und versuche damit einen Kreis um den Teller zu legen. Wie weit ist der Faden vom Tellerrand entfernt? Schätze, rechne und miss nach.

Fig. 1

7 Bei einem 26″-Fahrrad beträgt der Raddurchmesser 26 Zoll. Wie viele Umdrehungen macht ein Rad im Verlauf einer 40 km langen Fahrradtour?

1 Zoll = 2,54 cm

8 Der Fernsehsatellit ASTRA befindet sich in 35 900 km Höhe über der Erdoberfläche und steht scheinbar am Himmel still, da er in genau 24 Stunden eine Kreisbahn in Richtung der Erddrehung durchläuft. Welche Strecke legt er in einer Stunde zurück?

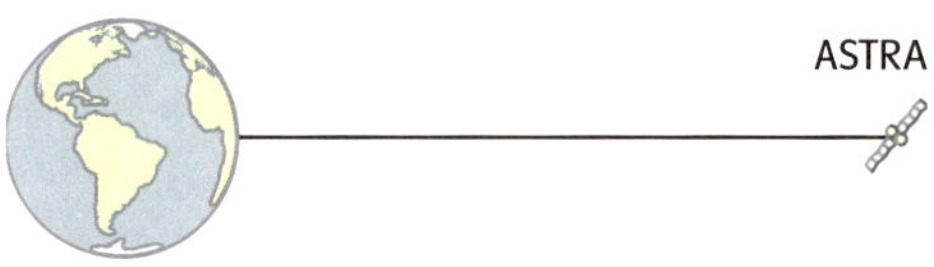

Fig. 2

5 Flächeninhalt eines Kreises

Familie Sommer möchte ihren quadratischen Esstisch durch einen runden Tisch ersetzen.
Herr Sommer: „Für jedes Familienmitglied muss aber weiterhin ein Meter Platz am Tisch sein."
Frau Sommer: „Hoffentlich passt dann auch noch genauso viel auf den Tisch."

In Fig. 1 ist die Seitenlänge jedes der vier grünen Quadrate so groß wie der Radius des einbeschriebenen Kreises. Der Flächeninhalt aller vier grünen Quadrate errechnet sich aus $A = 4r^2$, der Flächeninhalt des gelben Quadrats (Fig. 2) aus $A = 2r^2$. Für den Flächeninhalt des Kreises ergibt sich: $2r^2 < A_{Kreis} < 4r^2$.

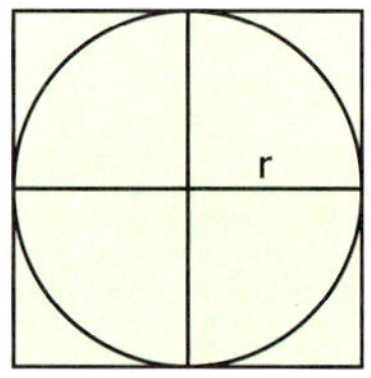

Fig. 1

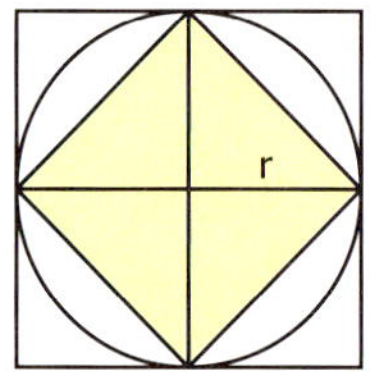

Fig. 2

Zerschneidet man einen Kreis (s. Fig. 3) und legt die einzelnen Teile anschließend neu zusammen (s. Fig. 4), so haben der Kreis und die neu zusammengelegten Flächen jeweils denselben Flächeninhalt. Daher heißen diese Flächen **zerlegungsgleich**.

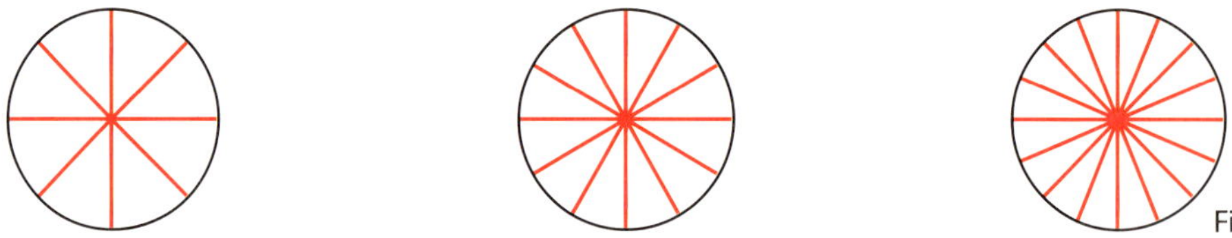
Fig. 3

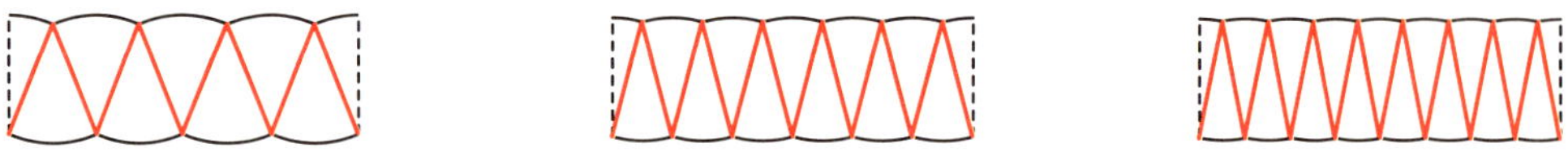
Fig. 4

Je größer man die Anzahl der Teile wählt, umso mehr nähert sich die Form der Fläche in Fig. 4 einem Rechteck an. Die Seitenlängen des Rechtecks sind $\frac{1}{2}U$ und r.
Wegen der Zerlegungsgleichheit hat das Rechteck den gleichen Flächeninhalt wie der Kreis und es gilt: $A = \frac{1}{2}U \cdot r$. Setzt man die Formel für den Kreisumfang ein, so ergibt sich:
$A = \frac{1}{2}U \cdot r = \frac{1}{2} \cdot 2 \cdot \pi \cdot r \cdot r = \pi \cdot r^2$

$A = \pi \cdot \left(\frac{d}{2}\right)^2$

Für den **Flächeninhalt** A eines Kreises mit dem Radius r gilt: $A = \pi \cdot r^2$

Beispiel
a) Berechne den Flächeninhalt eines Kreises mit dem Radius 5 cm.
b) Wie verändert sich der Flächeninhalt, wenn der Radius verdoppelt wird?
Lösung:
a) $A = \pi \cdot (5\,cm)^2 \approx 78{,}54\,cm^2$.
b) $A = \pi \cdot (2 \cdot 5\,cm)^2 = \pi \cdot 4 \cdot (5\,cm)^2 \approx 314{,}16\,cm^2$. Der Flächeninhalt vervierfacht sich.

Aufgaben

1 Berechne den Flächeninhalt eines Kreises mit
a) Radius 6 cm, b) Durchmesser 14 cm, c) Radius 20 km, d) Durchmesser 25 m.

2 a) Ein Radiosender hat eine Reichweite von 45 km.
Wie viel km^2 groß ist sein Sendegebiet?
b) Berechne den Flächeninhalt des Nördlinger Rieses.

Das Nördlinger Ries liegt zwischen der Schwäbischen und der Fränkischen Alb, es entstand vor ca. 15 Millionen Jahren durch den Einschlag eines 1,5 km großen Meteoriten. Es hat einen Durchmesser von ca. 25 km.

3 a) Ein Kreis hat den Umfang 37,7 cm. Bestimme seinen Flächeninhalt.
b) Bestimme den Radius eines Kreises, der den Flächeninhalt 78,5 cm^2 hat.

4 Frau Sommer will für ihren runden Tisch (Durchmesser 1,80 m) ein Tischtuch kaufen, das überall 20 cm runterhängen soll. Berechne den Flächeninhalt des Tischtuchs.

5 Bestimme den Flächeninhalt der Figuren. (1 Kästchenlänge = 0,5 cm.)

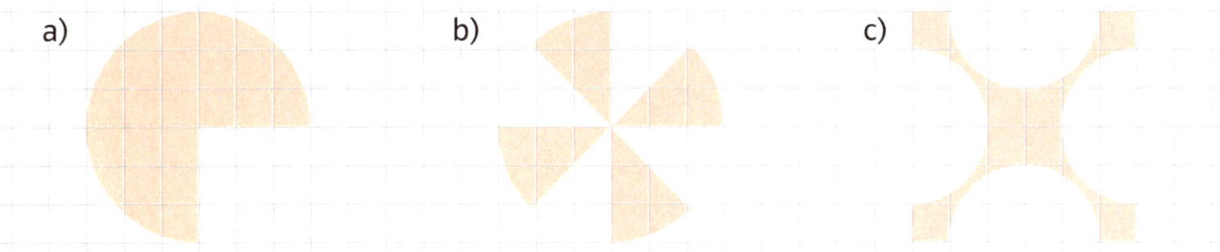

6 Fritz hat den Umfang und den Flächeninhalt eines Kreises mit Radius 10 cm berechnet. Wie erhält er daraus den Umfang und den Flächeninhalt eines Kreises mit Radius 5 cm?

Für π-Forscher

7 Zeichne auf ein kariertes Papier einen Kreis mit Radius 2 cm. Bestimme durch „Kästchenauszählen" näherungsweise den Flächeninhalt des Kreises und damit einen Näherungswert für π.
Führe diese Untersuchung auch mit anderen Kreisradien durch.

8 Zeichne auf ein Stück Pappe einen Kreis mit Radius 10 cm und ein Quadrat mit Seitenlänge 5 cm. Schneide die beiden Flächenstücke aus und wiege sie auf einer Briefwaage. Wie kannst du damit einen Näherungswert für die Zahl π bestimmen?
Wenn eine Gruppe oder eine Klasse zusammenarbeitet, wird der Näherungswert noch besser.

Info

Schon seit langer Zeit haben Mathematiker versucht, die Kreiszahl π genauer zu bestimmen.

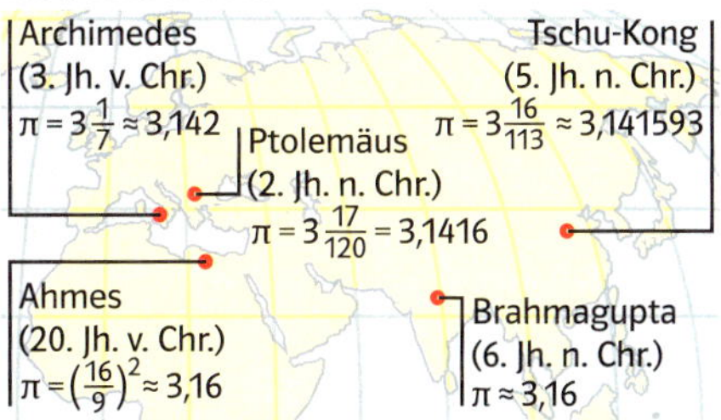

Der bisher genaueste Näherungswert für π wurde 1999 in Japan mithilfe eines Hochleistungscomputers bestimmt.
Der Wert hat 206 158 430 000 Stellen nach dem Komma.

6 Kreisausschnitt und Kreisbogen

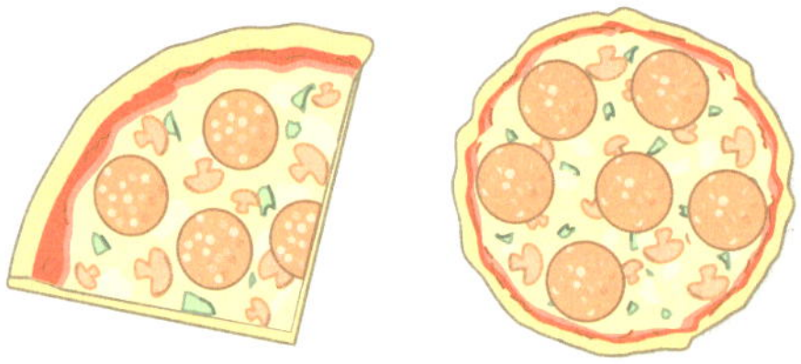

Welche Portion ist wohl größer?

*Die rot gefärbten Flächen nennt man **Kreisausschnitte** oder **Kreissektoren**, den Winkel α **Mittelpunktswinkel**.*

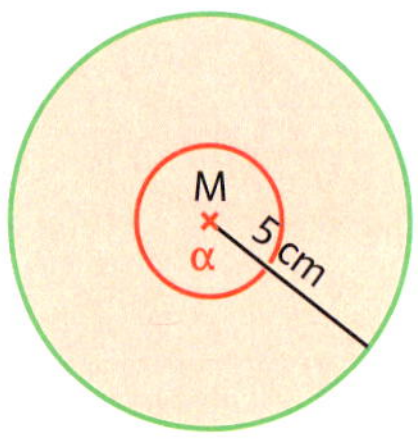

Fig. 1

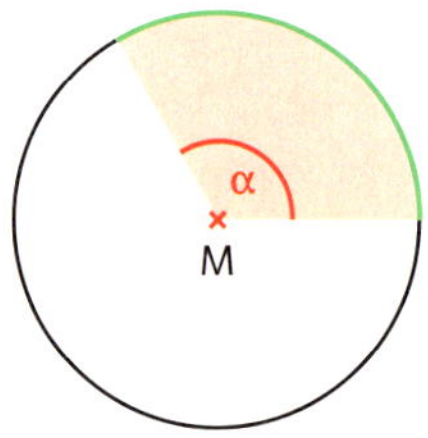

Fig. 2

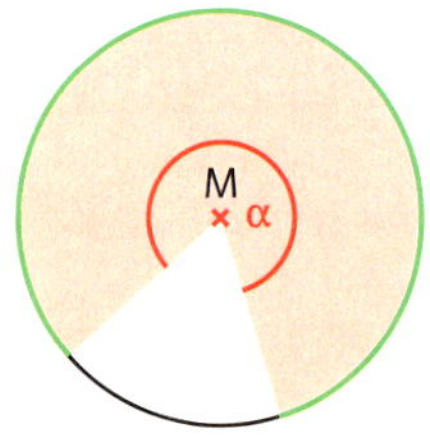

Fig. 3

Vergleicht man den Flächeninhalt des Kreises (s. Fig. 1) mit dem des **Kreisausschnitts**, so sieht man, dass der Flächeninhalt A des Kreisausschnitts (s. Fig. 2) nur ein Drittel von dem des ganzen Kreises beträgt, da beide Radien gleich sind.

Man rechnet:

360° nennt man auch Vollwinkel.

$A = \pi \cdot (5\,\text{cm})^2 \approx 78{,}54\,\text{cm}^2$; $\quad A_{\text{Drittelkreis}} = \frac{1}{3} \cdot \pi \cdot (5\,\text{cm})^2 \approx 26{,}18\,\text{cm}^2$.

Der Mittelpunktswinkel beträgt 120°, das ist ein Drittel von 360°, dem Vollwinkel.

Die Länge des zugehörigen **Kreisbogens** ist ebenfalls von der Größe des Mittelpunktswinkels abhängig. Die Länge b des Kreisbogens des Drittelkreises beträgt daher auch ein Drittel des Umfangs des ganzen Kreises.

Man rechnet:

$U = \pi \cdot 2 \cdot 5\,\text{cm} \approx 31{,}42\,\text{cm}$; $\quad U_{\text{Drittelkreis}} = b = \frac{120}{360} \cdot 2 \cdot \pi \cdot 5\,\text{cm} \approx 10{,}47\,\text{cm}$.

Der Flächeninhalt A des Kreisausschnitts und die Länge b des Kreisbogens sind proportional zum Mittelpunktswinkel α.

$\pi \cdot r^2 \xrightarrow{:360°} \frac{\pi \cdot r^2}{360°} \xrightarrow{\cdot \alpha} \frac{\alpha \cdot \pi \cdot r^2}{360°}$

Flächeninhalt A des **Kreisausschnitts**: $A = \frac{\alpha}{360°} \cdot \pi \cdot r^2$
Länge b des **Kreisbogens**: $b = \frac{\alpha}{360°} \cdot 2 \cdot \pi \cdot r$

Beispiel 1

Ein Kreis hat den Radius r = 6 cm. Berechne für einen Ausschnitt dieses Kreises mit dem Mittelpunktswinkel α = 48° a) die Länge des Bogens, b) den Flächeninhalt.

Lösung:

a) $b = \frac{48°}{360°} \cdot 2 \cdot \pi \cdot 6\,\text{cm} \approx 5{,}03\,\text{cm}$ $\quad$ b) $A = \frac{\alpha}{360°} \cdot \pi \cdot r^2 = \frac{48°}{360°} \cdot \pi \cdot (6\,\text{cm})^2 \approx 15{,}08\,\text{cm}^2$

Beispiel 2

Welcher Mittelpunktswinkel gehört zu einem Bogen mit b = 24,0 cm bei r = 8,0 cm?

Lösung:
$b = \frac{\alpha}{360°} \cdot 2 \cdot \pi \cdot r$
$24{,}0\,cm = \frac{\alpha}{360°} \cdot 2 \cdot \pi \cdot 8{,}0\,cm$
$24{,}0\,cm : (2 \cdot \pi \cdot 8{,}0\,cm) = \frac{\alpha}{360°}$
$\frac{\alpha}{360°} \approx 0{,}48$. Also ist $\alpha \approx 173°$.

Diese Gleichung kann man durch Rückwärtsrechnen lösen.

Aufgaben

1 Berechne für den Kreis mit dem Radius r die Bogenlänge b und den Flächeninhalt A des Kreisausschnitts mit dem Mittelpunktswinkel α.
a) $r = 9{,}0\,cm$; $\alpha = 30°$ b) $r = 9{,}0\,cm$; $\alpha = 60°$ c) $r = 18{,}0\,cm$; $\alpha = 60°$
d) $r = 18{,}0\,cm$; $\alpha = 18°$ e) $r = 6{,}0\,cm$; $\alpha = 150°$ f) $r = 12{,}0\,cm$; $\alpha = 113°$
g) $r = 2{,}40\,cm$; $\alpha = 37°$ h) $r = 0{,}80\,cm$; $\alpha = 67{,}5°$ i) $r = 3{,}2\,cm$; $\alpha = 275°$

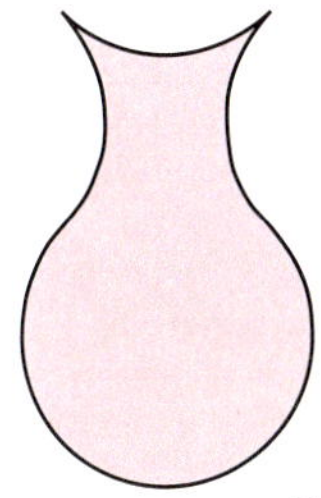

Fig. 1

Die Radien aller Kreisbögen dieser Figur sind gleich r. Wie kann man die Fläche mit zwei geradlinigen Schnitten so zerlegen, dass man die entstehenden Stücke zu einem Quadrat der Seitenlänge 2r zusammensetzen kann?

2 Berechne den Flächeninhalt eines Kreisausschnitts mit $r = b = 1{,}00\,m$.

3 Berechne zu einem Kreis mit dem Radius r den Mittelpunktswinkel α des Bogens der Länge b.
a) $r = 4{,}5\,cm$; $b = 5{,}0\,cm$ b) $r = 1{,}40\,m$; $b = 1{,}00\,m$ c) $r = 3{,}5\,cm$; $b = 10{,}0\,cm$

4 Bestimme für einen Kreisausschnitt mit dem Flächeninhalt A, Bogenlänge b, Kreisradius r und den Mittelpunktswinkel α die jeweils fehlenden Größen.
a) $r = 4\,cm$; $\alpha = 30°$ b) $r = 6\,cm$; $b = 2{,}5\,cm$ c) $A = 60\,dm^2$; $r = 13{,}8\,dm$

5 Überprüfe folgende Aussagen:
a) Verdoppelt man den Mittelpunktswinkel, verdoppelt sich die zugehörige Kreisbogenlänge.
b) Zum vierten Teil des Mittelpunktswinkels gehört der vierte Teil der Fläche des Kreisausschnitts.
c) Vervierfacht man bei gleichbleibendem Mittelpunktswinkel den Radius, so vervierfacht sich die Länge des Kreisbogens.

6 Wenn zwei Punkte auf einem Erdmeridian genau $\frac{1}{60}$ Grad auseinander liegen, so haben sie den Abstand 1 Seemeile (1sm) voneinander. Der Erdumfang beträgt 40 000 km. Berechne damit 1sm in Meter und runde auf ganze Meter.

*Unter einem **Erdmeridian** (oder Längenkreis) versteht man den von Pol zu Pol reichenden, senkrecht auf dem Äquator stehenden Halbkreis.*

7 Eratosthenes (etwa 284–200 v. Chr.) bestimmte den Mittelpunktswinkel α des Bogens auf dem Erdmeridian von Syene (heute Assuan) bis Alexandria und berechnete aus der Entfernung beider Orte den Erdumfang (Fig. 2):
Am Tag des Sommeranfangs mittags schien in Syene die Sonne bis auf den Boden eines tiefen Brunnens. Zur gleichen Zeit warf ein lotrecht aufgestellter Stab in Alexandria einen Schatten. Aus der Schattenlänge wurde α bestimmt.
a) Für α ist der Wert 7,2° überliefert. Berechne den Erdumfang in Stadien.
b) Ein Stadion betrug etwa 157,7 m. Wie viel km entsprach daher der von Eratosthenes errechnete Wert?

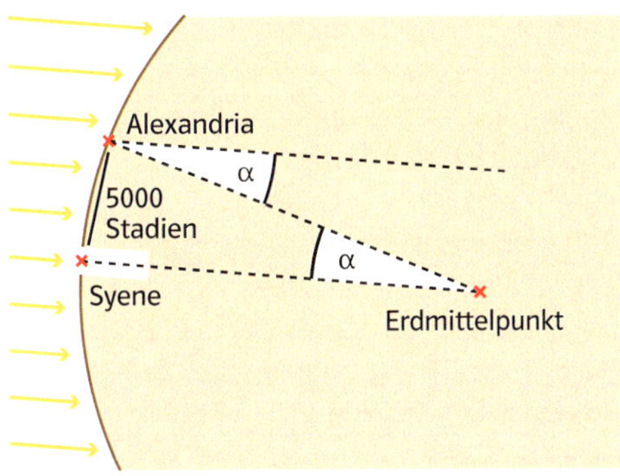

Fig. 2

Wiederholen – Vertiefen – Vernetzen

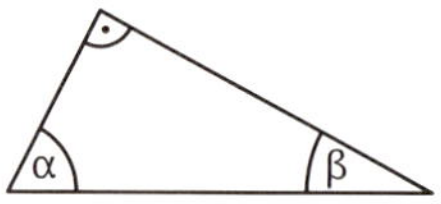

Fig. 1

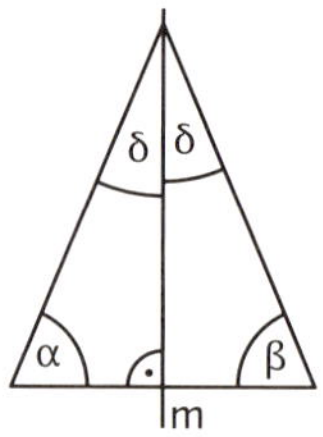

Fig. 2

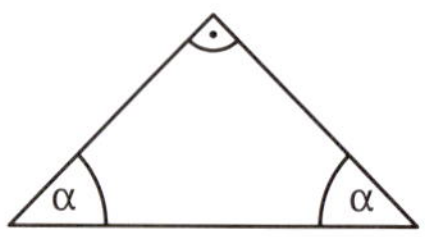

Fig. 3

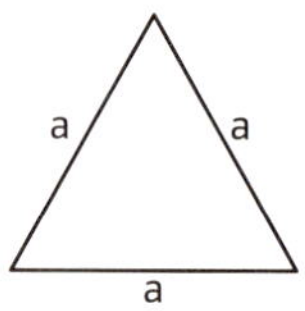

Fig. 4

1 Die vier Dreiecke in Fig. 1 bis Fig. 4 sind besondere Dreiecke mit zugehörigen Eigenschaften. Schreibe die Besonderheiten auf.

2 Zeichne drei Kreise mit gleichen Radien so, dass jeder durch die Mittelpunkte der beiden anderen geht. Welche Eigenschaft hat das Dreieck mit den Mittelpunkten als Ecken?

3 Ist die Eigenschaft für jedes Dreieck erfüllt, liegt ein spezielles vor oder gibt es keines?
a) Die Mittelsenkrechten der drei Seiten schneiden sich in einem Punkt.
b) Zwei Winkel sind gleich, aber zwei Strecken sind verschieden.
c) Alle drei Winkel sind gleich groß und zwei Seiten sind verschieden.
d) Das Dreieck hat genau zwei Symmetrieachsen.
e) Der Schnittpunkt zweier Mittelsenkrechten liegt auf einer Winkelhalbierenden.

4 Führe die Konstruktion nach der Beschreibung aus. Schreibe eine Aufgabe, zu der die Konstruktion eine Lösung darstellt. Schreibe einen Antwortsatz.

a) 1. Zeichne die Strecke $\overline{AB} = 6\,cm$.
2. Trage den Winkel $\alpha = 40°$ an $\overline{AB}$ in A an.
3. Zeichne den Kreis k um B mit $r = 5\,cm$.
4. k schneidet den freien Schenkel von α in C und D.
...

b) 1. Zeichne den Winkel $\gamma = 65°$ mit dem Scheitel C.
2. Zeichne den Kreis k um S mit $r = 4\,cm$.
3. k schneidet die Schenkel von γ in den Punkten A und B.
4. Zeichne die Mittelsenkrechte zu $\overline{AB}$.
...

Tipp zu Aufgabe 5: Verlängere die Strecke $\overline{AB}$ bis zur Geraden h.

5 In Fig. 5 ist $g \parallel h$. Übertrage die Figur ins Heft.
a) Bestimme die fehlenden Winkelgrößen.
b) Gib drei Gleichungen für die Winkelbeziehungen an.

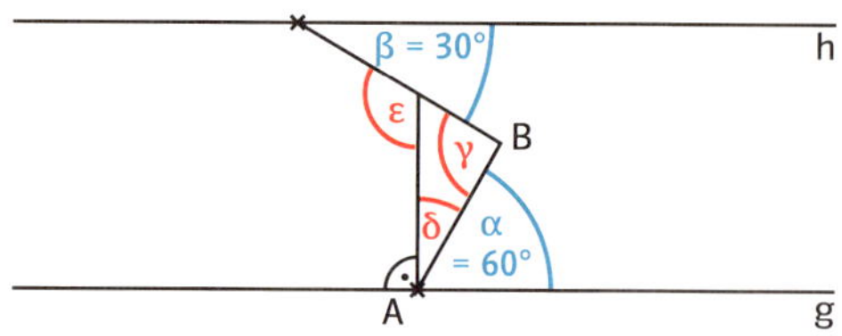

Fig. 5

6 Übertrage die Abbildung in Fig. 6 ins Heft. Bestimme die Größe der bezeichneten Winkel. Begründe deine Ergebnisse.

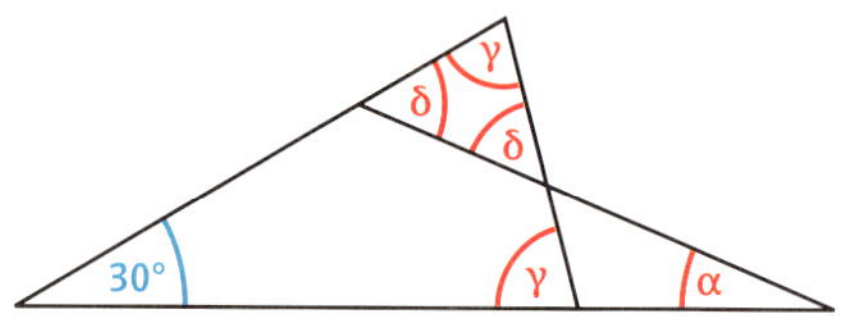

Fig. 6

7 Die Zeichnung in Fig. 7 zeigt eine Konstruktion. Beschreibe sie und bestimme die Größe der bezeichneten Winkel.

8 Warum erhält man den Mittelpunkt eines Kreises als Schnittpunkt der Mittelsenkrechten zweier Sehnen? Wie viele Punkte des Kreises benötigt man hierbei mindestens?

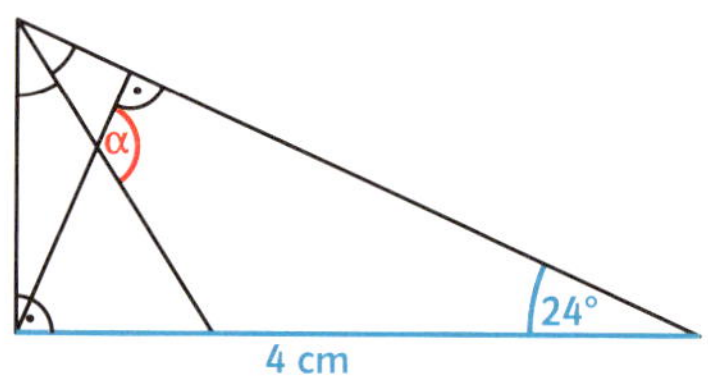

Fig. 7

9 Zeichne einen Kreis k mit dem Mittelpunkt M und dem Radius 5 cm und einen Punkt P, der 12 cm von M entfernt ist.
a) Konstruiere die Berührpunkte derjenigen Geraden, die durch P gehen und mit dem Kreis genau einen Schnittpunkt haben.
b) Miss den Winkel α, den die beiden Tangenten miteinander bilden. Wie ändert sich die Lage der beiden Berührungspunkte und der Winkel α, wenn P näher bei M liegt?

10 In Fig. 1 ist das Dreieck ABC gleichschenklig.
a) Untersuche, ob g und h parallel sind.
b) Bestimme die Weite der Winkel α, γ und δ.
c) Welcher Zusammenhang besteht zwischen β_1 und γ? Begründe.

Tipp: In Fig. 1 ist ein Thaleskreis gezeichnet.

11 Konstruiere ein rechtwinkliges Dreieck mit einer Seite der Länge 6 cm und einem Flächeninhalt von 24 cm².

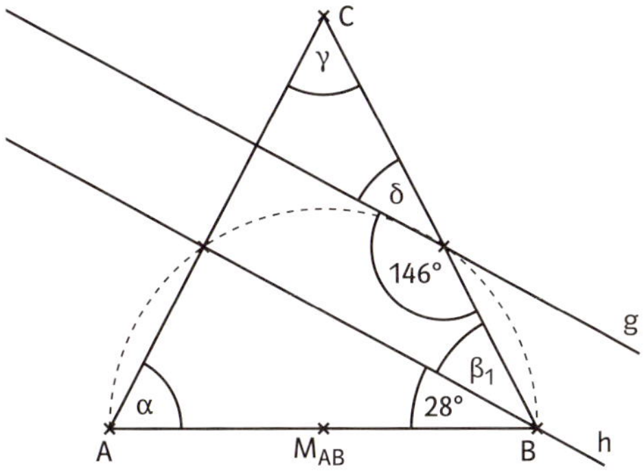

Fig. 1

12 In einem Koordinatensystem ist ein Dreieck ABC mit A(−3|−2); B(5|1) und C(−1|4) gegeben.
a) Zeichne ein Rechteck mit einem möglichst kleinen Flächeninhalt so, dass seine Seiten zu je einer Koordinatenachse parallel sind und die Eckpunkte des Dreiecks auf den Seiten des Rechtecks liegen.
b) Bestimme nach Teilaufgabe a) den Flächeninhalt des Rechtecks und des Dreiecks. Um wie viel Prozent ist der Flächeninhalt des Rechtecks größer als der des Dreiecks?
c) Ein Punkt P ist gleich weit von den Eckpunkten der Strecke $\overline{AB}$ entfernt. Ein Punkt Q hat den gleichen Abstand zu den Eckpunkten des Rechtecks. Bestimme die Länge der kürzesten Strecke $\overline{PQ}$.

13 Berechne den Flächeninhalt und den Umfang der Kreisbogenfiguren.

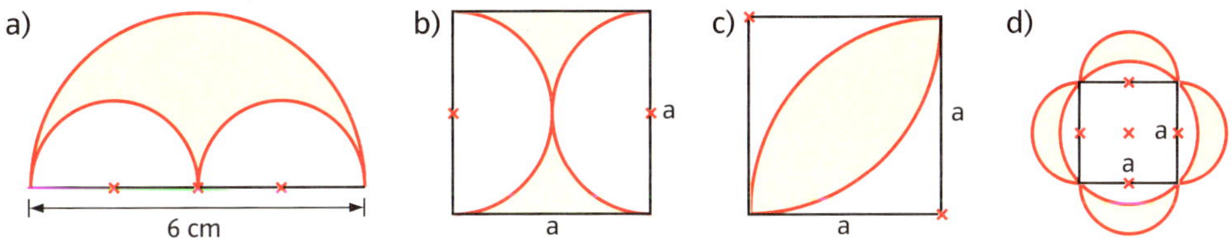

14 Berechne den Inhalt und den Umfang der gefärbten Flächen.
Bei d) vergleiche mit dem Flächeninhalt des Dreiecks.

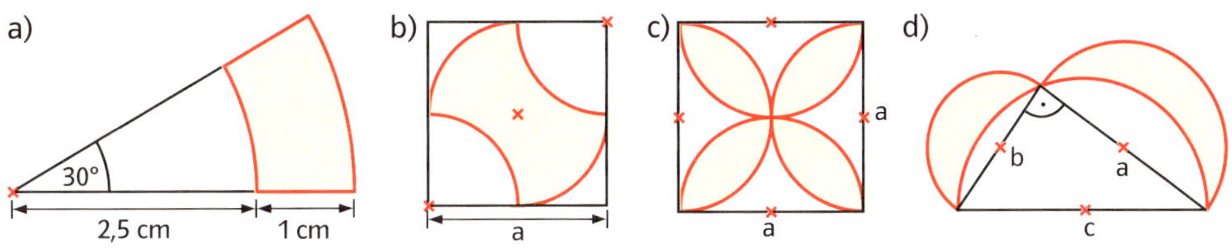

15 Vor etwa 50 000 Jahren schlug ein Meteorit im Gebiet des heutigen Arizona ein. Er hinterließ einen nahezu kreisförmigen Krater von rund 1,3 km Durchmesser.
a) Wie lange dauert eine Rundwanderung um den Kraterrand, wenn man ca. 2 km in der Stunde schafft?
b) Wie viel km² ist der Krater groß?

Sehnenvierecke mit DGS

Zu jedem Dreieck gibt es einen Kreis, auf dem alle Eckpunkte des Dreiecks liegen. Dieser Kreis ist der Umkreis des Dreiecks. Bei einem beliebigen Viereck liegen die Eckpunkte jedoch nicht immer auf einem Kreis. Vierecke, die einen Umkreis besitzen, nennt man **Sehnenvierecke**. Die Seiten eines solchen Vierecks sind Sehnen des Umkreises.

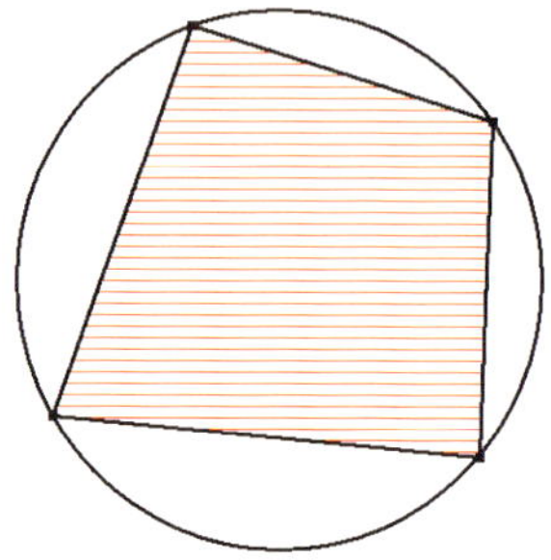

Konstruiere ein beliebiges Sehnenviereck. Beginne dabei mit dem Kreis und verwende die Funktion „Punkt an Linie binden".

Mithilfe des Taschenrechners können Berechnungen durchgeführt werden.

a) Zeichne ein beliebiges Dreieck. Konstruiere den Umkreis des Dreiecks.
b) Überprüfe, ob man auf die gleiche Weise auch den Umkreismittelpunkt eines Sehnenvierecks finden kann. Verwende dazu das zuvor konstruierte Sehnenviereck.

Die gegenüberliegenden Innenwinkel bezeichnet man auch als ***Gegenwinkel***.

a) Konstruiere ein beliebiges Sehnenviereck.
b) Bestimme die Größen der Innenwinkel des Sehnenvierecks.
c) Bestimme jeweils die Summe der Größen gegenüberliegender Innenwinkel. Was stellst du fest, wenn du einen Punkt auf dem Kreisumfang wandern lässt?
d) Trifft deine Beobachtung auch zu, wenn du den Kreisradius veränderst?
e) Begründe deine Beobachtung mithilfe des Umfangs- und Mittelpunktswinkelsatzes.

Konstruiere ein Sehnenviereck ABCD mit
a) $\overline{AB} = 3\,cm$; $\overline{BC} = 2{,}5\,cm$; $\overline{CD} = 3{,}5\,cm$; $\alpha = 100°$
b) $\overline{AB} = 6{,}4\,cm$; $\overline{BC} = 5{,}2\,cm$; $\overline{CD} = 6{,}9\,cm$; $\alpha = 115°$
c) $\overline{AB} = 4{,}6\,cm$; $\overline{BC} = 5{,}4\,cm$; $\alpha = 100°$; $\beta = 80°$
d) $\overline{AB} = 5\,cm$; $\overline{BC} = 6\,cm$; $\overline{CD} = 4\,cm$; $\overline{AC} = 7\,cm$

Konstruiere ein Sehnenviereck, dessen Diagonalen orthogonal zueinander sind. Welches besondere Viereck entsteht, wenn man die Mittelpunkte der vier Seiten verbindet?

a) Konstruiere ein Quadrat mit beliebiger Seitenlänge. Bestätige, dass jedes Quadrat ein Sehnenviereck ist, indem du zunächst den Umkreis des Quadrats konstruierst und anschließend die Seitenlängen des Quadrats veränderst.
b) Welche anderen besonderen Vierecke sind ebenfalls Sehnenvierecke? Welche zusätzliche Bedingung muss erfüllt sein, damit ein Drachenviereck ein Sehnenviereck ist?

$e \cdot f = a \cdot c + b \cdot d$

Der Satz des Ptolemäus gibt eine einfache Beziehung zwischen den Seiten und den Diagonalen eines Sehnenvierecks an. Er lautet:
„Das Produkt der Längen der Diagonalen ist gleich der Summe der Produkte der Längen gegenüberliegender Seiten." Überprüfe die Aussage dieses Satzes.

a) Konstruiere ein Sechseck, dessen Ecken auf einem Kreis liegen (vgl. Fig. 1). Bestimme die Summe der Größen der Innenwinkel bei A, C und E sowie bei B, D und F. Was stellst du fest?
b) Ergänze die Strecke $\overline{AD}$ in der Konstruktion und betrachte die beiden entstandenen Sehnenvierecke. Wie lässt sich dadurch die Beobachtung aus Aufgabenteil a) erklären?

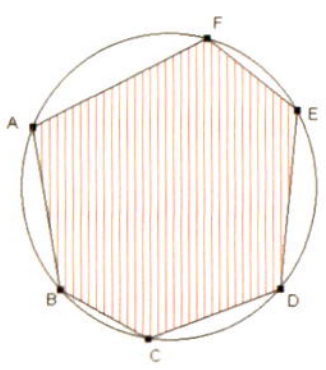

Fig. 1

Sehnenvierecke mit DGS

Konstruiere ein beliebiges Sehnenviereck ABCD und zeichne die Diagonale $\overline{AC}$ ein. Bestimme jeweils den Mittelpunkt des Inkreises der beiden entstehenden Dreiecke. Verfahre ebenso mit der Diagonalen $\overline{BD}$ und bestimme die Inkreismittelpunkte der beiden neuen Dreiecke. Welches besondere Viereck entsteht, wenn man die Mittelpunkte der vier Inkreise verbindet?

Tipp:
Hilfslinien, die für die weitere Konstruktion nicht mehr benötigt werden, kann man verbergen.

Markus behauptet: „Wenn sich in einem Viereck die Mittelsenkrechte einer Diagonalen mit den Mittelsenkrechten je einer weiteren Seite der beiden entstehenden Dreiecke in einem Punkt schneiden, dann handelt es sich um ein Sehnenviereck."
Hat Markus Recht? Überprüfe seine Behauptung durch eine Konstruktion. Begründe.

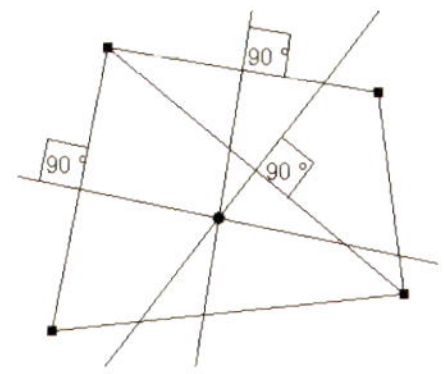

Fig. 1

Überprüfe die Aussage der folgenden Sätze. Gib auch eine Begründung an!
a) Jedes Viereck mit einem Paar rechter Gegenwinkel ist ein Sehnenviereck.
b) Wenn man die Seiten eines Sehnenvierecks verlängert, schneiden sich die Verlängerungen gegenüberliegender Seiten, sofern diese nicht parallel sind. Die Winkelhalbierenden der beiden Schnittwinkel, die so entstehen können, sind zueinander orthogonal.

Jedes Dreieck besitzt nicht nur einen Umkreis, sondern auch einen Inkreis. Entsprechend gibt es auch Vierecke, die einen Inkreis besitzen. Solche Vierecke nennt man **Tangentenvierecke**, weil die Seiten des Vierecks dann Tangenten an den Inkreis sind.
Es gibt Vierecke, die keine Tangentenvierecke sind.

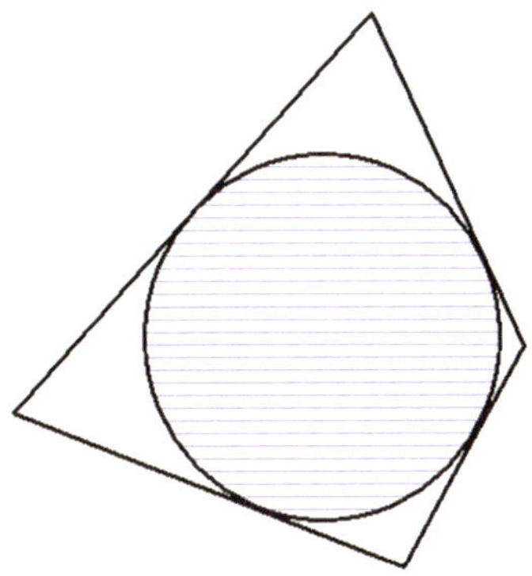

Konstruiere ein beliebiges Tangentenviereck.

a) Zeichne ein beliebiges Dreieck. Konstruiere den Inkreis des Dreiecks.
b) Überprüfe, ob sich diese Konstruktion des Inkreises auf ein Viereck übertragen lässt, falls es sich um ein Tangentenviereck handelt.

Miss die Längen der gegenüberliegenden Seiten des Tangentenvierecks. Was stellst du fest, wenn du das Tangentenviereck veränderst?
Äußere eine allgemeingültige Vermutung. Miss auch die Längen der Strecken von den Eckpunkten bis zu den Berührpunkten. Beweise damit deine Vermutung.

Konstruiere und begründe:
a) Jede Raute ist ein Tangentenviereck.
b) Wenn man in einem Tangentenviereck benachbarte Berührpunkte miteinander verbindet, dann erhält man vier gleichschenklige Dreiecke (Fig. 2).

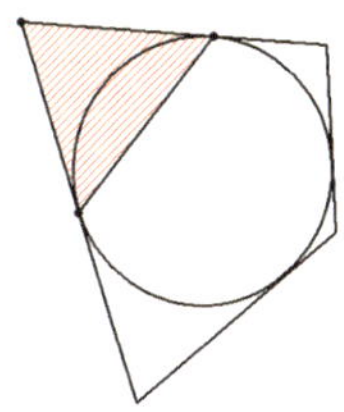
Fig. 2

Konstruiere aus den folgenden Angaben ein Tangentenviereck.
a) $\overline{AB} = 6\,cm$; $\overline{BC} = 5\,cm$; $\alpha = 78°$; $\beta = 57°$ b) $\overline{AB} = 4{,}2\,cm$; $\alpha = 100°$; $\beta = 105°$; $\gamma = 75°$

Konstruiere auch den Inkreis dieser Tangentenvierecke.

Konstruiere ein Tangentenviereck, das gleichzeitig auch Sehnenviereck, aber kein Quadrat ist.

Rückblick

Kreis und Gerade
Eine Gerade kann mit einem Kreis zwei Punkte, einen einzigen Punkt oder keinen gemeinsamen Punkt besitzen.
Jede Tangente verläuft senkrecht zu einem Radius.

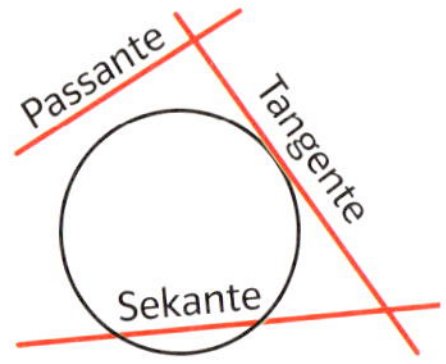

Fig. 1

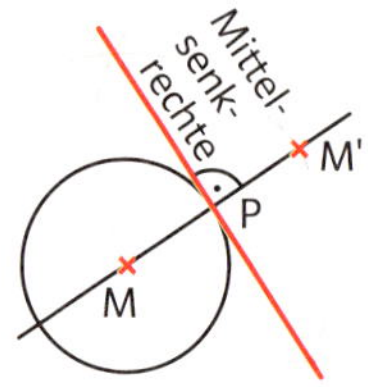

Fig. 2

Tangenten zeichnen
Zeichne den Radius mit dem Berührpunkt P als Endpunkt. Spiegele den Kreismittelpunkt M an P. Errichte die Mittelsenkrechte auf $\overline{MM'}$.

Überprüfen, ob eine Gerade Tangente ist
Verläuft eine Gerade durch einen Kreispunkt P und steht sie senkrecht auf dem Radius, dessen Endpunkt P ist, dann ist sie eine Tangente.

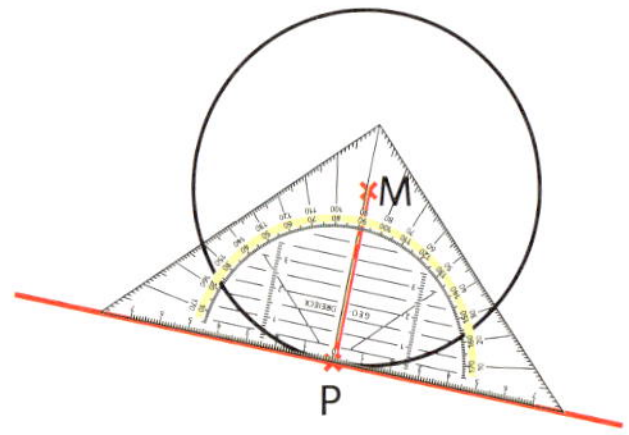

Fig. 3

Satz des Thales
Wenn ein Kreis eine Strecke $\overline{AB}$ als Durchmesser hat, dann heißt er Thaleskreis über $\overline{AB}$.
Satz des Thales:
Wenn ein Punkt C auf dem Thaleskreis über einer Strecke $\overline{AB}$ liegt, dann hat das Dreieck ABC bei C einen rechten Winkel.
(C ≠ A und C ≠ B)
Umkehrung des Satzes von Thales:
Wenn ein Dreieck ABC bei C einen rechten Winkel hat, dann liegt C auf dem Thaleskreis über $\overline{AB}$.

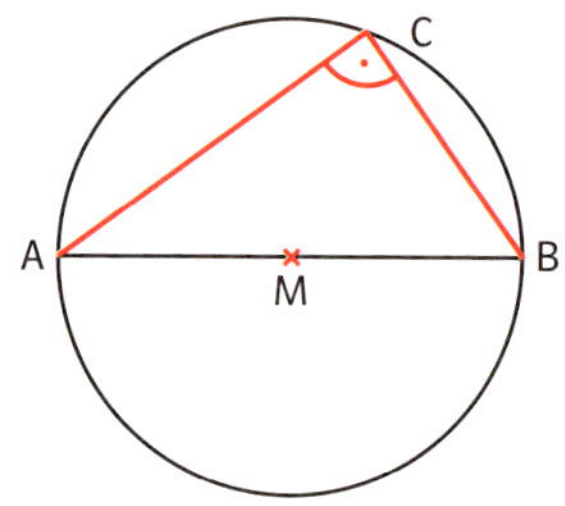

Fig. 4

Umfangswinkel und Mittelpunktswinkel
Wenn M der Mittelpunkt und $\overset{\frown}{AB}$ ein Bogen eines Kreises ist, dann heißt der Winkel ∢ AMB **Mittelpunktswinkel über dem Bogen $\overset{\frown}{AB}$.**
Wenn die Punkte A, B und C auf einem Kreis liegen und C nicht zu dem Bogen $\overset{\frown}{AB}$ gehört, dann heißt der Winkel ∢ ACB **Umfangswinkel über dem Kreisbogen $\overset{\frown}{AB}$.**
Jeder Umfangswinkel ist halb so groß wie der Mittelpunktswinkel über demselben Bogen.
Alle Umfangswinkel über demselben Bogen sind gleich groß.

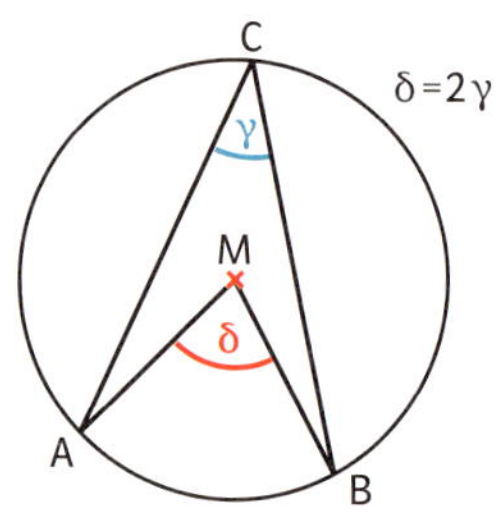

Fig. 5

Kreis
Für einen Kreis mit Radius r bzw. Durchmesser d gilt:
Umfang $U = d \cdot \pi$; Flächeninhalt $A = \pi \cdot r^2$.
Ein Näherungswert für π ist im Taschenrechner gespeichert.
$\pi \approx 3{,}141\,592\,654\ldots$

Für einen Kreis mit dem Durchmesser $d = 8\,cm$ gilt: Radius $r = 4\,cm$;
Umfang $U = \pi \cdot 8\,cm \approx 25{,}1\,cm$;
Flächeninhalt $A = \pi \cdot 4^2\,cm^2 \approx 50{,}3\,cm^2$.

Kreisausschnitt und Kreisbogen
Für einen Kreisausschnitt mit dem Mittelpunktswinkel α gilt:
Flächeninhalt A: $A = \frac{\alpha}{360°} \cdot \pi \cdot r^2$;
Länge b des Kreisbogens: $b = \frac{\alpha}{360°} \cdot 2 \cdot \pi \cdot r^2$.

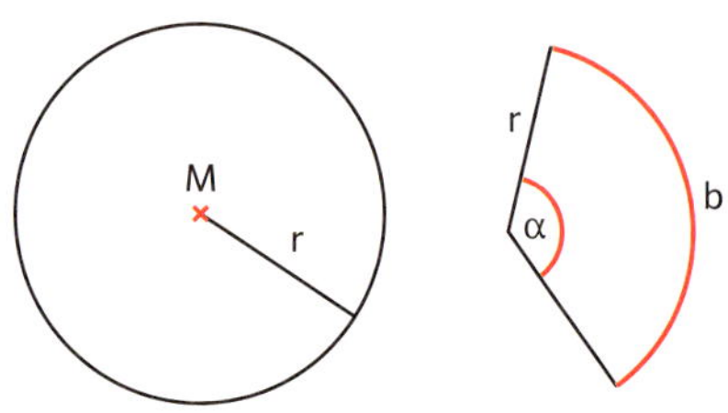

Fig. 6

Training

Runde 1

1 Ein Dreieck soll den rechten Winkel $\beta = 90°$ haben. Gib die mögliche Größe der Winkel an und zeichne ein passendes Dreieck.
a) $\gamma = 12°$ b) $\beta = 2 \cdot \alpha$ c) $\gamma + \alpha = 110°$

2 Konstruiere ein Dreieck ABC mit $c = 5\,cm$; $\alpha = 50°$ und einem rechten Winkel bei C
a) ohne Rechnung mithilfe des Satzes von Thales;
b) mithilfe einer Rechnung ohne Verwendung des Satzes von Thales.

3 Zeichne zwei Kreise mit den Radien 2 cm und 4 cm. Zeichne alle Geraden, die Tangenten beider Kreise sind.

4 Eine übliche Musik-CD hat einen Durchmesser von 12,0 cm. Ein 2 mm breiter äußerer Rand und ein Innenrand (einschließlich Loch) mit dem Durchmesser 4,6 cm sind unbespielbar. Berechne den Inhalt der bespielbaren Fläche. Wie viele Sekunden Musik passen auf $1\,cm^2$?

Abspieldauer: 72 min

5 Berechne für einen Kreis mit dem Radius r, dem Durchmesser d, dem Umfang U und dem Flächeninhalt A die jeweils fehlenden Größen.
a) $r = 3{,}58\,m$ b) $A = 5{,}0\,cm$
c) $d = 1{,}00\,m$ d) $U = 14\,cm \cdot \pi$

Runde 2

1 Sechs Euromünzen werden in eine Schachtel mit rechteckigem Boden gelegt.
a) Wie groß ist die Fläche, die die Euromünzen bedecken?
b) Welchen Flächeninhalt muss der Schachtelboden mindestens haben?

Eine Euromünze hat den Durchmesser 23,25 mm.

2 Ein Ausschnitt eines Kreises mit dem Radius r hat den Mittelpunktswinkel α, die Bogenlänge b und den Flächeninhalt A.
Berechne die fehlenden Größen.
a) $r = 9{,}5\,cm$; $\alpha = 35°$ b) $b = 7{,}5\,cm$; $r = 2{,}5\,cm$
c) $b = 12\,cm$; $\alpha = 60°$ d) $A = 17{,}6\,cm^2$; $r = 4\,cm$

3 Zeichne einen Kreis mit dem Mittelpunkt M und dem Radius $r = 4\,cm$. Zeichne zwei Punkte A und B so ein, dass
a) die Umfangswinkel über dem Kreisbogen $\overset{\frown}{AB}$ 150° groß sind;
b) der Mittelpunktswinkel über dem Kreisbogen $\overset{\frown}{AB}$ 66° groß ist.

4 Zeichne einen Kreis mit dem Mittelpunkt M und dem Radius 2,5 cm.
a) Wähle auf dem Kreis drei Punkte P, Q, R. Zeichne die Tangenten mit den Berührpunkten P, Q, R.
b) Zeichne eine Passante g und alle Tangenten des Kreises, die parallel (senkrecht) zu g sind.
c) Zeichne eine Sekante h und alle Tangenten des Kreises, die parallel (senkrecht) zu h sind.

Lösungen auf den Seiten 230 – 231.

Das kannst du schon

- Umfang und Flächeninhalt von Vielecken und Kreisen bestimmen
- Oberflächeninhalt und Volumen von Quadern bestimmen
- Längen-, Flächen- und Volumenangaben in andere Einheiten umrechnen

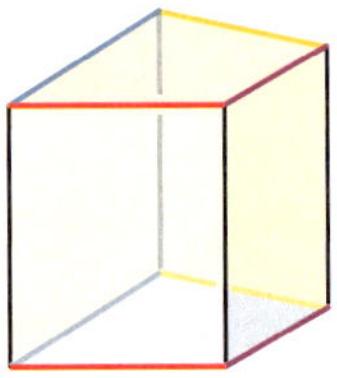

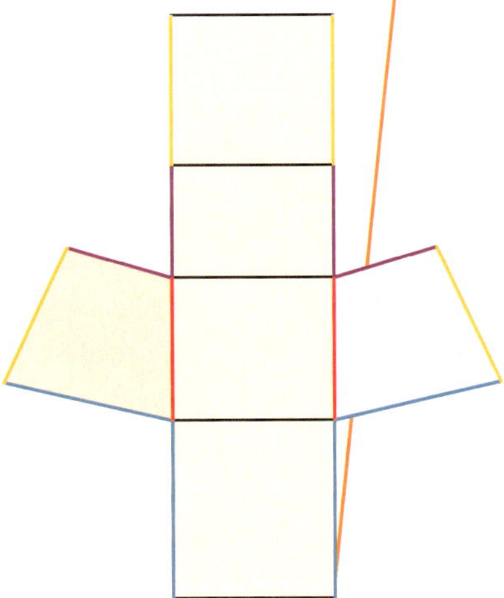

Zahl

Messen

Raum und Form

Funktionaler Zusammenhang

Daten und Zufall

Geometrie mit Mantel und Zylinder

Im 20. Jahrhundert gab es einige bedeutende Künstler, die Bilder mit geometrischen Formen schufen.
Zu jedem räumlichen Körper kann man ein ebenes Bild zeichnen. Aber umgekehrt ist nicht jede ebene Figur ein Bild eines räumlichen Körpers.

Victor Vasarely: Axo-G, 1968

Das kannst du bald

- Oberflächeninhalt und Volumen von Prismen bestimmen
- Oberflächeninhalt und Volumen von Kreiszylindern bestimmen

1 Prismen und ihre Eigenschaften

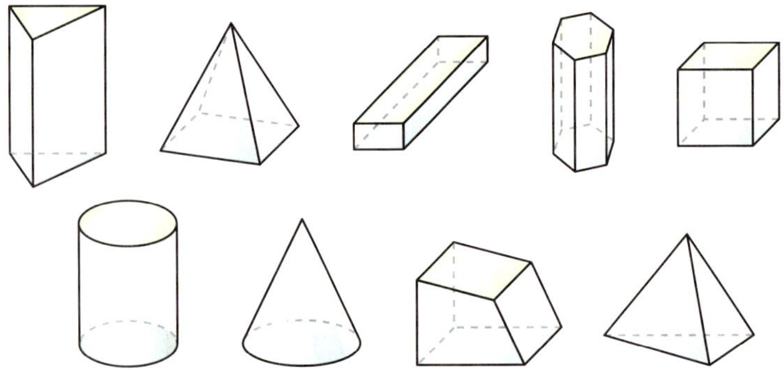

Luise: „Welche Farbe sollen wir nehmen, um die übrigen Körper einzufärben?" Charlotte: „Wir brauchen überhaupt keine weitere Farbe!"

Quader sind Prismen mit rechteckiger Grundfläche.

Prismen sind Körper, die man sich durch Verschieben eines Vielecks im Raum entstanden denken kann. Die Verschiebung erfolgt senkrecht zur Grundfläche. Die Oberfläche eines Prismas besteht aus zwei zueinander kongruenten Vielecken als **Grundflächen** und Rechtecken als **Seitenflächen**. Der Abstand zwischen den beiden Grundflächen heißt **Höhe** des Prismas. Die Gesamtheit der Seitenflächen heißt **Mantelfläche** oder Mantel des Prismas. Grundflächen und Mantelfläche bilden zusammen die **Oberfläche** des Prismas.

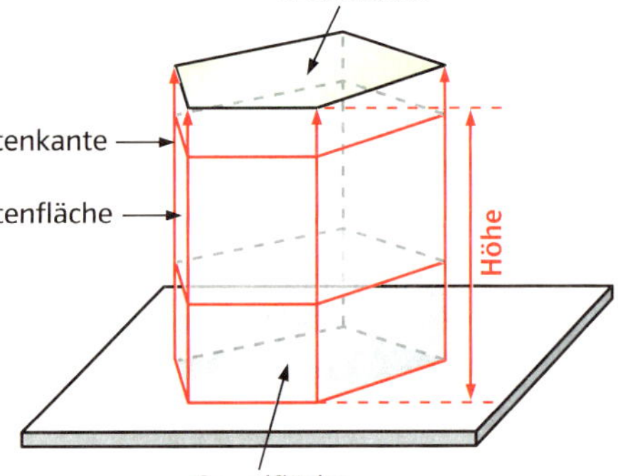

Ein Körper mit zwei zueinander parallelen, kongruenten Vielecken als Grundflächen und mit Rechtecken als Seitenflächen heißt **Prisma**.

Ein Prisma, dessen Grundfläche beispielsweise ein Fünfeck ist, nennt man fünfseitiges Prisma. Die Anzahl der Seitenflächen ist dann ebenfalls fünf. Quader und damit auch Würfel sind vierseitige Prismen.
Schneidet man die Oberfläche eines Prismas entlang geeigneter Kanten auf und breitet sie in der Ebene aus, so entsteht das **Netz des Prismas**.

Beispiel
Welches der Bilder in Fig. 1 ist das Netz eines Prismas?
Lösung:
Bild (1) ist nicht das Netz eines Prismas, da nur eine Grundfläche vorhanden ist.
Bild (2) ist das Netz eines dreiseitigen Prismas. Die beiden Grundflächen sind zueinander kongruente Dreiecke.

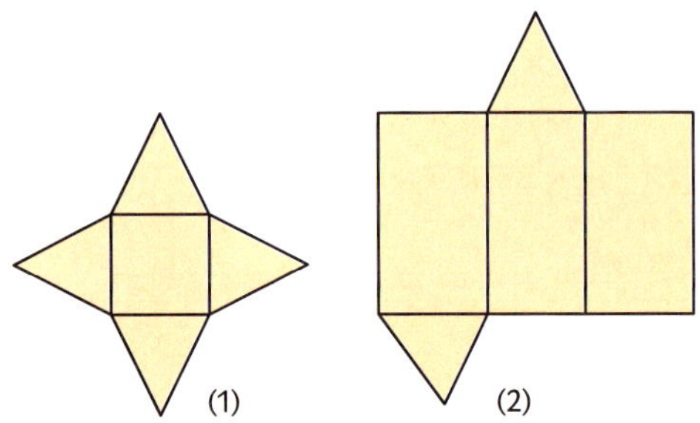

Fig. 1

Aufgaben

1 Entscheide, ob folgende Körper die Form eines senkrechten Prismas haben. Begründe.

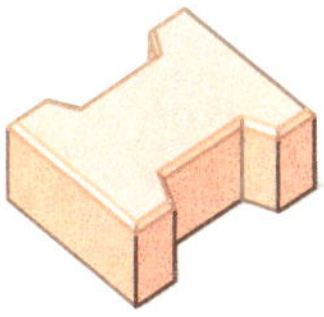

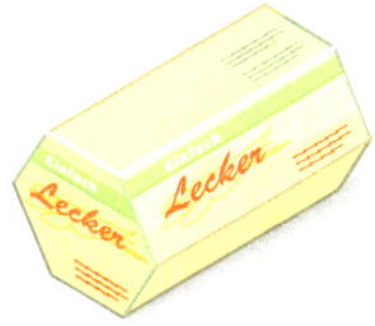

2 Untersuche, welche der folgenden Aussagen wahr, welche falsch sind. Begründe.
a) Die Oberfläche eines sechsseitigen Prismas besitzt acht Begrenzungsflächen.
b) Jedes Prisma ist ein Quader.
c) Es gibt Prismen, deren Seitenflächen Quadrate sind.
d) Bei jedem Prisma ist die Anzahl der Kanten dreimal so groß wie die Anzahl der Ecken.
e) Jeder Würfel ist ein Prisma.

3 In Fig. 1 siehst du vier verschiedene Körper und ihre Netze.
a) Ordne jedem Körper das zugehörige Netz zu.
b) Welche der Körper sind Prismen? Begründe deine Antwort.

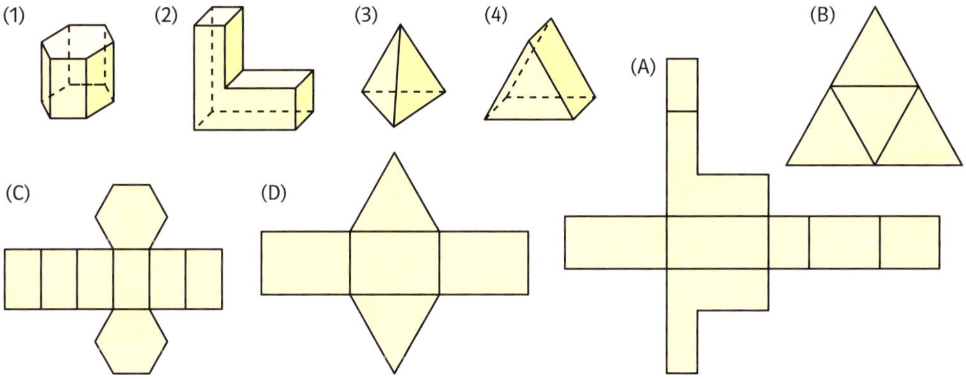

Fig. 1

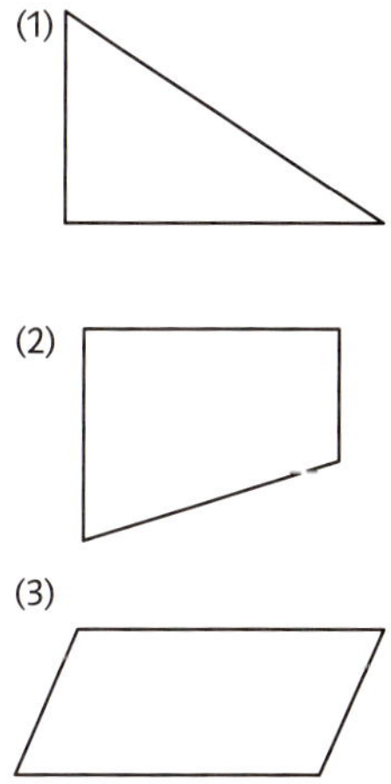

Fig. 2

4 In Fig. 2 sind Grundflächen von Prismen abgebildet. Übertrage die Flächen in dein Heft und ergänze jeweils zum Netz eines Prismas mit der Höhe 4 cm.

5 Zeichne das Netz eines Prismas mit der Höhe h und gegebener Grundfläche.
a) h = 5 cm, Dreieck mit a = b = c = 3,5 cm
b) h = 4 cm, Dreieck mit a = b = 3 cm; c = 5 cm

6 Fig. 3 und Fig. 4 zeigen jeweils das Netz eines Prismas. Kann es in beiden Fällen dasselbe Prisma sein? Begründe.

7 a) Zeichne drei verschiedene Netze für einen Würfel.
b) Wie viele verschiedene Netze gibt es?

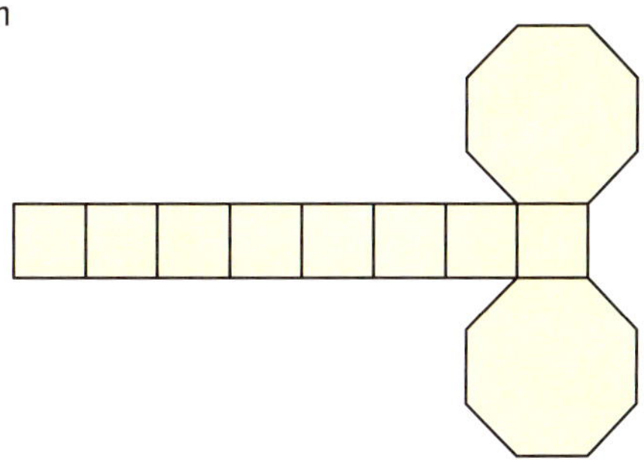
Fig. 3

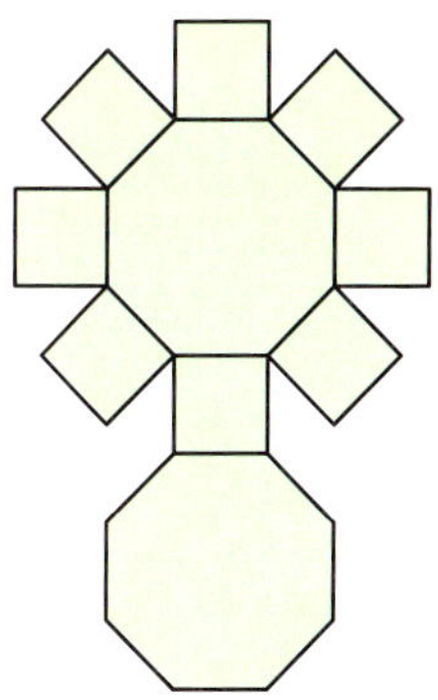
Fig. 4

2 Volumen und Oberflächeninhalt von Prismen

„Meinst du, wir haben genug Wachs für die neuen Kerzen?"

Quader sind besonders einfache Prismen (Fig. 1). Sind a, b und c die drei Kantenlängen des Quaders, so kann man z.B. c als die Höhe h und $a \cdot b$ als Flächeninhalt G der rechteckigen Grundfläche des Quaders auffassen. Für das Volumen des quaderförmigen Prismas gilt dann $V = G \cdot h$.
Zerteilt man diesen Quader durch einen Schnitt senkrecht zur Grundfläche wie in Fig. 2 in zwei Prismen mit kongruenten dreieckigen Grundflächen, so ist deren Volumen jeweils gleich dem halben Volumen des Quaders. Jedes der Prismen mit dreieckiger Grundfläche hat also das Volumen $V = \frac{1}{2} \cdot (a \cdot b \cdot c) = \frac{1}{2} \cdot (a \cdot b) \cdot c$. Da für den Flächeninhalt jeder dieser rechtwinkligen Dreiecksflächen $A = \frac{1}{2} \cdot (a \cdot b)$ gilt, erhält man wieder allgemein $V = G \cdot h$.
In diesem Fall bezeichnet G den Flächeninhalt der dreieckigen Grundfläche.

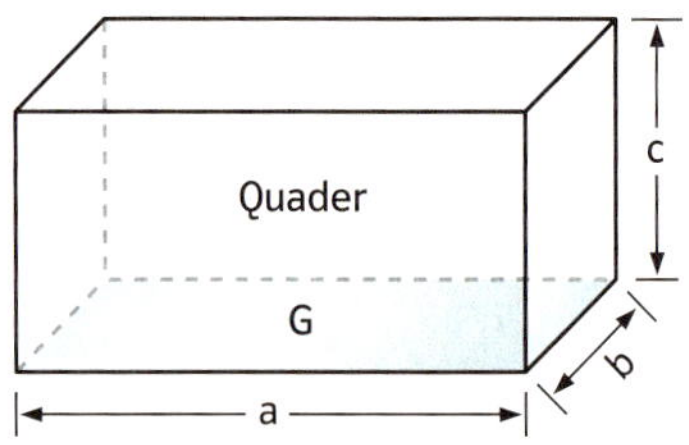

Fig. 1

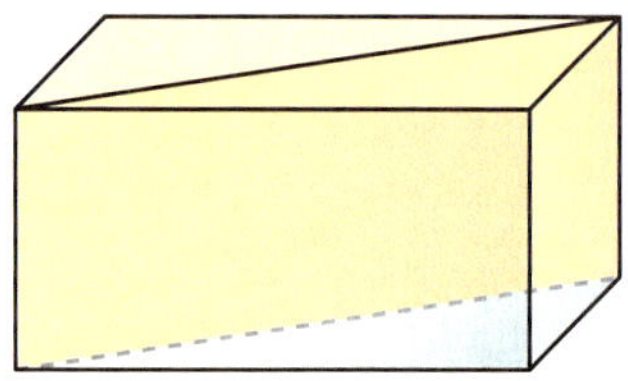

Fig. 2

Ist schließlich die Grundfläche eines Prismas ein beliebiges Vieleck, so kann man dieses in mehrere Dreiecke zerlegen (Fig. 3), deren Flächeninhalte zusammen den Flächeninhalt des Vielecks ergeben. Für das Volumen dieses Prismas ergibt sich ebenfalls allgemein $V = G \cdot h$.

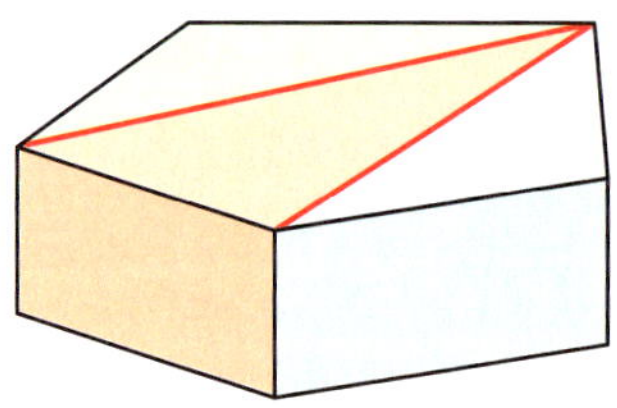

Fig. 3

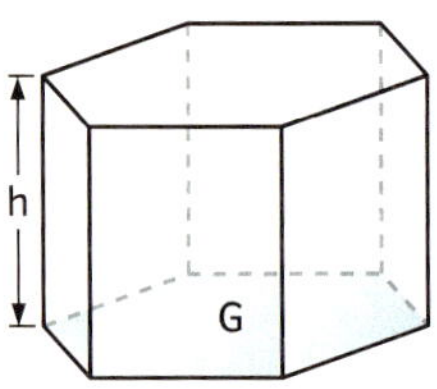

Ein Prisma mit der Grundfläche G und der Höhe h hat das Volumen $\mathbf{V = G \cdot h}$.

Der Oberflächeninhalt eines Prismas besteht aus den Flächeninhalten der Grundflächen und der Mantelfläche. Der Oberflächeninhalt eines Prismas entspricht dem Flächeninhalt seines Netzes.

Die Mantelfläche eines Prismas setzt sich aus Rechtecken zusammen. Den Flächeninhalt der Mantelfläche kann man bestimmen, wenn man die Längen der einzelnen Seiten der Grundfläche, also den Umfang U der Grundfläche, sowie die Höhe h des Prismas kennt. Es gilt $M = U \cdot h$.

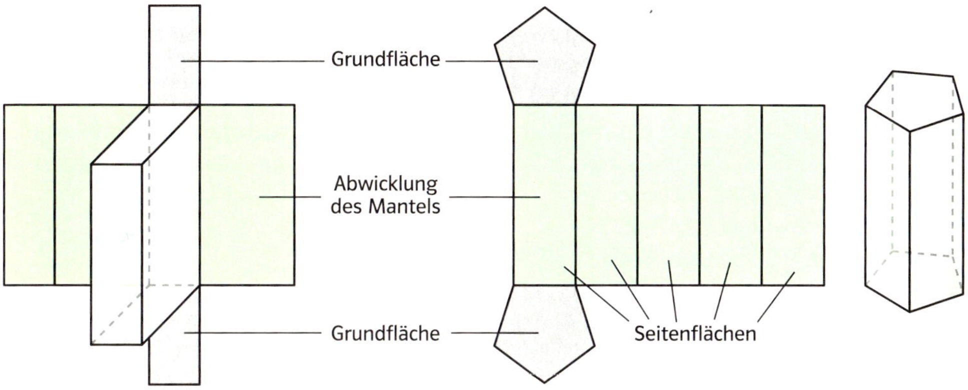

Überlege zunächst, welche Fläche die Grundfläche ist und welche Flächen die Seitenflächen des Prismas sind.

Sind G die Grundfläche, M die Mantelfläche, h die Höhe eines Prismas und U der Umfang der Grundfläche, dann ist **$M = U \cdot h$**.

Für den **Oberflächeninhalt** des Prismas gilt: **$O = 2 \cdot G + M$**.

Beispiel 1
Berechne das Volumen des Prismas in Fig. 3.
Lösung:
Die Grundfläche ist ein Dreieck.
$G = \frac{1}{2} \cdot g \cdot h_g = \frac{1}{2} \cdot 8\,m \cdot 10\,m = 40\,m^2$
$V = G \cdot h = 40\,m^2 \cdot 12\,m = 480\,m^3$

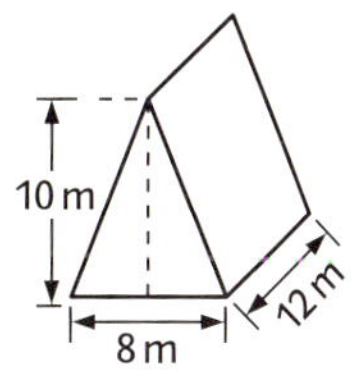

Fig. 3

Beispiel 2
Berechne den Oberflächeninhalt des Prismas in Fig. 4.
Lösung:
Die Grundfläche ist ein Trapez.
$G = \frac{1}{2} \cdot (6\,m + 12\,m) \cdot 4\,m = 36\,m^2$
$M = (5\,m + 6\,m + 5\,m + 12\,m) \cdot 13\,m = 364\,m^2$
$O = 2 \cdot 36\,m^2 + 364\,m^2 = 436\,m^2$

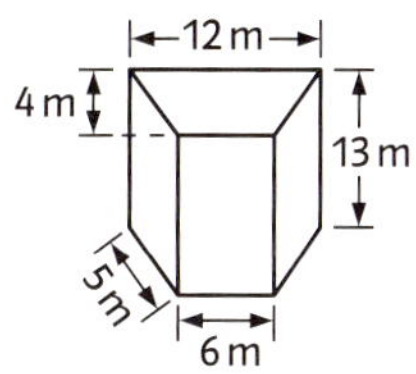

Fig. 4

Aufgaben

1 Ein Quader besitzt die Kantenlängen a, b und c, das Volumen V und den Oberflächeninhalt O. Berechne die fehlenden Größen.

a) $a = 6{,}8\,m$; $b = 4{,}2\,m$; $c = 5{,}5\,m$
b) $b = 12\,cm$; $c = 0{,}8\,cm$; $V = 71{,}04\,cm^3$
c) $a = 4{,}2\,cm$; $b = 5{,}5\,cm$; $c = 2{,}5\,cm$
d) $a = 7{,}8\,cm$; $b = 0{,}15\,m$; $V = 35{,}1\,cm^3$
e) $b = 0{,}15\,m$; $c = 3{,}5\,dm$; $V = 31{,}5\,dm^3$
f) $a = 0{,}5\,mm$; $b = 1{,}2\,cm$; $O = 49{,}5\,mm^2$
g) $c = 6{,}0\,dm$; $V = 216\,dm^3$; $O = 228\,dm^2$
h) $b = 1{,}0\,cm$; $V = 2{,}0\,cm^3$; $O = 10{,}0\,cm^2$

2 Berechne das Volumen V eines Prismas mit der Grundfläche G und der Höhe h.
a) $G = 2{,}4\,dm^2$; $h = 6\,cm$ b) $G = 0{,}75\,m^2$; $h = 60\,cm$ c) $G = 1{,}8\,cm^2$; $h = 4\,mm$

3 Ein Prisma mit der Höhe h hat als Grundfläche ein Dreieck mit den Seiten a, b, c. Berechne sein Volumen V, wenn
a) $h = 2{,}4\,cm$; $a = 3\,cm$; $b = 4\,cm$ und zwischen a und b ein rechter Winkel ist,
b) $h = 4{,}5\,cm$; $a = 3{,}4\,cm$; $h_a = 2{,}6\,cm$, c) $h = 8{,}2\,cm$; $c = 7{,}5\,cm$; $h_c = 4{,}4\,cm$.

Tipp:
Zeichne die Grundfläche und miss die benötigten Längen.

4 Ein Prisma mit der Höhe h hat als Grundfläche ein gleichschenkliges Trapez mit den zueinander parallelen Seiten a und c und der Höhe h_a. Ermittle das Volumen V und den Oberflächeninhalt O des Prismas, wenn
a) $h = 3{,}2\,cm$; $a = 4\,cm$; $c = 7\,cm$; $h_a = 4{,}3\,cm$,
b) $h = 50\,cm$; $a = 56\,cm$; $c = 34\,cm$; $h_a = 14\,cm$.

5 Berechne das Volumen und den Oberflächeninhalt eines Prismas mit der Höhe $h = 52\,cm$ und der folgenden Grundfläche
a) rechtwinkliges Dreieck mit $a = 12\,cm$; $b = 16\,cm$; $c = 20\,cm$,
b) gleichseitiges Dreieck mit $a = b = c = 5\,cm$; $h_a = 4{,}3\,cm$,
c) Raute mit $a = 4{,}5\,cm$; $h_a = 3\,cm$,
d) gleichschenkliges Trapez mit $a \parallel c$; $a = 6\,cm$; $h_a = 2\,cm$; $c = 3\,cm$; $b = 2{,}5\,cm$.

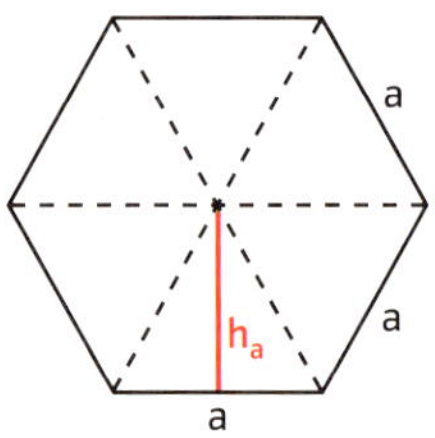

6 Ein Prisma hat als Grundfläche ein regelmäßiges Sechseck mit der Seite a. Berechne das Volumen und den Oberflächeninhalt des Prismas mit der Höhe $h = 7{,}2\,cm$, der Grundkante $a = 3{,}0\,cm$ und $h_a = 2{,}6\,cm$.

7 Berechne das Volumen der in Fig. 1 abgebildeten Prismen.

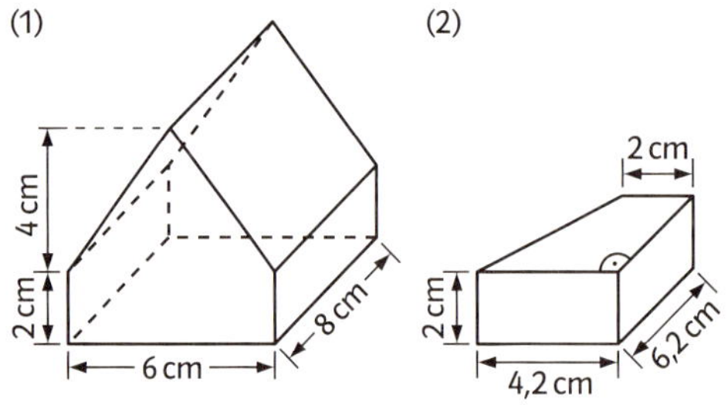

Fig. 1

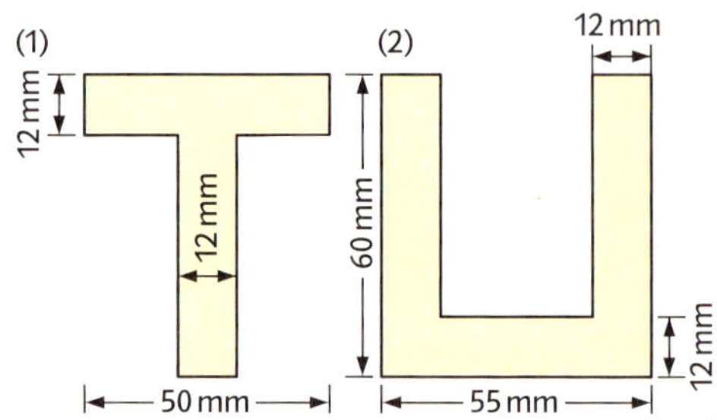

Fig. 2

8 In Fig. 2 sind Querschnitte von Stahlträgern gegeben (Die Länge jedes Trägers ist 2,8 m.). Berechne das Volumen und den Oberflächeninhalt der Träger.

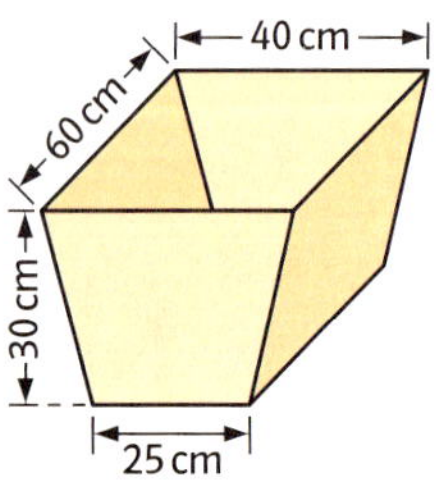

Fig. 3

9 Zur Fütterung von Wildtieren werden häufig Futtertröge wie in Fig. 3 verwendet. Wie viel Liter Futter fasst der Trog? Wie viel Liter Futter befinden sich im Trog, wenn das Futter nur bis zur halben Höhe eingefüllt wird?

Bist du sicher?

1 Berechne das Volumen eines Prismas mit der Höhe $h = 8\,dm$ und der folgenden Grundfläche.
a) rechtwinkliges Dreieck mit $a = 24\,cm$; $b = 15\,cm$; $\gamma = 90°$
b) Parallelogramm mit $a = 4{,}5\,cm$; $h_a = 3\,cm$
c) Trapez mit $a \parallel c$ und $a = 10\,cm$; $c = 3{,}5\,cm$; $h_a = 4\,cm$

10 Bei jedem Haus wird die Baugrube so ausgehoben, dass die Bodenplatte waagerecht verläuft.
a) Berechne, wie viel Kubikmeter (m^3) Erde für die Baugrube des Hauses ausgebaggert werden (Fig. 1).
b) Wie tief ist eine entsprechende Baugrube mit gleichem Volumen auf einem ebenen Grundstück?

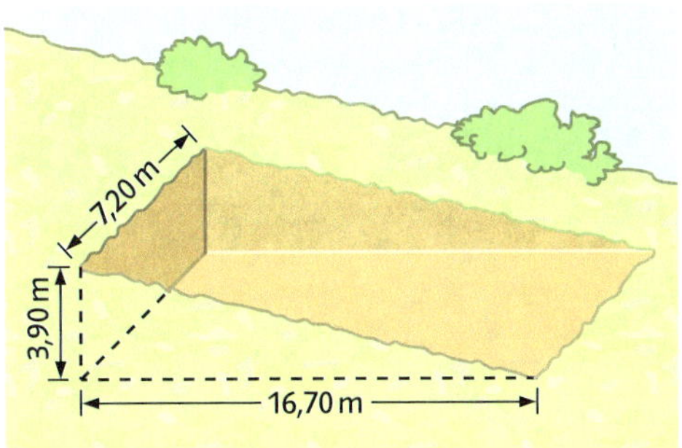

Fig. 1

11 Zum Schutz vor Sturmfluten baut man an den Küsten Deiche, die das Überfluten des dahinterliegenden Landes verhindern sollen. Ein Damm hat auf 30 km Länge den gleichen Querschnitt wie in Fig. 2.
a) Wie viel m^3 Erde benötigt man zum Bau eines neuen Deichs?
b) Bei einem Deich wird auf der Dammkrone und landeinwärts Gras gesät. Wie viel m^2 muss man insgesamt einsäen, damit der Deich begrünt ist?

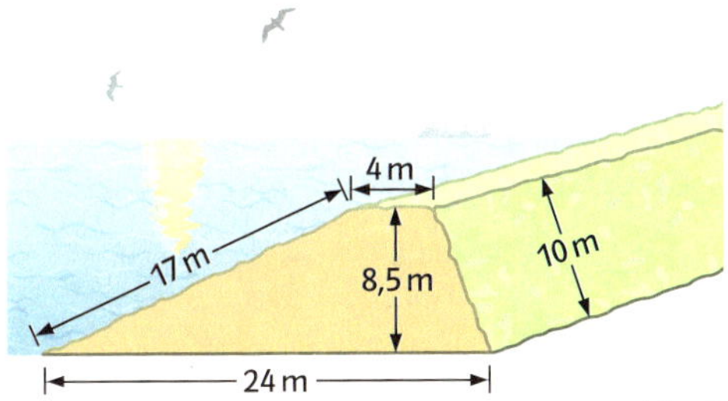

Fig. 2

12 In Fig. 3 sind die Querschnitte von Werkstücken abgebildet. Berechne jeweils das Volumen des Werkstücks, wenn die Werkstücke 500 mm lang sind (alle Maße in mm).

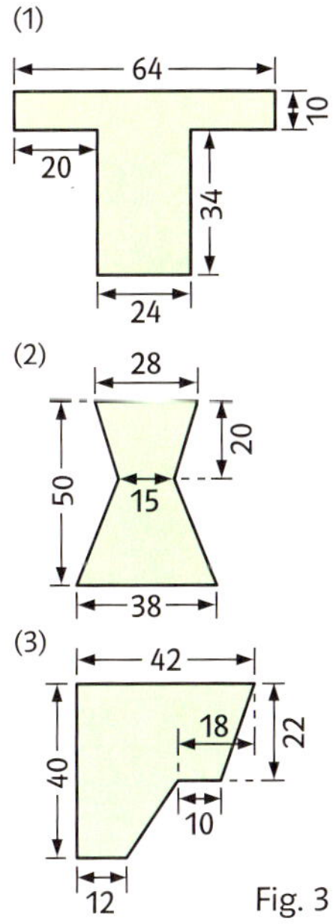

Fig. 3

13 a) Das Volumen eines Prismas beträgt $132\,dm^3$. Welche Höhe hat es, wenn der Flächeninhalt der Grundfläche $2{,}4\,dm^2$ beträgt?
b) Die Grundfläche eines Prismas ist ein Trapez mit den Seitenlängen der parallelen Seiten $a = 25{,}4\,cm$ und $c = 17{,}6\,cm$. Der Flächeninhalt des Trapezes beträgt $258\,cm^2$, das Volumen des Prismas $2709\,cm^3$. Bestimme die Höhe des Trapezes und die Höhe des Prismas.

14 Ein Prisma hat die Grundfläche $G = 40\,cm^2$, der Flächeninhalt der Mantelfläche beträgt $108\,cm^2$. Um wie viel Prozent verkleinert sich der Oberflächeninhalt, wenn man die Höhe des Prismas halbiert? Ergibt sich dieser Wert für jedes Prisma? Begründe.

Kannst du das noch?

15 Zeichne ein Dreieck ABC. Wende den Satz des Thales an.
a) $\overline{AB} = 6\,cm$; $\overline{BC} = 4\,cm$; $\gamma = 90°$
b) $\overline{BC} = 5\,cm$; $\overline{AC} = 4\,cm$; $\alpha = 90°$
c) $\overline{AC} = 5{,}4\,cm$; $\overline{BC} = 3{,}5\,cm$; $\beta = 90°$
d) $\overline{AB} = 4{,}8\,cm$; $\overline{AC} = 3{,}9\,cm$; $\gamma = 90°$

16 Zeichne einen Kreis mit dem Radius 2,5 cm.
Zeichne ein Rechteck, dessen Ecken alle auf dem Kreis liegen und dessen eine Seite 3 cm lang ist.

17 Bestimme die Lösung der folgenden Gleichung.
a) $2(4x + 1) = 1 - 2(0{,}5x - 5)$
b) $2(x - 4)^2 - 16 = (2x + 4)(x - 6)$

3 Aus Prismen zusammengesetzte Körper

„Um das Gewicht von diesem ‚Kunstwerk‘ auszurechnen, müssen wir es mindestens in sieben Teile zerlegen.“

„Ach was, vier genügen auch!“

Bisher wurden bereits Volumen und Oberflächeninhalt zusammengesetzter Körper berechnet. Dazu wurden die Körper in Quader zerlegt oder durch Quader ergänzt (Fig. 1).

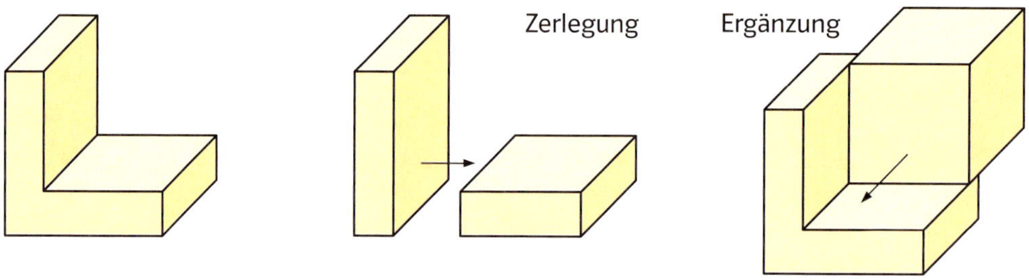

Dieses Prinzip bleibt für Prismen weiterhin erhalten.

Fig. 1

Durch **Zerlegung** in Prismen oder **Ergänzung** durch Prismen lässt sich häufig das Volumen zusammengesetzter Körper berechnen.
Der Oberflächeninhalt besteht aus der Summe aller äußeren Einzelflächen des Prismas.

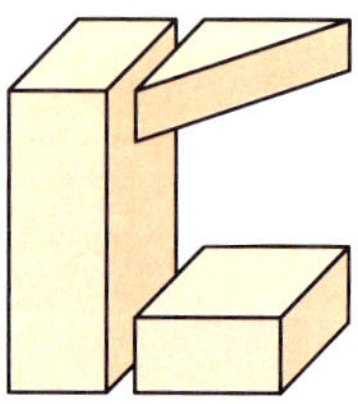

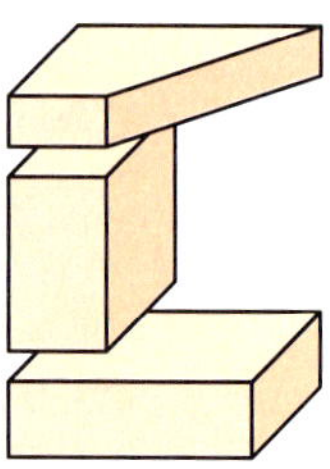

Beispiel

Berechne das Volumen des in Fig. 2 abgebildeten Körpers auf zwei verschieden Arten.

Lösung:

Zerlegung in zwei Quader und ein Prisma mit dreieckiger Grundfläche:

$V = 6\,\text{cm} \cdot 2\,\text{cm} \cdot 4\,\text{cm} + 3\,\text{cm} \cdot 1{,}5\,\text{cm} \cdot 4\,\text{cm} + \frac{1}{2} \cdot 4\,\text{cm} \cdot 3\,\text{cm} \cdot 1\,\text{cm}$

$= 48\,\text{cm}^3 + 18\,\text{cm}^3 + 6\,\text{cm}^3 = 72\,\text{cm}^3$

Zerlegung in zwei Quader und ein Prisma mit trapezförmiger Grundfläche:

$V = 5\,\text{cm} \cdot 1{,}5\,\text{cm} \cdot 4\,\text{cm} + 2\,\text{cm} \cdot 3{,}5\,\text{cm} \cdot 4\,\text{cm} + \left(\frac{5\,\text{cm} + 2\,\text{cm}}{2}\right) \cdot 4\,\text{cm} \cdot 1\,\text{cm}$

$= 30\,\text{cm}^3 + 28\,\text{cm}^3 + 14\,\text{cm}^3 = 72\,\text{cm}^3$

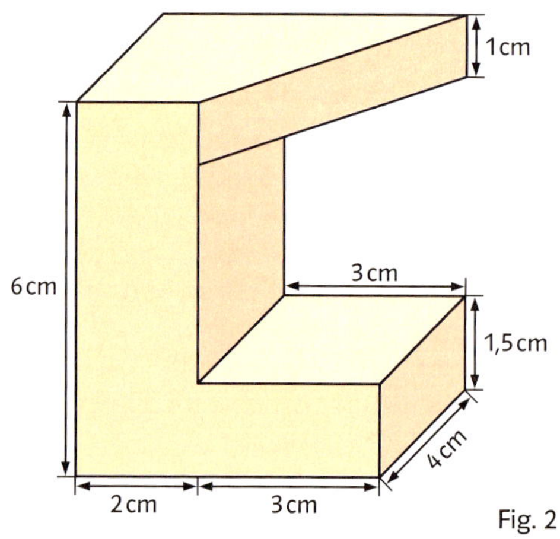

Fig. 2

Aufgaben

1 Bestimme das Volumen des in Fig. 1 abgebildeten Körpers.

2 Eine Balkenverbindung soll gestrichen werden. Sie ist in Fig. 2 im Schrägbild und in Fig. 3 in der Sicht von vorne und von oben jeweils im Maßstab 1:10 dargestellt. Berechne die zu streichende Fläche.

3 Aus einem Holzwürfel mit der Kantenlänge 6 cm werden von allen Seiten „quadratische Löcher“ mit der Seitenlänge 3 cm herausgearbeitet (Fig. 4).
a) Berechne das Volumen des „durchlöcherten Würfels“.
Gib mindestens zwei verschiedene Lösungswege an.
b) Berechne auch den Oberflächeninhalt des Körpers in Fig. 4.

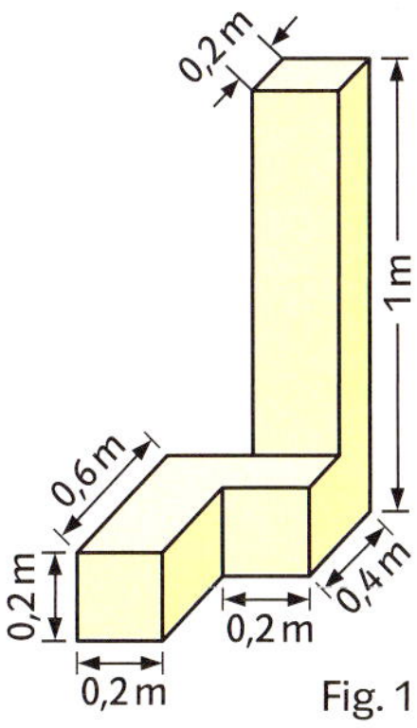

Fig. 1

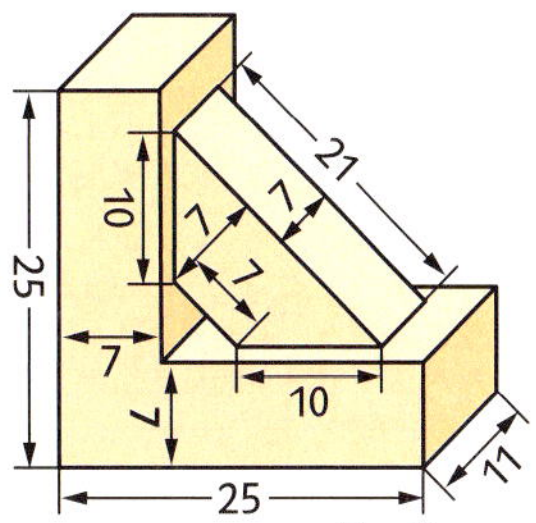

Fig. 2

Fig. 4

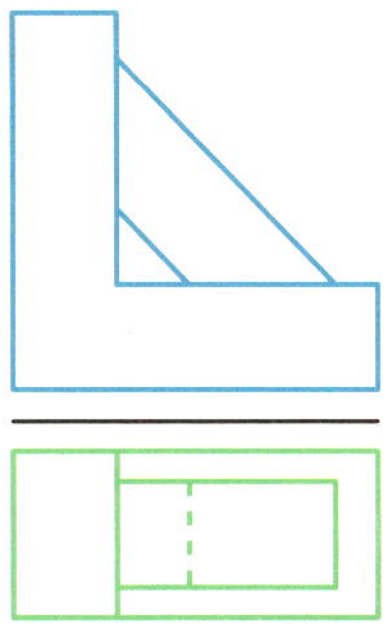
Fig. 3

4 In ein Einfamilienhaus sollen nachträglich zwei gleich große Dachgauben eingebaut werden (Fig. 5). Berechne, um wie viel Prozent dadurch der umbaute Raum zunimmt.

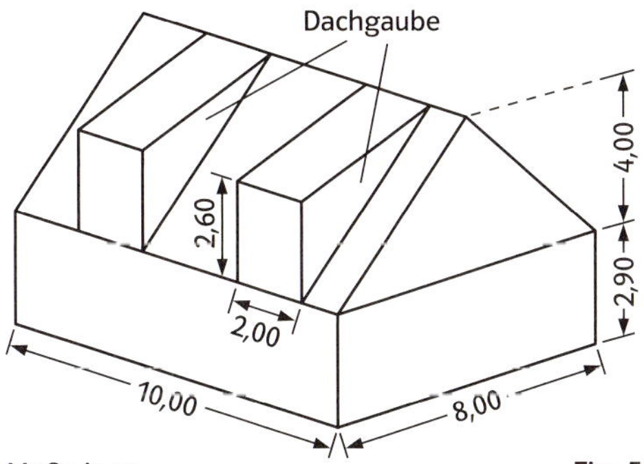

Maße in m

Fig. 5

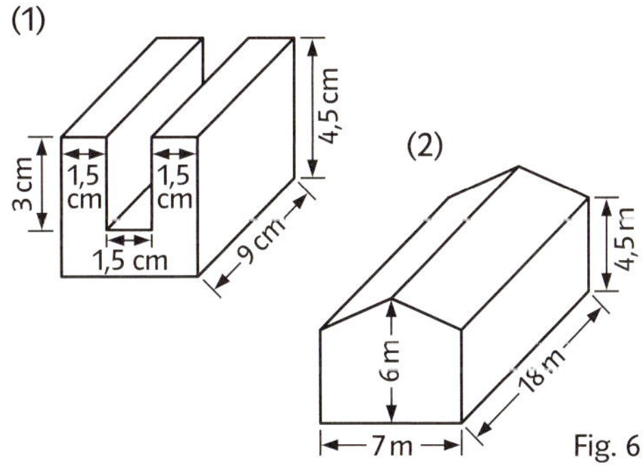

Fig. 6

5 Berechne das Volumen der in Fig. 6 abgebildeten Prismen auf verschiedene Arten.

6 In Fig. 7 sind zwei Körper in der Sicht von vorne und von oben dargestellt (Maßstab 1:10). Ihre Bilder unterscheiden sich nur in der Sicht von vorne.
a) Beschreibe die Form dieser beiden Körper.
b) Skizziere jeweils ein Schrägbild.
c) Berechne Volumen und Oberflächeninhalt der beiden Körper.

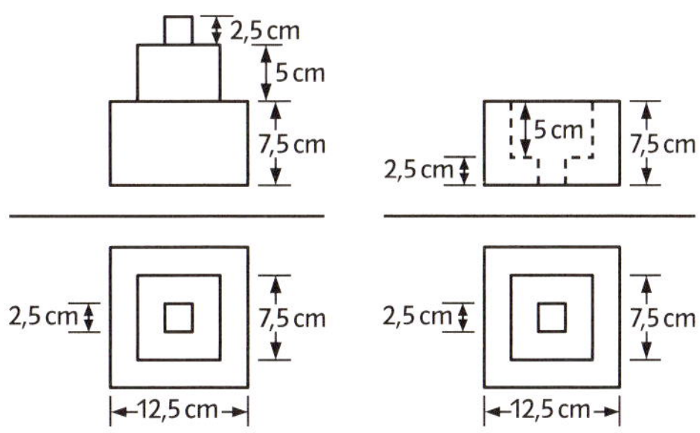

Fig. 7

7 Für eine grobe Kalkulation der Baukosten muss ein Architekt den umbauten Raum eines Einfamilienhauses (Fig. 1) bestimmen. Für das Mauerwerk zieht er 3 % des Gesamtvolumens ab.

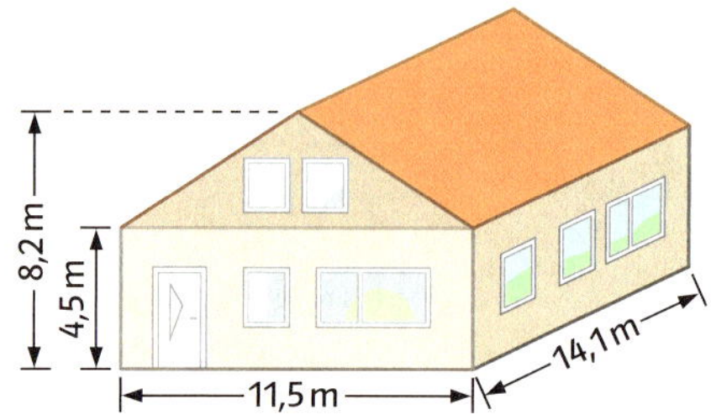

Fig. 1

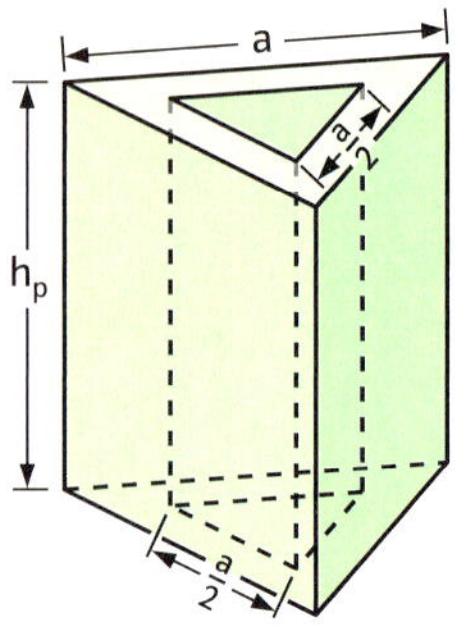

Fig. 2

8 Aus einem Prisma der Höhe h = 3 cm mit einem gleichseitigen Dreieck als Grundfläche (Seitenlänge a = 3 cm) wurde ein inneres Prisma entfernt (Fig. 2).
Berechne das Volumen und den Oberflächeninhalt des entstehenden Körpers.
In einem gleichseitigen Dreieck mit 1 LE als Seitenlänge ist $h \approx 0{,}87$ LE.

9 Wie viel kg wiegt ein Aluminiumprofil von 1,80 m Länge, wenn es den in Fig. 3 bis 5 angegebenen Querschnitt hat? Dabei wiegt $1\,cm^3$ Aluminium 2,7 g.

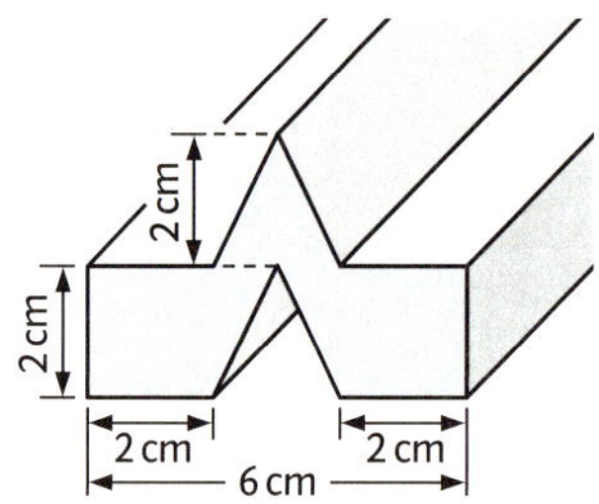

Fig. 3

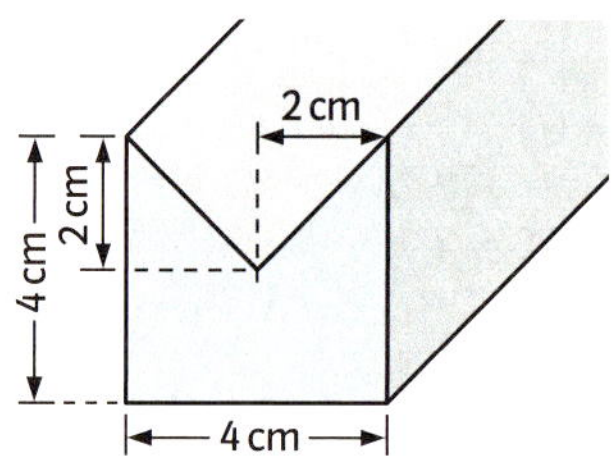

Fig. 4

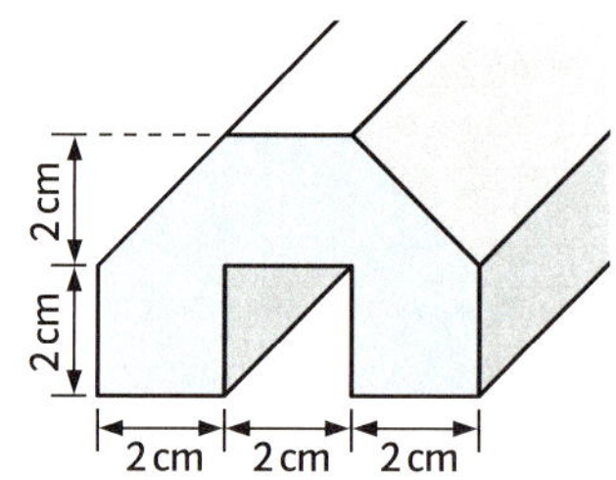

Fig. 5

10 Ein Schwimmbecken (Fig. 6) hat einen Nichtschwimmerbereich, einen Übergangsbereich und einen Schwimmerbereich.
a) Wie viel Kubikmeter Wasser fasst das Becken, wenn es randvoll gefüllt ist? Schätze zunächst.
b) Das Wasser soll überall 20 cm unter dem Rand stehen. Wie viel Kubikmeter Wasser müssen eingelassen werden?

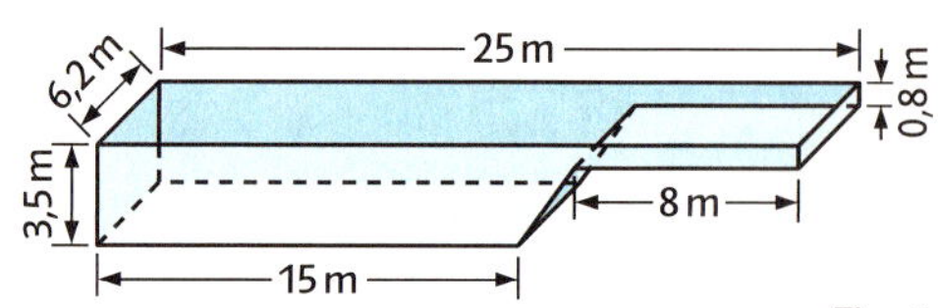

Fig. 6

11 a) Schätze den Oberflächeninhalt des Steinhuder Meeres ab.
b) Gib einen Näherungswert für das Wasservolumen des Sees an. Gehe dabei von einer durchschnittlichen Wassertiefe von 1,5 m aus.
c) Recherchiere die tatsächlichen Größen und vergleiche.

Maßstab 1 : 200 000

Fig. 7

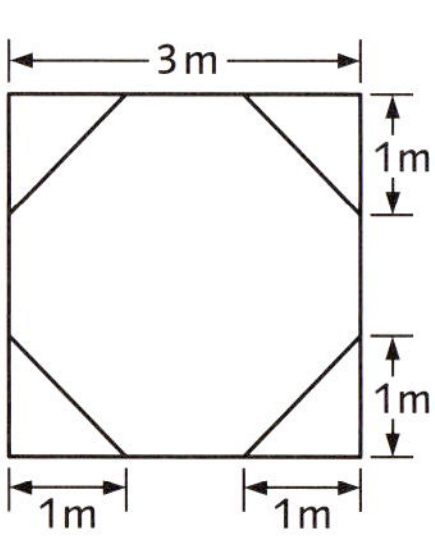

Fig. 8

12 Eine achteckige Marmorsäule hat die Höhe h = 20 m. Die Eckpunkte der achteckigen Grundseite sind jeweils 1 m von den Eckpunkten eines (3 m × 3 m)-Quadrates entfernt (Fig. 8).
a) Berechne auf zwei verschiedene Arten das Volumen der Marmorsäule.
b) Wie groß ist die Mantelfläche? Entnimm benötigte Längen einer Zeichnung.

4 Volumen und Oberflächeninhalt von Kreiszylindern

„Warum bringst du vier Plakate mit? Wo sollen die denn alle hin?"
„Wieso?"
„Hinten schaut doch sowieso keiner!"

Ein Kreiszylinder ist ein Körper, dessen Grundflächen aus zwei zueinander kongruenten Kreisen bestehen. Die Mantelfläche eines Kreiszylinders ist ein Rechteck.

Ein Kreiszylinder wird auch kurz nur als Zylinder bezeichnet.

Aus Kapitel V ist bekannt, dass die Fläche eines Kreises mit dem Radius r und dem Umfang U den gleichen Flächeninhalt wie ein Rechteck mit den Seitenlängen r und $\frac{1}{2}$U hat (vgl. Fig. 1).
Entsprechend kann man einen Zylinder zerlegen und die Teile wie in Fig. 2 zu einem Körper zusammensetzen, der bei immer feinerer Einteilung zunehmend die Form eines Quaders hat.
Die Grundflächen dieses Quaders haben den gleichen Flächeninhalt wie die Grundflächen des Zylinders. Da beide Körper die gleiche Höhe haben, gilt für das Volumen des Zylinders:

$V = G \cdot h = \pi r^2 \cdot h.$

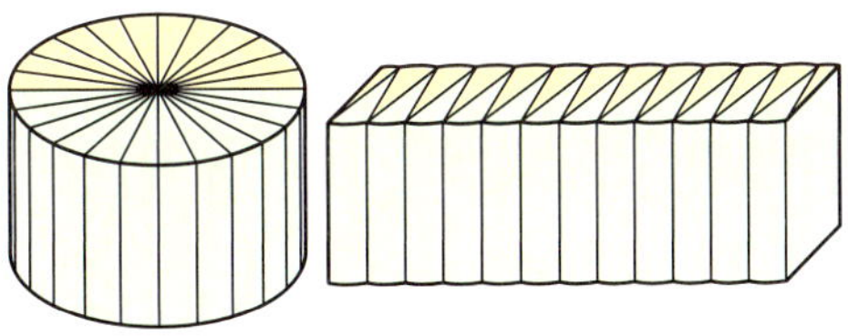
Fig. 2

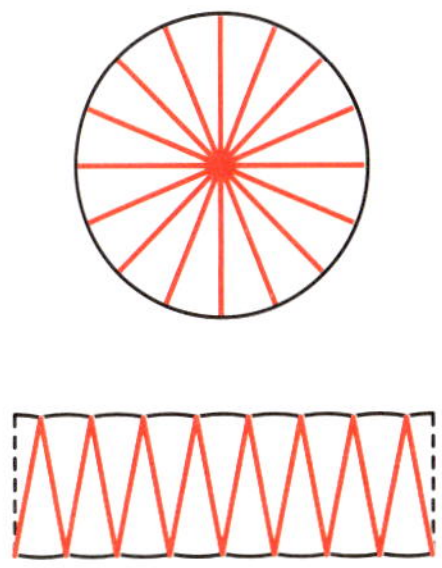
Fig. 1

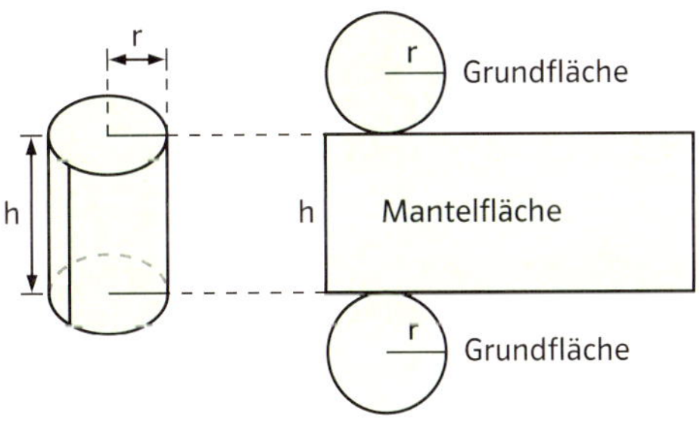

Fig. 3

Den Oberflächeninhalt des Zylinders erhält man, indem man zum doppelten Flächeninhalt der Grundfläche den Flächeninhalt des Mantels addiert: O = 2G + M.
Der Mantel hat die Seitenlängen $2\pi r$ und h, also ist $M = 2\pi r \cdot h$.

Ein Zylinder mit dem Radius r, der Grundfläche G und der Höhe h hat das Volumen

$$\mathbf{V = G \cdot h = \pi r^2 \cdot h.}$$

Ist M die Mantelfläche des Zylinders, dann ist

$$\mathbf{M = 2\pi r \cdot h.}$$

Für den Oberflächeninhalt des Zylinders gilt

$$\mathbf{O = 2G + M = 2\pi r(r + h).}$$

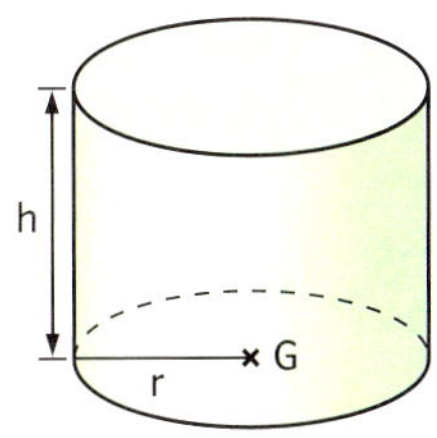

$O = 2 \cdot G + M$
$= 2\pi r^2 + 2\pi r \cdot h$
$= 2\pi r(r + h)$

Beispiel

Eine Konservendose hat einen Durchmesser von 7,0 cm und eine Höhe von 8,0 cm.
Berechne

a) das Volumen der Dose,

b) den Flächeninhalt des benötigten Blechs.

Lösung:

a) $V = \pi r^2 \cdot h$
$= \pi \cdot (3{,}5\,\text{cm})^2 \cdot 8\,\text{cm}$
$= 98\pi\,\text{cm}^3$
$\approx 308\,\text{cm}^3$

b) $G = \pi r^2 = \pi \cdot (3{,}5\,\text{cm})^2 = 12{,}25\pi\,\text{cm}^2$
$M = 2\pi r \cdot h = 2\pi \cdot 3{,}5\,\text{cm} \cdot 8\,\text{cm} = 56\pi\,\text{cm}^2$
$O = 2G + M = 2 \cdot 12{,}25\pi\,\text{cm}^2 + 56\pi\,\text{cm}^2$
$= 80\pi\,\text{cm}^2 \approx 253\,\text{cm}^2$

Verwendung der Oberflächenformel:
$O = 2\pi r(r+h)$
$= 2\pi \cdot 3{,}5\,\text{cm} \cdot 11{,}5\,\text{cm}$
$= 80{,}5\pi\,\text{cm}^2$
$\approx 253\,\text{cm}^2$

Aufgaben

1 Von einem Zylinder sind der Radius r und die Höhe h gegeben. Berechne zu jedem Zylinder sein Volumen sowie den Flächeninhalt der Mantelfläche und den Oberflächeninhalt.

a) r = 12 cm; h = 60 cm b) r = 8 cm; h = 2,6 dm c) r = 45 cm; h = 1,2 m
d) r = 24 m; h = 5,5 cm e) r = 2,4 mm; h = 27 mm f) r = 3,8 mm h = 12,5 m

2 Der 35 km lange Eisenbahntunnel zwischen England und Frankreich besteht aus zwei Röhren von 8 m Durchmesser für die Züge und einem Versorgungstunnel von 5 m Durchmesser. Wie viel m^3 Abraum ist beim Bohren dieser drei Röhren angefallen? Wie viele Lkw-Ladungen zu $12\,m^3$ sind das?

3 Eine zylindrische Regentonne hat innen einen Durchmesser von 60 cm und eine Höhe von 85 cm.

a) Wie viel Liter fasst sie? b) Wie hoch stehen 150 l Wasser in ihr?

4 Von einem Zylinder sind der Radius r und eine der Größen M, O und V gegeben. Berechne die Höhe h und die zwei fehlenden Größen.

a) r = 6 cm; M = 450 cm^2 b) r = 7,6 cm; V = 2,0 l c) r = 2,5 cm; O = 375 cm^2

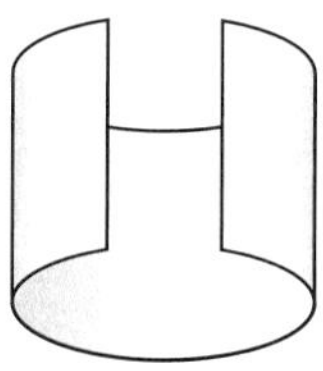

5 Ein Standzylinder mit der lichten Weite von d = 32 mm soll als Messglas geeicht werden. In welchen Abständen sind die Teilstriche für je 5 cm^3 anzubringen?

6 Wie viel Blech benötigt man zur Herstellung einer Konservendose mit dem Durchmesser d und dem Volumen V? Rechne für Falze und Verschnitt 15 % dazu.

a) d = 10 cm; V = 1 l b) d = 8,0 cm; V = $\frac{1}{2}$ l c) d = 25 cm; V = 2 l

7 Die Trans-Alaska-Pipeline hat einen Innendurchmesser von 1,2 m und ist 1280 km lang. Wie viel m^3 Öl befindet sich in der Pipeline?

8 Ein rechteckiges Blatt Papier mit den Seiten a und b kann auf zwei Arten zu einem Zylindermantel gebogen werden. Bestimme die Volumina V_1 und V_2 der beiden möglichen Zylinder.

9 Eine zylindrische Litfaßsäule ist 2,60 m hoch. Sie hat außen einen Durchmesser von 1,20 m. Die Wandstärke beträgt 5 cm.

a) Wie groß ist die Fläche, die beklebt werden kann?

b) Wie viel Prozent vom Gesamtvolumen der Litfaßsäule beträgt der innere Hohlraum?

1 Ein Prisma der Höhe h hat die Grundfläche G mit dem Umfang U, das Volumen V, den Mantelflächeninhalt M und den Oberflächeninhalt O. Berechne jeweils die fehlenden Größen.

	U	h	V	G	M	O
a)	24 cm	1,2 dm		$24\,\text{cm}^2$		
b)	4 cm		$1{,}344\,\text{cm}^3$		$96\,\text{mm}^2$	
c)		7 cm			$84\,\text{cm}^2$	$96\,\text{cm}^2$
d)			$371\,\text{cm}^3$	$0{,}53\,\text{dm}^2$		$0{,}0169\,\text{m}^2$

2 In Fig. 1 sind Querschnitte von Stahlträgern gegeben (Länge jedes Trägers 2,8 m). Berechne das Volumen und den Oberflächeninhalt der Träger.

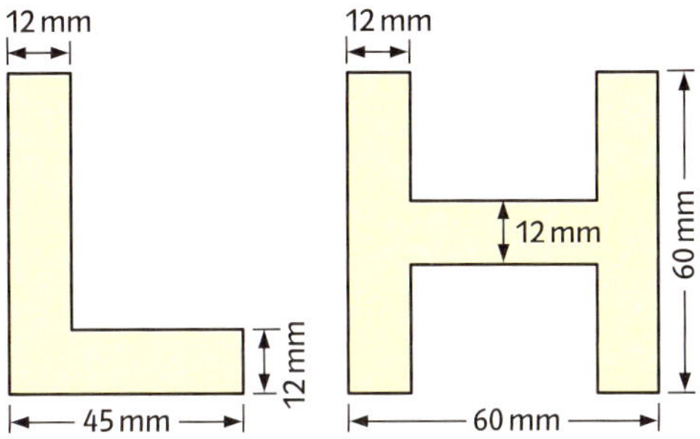

Fig. 1

3 Für größere Stürze verwendet man Stahlträger in der Form wie in Fig. 2. Wie schwer ist ein solcher Stahlträger für eine Maueröffnung der Breite 2,50 m, wenn die Auflage auf jeder Seite der Maueröffnung 30 cm beträgt und $1\,\text{cm}^3$ Stahl 7,7 g wiegt? Der Stahl ist 2 cm dick.

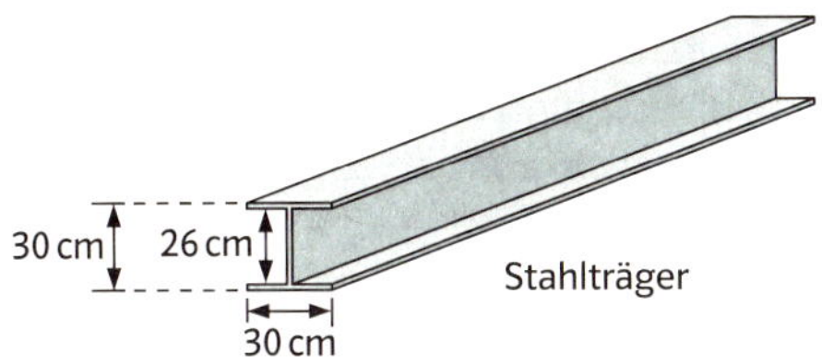

Fig. 2

Um Maueröffnungen zu überbrücken, werden Stürze eingezogen.

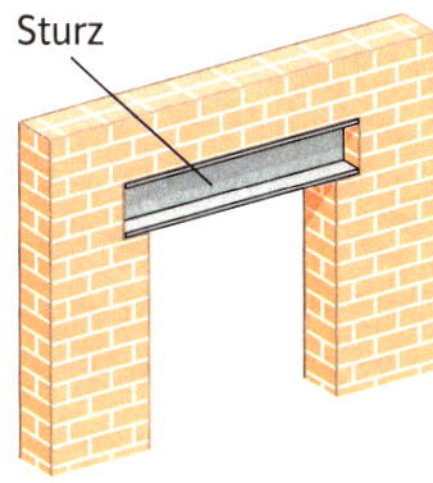

4 Fig. 3 zeigt die Netze von Körpern.
a) Welches der Netze gehört nicht zu einem Prisma? Begründe.
b) Berechne die Volumina und die Oberflächeninhalte der Prismen.

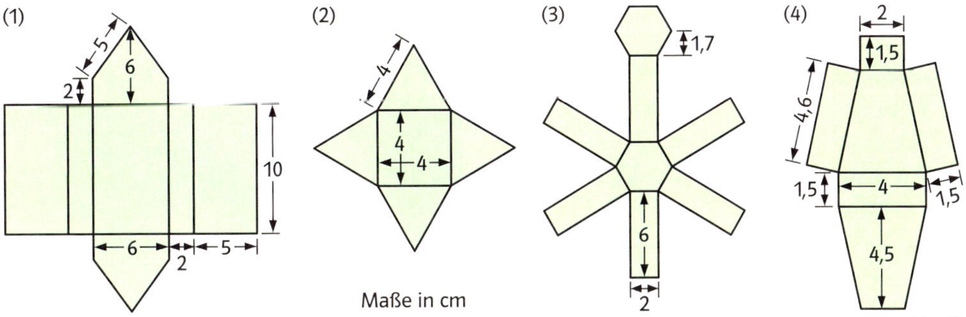

Fig. 3

5 Der Goldbarren in Fig. 4 hat die Abmessungen a = 6 cm; b = 4 cm und h = 3 cm. Wie lang ist der Barren, wenn er 9,88 kg wiegt und Gold eine Dichte von $19{,}3\,\frac{\text{g}}{\text{cm}^3}$ hat?

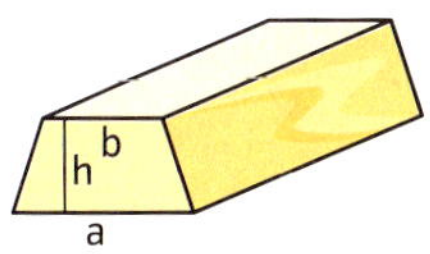

Fig. 4

6 a) Wie ändert sich das Volumen eines Prismas mit quadratischen Grundflächen, wenn man die Seitenlängen der Grundflächen verdoppelt?
b) Wie ändert sich das Volumen eines Zylinders, wenn man den Durchmesser der Grundflächen verdoppelt?

7 Wegen des Baus einer neuen Schnellstraße muss der alte Bahndamm mit dem Querschnitt von Fig. 1 auf einer Länge von 250 m vollständig abgetragen werden. Wie viel m^3 Erde müssen bei den Bauarbeiten dazu bewegt werden?

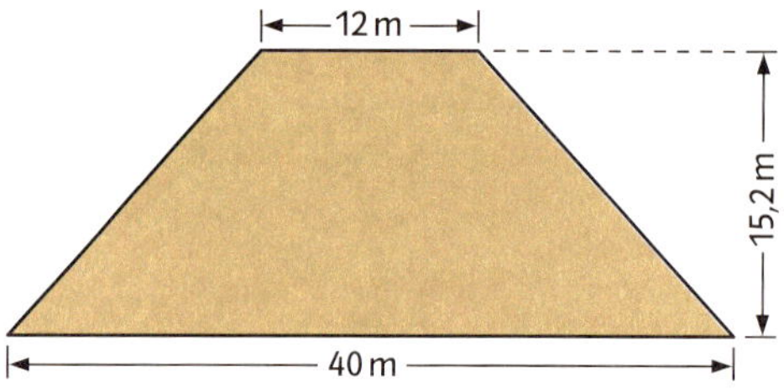

Fig. 1

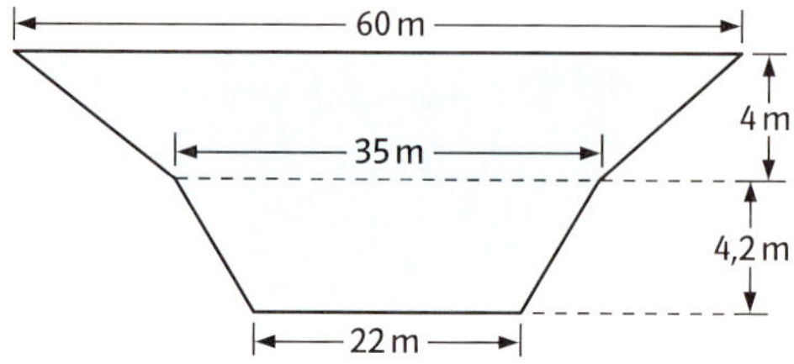

Fig. 2

8 Ein Kanal hat den in Fig. 2 dargestellten Querschnitt. Wie viel Wasser befindet sich auf einer Länge von 100 m im Kanal, wenn das Wasser 6,20 m hoch steht?

9 Die Sarone-Schokolade wird in einem besonderen Karton verpackt (Fig. 3).
a) Bestimme, wie viel cm^3 Schokolade verpackt werden können, wenn man 25 % des Volumens der Verpackung für Luft zwischen Verpackung und Schokolade einplant.
b) Wie viel cm^2 Karton benötigt man für die Verpackung, wenn 10 % für Klebeflächen zu berücksichtigen sind?
c) Bestimme für das gleiche Verpackungsvolumen die Höhe des Kartons, wenn das Prisma die Grundfläche aus Fig. 4 besitzt.

Fig. 3

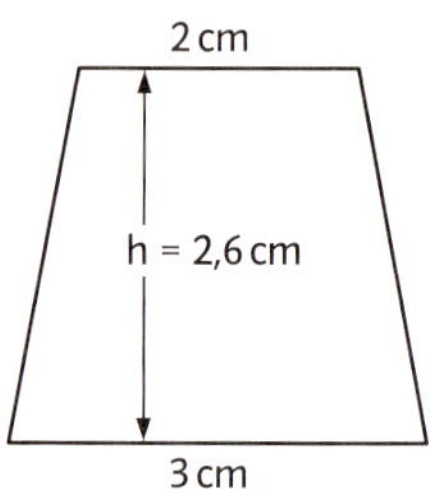

Fig. 4

10 Die Chinesische Mauer ist 3460 km lang, ihr Querschnitt ist ein im Durchschnitt 8 m hohes Trapez, das oben 6 m und unten 7,5 m breit ist.
a) Welches Volumen hat die Mauer etwa?
b) Wie hoch könnte man mit dem zu Staub zermahlenen Baumaterial der Mauer Berlin bedecken, das eine Fläche von 889 km^2 hat?

11 Die Wohnstadt Habitat in Montreal besteht aus 254 Betonquadern mit den Maßen 12 m; 6 m und 3 m, aus denen 158 verschieden große Wohnungen gebaut wurden.
a) Was kostet 1 m^3 „umbauter Raum", wenn die Baukosten der Anlage damals umgerechnet 27 Millionen € betrugen?
b) Wie groß ist die Wohnfläche einer Wohnung im Durchschnitt?

12 Die linke Tonne in Fig. 1 ist zu 75% mit Wasser gefüllt.
a) Passt das Wasser in eine der beiden anderen Tonnen? Schätze zuerst, rechne dann.
b) Welche Höhe muss die mittlere Tonne haben, damit das Wasser ganz hineinpasst?
c) Welche Maße könnte eine 100-Liter-Tonne haben? Gib drei verschiedene Möglichkeiten an.

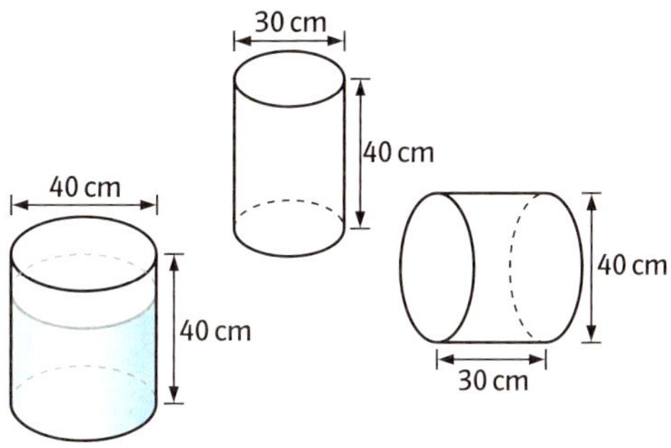

Fig. 1

13 Die Weltraumrakete Ariane 5 hat vier zylinderförmige Treibstoffbehälter. Die beiden seitlichen in den „Strap-on-Boostern" sind 31,6 m lang und haben einen Durchmesser von 3,0 m. Die Behälter der 1. und 2. Stufe im Mittelteil haben beide den Durchmesser 5,4 m und sind 30,7 m bzw. 4,5 m lang.
a) Enthalten die beiden seitlichen Treibstoffbehälter zusammen mehr Treibstoff als das Mittelteil? Schätze zuerst und rechne dann.
b) Die „Strap-on-Booster" werden in einer Höhe von 55 km leer abgetrennt. Wie viel Liter Treibstoff verbraucht die Rakete durchschnittlich beim Start pro Kilometer?

14 Franziska hat in den Ferien ihre schwedische Brieffreundin Kolina besucht. „In Schweden sieht das Knäckebrot ganz anders aus", erzählt sie. „Es ist rund und wird auf einer Stange gebacken. Deshalb hat es auch ein Loch in der Mitte."
Eine Packung schwedisches Knäckebrot ist 11 cm hoch. Jede Scheibe hat einen Durchmesser von 28 cm. Das Loch in der Mitte hat einen Durchmesser von 4 cm.
Wie viele Packungen Knäckebrot muss man in Deutschland für die gleiche Menge kaufen, wenn eine Scheibe 12 cm lang, 6,3 cm breit und 0,7 cm hoch ist und eine Packung Knäckebrot 25 Scheiben enthält?

15 Die Körper mit den abgebildeten Querschnitten haben alle die Länge 2a. Das kreisrunde Bohrloch hat jeweils den Durchmesser $\frac{a}{2}$.
a) Bestimme für jeden Körper das Volumen und den Oberflächeninhalt für den Wert a = 4 cm.
b) Bestimme Volumen und Oberflächeninhalt der einzelnen Körper in Abhängigkeit von a.

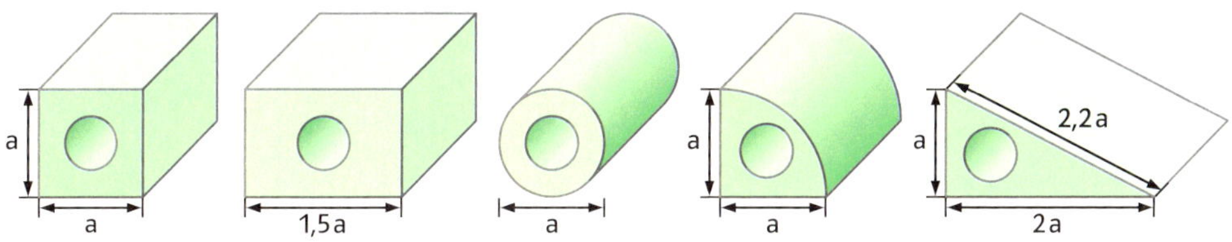

16 Der Alte Elbtunnel in Hamburg liegt direkt neben den Landungsbrücken. Er ist 448,5 m lang und hat bei einer Höhe von 6 m im oberen Gewölbe einen annähernd halbkreisförmigen Querschnitt mit dem Radius 3,25 m. Auf einer Länge von 426,5 m verläuft der Tunnel unterhalb der Elbe. Als diese Strecke gebaut wurde, arbeitete man mit Druckluft, um das Eindringen von Wasser zu verhindern.
a) Zeichne eine Skizze vom Tunnelquerschnitt.
b) Berechne näherungsweise, welche Menge Geröll beim Tunnelbau anfiel.

Körper darstellen

Durch ein Schrägbild erhält man zwar eine anschauliche räumliche Vorstellung des dargestellten Gegenstands, man kann aber nicht die wahren Streckenlängen oder Winkel entnehmen. Für den Bau eines Hauses oder die Herstellung eines technischen Bauteils zeichnet man daher die Ansicht von oben, von vorne und von der Seite, den so genannten Grundriss, Aufriss und Seitenriss.

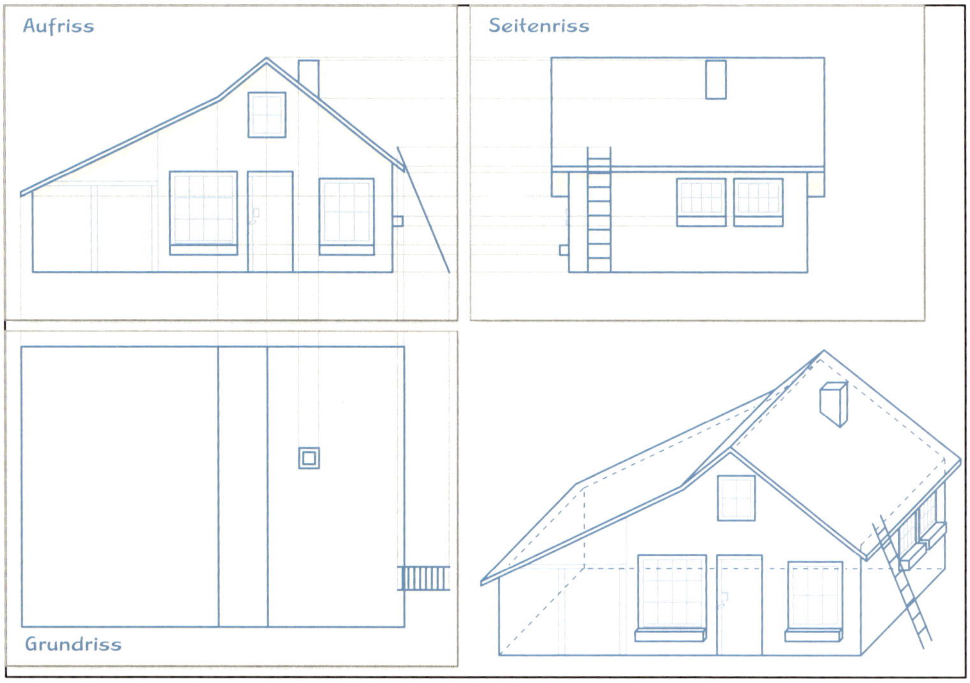

1 a) Die Würfel (Fig. 1) haben die Kantenlänge 1 cm. Zeichne die Bauwerke im Grund-, Seiten- und Aufriss.
b) In Fig. 2 und in Fig. 3 ist jeweils der Grundriss, Seitenriss und der Aufriss eines Würfelbauwerks gezeichnet. Zeichne die Würfelbauwerke im Schrägbild. Gibt es mehrere Möglichkeiten für den Körper?

Grundriss: Aufriss: Seitenriss:

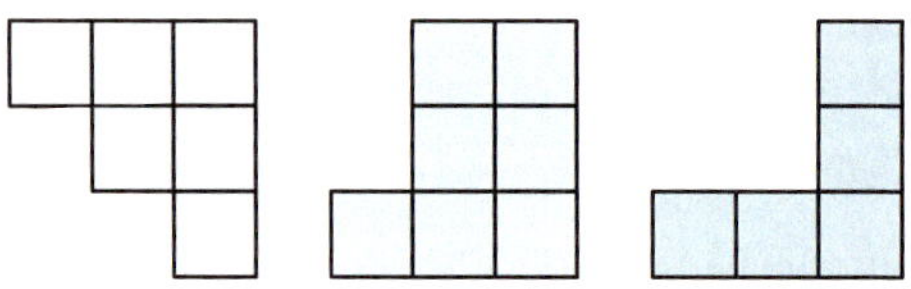

Fig. 2

Grundriss: Aufriss: Seitenriss:

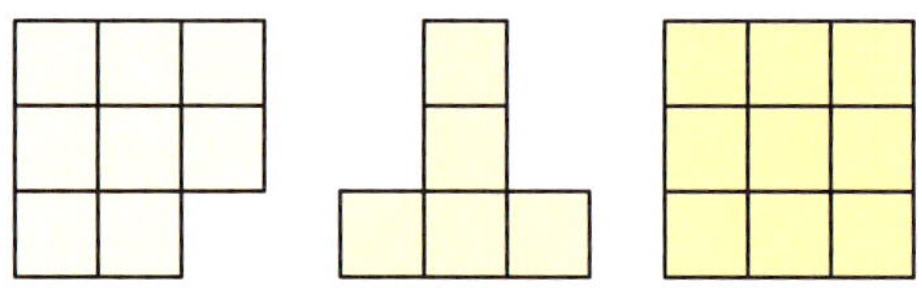

Fig. 3

c) Entwirf eigene Würfelbauwerke im Schrägbild und lasse deinen Nachbarn den Grund-, Seiten- und Aufriss zeichnen.

2 Zeichne den Grund-, Seiten- und Aufriss eines Prismas und einer Pyramide der Höhe 5 cm,
a) deren Grundfläche ein gleichseitiges Dreieck mit Seitenlänge 3 cm ist,
b) deren Grundfläche ein regelmäßiges Sechseck mit Seitenlänge 3 cm ist.

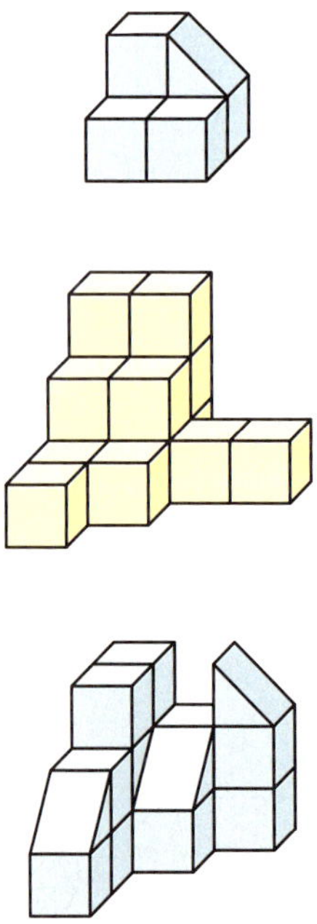

Fig. 1

Körper darstellen

Wenn man Zeichnungen eines Bauteils aus verschiedenen Richtungen hat, dann kann es hilfreich sein, ein Schrägbild zu zeichnen, um eine anschauliche Vorstellung zu bekommen. Bei einem Schrägbild zeichnet man die in die Zeichenebene hinein verlaufenden Linien schräg mit dem Winkel α und verkürzt mit dem Faktor k. Das Würfelschrägbild in Fig. 2 zeigt, dass $\alpha = 45°$ und $k \approx 0{,}7$ (eine Kästchendiagonale) besonders praktisch für das Zeichnen auf Karopapier sind. Bisher wurden Schrägbilder meist mit diesen Werten gezeichnet. Man kann aber auch andere Werte verwenden (Fig. 1).

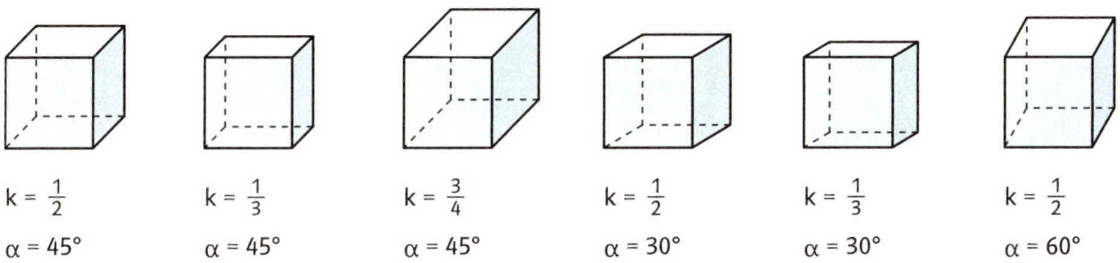

Fig. 1

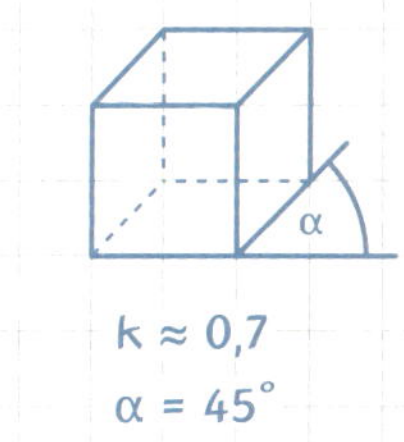

Fig. 2

3 a) Die Zeichnungen (Fig. 3) zeigen den Grund- und Aufriss von Gebäuden. Zeichne jeweils ein dazu passendes Bauwerk im Schrägbild. Wähle dazu α und k.
b) Entwirf eigene Gebäude, zeichne dazu den Grund- und Aufriss und lasse einen Partner ein Schrägbild dazu zeichnen.

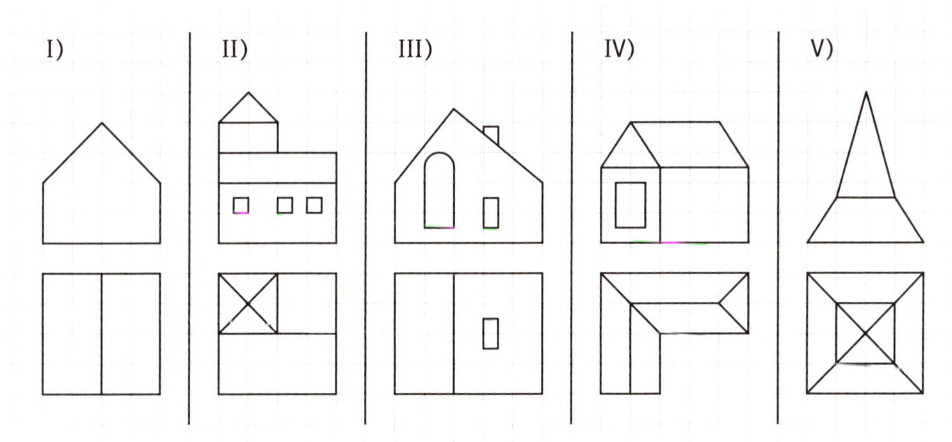

Fig. 3

Einen ganz anderen Eindruck erhält man, wenn man die Linien nach hinten nicht parallel zeichnet. In der **Zentralperspektive** laufen alle Linien nach hinten auf einen Punkt am Horizont zu, den Fluchtpunkt.

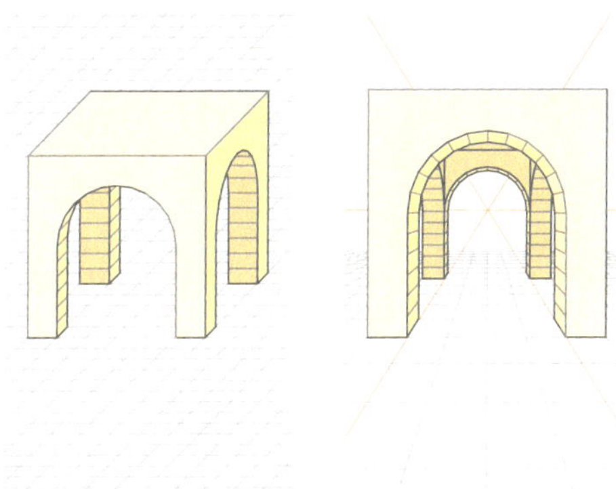

4 Erkundige dich nach den verschiedenen Möglichkeiten für perspektivische Zeichnungen und finde berühmte Kunstwerke dazu.
Zeichne einen Körper. Benutze verschiedene perspektivische Darstellungen.

Rückblick

Prismen

Ein Körper mit zwei zueinander parallelen und kongruenten Vielecken als Grundflächen heißt **Prisma**.
Die Seitenflächen eines Prismas sind Rechtecke. Sie bilden die Mantelfläche des Prismas.

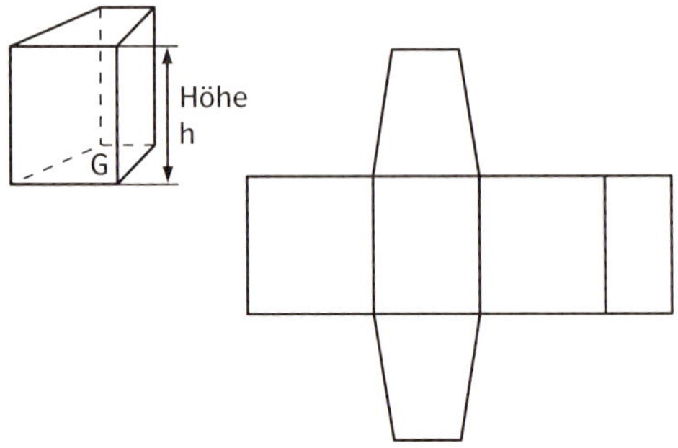

Volumen und Oberflächeninhalt von Prismen

Für ein Prisma mit der Grundfläche G, der Höhe h und der Mantelfläche M gilt

Volumen: $V = G \cdot h$,

Oberflächeninhalt: $O = 2G + M$.

Für ein Prisma der Höhe 11 cm, dessen Grundfläche ein rechtwinkliges Dreieck mit $a = 6\,cm$, $b = 8\,cm$, $c = 10\,cm$ *und* $c = 90°$ *ist, gilt:*

$G = \frac{1}{2} \cdot 6\,cm \cdot 8\,cm = 24\,cm^2$,

$V = 24\,cm^2 \cdot 11\,cm = 264\,cm^3$,

$M = (6\,cm + 8\,cm + 10\,cm) \cdot 11\,cm = 264\,cm^2$,

$O = 2 \cdot 24\,cm^2 + 264\,cm^2 = 312\,cm^2$.

Aus Prismen zusammengesetzte Körper

Durch Zerlegung in Prismen oder Ergänzung durch Prismen lässt sich häufig das Volumen eines zusammengesetzten Körpers berechnen.
Der Oberflächeninhalt besteht aus der Summe aller äußeren Einzelflächen.

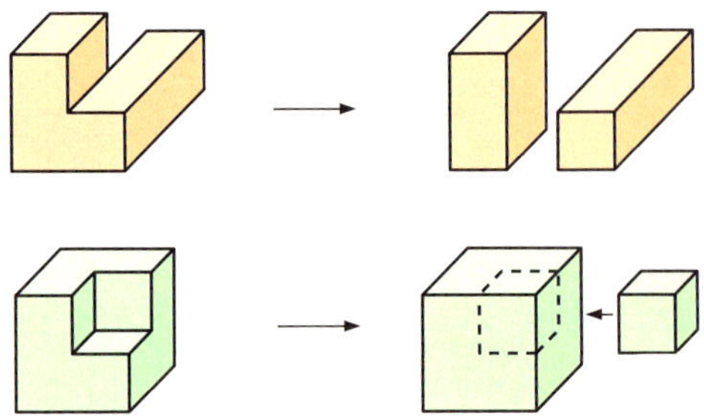

Zylinder

Ein Körper mit zwei zueinander parallelen und kongruenten Kreisen als Grundflächen heißt Zylinder oder Kreiszylinder.
Die Mantelfläche eines Zylinders ist ein Rechteck.

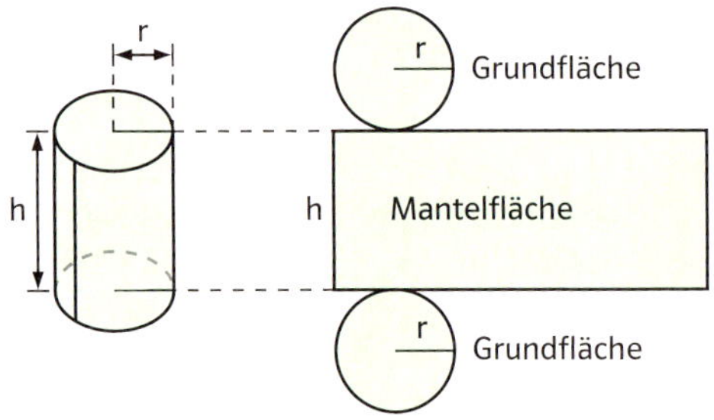

Volumen und Oberflächeninhalt von Zylindern

Für einen Zylinder mit dem Radius r und der Höhe h gilt

Volumen: $V = G \cdot h = \pi r^2 \cdot h$,

Mantelflächeninhalt: $M = 2\pi r \cdot h$,

Oberflächeninhalt: $O = 2 \cdot G + M = 2\pi r(r + h)$.

Für einen Zylinder mit $r = 5\,cm$ *und* $h = 8\,cm$ *gilt:*

$V = \pi \cdot (5\,cm)^2 \cdot 8\,cm \approx 628\,cm^2$,

$O = 2\pi \cdot 5\,cm \cdot (5\,cm + 8\,cm) \approx 408\,cm^2$.

Training

Runde 1

1 Berechne Volumen und Oberfläche eines Zylinders mit $r = 6\,\text{cm}$ und $h = 22\,\text{cm}$.

2 Das 87 m hohe Flatiron Building in New York hat eine ungewöhnliche dreieckige Grundform, welcher das Gebäude seinen Namen („Bügeleisengebäude“) verdankt. An der Schmalseite beträgt die Breite lediglich 2 m. Auf 21 überirdischen Stockwerken stehen in dem Gebäude insgesamt $11\,000\,\text{m}^2$ Bürofläche zur Verfügung. Berechne das Volumen des Flatiron Buildings. Warum kann dein Ergebnis nur ein Näherungswert sein?

3 Eine massive, eiserne Straßenwalze ist 1,8 m breit und hat einen Durchmesser von 90 cm. Wie schwer ist die Walze, wenn ein Kubikzentimeter Eisen 7,86 g wiegt?

4 Ein Betonstein hat eine Querschnittsfläche wie in Fig. 1 (Maße in cm). Berechne den Flächeninhalt der Schnittfläche und das Volumen des 30 cm hohen Steins.

5 Aus einer (2 cm × 2 cm)-Holzstange der Länge 150 cm ist in der Mitte ein 4 cm langes Teil diagonal herausgestemmt (Fig. 2; nicht maßstabsgetreu). Bestimme Volumen und Oberflächeninhalt der Holzstange.

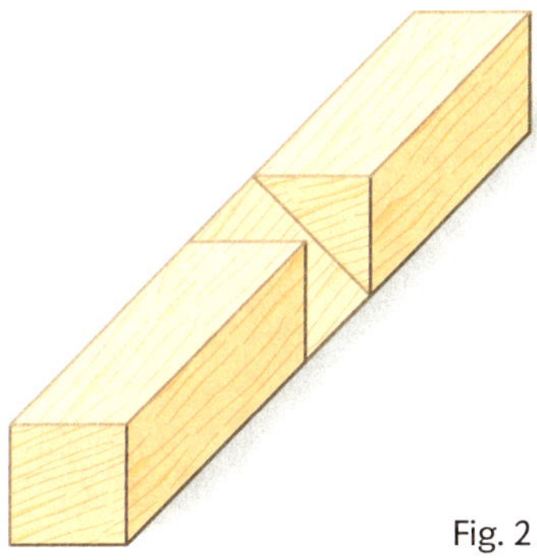

Fig. 2

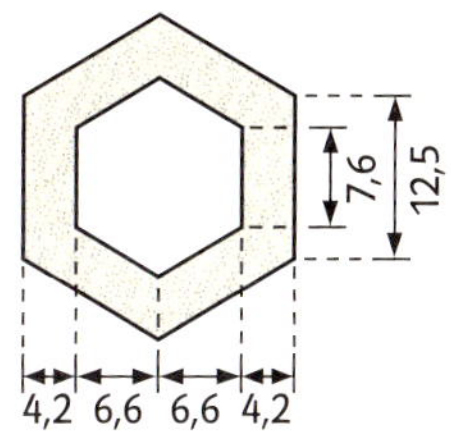

Fig. 1

Runde 2

1 Bei dem in Fig. 3 abgebildeten „Turm von Hanoi“ nimmt der Durchmesser der 2 cm hohen Scheiben von unten nach oben immer um 1 cm ab. Welches Volumen hat der Turm fü $a = 2\,\text{cm}$?

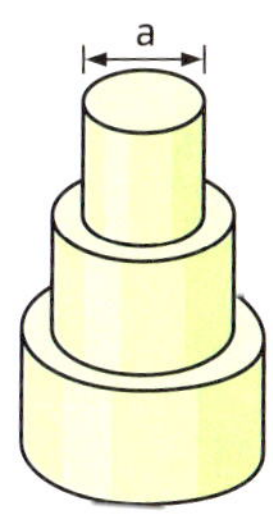

Fig. 3

2 Ein Stahlträger der Länge 5 m hat den in Fig. 4 abgebildeten Querschnitt (Maße in cm). Bestimme den Flächeninhalt des Querschnitts sowie das Volumen des Stahlträgers.

3 Von einer (5 cm × 5 cm)-Holzstange der Länge 2 m sind an den Längskanten dreieckige Latten mit je 1 cm Abstand von den Kanten aus abgeschnitten (Fig. 5; nicht maßstabsgetreu). Bestimme das Volumen und den Oberflächeninhalt der Holzstange.

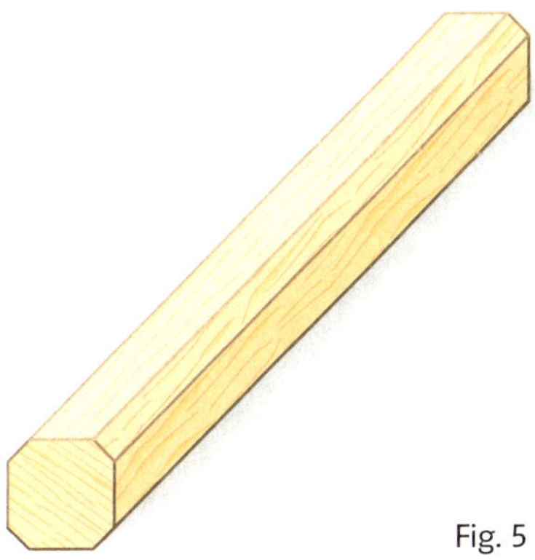

Fig. 5

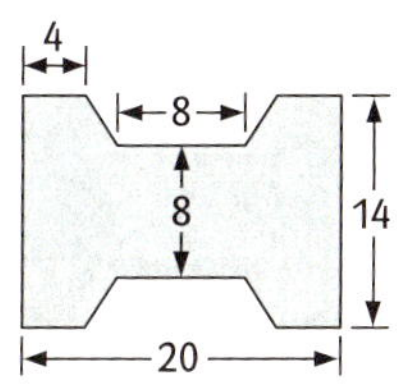

Fig. 4

4 Ein Rohr ist 1 m lang und hat einen Außendurchmesser von 10 cm. Die Innenfläche ist um 10 % kleiner als die äußere Fläche. Berechne den Innendurchmesser des Rohrs.

5 Für Prismen gilt der so genannte eulersche Polyedersatz. Mit e = Anzahl der Ecken, f = Anzahl der Flächen und k = Anzahl der Kanten gilt: $e + f = k + 2$.
a) Überprüfe die Aussage des Satzes an drei selbstgewählten Beispielen.
b) Zeige die Gültigkeit für ein Prisma mit n-eckiger Grundfläche.

Lösungen auf den Seiten 232 – 233.

Das kannst du schon

- Graphen linearer Funktionen zeichnen
- Geraden mithilfe von Gleichungen beschreiben
- Lineare Gleichungen mit einer Variablen lösen

Dominik: Jasmin und ich sind zusammen 27 Jahre alt.
Cora: Zusammen sind wir 40 Jahre alt.
Jasmin: Man glaubt's zwar kaum, aber es ist so – Cora und ich sind Zwillinge.

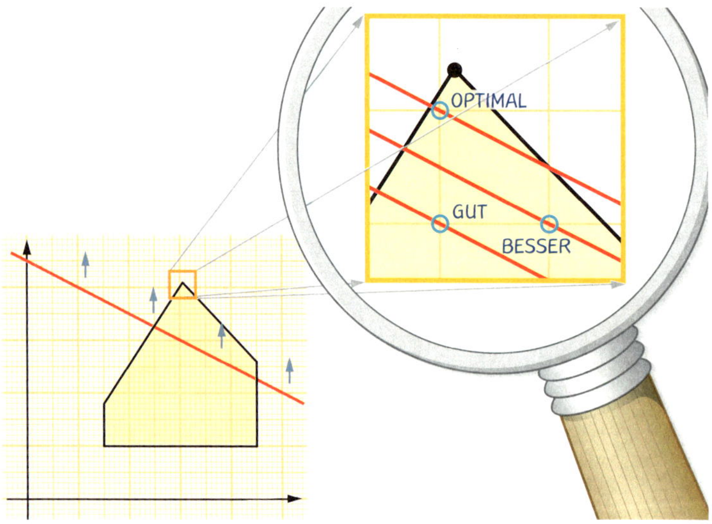

VII Systeme linearer Gleichungen

Eine schnittige Lösung

Aus einer Konzertkritik
… Das Leben im Werk des Herbert Grönemeyer ist ein nicht allzu kompliziertes System von Gleichungen, die immer aufgehen, auch ohne höhere Mathematik …
(Stuttgarter Zeitung, 9. Juli 2003)

Das kannst du bald

- Gleichungen mit zwei Variablen mithilfe von Geraden im Koordinatensystem lösen
- Die Lösung von Gleichungssystemen zeichnerisch und rechnerisch bestimmen
- Ungleichungssysteme zeichnerisch lösen und einfache Optimierungsaufgaben bearbeiten

1 Lineare Gleichungen mit zwei Variablen

Auf der Streichelwiese tummeln sich Vierbeiner und begeisterte Zweibeiner, zusammen haben sie 100 Beine.

Bisher wurden lineare Gleichungen mit einer Variablen betrachtet. Es gibt jedoch auch eine Reihe von Fragestellungen, die auf Gleichungen mit zwei Variablen führen.

Eine Gruppe von 36 Jugendlichen besucht eine Gaststätte, in der es nur Tische für vier und für sechs Personen gibt. Wie viele 4er-Tische und 6er-Tische können sie komplett belegen?

Bezeichnet man die Anzahl der 4er-Tische mit x und die Anzahl der 6er-Tische mit y, erhält man die Gleichung $4x + 6y = 36$. Eine Lösung dieser Gleichung besteht aus zwei Zahlen, einem Wert für x und einem Wert für y. Zwei mögliche Lösungen sind zum Beispiel $x = 6$ und $y = 2$ oder $x = 3$ und $y = 4$. Das heißt, die Gruppe könnte beispielsweise sechs 4er-Tische und zwei 3er-Tische oder auch drei 4er-Tische und vier 6er-Tische belegen. Man schreibt die Lösungen als **Zahlenpaare** in der Form (6|2) und (3|4).

Um Lösungen systematisch zu berechnen, setzt man für x verschiedene Werte in die Gleichung $4x + 6y = 36$ ein und berechnet die zugehörigen y-Werte. Trägt man die so erhaltenen Zahlenpaare als Punkte in ein Koordinatensystem ein, erhält man eine Gerade. Auflösen von $4x + 6y = 36$ nach y liefert $y = -\frac{2}{3}x + 6$, also die Gleichung einer linearen Funktion. Die Punkte auf dem Graphen dieser Funktion entsprechen also den Lösungen der Gleichung $4x + 6y = 36$.

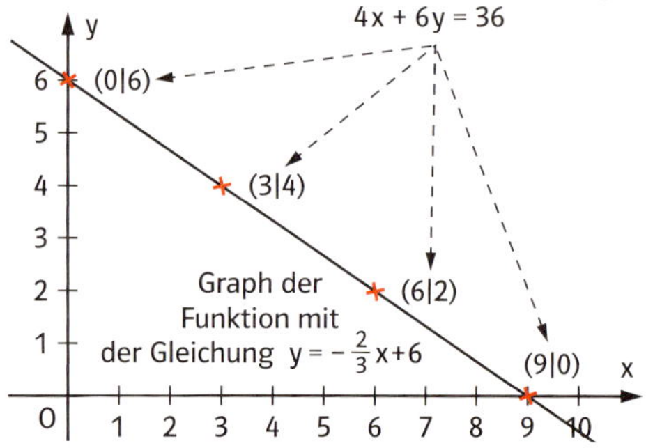

Fig. 1

*Die Faktoren vor den Variablen x und y sowie die Zahl c werden als **Koeffizienten** bezeichnet.*

Eine Gleichung der Form $ax + by = c$ heißt **lineare Gleichung mit zwei Variablen**. Die Koeffizienten a, b und c sind rationale Zahlen, x und y die Variablen.

Jede **Lösung einer linearen Gleichung $ax + by = c$** mit den Variablen x und y besteht aus zwei Zahlen; sie ist somit ein Zahlenpaar.
Die Lösungen der Gleichung $ax + by = c$ liegen auf einer Geraden, wenn die Koeffizienten a und b nicht gleichzeitig null sind.

Sonderfälle

1. Der **Koeffizient vor y ist null**: Die Gleichung $2x + 0y = 4$ ist nur erfüllbar, wenn $x = 2$ ist. Der zugehörige y-Wert ist dann aber beliebig. Alle Zahlenpaare, deren erste Zahl eine 2 ist, sind somit Lösungen der Gleichung, also z. B. (2|0); (2|5) oder (2|−0,75). Alle Lösungen liegen auf einer **Parallelen zur y-Achse**.
2. Der **Koeffizient vor x ist null**: Der y-Wert einer Lösung der Gleichung $0x + 4y = 12$ muss gleich 3 sein, der x-Wert ist beliebig, also z. B. (0|3); (5|3) oder (−2|3). Die Lösungen liegen auf einer **Parallelen zur x-Achse**.
3. Die **Koeffizienten a und b sind beide null**: Die Gleichung $0x + 0y = 4$ hat keine Lösung, denn 0 ist nicht gleich 4. Die Gleichung ist **nicht erfüllbar**.
4. **Alle Koeffizienten a, b und c sind null**: Die Gleichung $0x + 0y = 0$ ist unabhängig vom Wert für x oder y immer erfüllt. Jedes beliebige Zahlenpaar ist somit Lösung der Gleichung. Die Gleichung ist **allgemeingültig**.

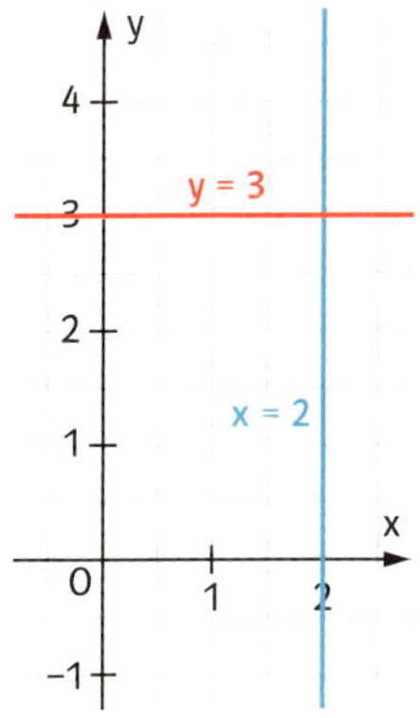

Fig. 1

Beispiel

a) Gib zwei Lösungen der Gleichung $5x - 3y = -9$ an.
b) Stelle deine Lösungen von a) in einem Koordinatensystem dar.
c) Zeichne die Gerade durch die beiden Punkte und lies eine weitere Lösung ab.
Lösung:
a) $5x - 3y = -9 \quad | -5x$
$-3y = -5x - 9 \quad | :(-3)$
$y = \frac{5}{3}x + 3$
Für $x = 0$ erhält man $y = 3$.
Für $x = 3$ erhält man $y = 8$.
b) Siehe Fig. 2.
c) Eine weitere Lösung ist z. B. (−3|−2), siehe Fig. 2.

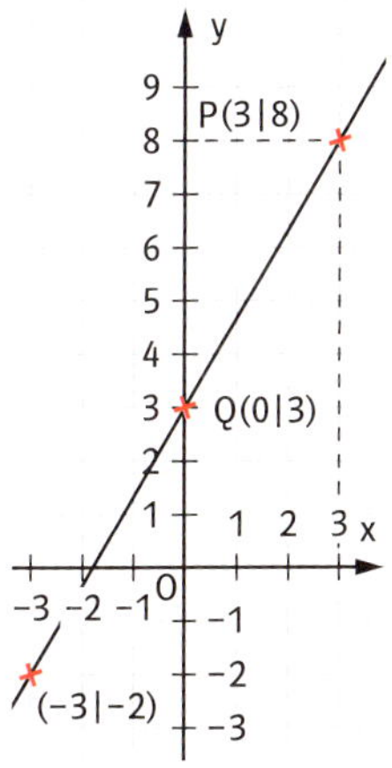

Fig. 2

Aufgaben

1 Prüfe, ob das Zahlenpaar die Gleichung $3x - 8y = 5$ erfüllt.
a) (7|2) b) (−3|−2) c) $\left(\frac{1}{3}\middle|-\frac{1}{2}\right)$ d) (0|−0,625) e) $\left(\frac{5}{3}\middle|0\right)$ f) (12|4)

2 Gib drei Lösungen der Gleichung an. Stelle die Lösungsmenge grafisch dar.
a) $4x + 3y = 6$ b) $-2x + 5y = 1$ c) $x - 2y + 4 = 0$ d) $2x - y - 3 = 0$

3 Zeichne die zugehörige Gerade und lies drei Lösungen der Gleichung ab. Kontrolliere durch Einsetzen.
a) $2x - y = 0$ b) $x - 2y = 0$ c) $2x + 4y = -8$ d) $2{,}5x - 0{,}5y = 3$

Bist du sicher?

1 Bestimme die fehlende Zahl so, dass sich eine Lösung von $3x - 0{,}5y = 1$ ergibt.
a) (0|□) b) (□|2) c) (3|□) d) (□|−2) e) (−0,5|□) f) (□|−0,8)

4 Gib eine lineare Gleichung mit zwei Variablen an, deren Lösungsmenge die beiden angegebenen Zahlenpaare enthält.
a) (1|−2); (4|−8) b) (−3|−2); (2|3) c) (−4|4); (2|2) d) (2|−1,2); (−1|0,8)

5 Können die Zahlenpaare (1|1); (2|4) und (3|3) Lösungen einer einzigen linearen Gleichung mit zwei Variablen sein? Begründe deine Antwort.

6 Gib eine Gleichung der Form $ax + by = c$ an, bei der jede Lösung
a) den x-Wert 3 (−4,7) hat,
b) den y-Wert 2 (−3,3) hat,
c) einen x-Wert hat, der doppelt so groß ist wie der y-Wert.

7 Gib eine lineare Gleichung mit zwei Variablen an, deren Lösungen die Gerade g (h; k; l) in Fig. 1 festlegen.

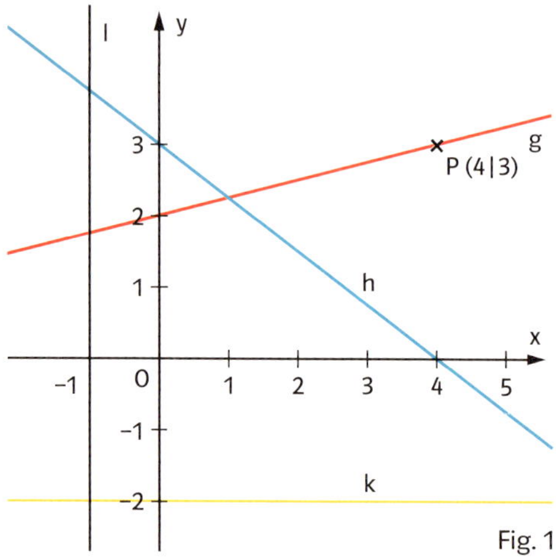

Fig. 1

8 Johanna hat Wasser mit Minze-Sirup gemischt. Ein Liter Wasser wiegt 1kg. Der Sirup ist 12,5% schwerer als Wasser. Johannas Wasser-Sirup-Gemisch wiegt genau 300g. Wie viel Wasser und wie viel Sirup (jeweils in cm^3) kann sie genommen haben? Stelle alle Lösungen grafisch dar.

9 Tobias hat 2-Cent-Stücke und 5-Cent-Stücke in einem Glas gesammelt. Er will beim Geldzählen Zeit sparen. Er wiegt deshalb das leere Glas, das volle Glas (Fig. 2), ein 2-Cent-Stück und ein 5-Cent-Stück. Ein 2-Cent-Stück wiegt ca. 3g und ein 5-Cent-Stück 4g. Kann er sicher sein, dass er mit den Münzen im Glas eine 5,85 Euro teure CD kaufen kann? Kann er, falls das Geld reicht, die CD mit diesen Münzen so bezahlen, dass er kein Wechselgeld zurückbekommt? Begründe deine Antworten.

Fig. 2

10 **Aufgabenstellung gesucht**
Erfinde mit deinem Nachbarn eine Aufgabe, sodass der Graph oder Punkte des Graphen den Lösungen entsprechen (Fig. 3).

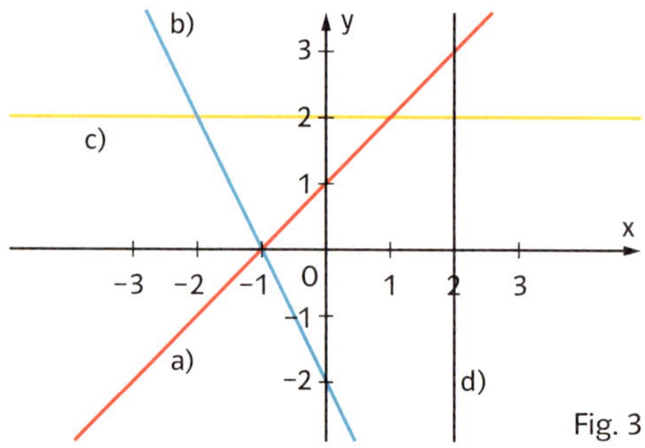

Fig. 3

Kannst du das noch?

11 Löse die Gleichung jeweils nach x und nach y auf.
a) $2y = x - 1$ b) $x + 2 = -y$ c) $2x + 4y = -4$ d) $-3x + 5y = 6$

12 Bestimme die Gleichung derjenigen Geraden h durch den Punkt P, die zu g parallel ist.
a) g: $y = 2x + 1$; P(0|3) b) g: $y = -x + 3$; P(1|1)

13 Addiert man die Quadrate zweier aufeinanderfolgender Zahlen, so erhält man das Doppelte des Quadrats der kleineren Zahl. Bestimme die gesuchten Zahlen.

2 Lineare Gleichungssysteme mit zwei Variablen

„Unsere Tabea ist aber schon achtzehn!“
„Dann kostet die Karte 2 Euro mehr.“

Viele Fragestellungen kann man mithilfe zweier linearer Gleichungen lösen. Auch das Rätsel auf dem Rand führt auf zwei Gleichungen.

Unser Wochenend-rätsel

In einer Obstschale befinden sich drei Birnen mehr als Äpfel. Zieht man die Anzahl der Äpfel von der Zahl 5 ab, so erhält man die Anzahl der Birnen. Sag’, wie viele Äpfel und Birnen sind es.

Einsendeschluss: Nächster Freitag

Bezeichnet man die Anzahl der Äpfel mit x und die Anzahl der Birnen mit y, so gilt $y = x + 3$ und $y = 5 - x$.
Jede der beiden Gleichungen hat unendlich viele Lösungen. Ihre Lösungen entsprechen den Punkten auf den beiden Geraden in Fig. 1. Man erkennt, dass das Zahlenpaar (1 | 4) die gemeinsame Lösung der beiden Gleichungen ist. Also sind in der Schale ein Apfel und vier Birnen.

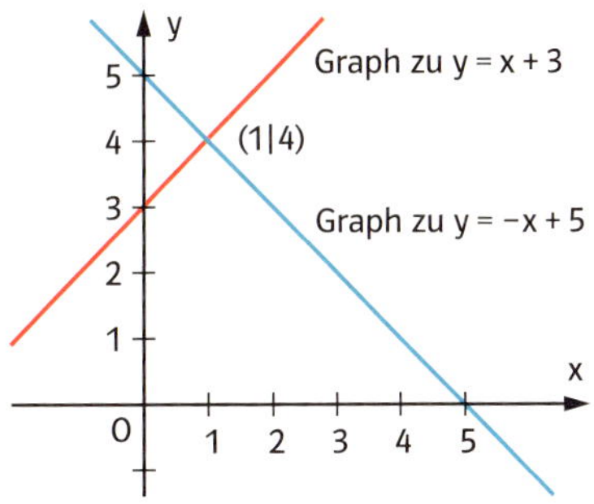

Fig. 1

Zwei lineare Gleichungen mit zwei Variablen nennt man ein **lineares Gleichungssystem**. Das Lösen eines linearen Gleichungssystems bedeutet, gemeinsame Lösungen der beiden Gleichungen zu finden. Die Graphen der zu linearen Gleichungen gehörenden Funktionen sind Geraden. Zwei Geraden können

genau einen gemeinsamen Punkt haben,

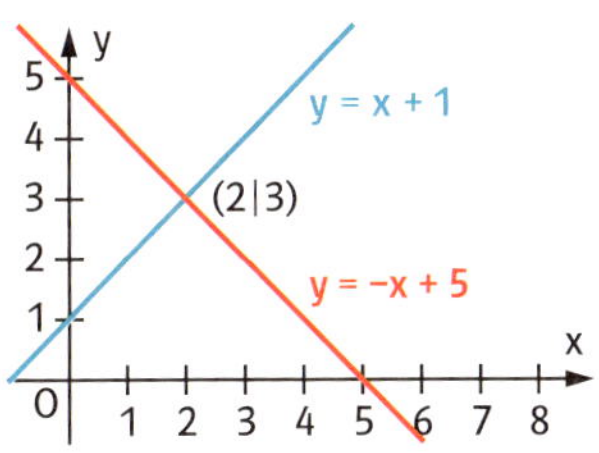

keine gemeinsamen Punkte haben,

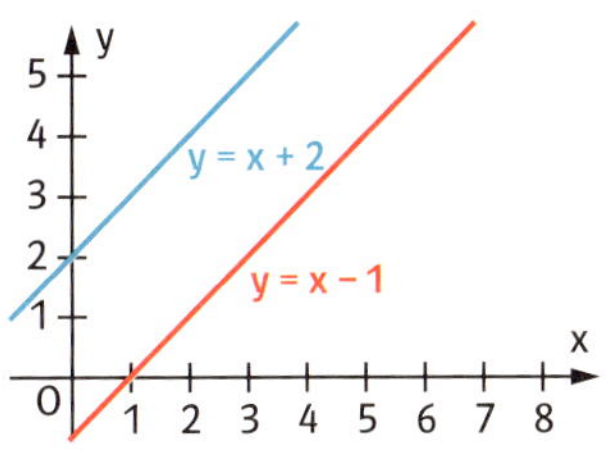

unendlich viele gemeinsame Punkte haben.

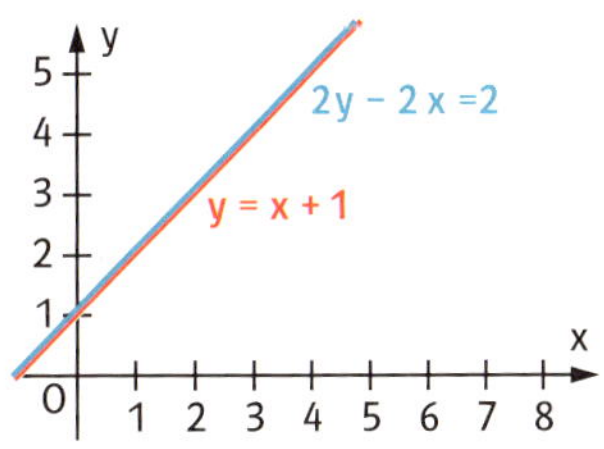

Zwei lineare Gleichungen mit zwei Variablen können genau eine gemeinsame Lösung, unendlich viele gemeinsamen Lösungen oder keine gemeinsame Lösung haben.

Ein lineares Gleichungssystem mit zwei Variablen kann genau eine Lösung, keine Lösung oder unendlich viele Lösungen haben. Ein Zahlenpaar, das beide Gleichungen eines linearen Gleichungssystems erfüllt, heißt **Lösung des Gleichungssystems**.

Beachte:
Bei linearen Gleichungssystemen ist es hilfreich, die Gleichungen zu nummerieren, zum Beispiel mit römischen Zahlen I und II.

Beispiel
Bestimme jeweils die Lösungen.

a) I: $-0{,}5x + y = 4$ b) I: $2x + y = 4$
II: $-0{,}5x + y = 2$ II: $-x + y = 1$

Lösung:

a) *Löse die Gleichungen nach y auf.*
I: $y = 0{,}5x + 4$
II: $y = 0{,}5x + 2$

Die Geraden haben gleiche Steigungen, aber verschiedene y-Achsenabschnitte, sie sind also parallel (Fig. 1). Das Gleichungssystem hat keine Lösung.

b) *Bestimme zu jeder Gleichung zwei Lösungen und zeichne die zugehörige Gerade.*
I: (0|4) und (2|0); II: (0|1) und (−1|0)
Der Schnittpunkt (1|2) der Geraden (Fig. 2) ist die Lösung des Gleichungssystems.

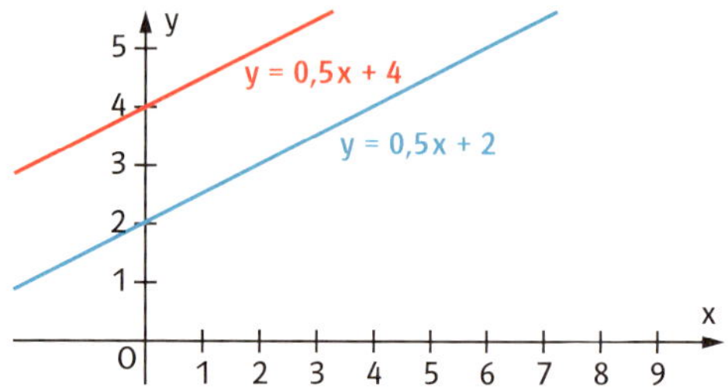

Fig. 1

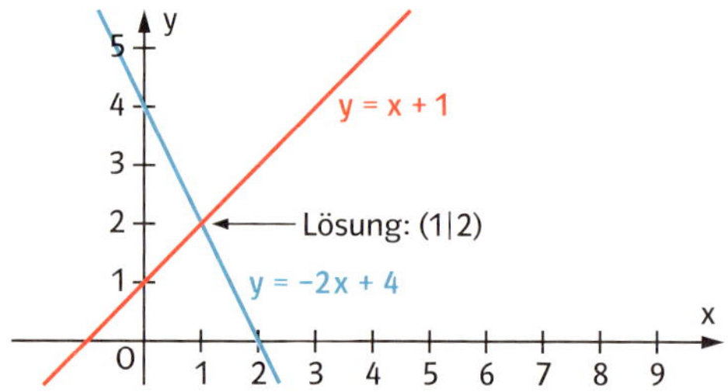

Fig. 2

Aufgaben

1 Prüfe, ob das Zahlenpaar Lösung des Gleichungssystems ist.

a) $x + y = 10$; $x - y = 9$; (9,5|0,5)
b) $2x + y = -1$; $x + 2y = 5$; (2|3)
c) $4x - 3y = 10$; $6x + y = 0$; (0,5|−3)
d) $4x + 3y = 10$; $6x + y = 8$; (1|2)

2 Bestimme die Lösung des Gleichungssystems.

a) $y = 4x - 2$; $y = 5x - 4$
b) $5y - x = 5$; $4y - x - 2 = 0$
c) $5y - x = 1$; $6y - x = 2$
d) $y = 2 + \frac{5}{2}x$; $2y + x = -8$

3 Gib ein lineares Gleichungssystem an mit der Lösung

a) (2|7), b) (5|−3), c) (1,7|1,7), d) (−1,7|−1,7), e) (0|0), f) (−4|6).

4 Mona sagt zu Ben: „Ich denke mir zwei Zahlen. Die erste Zahl ist 1,5-mal so groß wie die zweite Zahl. Wenn ich die zweite Zahl von 5 subtrahiere, dann erhalte ich die erste Zahl." Erfinde selbst ein Zahlenrätsel und stelle es deinem Nachbarn.

5 Wie viele Lösungen hat das Gleichungssystem? Falls es eine einzige Lösung hat, bestimme diese Lösung.

a) $2x + 3y = 9$; $x - y = 2$
b) $x + y = 1$; $3y + 3x = 6$
c) $12x + 15y = 3$; $4x + 5y = 1$
d) $2x - 6y - 21 = 0$; $2x = 0{,}75y$

6 Gib ein lineares Gleichungssystem mit zwei Gleichungen und zwei Variablen an, das

a) keine Lösung hat, b) unendlich viele Lösungen hat,
c) (3|1) als einzige Lösung hat und dessen erste Gleichung (1|1) als Lösung hat.

7 Gibt es ein einziges Zahlenpaar, das Lösung von allen drei Gleichungen ist?

a) $2x - 3y + 4 = 0$; $2y + 3x - 4 = 0$; $y - \frac{2}{3}x = 7$
b) $x + y + 4 = 0$; $2y + 2x = -8$; $-3x - 3y - 12 = 0$
c) $0{,}5x + 0{,}5y = 0$; $-4{,}5y + 5{,}4x = 0$; $y = \frac{11}{13}x$
d) $x + y = 7$; $x - y = -1$; $2x = 1{,}5y$

3 Lösen linearer Gleichungssysteme mit zwei Variablen

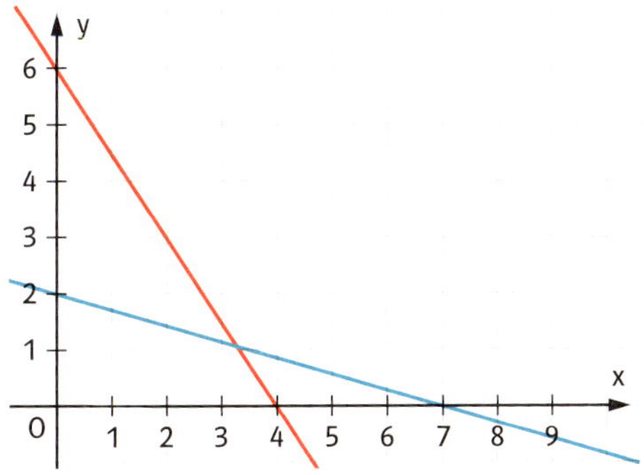

Die Lösungen von Gleichungssystemen mit zwei Variablen lassen sich zeichnerisch oft nur näherungsweise bestimmen.

Die Lösungen linearer Gleichungssysteme lassen sich exakt berechnen. Hierfür gibt es unterschiedliche Verfahren. Die Verfahren haben das Ziel, aus zwei Gleichungen mit zwei Variablen eine einzelne Gleichung zu erzeugen, in der eine der beiden Variablen nicht mehr vorkommt. Diese Gleichung kann dann gelöst werden.

Gleichsetzungsverfahren

Löse I: $y = 0{,}4x + 2$

II: $y = -0{,}6x + 6$.

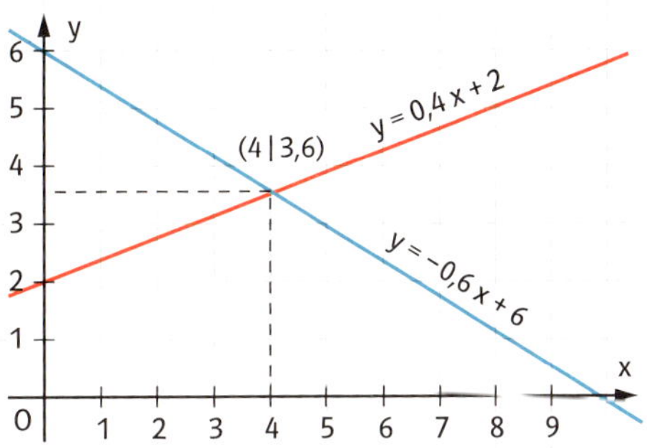

Fig. 1

Die Lösung des Gleichungssystems entspricht den Koordinaten des Schnittpunktes der Geraden, die zu den Funktionen mit den Gleichungen $y = 0{,}4x + 2$ und $y = -0{,}6x + 6$ gehören. Da diese Funktionen an der Schnittstelle den gleichen Funktionswert annehmen, sind die Funktionsterme für diese Stelle gleichwertig, und man erhält durch Gleichsetzen $0{,}4x + 2 = -0{,}6x + 6$. Aus dieser Gleichung ergibt sich $x = 4$. Setzt man für x diesen Wert in Gleichung I oder Gleichung II ein, erhält man $y = 3{,}6$.
Das Zahlenpaar $(4|3{,}6)$ ist also Lösung des linearen Gleichungssystems.

Beim gezeigten Gleichsetzungsverfahren wurde in Gleichung II anstelle der Variablen y der Term $0{,}4x + 2$ eingesetzt, um die Gleichung $0{,}4x + 2 = -0{,}6x + 6$ zu erhalten. Dieses Prinzip des Einsetzens lässt sich allgemein anwenden.

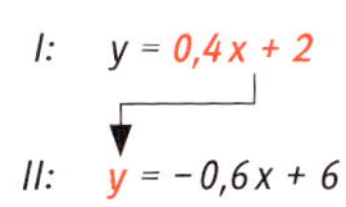

Einsetzungsverfahren

Löse I: $3x + y = \frac{16}{3}$

II: $y = 2x + \frac{1}{3}$.

Wegen Gleichung II gilt für den y-Wert einer Lösung $y = 2x + \frac{1}{3}$. Deshalb kann man y in Gleichung I auch durch $2x + \frac{1}{3}$ ersetzen. Man erhält somit $3x + 2x + \frac{1}{3} = \frac{16}{3}$.
Aus dieser Gleichung folgt $x = 1$.
Setzt man für x die Zahl 1 in eine der beiden Gleichungen ein, so erhält man $y = \frac{7}{3}$.
Also ist das Zahlenpaar $\left(1\middle|\frac{7}{3}\right)$ die Lösung des linearen Gleichungssystems.

Ein lineares Gleichungssystem kann mit dem **Gleichsetzungsverfahren** oder dem **Einsetzungsverfahren** gelöst werden. Hierbei wird aus zwei Gleichungen mit zwei Variablen eine einzelne Gleichung erzeugt, in der eine der beiden Variablen nicht mehr vorkommt.

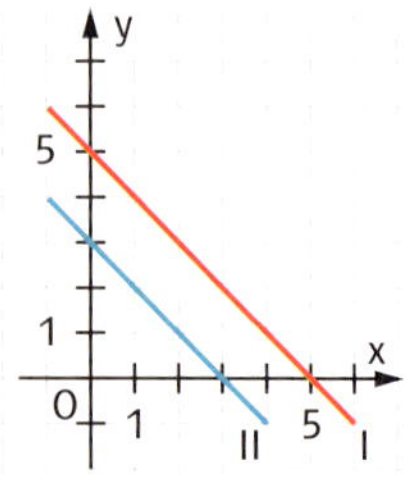

Fig. 1

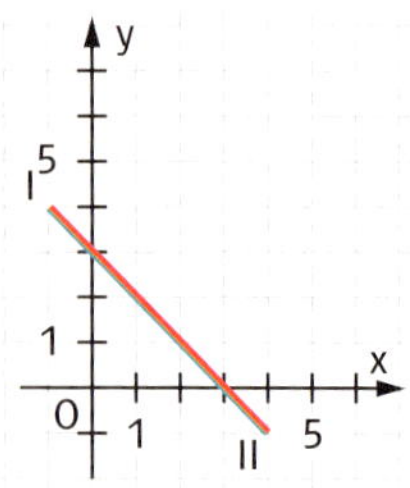

Fig. 2

In manchen Fällen haben zwei lineare Gleichungen mit zwei Variablen keine gemeinsame Lösung, in manchen Fällen unendlich viele gemeinsame Lösungen. Beim Lösen des Gleichungssystems führt das Gleichsetzen oder Einsetzen in diesen Fällen zu einer falschen Aussage oder zu einer allgemeingültigen Aussage. Das Gleichungssystem

I: $x + y = 5$
II: $y = 3 - x$

beispielsweise hat keine Lösung. Nimmt man dennoch an, dass es eine Lösung gibt, so kann deren y-Wert (Gleichung II) in Gleichung I eingesetzt werden. Man erhält die Gleichung $x + 3 - x = 5$. Hieraus folgt die falsche Aussage $3 = 5$. Die Annahme, es gäbe eine Lösung, ist also falsch, da sie zu einem Widerspruch führt. Die zugehörigen Geraden haben demnach keinen Schnittpunkt; sie verlaufen parallel zueinander (Fig. 1).

Ändert man Gleichung I in $x + y = 3$ ab, so erhält man mit dem Einsetzungsverfahren die Gleichung $x + 3 - x = 3$. Hieraus folgt die wahre Aussage $3 = 3$. Die zugehörigen Geraden sind identisch (Fig. 2); das Gleichungssystem hat unendlich viele Lösungen. Die Lösungen des Gleichungssystems sind identisch mit den Lösungen einer der beiden Gleichungen. In diesem Fall sind die Lösungen diejenigen Zahlenpaare $(x|y)$, die die Gleichung $y = 3 - x$ erfüllen.

Ergibt sich beim Lösen eines linearen Gleichungssystems eine falsche Aussage, so hat das Gleichungssystem keine Lösung. Die zugehörigen Geraden sind parallel.
Ergibt sich eine allgemeingültige Gleichung, so hat das Gleichungssystem unendlich viele Lösungen. Die zugehörigen Geraden sind identisch. Die Lösungen sind diejenigen Zahlenpaare, die auch eine der beiden Gleichungen lösen.

Beispiel 1

Löse I: $x + 2y = 4$
II: $x - 4y = 5$.

Lösung:

Löse beide Gleichungen nach x auf und wende das Gleichsetzungsverfahren an.

I: $x = -2y + 4$
II: $x = 4y + 5$
I = II: $-2y + 4 = 4y + 5 \quad | + 2y - 5$
$-1 = 6y \quad | : 6$
$y = -\frac{1}{6}$

Ersetze y in I (oder II) durch $-\frac{1}{6}$.
$x = -2 \cdot \left(-\frac{1}{6}\right) + 4 = \frac{13}{3}$.

Lösung: $\left(\frac{13}{3} \middle| -\frac{1}{6}\right)$

Beispiel 2

Löse I: $2x - 5y = 10$
II: $y = 0{,}4x - 2$.

Lösung:

Verwende das Einsetzungsverfahren: Ersetze y in Gleichung I durch den Term $0{,}4x - 2$.

$2x - 5 \cdot (0{,}4x - 2) = 10$
$2x - 2x + 10 = 10$
$10 = 10$

$10 = 10$ ist eine wahre Aussage; die Gleichung ist allgemeingültig. Alle Zahlenpaare $(x|y)$, die die Gleichung $y = 0{,}4x - 2$ erfüllen, sind Lösung des Gleichungssystems, z. B. $(0|-2)$; $(5|0)$; $(7|0{,}8)$.

Aufgaben

1 Bestimme die Lösung mit dem Gleichsetzungsverfahren.

a) $y = 3x - 6$; $y = 4x + 7$
b) $y = x - 4$; $y = x + 4$
c) $x = -3y + 7$; $x = -4y + 7$
d) $x = 7y - 8$; $x = 8y - 7$
e) $y = 16 - x$; $y = x - 16$
f) $x + y = 0$; $x + 0{,}4y = 0{,}7$
g) $\frac{2}{3}x - y = 1$; $x - y = 6$
h) $x + 11 = 11y$; $x + 22 = 33y$

2 Bestimme die Lösung mit dem Einsetzungsverfahren.

a) $y = 3x + 8$; $x + y = 12$
b) $y = -0{,}5x + 2$; $1{,}5x + y = 3$
c) $3x + 2y = 8$; $y = 0{,}5x - 4$
d) $3y - 6x = 4$; $y = 3x - 2$
e) $2{,}7x + 3{,}2y = 2{,}5$; $2{,}7x = y + 0{,}4$
f) $x = 5y - \frac{2}{5}$; $5y = 2x + \frac{1}{3}$
g) $7y = x + 4$; $4x = 10y + 6$
h) $5x - 6y = 3$; $3y = x - 1$

3 Löse rechnerisch.

a) $3x + y = 19$; $10y = 7x + 5$
b) $-x + 7y = 0$; $-x = -7y$
c) $3y - 16 = 2x$; $0{,}6x = 18 + y$
d) $56 + 3y = 8x$; $20\frac{1}{3} - 2x = 1\frac{2}{3}y$
e) $x + 16y = 45$; $0{,}125x + 2y = 5\frac{5}{8}$
f) $14x - 9y = 3$; $21x + 12y = 47$
g) $4x + 15y = 0$; $7x + 24y = 2$
h) $0{,}2x + 1{,}7y = 1$; $0{,}5x + 2y = -0{,}5$

Bist du sicher?

1 Löse das Gleichungssystem mit einem geeigneten Verfahren.

a) $y = 2x - 3$; $y = 3x + 7$
b) $y = x - 1$; $y = x + 4$
c) $3x + 2y = 8$; $y = x + 4$
d) $3y - 4x = 4$; $1 = 3y - x$

4 Gib ein lineares Gleichungssystem an, das die angegebene Lösung besitzt.

a) $(0|0)$ b) $(0|1)$ c) $(1|2)$ d) $(-1|2)$ e) $(1|-2)$ f) $(-1|-2)$

5 Bestimme die Gleichungen zweier Geraden, die sich im Punkt S schneiden.

a) $S(5|4)$ b) $S(-5|4)$ c) $S(5|-4)$ d) $S(-5|-4)$ e) $S(3|0)$ f) $S(4|5)$

6 Bestimme die Koordinaten des Schnittpunktes der beiden Geraden.

a)

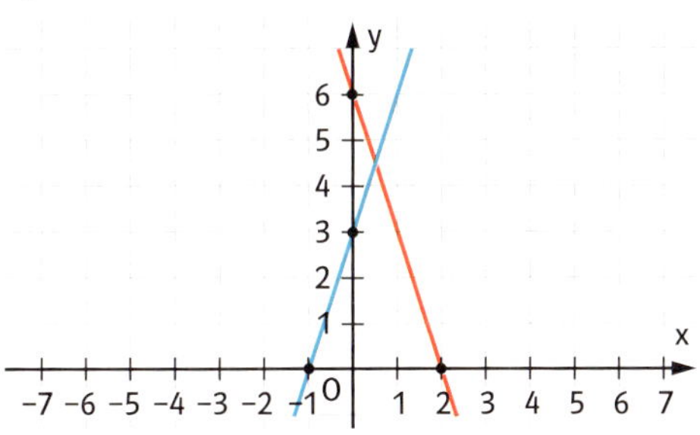

b)

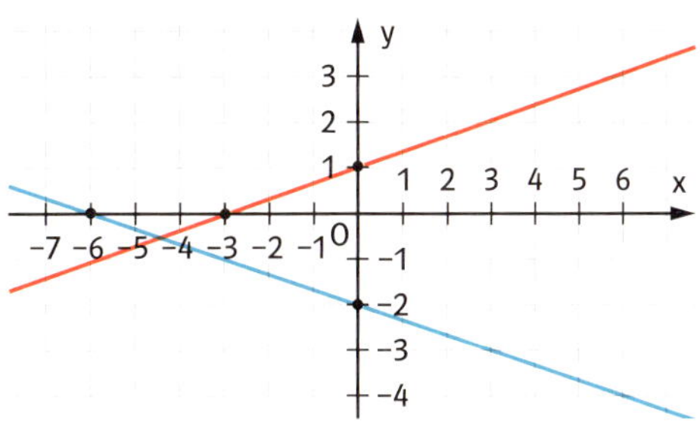

7 Wie viele Lösungen hat das Gleichungssystem? Begründe deine Antwort ohne zu rechnen.

a) $2x = 3y + 4$; $2x = 3y - 4$
b) $y = 2x + 3$; $y = 2x - 3$
c) $7x = 7y$; $-7x = 7y$
d) $3 = 7x + 7y$; $-3 = -7x - 7y$

Man muss nicht immer nach y auflösen …

8 Löse das Gleichungssystem auf möglichst viele unterschiedliche Arten. Beschreibe jeweils deinen Lösungsweg.

a) $2x - y = 7$
$x + 2y = 11$

b) $8 - 6x = 2y$
$y + 2 = x$

Wie alt sind Johanna, Kathrin und Richard?

Johanna und ich sind zusammen 26 Jahre alt.

Alle drei sind wir zusammen 38 Jahre alt.

Johanna und ich sind Zwillinge.

9 Löse geschickt.

a) $6x + 7y = 23$
$5x + 7y = 18$

b) $2x - 3y = 23$
$2x + y = -13$

c) $7x + y = -1$
$7x - 2y = 5$

d) $7x + 5y = 3$
$7x + 5y = 5$

e) $57x + 56y - 55 = 0$
$55x + 56y - 54 = 0$

f) $27x + 33y = 44$
$27x = 33y + 44$

g) $99x - 88y = 32$
$88y = 99x + 32$

h) $4x = 36$
$4y = 32$

10

a) $3x + 7y = 26$
$5x - 6y = 8$

b) $12x - 25y = 1$
$18x - 35y = -1$

c) $3x + 9y = 6$
$-5x - 15y = -3$

d) $\frac{3}{4}x - \frac{1}{4}y = \frac{1}{2}$
$-x + \frac{1}{3}y = \frac{2}{3}$

e) $0{,}5x - 0{,}2y = 30$
$x - 0{,}75y = 39$

f) $\frac{1}{14}y + \frac{1}{28}x = 21$
$x = 7 - 2y$

g) $0{,}3y + 2x = 7$
$140 - 40x = 6y$

h) $3y = x + 23$
$19 = 3x - y$

11 Gib drei lineare Gleichungssysteme mit zwei Variablen an, die man geschickt mit dem Gleichsetzungsverfahren lösen kann. Gib sie deinem Nachbarn zum Lösen.

12 Gib drei verschiedene lineare Gleichungssysteme mit zwei Variablen an, die man geschickt mit dem Einsetzungsverfahren lösen kann. Gib sie deinem Nachbarn zum Lösen.

13 Die nebenstehende Rechnung führt zu einem falschen Ergebnis. Beschreibe den Fehler und löse das Gleichungssystem.

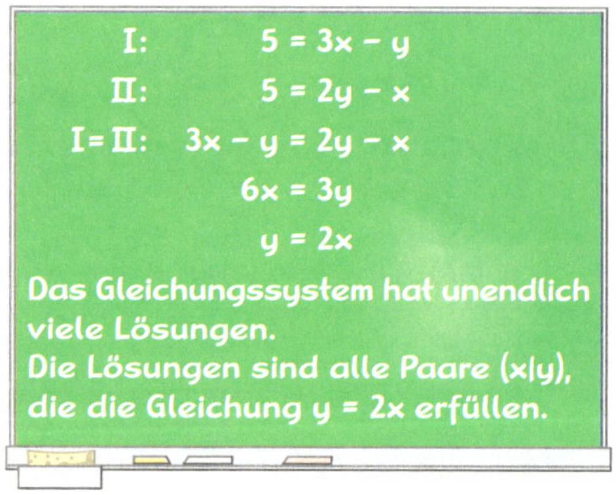

14 Gegeben ist das Gleichungssystem
$-2x + 3y = 6$
$x = 1{,}5y + 12.$

a) Zeige, dass das Gleichungssystem keine Lösung besitzt.

b) Ändere eine einzige Zahl in der zweiten Gleichung so ab, dass ein Gleichungssystem mit unendlich vielen Lösungen entsteht.

15 Denke dir ein Gleichungssystem aus, dessen einzige Lösung $(-3|2)$ ist. Denke dir ein weiteres Gleichungssystem mit der einzigen Lösung $(0|7)$ aus. Veranschauliche beide Gleichungssysteme grafisch.
Verändere nun eine einzige Zahl so, dass das Gleichungssystem keine Lösung bzw. unendlich viele Lösungen besitzt.
Was stellst du fest? Erkläre deine Beobachtung.

Kannst du das noch?

16 Zwei Autos fahren zur selben Zeit aus zwei 540 km entfernten Orten los. Nach wie viel Stunden und in welcher Entfernung von ihrem jeweiligen Standpunkt aus begegnen sie sich, wenn sie durchschnittlich 110 $\frac{km}{h}$ bzw. 130 $\frac{km}{h}$ fahren?

4 Additionsverfahren

„Zwei Euro für 'ne Cola – das ist teuer! Hoffentlich ist dann wenigstens die Pizza günstig ...“

Beim Gleichsetzungsverfahren und beim Einsetzungsverfahren wird aus zwei Gleichungen mit zwei Variablen eine einzelne Gleichung erzeugt, in der eine der beiden Variablen nicht mehr vorkommt. Dies kann man auch mit einem weiteren rechnerischen Lösungsverfahren erreichen; hier werden die rechten Seiten beider Gleichungen und die linken Seiten beider Gleichungen jeweils addiert. Man kann dieses Verfahren mithilfe von Waagen verdeutlichen.

Additionsverfahren

Löse I: $2x + 3y = 7$

II: $x - 3y = 5$.

Beide Gleichungen lassen sich durch Waagen veranschaulichen, die sich im Gleichgewicht befinden.

Legt man die Gegenstände der linken Waagschale und die Gegenstände der rechten Waagschale jeweils zusammen, so erhält man wieder einen Gleichgewichtszustand. Für die beiden Gleichungen bedeutet dies: Die Summe der linken Seiten der beiden Gleichungen ist genau so groß wie die Summe der rechten Seiten.

$$\text{I: } 2x + 3y = 7$$
$$\text{II: } x - 3y = 5$$
$$\text{I + II: } 2x + 3y + x - 3y = 7 + 5$$
$$3x + 0y = 12$$

Hieraus folgt $x = 4$.

Setzt man für x den Wert 4 in Gleichung I ein, so erhält man $2 \cdot 4 + 3y = 7$.

Hieraus folgt

$$3y = -1 \quad |:3$$
$$y = -\tfrac{1}{3}.$$

$\left(4 \middle| -\tfrac{1}{3}\right)$ ist die Lösung des linearen Gleichungssystems.

Ein lineares Gleichungssystem kann mit dem **Additionsverfahren** gelöst werden. Durch Addition der Gleichungen wird aus zwei Gleichungen mit zwei Unbekannten eine einzelne Gleichung erzeugt, in der eine der beiden Variablen nicht mehr vorkommt.

Damit man beim Additionsverfahren eine Gleichung erhält, in der eine der beiden Variablen nicht mehr vorkommt, müssen die Koeffizienten dieser Variablen in beiden Gleichungen den gleichen Betrag, aber unterschiedliche Vorzeichen besitzen. Ist dies nicht der Fall, so muss man zuerst eine oder beide Gleichungen durch beidseitiges Multiplizieren mit einer geeigneten Zahl umformen.

Beispiel

Löse. a) I: $4x - 5y = 13$ b) I: $2x + 3y = 4$
II: $4x + 5y = 3$ II: $3x + 4y = 5$

Lösung:

a) *Die Koeffizienten von y sind 5 und −5; addiert man 5y und −5y, so erhält man null. Addiere die Gleichungen I und II.*

$$\begin{array}{rrl} \text{I:} & 4x - 5y = 13 & \\ \text{II:} & 4x + 5y = 3 & \\ \hline \text{I + II:} & 8x = 16 & \mid :8 \\ & x = 2 & \end{array}$$

Ersetze x in I (oder II) durch 2.

$$\begin{array}{rl} 4 \cdot 2 - 5 \cdot y = 13 & \mid -8 \\ -5 \cdot y = 5 & \mid :(-5) \\ y = -1 & \end{array}$$

Das Gleichungssystem hat die Lösung (2|−1).

b) *Multipliziert man Gleichung I mit 3 und Gleichung II mit −2, dann ergeben 6x und −6x bei der anschließenden Addition null und die Variable x kommt in der neuen Gleichung nicht mehr vor.*

$$\begin{array}{rrl} \text{I:} & 2x + 3y = 4 & \mid \cdot 3 \\ \text{II:} & 3x + 4y = 5 & \mid \cdot (-2) \\ \hline \end{array}$$

Man erhält

$$\begin{array}{rrl} \text{I:} & 6x + 9y = 12 & \\ \text{II:} & -6x - 8y = -10 & \\ \hline \end{array}$$

Addiere die Gleichungen I und II. $\text{I + II:} \quad y = 2$

Ersetze y in I (oder II) durch 2.

$$\begin{array}{rl} 2x + 3 \cdot 2 = 4 & \mid -6 \\ 2x = -2 & \mid :2 \\ x = -1 & \end{array}$$

Das Gleichungssystem hat die Lösung (−1|2).

Aufgaben

1 Löse mit dem Additionsverfahren.

a) $x + y = 7$
$x - y = 3$

b) $y - 2x = 1$
$y + 2x = 5$

c) $6x + 2y = 7$
$-6x + 7y = 11$

2 a) $6x + 7y = 23$
$5x + 7y = 18$

b) $2x - 3y = 23$
$2x + y = -13$

c) $7x + y = -1$
$7x - 2y = 5$

d) $7x + 5y = 3$
$7x + 5y = 5$

e) $7x + 10y = 23$
$2x + 5y = 23$

f) $6x - 3y = 11$
$3x - 1{,}5y = 6{,}5$

g) $9x - 7y = 10$
$3x + y = 2$

h) $13x + 13y = 14$
$-6{,}5x - 6{,}5y = 7{,}5$

3 Löse das Gleichungssystem mit einem geeigneten Verfahren.

a) $y + x = 5$
$2y = 3x$

b) $3x + 7y = 26$
$5x - 6y = 8$

c) $-2x = y + 3$
$2y = -2x - 3$

d) $12x - 25y = 1$
$18x - 35y = -1$

4 Gib drei lineare Gleichungssysteme mit zwei Variablen an, bei deren Lösung sich das Additionsverfahren anbietet.

5 Gib ein lineares Gleichungssystem mit zwei Variablen an, das die angegebene Lösung besitzt.

a) $(4|5)$ b) $(-4|5)$ c) $(3|-6)$ d) $(-3|-6)$ e) $(4|0)$ f) $(0|-3)$

6 Die Tüten in Fig. 1 enthalten verschieden viele Bonbons. Nimmt man zwei Tüten der Sorte Himbeer und drei Tüten der Sorte Erdbeer, dann hat man insgesamt 90 Bonbons. Nimmt man zwei Tüten der Sorte Himbeer und fünf Tüten der Sorte Erdbeer, dann hat man insgesamt 130 Bonbons. Wie viele Bonbons sind in jeder Tüte?

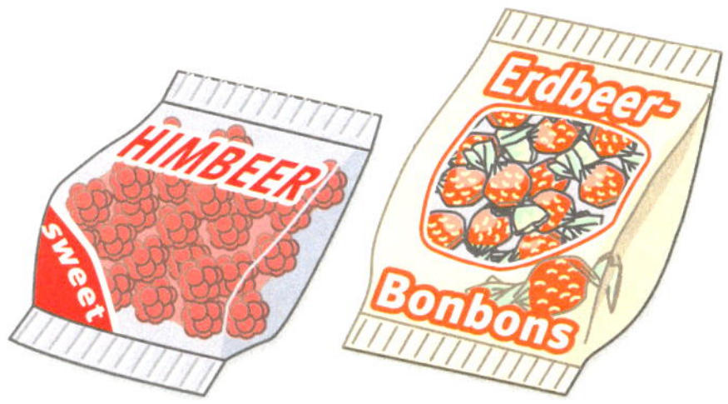

Fig. 1

7 Bestimme die Koordinaten des Schnittpunktes der beiden Geraden.

a)

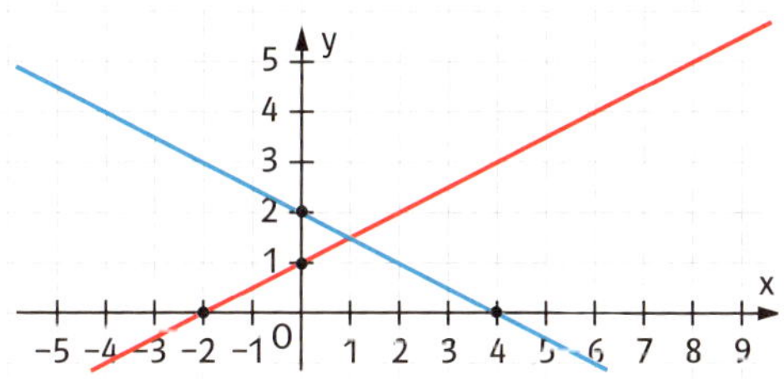

b)

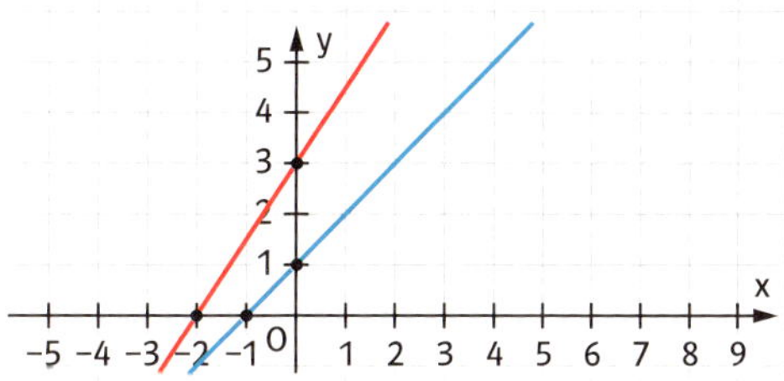

8 Gleichungsumformungen und Geraden

Fig. 2 zeigt die Geraden zum Gleichungssystem I: $2x + 3y = 9$
II: $4x + 3y = 15$.

a) Multipliziere den Term auf beiden Seiten von II mit −1 und addiere die erhaltene Gleichung zu I. Bezeichne die Gleichung, die du als Summe erhalten hast, mit Ia. Fig. 3 zeigt die Geraden zu Ia und II.

b) Multipliziere den Term auf beiden Seiten von I mit −2 und addiere die erhaltene Gleichung zu II. Bezeichne die Gleichung, die du als Summe erhalten hast, mit IIa. Fig. 4 zeigt die Geraden zu I und IIa.

c) Was hat sich in Fig. 3 und Fig. 4 gegenüber Fig. 2 verändert, was ist gleich geblieben?

Aufgabe 8 verdeutlicht, dass die linearen Gleichungssysteme I, II und Ia, II sowie I, IIa die gleiche Lösung besitzen, das heißt, dass sie äquivalent sind.

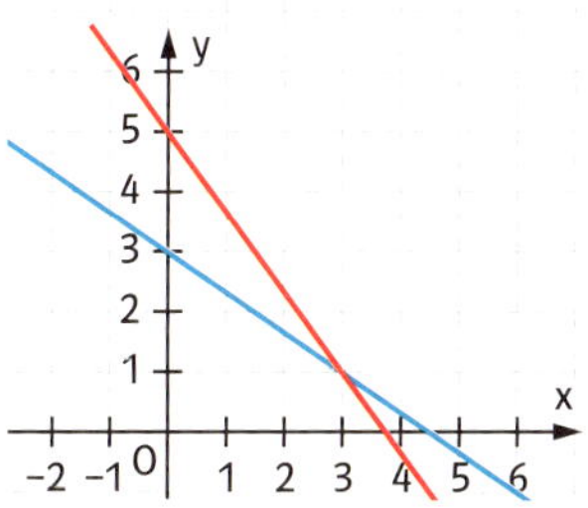
Fig. 2

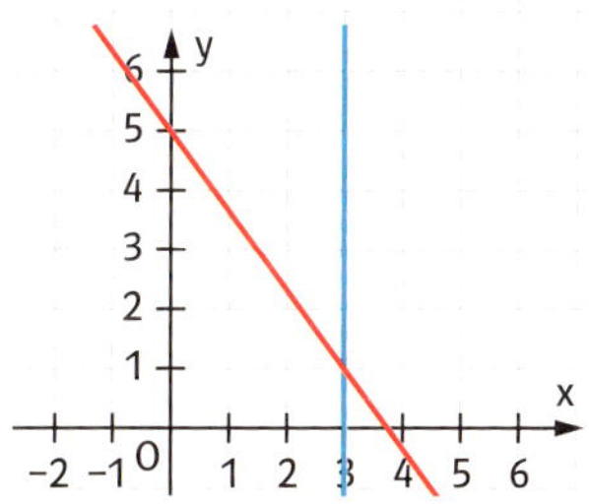
Fig. 3

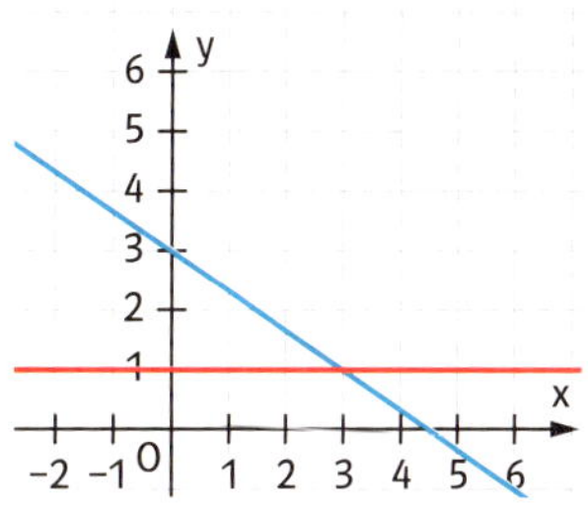
Fig. 4

5 Anwendungen

Gestern verließen neun Lkw mit insgesamt 24 t Lebensmitteln den Flughafen, um den betroffenen Menschen zu Hilfe zu kommen. Die Lkw haben jeweils nur 2 t oder 4 t geladen, damit die Waren bei der Verteilung nicht mehr umgeladen werden müssen.

Carla: „Ich habe 1,7-mal so viele Mitschülerinnen wie Mitschüler."

Timo: „Ich habe doppelt so viele Mitschülerinnen wie Mitschüler."

Pia

Fig. 1

Carla und Timo gehen in die Klasse 8 a. Sie haben für Pia, die die Klasse 8 b besucht, ein Rätsel ausgedacht (Fig. 1). Sie soll herausfinden, wie viele Mädchen und wie viele Jungen die Klasse 8 a besuchen.

1 Verstehen der Aufgabe

Was ist gegeben?
Carla und Timo beschreiben jeweils die Anzahl ihrer Mitschülerinnen und Mitschüler in Abhängigkeit voneinander.

Was ist gesucht?
Anzahl der Schülerinnen und Schüler der Klasse 8 a.

2 Zerlegen in Teilprobleme

Plan erstellen

1. Führe für die Anzahl der Schülerinnen und Schüler je eine Variable ein.
2. Stelle zu den Aussagen von Carla und Timo je eine Gleichung auf.
3. Löse das zugehörige Gleichungssystem.

3 Durchführen des Plans

1. *Einführen der Variablen*
   Anzahl der Mädchen: x
   Anzahl der Jungen: y
2. *Aufstellen der Gleichungen*
   Carlas Aussage: $x - 1 = 1{,}7y$
   Timos Aussage: $x = 2(y - 1)$
3. *Lösen des Gleichungssystems*

$$\begin{aligned} \text{I:} \quad & x - 1 = 1{,}7y \\ \text{II:} \quad & x = 2(y - 1) \\ \text{II in I:} \quad & 2(y - 1) - 1 = 1{,}7y \\ & y = 10; \quad x = 18 \end{aligned}$$

4 Rückschau und Antwort

Kann das Ergebnis richtig sein?
Die Lösung ist sinnvoll, da die Ergebnisse ganzzahlig sind und die Klassenstärke bei etwa 30 Schülerinnen und Schülern liegt.

Antwortsatz:
Die Klasse 8 a wird von 18 Mädchen und 10 Jungen besucht.

Schrittweises Lösen von Anwendungsaufgaben

1. **Verstehen der Aufgabe:** Was ist gegeben? Was ist gesucht?
2. **Zerlegen in Teilprobleme:** Rechenplan und Rechenreihenfolge festlegen
3. **Durchführen des Plans:** Variablen einführen, Gleichungen aufstellen und Gleichungssystem lösen
4. **Rückschau und Antwort:** Ergebnis überprüfen und Antwort formulieren

Aufgaben

1 a) Die Summe aus dem Doppelten einer Zahl und dem Dreifachen einer anderen Zahl ist 23. Die Summe aus dem Dreifachen der ersten Zahl und dem Doppelten der zweiten Zahl ist 34. Wie heißen die beiden Zahlen?
b) Die Summe aus dem Dreifachen einer Zahl und der Hälfte der anderen Zahl ist 5 und damit um 0,25 größer als die Hälfte der Summe der beiden Zahlen. Berechne die Zahlen.

2 a) Wie lang sind der rote und der blaue Stab in Fig. 1?
b) Wie schwer sind sie jeweils?

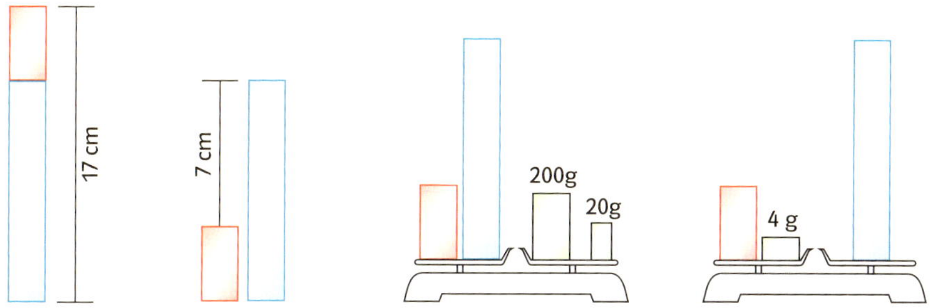

Fig. 1

3 Auf den Rückseiten der Karten A und B steht jeweils eine der Ziffern 0; 1; 2; …; 9. Die Ziffer auf der Rückseite von A ist halb so groß wie die Ziffer auf der Rückseite von B. Dreht man die Karten um, so bilden diese Ziffern zusammen eine zweistellige Zahl. Vertauscht man die Reihenfolge der Karten, so erhält man eine weitere zweistellige Zahl, die um 9 größer ist als die erste. Welche Ziffer steht auf der Rückseite von A, welche auf der Rückseite von B?

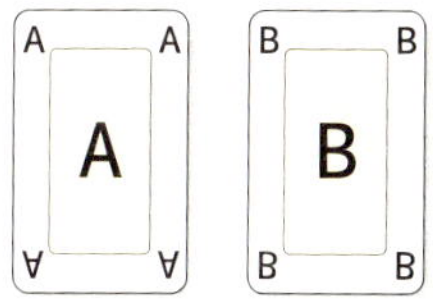

4 a) Eine zweistellige Zahl ist doppelt so groß wie das Sechsfache ihrer Zehnerziffer und um 18 größer als ihre Quersumme. Berechne diese Zahl.
b) Wenn man zu einer zweistelligen Zahl das Dreifache ihrer Quersumme addiert, so erhält man 99. Vertauscht man die Ziffern der Zahl und dividiert die neue Zahl durch ihre Quersumme, so ergibt sich 3.
Wie heißt die ursprüngliche Zahl?

5 Rebecca und Nils nehmen am gleichen Zeltlager teil.
Wie viele Mädchen und wie viele Jungen sind es insgesamt?

Liebe Helena,
das Zeltlager ist richtig toll. Morgen besuchen wir Lübeck und machen einen Stadtbummel.
Leider sind außer mir eineinhalb mal so viele Jungen wie Mädchen dabei, und die Jungs nerven bestimmt beim Shopping.
Übrigens: Nils ist so süß.
Bis bald,
Deine Rebecca.

Lieber Andreas,
gestern saßen wir bis 3 Uhr in der Früh am Lagerfeuer. Natürlich auch die Mädchen. Zum Glück beträgt die Anzahl der Mädchen nur 70 % von der Anzahl der Jungen.
Morgen fahren wir nach Lübeck.
Vielleicht kann ich im Bus neben Rebecca sitzen, die ist wirklich nett.
Zu Hause erzähle ich dir, wie's war.
Dein Nils

6 Julia kauft zum Muttertag einen Strauß mit drei Rosen und zwei Lilien, Cedric kauft einen Strauß mit zwei Rosen und drei Lilien.
Ihr Vater weiß nicht, dass seine Kinder Blumen schenken, und kauft einen Strauß mit zwölf Rosen und drei Lilien. Wie viel muss der Vater für die Blumen bezahlen?

7 Ein rechteckiges Grundstück hat einen Umfang von 120 m. Wie lang sind die Grundstücksseiten, wenn das Grundstück
a) doppelt so lang ist wie breit,
b) 10 m länger ist als breit?

8 In einem Terrarium sitzen Käfer und Spinnen. Die insgesamt 18 Tiere haben zusammen 120 Beine. Wie viele Tiere sind es jeweils?

Historische Aufgaben

9 Aus dem Rechenbuch „Rechnung auf der Linien und Federn" von Adam Ries:
„Item einer hat zwen silbere Becher sampt einem uberlied / so dasselbig uffm ersten gesetzt wirt / behelt er 4mal des anderen gewicht / wirt es aber uffm andern gesatzt / so ist er 3mal schwerer dann der erste / und das uberlied wigt 16 lot / wie vil wigt ein ieglicher becher inn sonderheyt?"

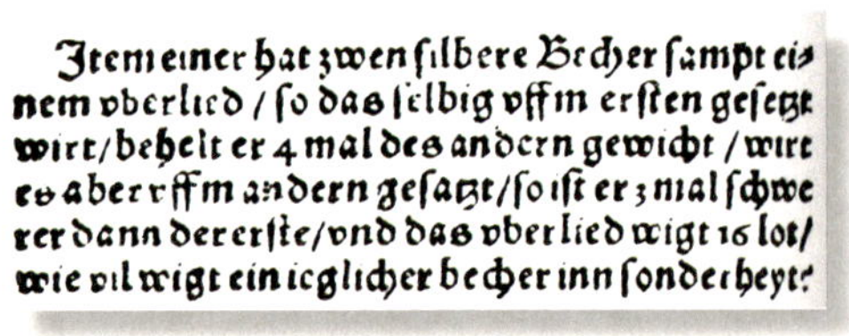
Jtem einer hat zwen silbere Becher sampt ei-
nem vberlied / so das selbig vffm ersten gesetzt
wirt / behelt er 4 mal des andern gewicht / wirt
es aber vffm andern gesatzt / so ist er 3 mal schwe-
rer dann der erste / vnd das vberlied wigt 16 lot /
wie vil wigt ein iglicher becher inn sonderheyt?

10 Die folgende Aufgabe stammt aus den „arithmetischen Epigrammen" der griechischen Anthologie, gesammelt von dem Mönch Maximus Planudes (um 1350 n. Chr.).
Esel und Maultier schritten einher beladen mit Säcken. Unter dem Druck der Last schwer stöhnt und seufzte der Esel. Jenes bemerkt es und sprach zu dem kummerbeladnen Gefährten: „Alterchen, sprich, was weinst du und jammerst schier wie ein Mägdlein? Doppelt so viel als du trüg ich, gäbst du ein Maß mir; Nähmst du mir eins, so trügen wir dann erst beide dasselbe." Geometer, du kundiger, sprich, wie viel sie getragen?

Leonhard Euler (1707–1783)

11 In dem Buch „Vollständige Anleitung zur Algebra" von Leonhard Euler findet man folgende Aufgabe:
Zwei Personen sind 29 Rubel schuldig; nun hat zwar jeder Geld, doch nicht so viel, dass er diese gemeinschaftliche Schuld allein bezahlen könnte; drum sagt der erste zum anderen: „Gibst du mir zwei Drittel deines Geldes, so kann ich die Schuld sogleich allein bezahlen." Der andere antwortet dagegen: „Gibst du mir drei Viertel deines Geldes, so kann ich die Schuld allein bezahlen." Wie viel Geld hat jeder?

12 Zwei Gleichungen, drei Variablen und gezielt Probieren
„Das Problem der 100 Vögel" aus einem Buch des chinesischen Mathematikers Chang Ch'iu-chien (um 485 n. Chr.):
„Ein Hahn kostet 5 Sapeks, eine Henne 3 Sapeks und ein Küken 1 Sapek. Wie viele Hähne, Hennen und Küken, insgesamt 100, kosten 154 Sapeks?"
Stelle ein Gleichungssystem mit zwei Gleichungen und drei Variablen auf und forme so um, dass eine Variable wegfällt. Versuche dann, Lösungen durch Probieren zu finden.

13 Die beiden Kanister enthalten jeweils eine Lösung aus Essigsäure und Wasser. Die Aufschrift „Essigsäure 35%" bedeutet: Der Inhalt des Kanisters besteht zu 35% aus reiner Essigsäure, 65% sind Wasser. Man spricht auch von „35%iger Essigsäure".

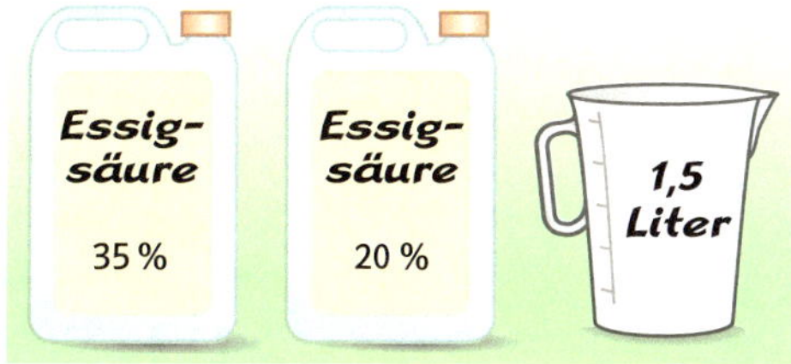

a) Begründe: Mischt man x Liter der 35%igen Essigsäure mit y Litern der 20%igen Essigsäure, so enthält man $\frac{35}{100}x + \frac{20}{100}y$ Liter reine Essigsäure.
b) Wie viel Liter muss man jeweils aus den beiden Kanistern in das leere Gefäß gießen, um 1,5 Liter 30%ige Essigsäure zu erhalten?

14 Mischt man geschmolzenes Kupfer mit geschmolzenem Zink, so entsteht die Legierung Messing. „Messing 60" enthält 60% reines Kupfer, „Messing 90" sogar 90% reines Kupfer. Wie viel kg von jeder Sorte müssen zusammengeschmolzen werden, wenn 10 kg „Messing 72" benötigt werden?

Legierungen wie Messing sind Stoffe, die durch Zusammenschmelzen mehrerer Metalle entstehen.

15 Eine Wandergruppe legt 5 km in der Stunde zurück. Sie startet um 8 Uhr am See und wandert am Forsthaus (F) vorbei zur Hellhütte (H).
Eine zweite Gruppe, die 4 km pro Stunde zurücklegt, startet um 9 Uhr an der Hellhütte und wandert am Forsthaus vorbei zum See.
Um wie viel Uhr treffen sich die beiden Gruppen?

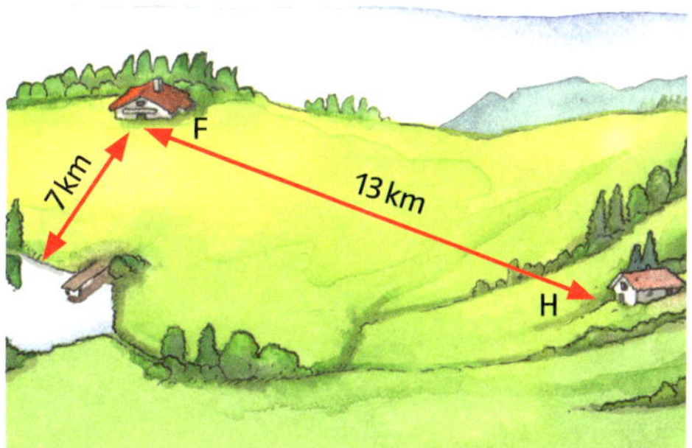

16 Fliegt ein Flugzeug bei gleicher Motorleistung in gleicher Zeit mit oder gegen den Wind, so kommt es verschieden weit. Ein Flugzeug fliegt in einer Stunde 760 km, wenn es mit dem Wind fliegt. Fliegt das Flugzeug in umgekehrter Richung bei gleicher Windstärke, so erreicht es in einer Stunde 690 km.
Wie weit käme es in einer Stunde bei Windstille? Wie groß ist die Windgeschwindigkeit?

17 Auf der Talfahrt legt ein Flussschiff 22,8 km in einer Stunde zurück, auf der Bergfahrt sind es 14,2 km in der Stunde.
a) Welche Geschwindigkeit hat das Schiff relativ zum Wasser? Welche Geschwindigkeit hat das Wasser?
b) Welche Zeit benötigt das Flussschiff für eine 10 km lange Strecke bei der Talfahrt, welche Zeit für die gleiche Strecke bei der Bergfahrt?
Welche Zeit benötigt das Wasser, um 10 km weit zu fließen?
c) Wie lange würde das Flussschiff auf einem strömungsfreien Gewässer für eine 10 km lange Fahrstrecke benötigen? Vergleiche mit den Ergebnissen aus b).

6 Lineare Ungleichungssysteme

Luka: „Letzte Woche war Marcello mehr als doppelt so oft reiten wie Rosa."
Katharina: „Marcello und Rosa waren in der letzten Woche insgesamt höchstens zehnmal reiten."
Johann: „Rosa hat gesagt, dass sie letzte Woche mehr als einmal reiten war."

Sollen beim Kauf von Mehrkornbrötchen (je 0,60 €) und Rosinenbrötchen (je 0,40 €) nicht mehr als 3 € ausgegeben werden, so lässt sich der Sachverhalt durch eine Ungleichung beschreiben. Mit x für die Anzahl von Mehrkornbrötchen und y für die Anzahl von Rosinenbrötchen ergibt sich $0{,}6x + 0{,}4y \leqq 3$ bzw. $y \leqq -1{,}5x + 7{,}5$.
Zwei oder mehr lineare Ungleichungen nennt man **lineares Ungleichungssystem**. Eine gemeinsame Lösung dieser Ungleichungen ist zugleich Lösung des Ungleichungssystems.

Jede Gerade teilt die Zeichenebene in zwei Halbebenen.

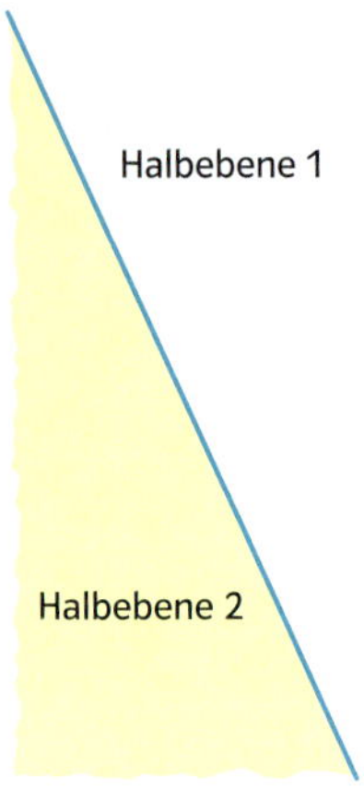

Fig. 1

Die Lösungen linearer Ungleichungen wie $y \leqq -1{,}5x + 7{,}5$ lassen sich durch Punkte im Koordinatensystem veranschaulichen. Für die Koordinaten der Punkte P(x|y), die auf der Geraden in Fig. 2 liegen, gilt $y = -1{,}5x + 7{,}5$. Liegt ein Punkt P(x|y) in der grün gefärbten Halbebene, so ist $y < -1{,}5x + 7{,}5$, liegt er in der blau gefärbten Halbebene, so ist $y > -1{,}5x + 7{,}5$.
Somit werden die Lösungen der Ungleichung $y \leqq -1{,}5x + 7{,}5$ in Fig. 2 durch die Punkte veranschaulicht, die in der grün gefärbten Halbebene oder auf der Geraden liegen.

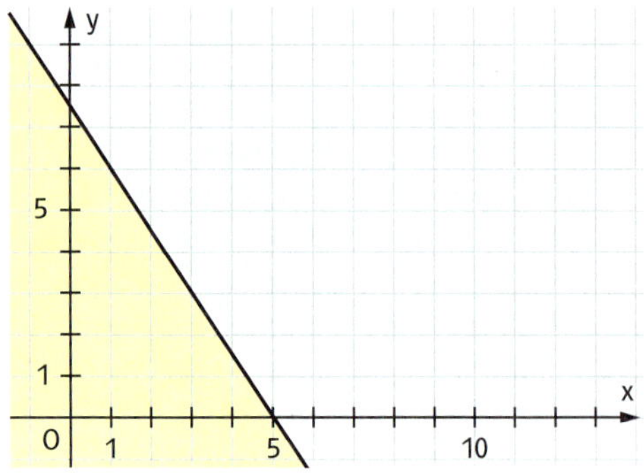

Fig. 2

Zur Bestimmung der Lösungen eines linearen Ungleichungssystems wie zum Beispiel
I: $y > x - 1$
II: $y \leqq -x + 1$ kann man so vorgehen:
1. Man markiert alle Punkte der Halbebene „oberhalb" der Geraden zu $y = x - 1$ blau und alle Punkte der Halbebene „unterhalb" der Geraden zu $y = x - 1$ hellgrün.
2. Die Koordinaten aller Punkte, die zugleich hellgrün und blau gefärbt wurden (in Fig. 3 dunkelgrün gefärbt), sind die Lösungen.

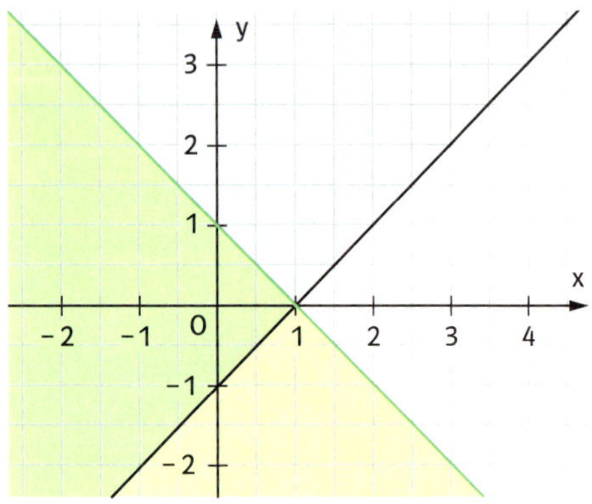

Fig. 3

Den Lösungen von Gleichungssystemen entsprechen die gemeinsamen Punkte von Geraden.

Den **Lösungen von Ungleichungssystemen** entsprechen die gemeinsamen Punkte verschiedener Halbebenen.

Beispiel

Leonie sammelt alte Lucky-Luke- und Asterix-Hefte. In einem Comicladen werden Lucky-Luke-Hefte für 2 Euro und Asterix-Hefte für 3 Euro angeboten.
Sie hat 18 Euro und will mehr als ein Asterix-Heft und mindestens doppelt so viele Lucky-Luke-Hefte wie Asterix-Hefte kaufen, insgesamt mindestens sechs Hefte.
Wie viele Lucky-Luke- und Asterix-Hefte kann sie kaufen?

Lösung:

1. Schritt: Variablen einführen

Anzahl der Lucky-Luke-Hefte: x

Anzahl der Asterix-Hefte: y

2. Schritt: Ungleichungen aufstellen

I: $2x + 3y \leqq 18$ II: $y > 1$

III: $2y \leqq x$ IV: $x + y \geqq 6$

3. Schritt: Ungleichungen nach y auflösen

I: $y \leqq -\frac{2}{3}x + 6$ II: $y > 1$

III: $y \leqq \frac{1}{2}x$ IV: $y \geqq -x + 6$

4. Schritt: Ungleichungssystem zeichnerisch lösen (Fig. 1)

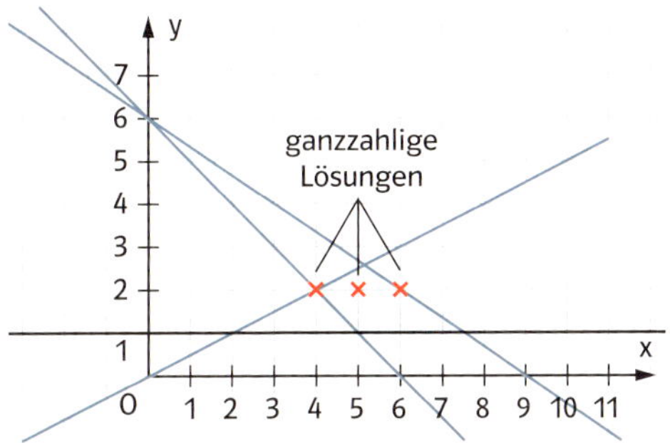

Fig. 1

Die Lösungen werden durch die Punkte des blauen Bereichs veranschaulicht, deren Koordinaten beide ganzzahlig sind.
Sie kann zwei Asterix-Hefte und vier, fünf oder sechs Lucky-Luke-Hefte kaufen.

Beachte:
*Eine Randstrecke des blau gefärbten Vierecks in Fig. 1 ist nicht blau, sondern schwarz gezeichnet.
Ungleichung II lautet nämlich y > 1 (**mehr als ein**, nicht mindestens ein Asterix-Heft). Daher sind die Punkte (5|1), (6|1) und (7|1) der schwarzen Randstrecke **keine Lösungen** des Ungleichungssystems.*

Aufgaben

1 Ermittle zeichnerisch die Lösungen und gib zwei ganzzahlige Lösungspaare an.

a) $y \leqq 2x - 1$
$y < 4 - 0{,}25x$

b) $3x - 5y < 4$
$x - 2y > 3$

c) $y \geqq 2 + 0{,}5x$
$y = 1 - x$

d) $4y + 4 < x$
$x + y = 1$

2 Bestimme die Lösungen.

a) $y \geqq 3x + 4$
$y - 3x \leqq 4$
$y < 7$

b) $y < 5x - 3$
$x - 0{,}5y < 0{,}6$
$x < 0$

c) $0{,}5y - 2x > 1$
$4x \leqq y + 2$
$y - 3$

d) $y - 2x < -5$
$x - y > 7$
$y > 2x - 3$

3 Gib ein Ungleichungssystem an, dessen Lösungsmenge der farbig unterlegten Fläche entspricht.

a)

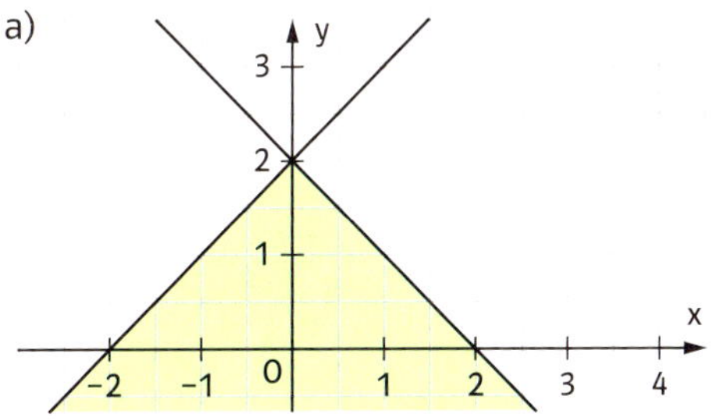

b)

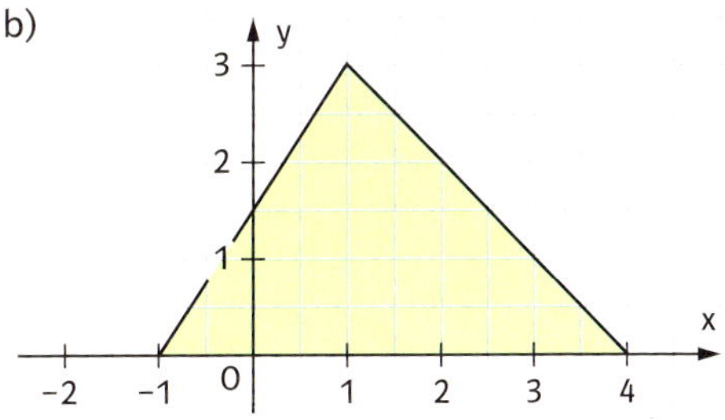

4 Robin hat am Monatsende mindestens 5 Euro Taschengeld mehr übrig als Laura, aber höchstens dreimal so viel wie sie.
Wie viel Taschengeld besitzt Laura am Monatsende mindestens (höchstens) noch, wenn Robins Taschengeld nicht mehr für eine 14 Euro teure CD reicht?

7 Lineares Optimieren

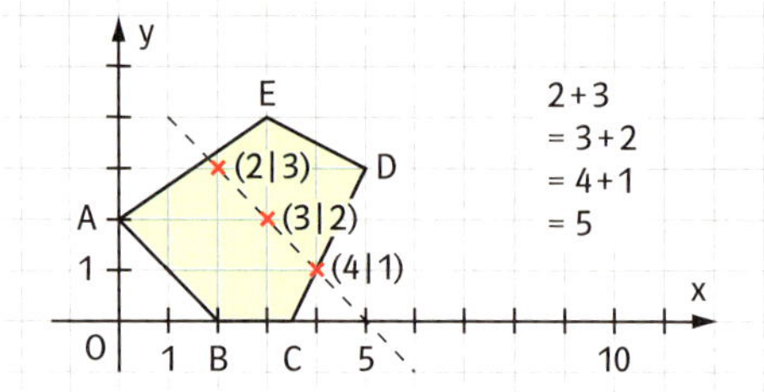

Im Fünfeck ABCDE sind drei Punkte eingezeichnet, für die jeweils die Summe beider Koordinaten 5 ist.
Klaus: „Mit 7 als Summe der Koordinaten funktioniert es auch."
Rainer: „Logisch, es funktioniert ja mit jeder Zahl!"

Den größten Gewinn! Die kleinsten Kosten! Die größte Stückzahl!

***optimum** (lat.): das Beste*

Im Arbeitsalltag von Betrieben wird häufig nach der bestmöglichen, der optimalen Lösung eines Problems gesucht. Unter gegebenen Bedingungen (Arbeitszeiten, Maschinenauslastung usw.) sollen die Kosten möglichst niedrig gehalten werden, der Gewinn soll möglichst hoch sein, Lkw sollen so eingesetzt werden, dass sie möglichst gut ausgelastet sind, ... Optimierungsfragen dieser Art lassen sich mit mathematischen Methoden lösen. Im Folgenden ist ein Beispiel für eine **lineare Optimierung** dargestellt.

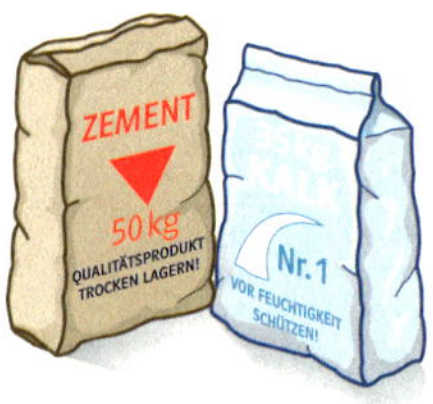

Ein Lkw beliefert eine Baustelle mit Kalk und Zement. Er kann höchstens 3t laden. Die Baustelle braucht mindestens halb und höchstens doppelt so viele Zementsäcke wie Kalksäcke. Mit den Variablen x für die Anzahl der Kalksäcke und y für die Anzahl der Zementsäcke muss der Lkw so beladen werden, dass das **Ungleichungssystem**

$35x + 50y \leq 3000$
$y \geq \frac{1}{2}x$
$y \leq 2x$

erfüllt ist. Der Lösungsmenge dieses Systems entspricht das in Fig. 1 gelb gefärbte **„Planungsvieleck"**. Jeder Punkt dieses Vielecks gibt durch seine Koordinaten eine mögliche Beladung an.
Sollen z. B. möglichst viele Säcke zur Baustelle gefahren werden, wird diejenige Beladung gewählt, für die der Term $x + y$ einen **möglichst großen Wert**, einen **optimalen Wert** annimmt. Diese Beladung findet man mithilfe paralleler Geraden.

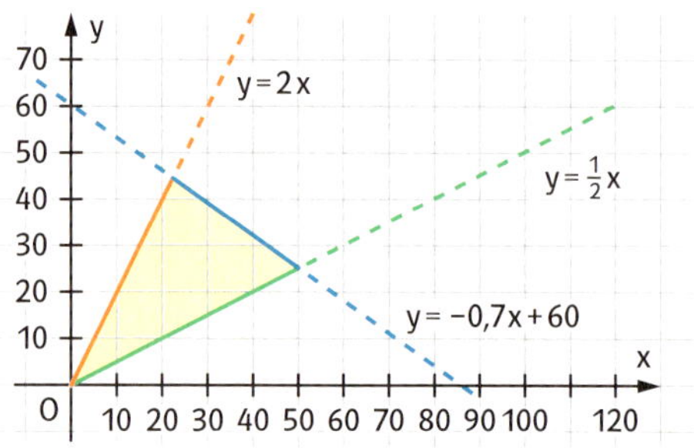

Fig. 1

Alle Punkte zur Gleichung $x + y = c$ bzw. $y = -x + c$ liegen auf einer Geraden mit der Steigung −1. So bedeutet $c = 40$, dass es insgesamt 40 Säcke sind, z. B. 20 Kalksäcke und 20 Zementsäcke. Insgesamt 90 Säcke sind im Rahmen des Planungsvielecks nicht möglich, denn die Gerade zu $c = 90$ hat keinen Punkt mit dem Planungsvieleck gemeinsam (Fig. 2). Es gilt nun, die Gerade mit der Gleichung $y = -x + c$ zu finden, die bei größtmöglichem Ordinatenabschnitt c wenigstens (noch) einen Punkt mit dem Planungsvieleck gemeinsam hat.
Verschiebt man die Gerade mit der Gleichung $y = -x + 40$ parallel in Richtung der y-Achse, so ergibt sich die gesuchte Parallele. Sie verläuft durch den Eckpunkt A(50|25) des Planungsvielecks (Fig. 2).

Der Ordinatenabschnitt der „optimalen Geraden" in Fig. 2 stimmt mit der Kooordinatensumme von A überein: c = 50 + 25 = 75.

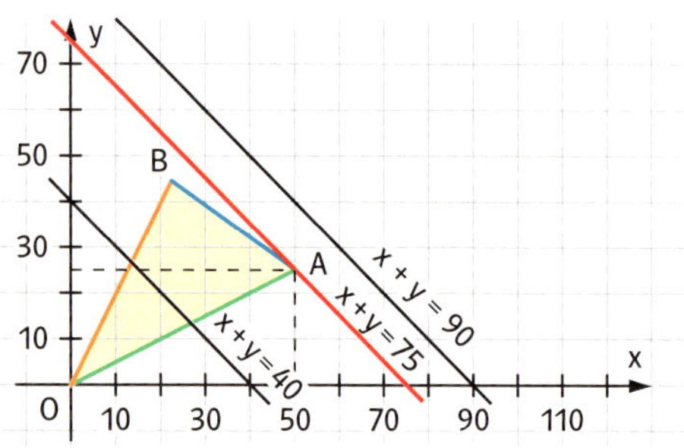

Fig. 2

Ergebnis: Es können maximal 75 Säcke zur Baustelle transportiert werden, und zwar 50 Säcke Kalk und 25 Säcke Zement.

Ein wesentlicher betrieblicher Gesichtspunkt ist der Gewinn. Beträgt der Gewinn bei der Auslieferung je Sack Kalk 2 € und je Sack Zement 4 €, dann lässt sich der Gewinn G bei x Säcken Kalk und y Säcken Zement mithilfe der „Gewinngleichung" $G = 2x + 4y$ berechnen. Ist nun der Gewinn wichtiger als die Anzahl transportierter Säcke, so ist es das Ziel, den Punkt des Planungsvielecks zu finden, für den der Term $2x + 4y$ den größten Wert annimmt. Löst man die „Gewinngleichung" nach y auf, so erhält man $y = -\frac{1}{2}x + \frac{1}{4}G$. Jedem Gewinn G entspricht eine Gerade mit der Steigung $-\frac{1}{2}$ (Fig. 1). Je größer der Ordinatenabschnitt dieser „Gewinngeraden" ist, desto größer ist der erzielte Gesamtgewinn G.

*Die „Gewinngleichung" ist hier die **Zielgleichung** des Optimierungsproblems. Die zugehörigen „Gewinngeraden" werden auch als **Zielgeraden** bezeichnet.*

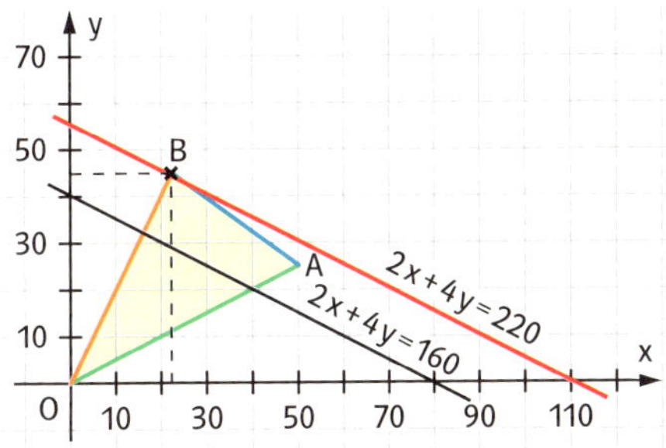

Fig. 1

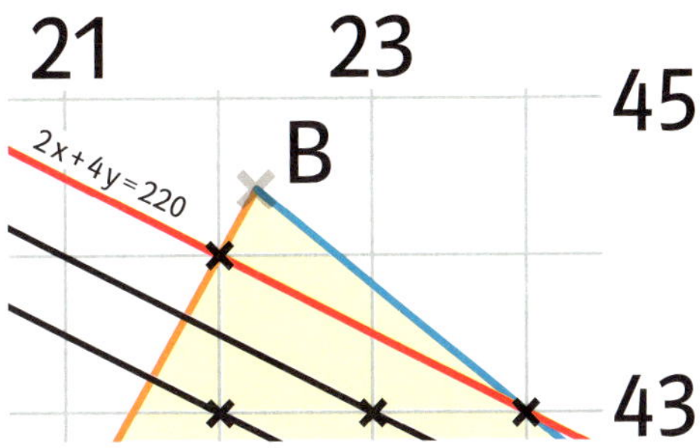

Fig. 2

*Die Gerade durch die Punkte (22 | 44) und (24 | 43) ist hier die **optimale Zielgerade** (Fig. 2).*

Verschiebt man nun zum Beispiel die Gerade zu $G = 160$ parallel in Richtung der y-Achse, so erhält man mit der Parallelen durch den Eckpunkt B die Gerade mit größtmöglichem Ordinatenabschnitt. Die Lage von B lässt sich aus Fig. 2 nur näherungsweise ablesen. Die Rechnung zu den Randgeraden mit den Gleichungen $y = -0{,}7x + 60$ und $y = 2x$ liefert den Schnittpunkt $B\left(22\frac{2}{9}\middle|44\frac{4}{9}\right)$, dessen Koordinaten als Anzahlen nicht infrage kommen. Zur Lösung der Aufgabe müssen die Punkte des Planungsvielecks „in der Nähe" von B untersucht werden, die ganzzahlige Koordinaten haben (Fig 2). Der Vergleich der eingezeichneten vier Punkte führt schließlich zur Lösung der Optimierungsaufgabe.
Ergebnis: Der größtmögliche Gewinn wird erzielt, wenn der Lkw mit 22 Säcken Kalk und 44 Säcken Zement oder mit 24 Säcken Kalk und 43 Säcken Zement beladen wird. Der Maximalgewinn beträgt $22 \cdot 2€ + 44 \cdot 4€ = 24 \cdot 2€ + 43 \cdot 4€ = 220€$.

Beispielhaft wurden zwei Optimierungsaufgaben durch lineares Optimieren gelöst. Dabei wurde die Zielrichtung verfolgt, zum einen die Gesamtanzahl $c = x + y$, zum anderen den Gewinn $G = 2x + 4y$ zu optimieren. Die **optimalen Zielwerte** wurden mit $c = 75$ und $G = 220$ erreicht.

Lineares Optimieren ist ein mehrstufiges Verfahren:
1. Festlegen von zwei Variablen und Aufstellen einer Zielgleichung,
2. Beschreiben der Randbedingungen durch ein lineares Ungleichungssystem und Zeichnen des Planungsvielecks,
3. Einzeichnen der Zielgeraden (Parallelenschar) und Auffinden der optimalen Zielgeraden durch Parallelverschiebung,
4. Ablesen des optimalen Eckpunktes oder der optimalen Randpunkte und Berechnen des optimalen Zielwertes.

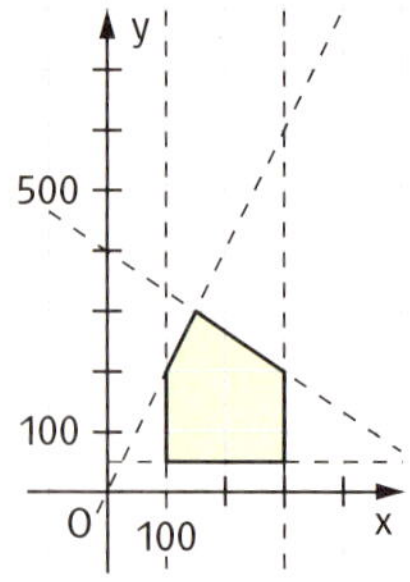

Fig. 1

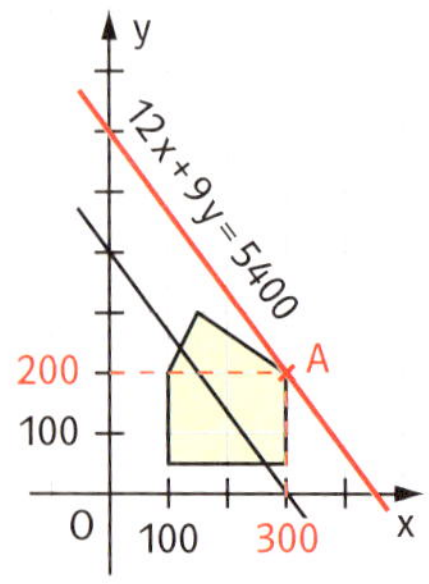

Fig. 2

Beispiel
Ein Betrieb produziert zwei Modelle von Liegestühlen, wöchentlich x Modelle „Elba“ und y Modelle „Rügen“. Die Rahmenbedingungen des Betriebes (Marktlage, Lagerkapazität, Maschineneinsatz, …) sind durch das Planungsvieleck in Fig. 1 dargestellt.
a) Welchem Ungleichungssystem entspricht das Planungsvieleck in Fig. 1?
b) Welchen wöchentlichen Gesamtgewinn kann der Betrieb maximal erzielen, wenn der Gewinn bei einem Liegestuhl „Elba“ 12 €, bei einem Liegestuhl „Rügen“ 9 € beträgt?
Lösung:
a) *Lies die Funktionsgleichungen der Randgeraden ab und beachte bei der Wahl des Relationszeichens die Lage bezüglich des Planungsvielecks.*

$100 \leqq x \leqq 300$
$y \geqq 50$
$y \leqq 2x$
$y \leqq -\frac{2}{3}x + 400$

b) *Der Gewinn G soll maximal sein. Stelle die Zielgleichung auf und löse nach y auf.*
$G = 12x + 9y$, damit folgt $y = -\frac{4}{3}x + \frac{1}{9}G$.
Optimale Zielgerade einzeichnen und optimalen Eckpunkt A ablesen (Fig. 2).
Ergebnis: Der Maximalgewinn wird bei einer Produktion von 300 Modellen „Elba“ und 200 Modellen „Rügen“ erreicht: $12\,€ \cdot 300 + 9\,€ \cdot 200 = 5400\,€$.

Aufgaben

1 Ein Fahrradhändler bezieht vom Hersteller zwei Fahrradmodelle: Modell „Tour“ für 160 € je Fahrrad und Modell „Giro“ für 200 € je Fahrrad.
Es sollen von „Giro“ mindestens halb so viel sein wie von „Tour“, aber auch nicht mehr als von „Tour“. Insgesamt möchte der Händler nicht mehr als 20 000 € ausgeben.
Wie viele Modelle „Tour“, wie viele Modelle „Giro“ wird der Händler nehmen, wenn sein Gesamtverdienst möglichst groß werden soll, und er
a) an jedem Fahrrad gleich viel,
b) bei beiden Modellen 15 %,
c) je Modell „Tour“ 20 €, je Modell „Giro“ 30 €,
d) bei Modell „Tour“ 15 %, bei Modell „Giro“ 20 %
verdienen kann? Berechne jeweils auch den Maximalverdienst.

Hinweis zu den Variablen:
Nimm an, dass der Typ „K“ an x Arbeitstagen, der Typ „M“ an y Arbeitstagen gebaut wird.

2 Eine Autofabrik baut einen Kleinwagen „K“ für 20 000 € und einen Mittelklassewagen „M“ für 30 000 €. An einem Arbeitstag können entweder bis zu 30 Autos vom Typ „K“ oder bis zu 15 Autos vom Typ „M“ hergestellt werden.
Wie viele Autos vom Typ „K“, wie viele Autos vom Typ „M“ werden im Laufe eines Jahres mit höchstens 240 Arbeitstagen hergestellt, wenn mit einem Absatz von höchstens 6000 Autos zu rechnen ist und eine möglichst hohe Gesamteinnahme erzielt werden soll?

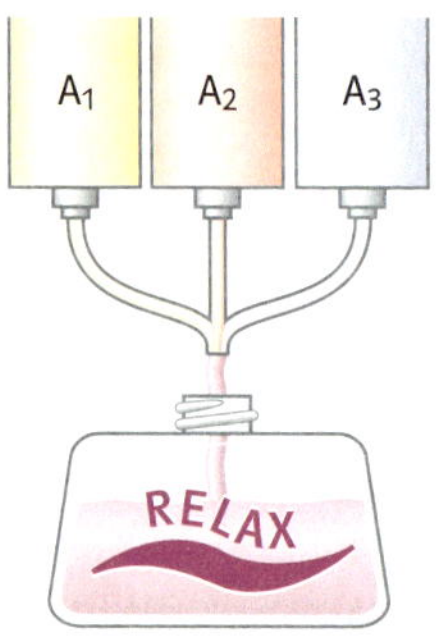

3 Eine Kosmetikfirma produziert die Badeöle „RELAX“ und „VITAL“. Jedes Badeöl wird aus drei Zwischenprodukten gemischt, die von drei Automaten A_1, A_2, A_3 hergestellt werden. Tab. 1 zeigt die Einsatzzeiten für jeden der Automaten.
Wie viele Liter „RELAX“, wie viele Liter „VITAL“ wird man täglich herstellen, wenn der Gewinn je Liter „RELAX“ bei 15 €, der Gewinn je Liter „VITAL“ bei 20 € liegt und der Gewinn maximal sein soll?

Zeitbedarf der Automaten

Automat	Benötigte Zeit pro Liter Badeöl in Minuten	
	A	B
A_1	4,5	3
A_2	4	4
A_3	1,5	6

Jeder Automat kann täglich höchstens sechs Stunden benutzt werden.

Tab. 1

Die Lösungen der Aufgaben 1 und 4 lassen sich auch gut grafisch bestimmen.

1 Löse das Gleichungssystem.

a) $x + 3y - 3 = 0$
$x - 3y + 3 = 0$

b) $4y - 15 = -5x$
$3x + 2 = 2y$

c) $x + y - 3 = 0$
$2y = -9 - x$

2 a) $8x + 13y = 92$
$14x - 15y = 10$

b) $23x - 30y = 25$
$19x - 12y = 59$

c) $35x - 38y = 149$
$28x - 57y = 199$

3 a) $\frac{2}{3}x - 5y + 1 = 0$
$\frac{1}{3}x = y + 1$

b) $\frac{x}{2} - \frac{y}{3} = 5$
$\frac{x}{4} - 4 = \frac{2y}{3}$

c) $\frac{x}{5} + 2 \cdot \frac{y}{3} = 1$
$\frac{x}{2} - \frac{y}{3} = 2$

4 Von zwei Zahlen weiß man, dass die erste doppelt so groß ist wie die zweite. Addiert man das Dreifache der ersten Zahl zu der zweiten Zahl hinzu, so erhält man 14. Bestimme die beiden Zahlen.

5 **Zahlenrätsel im Kreis**
Setzt euch in einer kleinen Gruppe um einen Tisch. Jeder denkt sich ein Zahlenrätsel aus und schreibt dieses auf ein Blatt. Dann werden die Zahlenrätsel an die rechten Nachbarn weitergegeben. Wenn alle ihre Aufgaben gelöst haben, werden die Rätsel wieder weitergereicht und wieder gelöst – so lange, bis jeder wieder sein eigenes Blatt hat.

6 In der einen Geldbörse waren 150 % des Geldbetrages der anderen Geldbörse (Fig. 1). Wie viel Geld war in jeder Geldbörse?

Fig. 1

7 a) Das Alter eines Jungen betrug vor sieben Jahren genau ein Siebtel des Alters seines Vaters. In drei Jahren wird sein Alter genau ein Drittel des Alters seines Vaters betragen. Wie alt sind die beiden heute?
b) Charlotte war vor einem Jahr doppelt so alt wie Jens. In zwei Jahren wird sie 1,5-mal so alt wie Jens sein. Wie alt sind die beiden heute?

8 Löse das Ungleichungssystem grafisch.

a) $y \geqq 3$
$2y < 16 - x$
$y \leqq x - 4$

b) $y \leqq x$
$6y > 6 + x$
$3y + x < 12$

c) $2x - y < -6$
$y - 2x = 0$
$x + 3y > 12$

9 Eva und Patrick gehen in dieselbe Klasse, sie mögen sich und schreiben sich in den Pausen Briefe. Die anderen beobachten dies.
Wie viele Briefe kann Patrick an Eva und Eva an Patrick geschrieben haben?

10 Klasse 8 b soll von der Partnerschule aus Innsbruck Besuch bekommen. Die Schüler der 8 b wissen noch nicht, wie viele Mädchen und Jungen in Gastfamilien unterzubringen sind. Glücklicherweise hat die Klasse aus Innsbruck schon dreimal geschrieben.

Fig. 1

11 Betrachtet wird das Gleichungssystem

$$1999x - 2000y = 999$$
$$1997x - 1998y = 998.$$

a) Bestimme die Lösung des linearen Gleichungssystems.

b) Ändert man in der zweiten Gleichung die Zahl 1997 geringfügig in 1997,001 ab, so erhält man ein Gleichungssystem, das keine Lösung besitzt. Prüfe dies nach und gib hierfür eine geometrische Erklärung.

12 Eine zweistellige Zahl ist achtmal so groß wie ihre Quersumme. Vertauscht man die Ziffern der Zahl miteinander, so erhält man eine um 45 kleinere Zahl. Wie lautet die zweistellige Zahl?

13 Bestimme die Koordinaten des Schnittpunktes S in Fig. 2.

14 Frau Schulz war vor vier Jahren 13-mal so alt wie ihr Sohn Martin. In 6 Jahren wird sie nur noch dreimal so alt sein wie ihr Sohn dann ist. Wie alt sind Frau Schulz und ihr Sohn Martin heute?

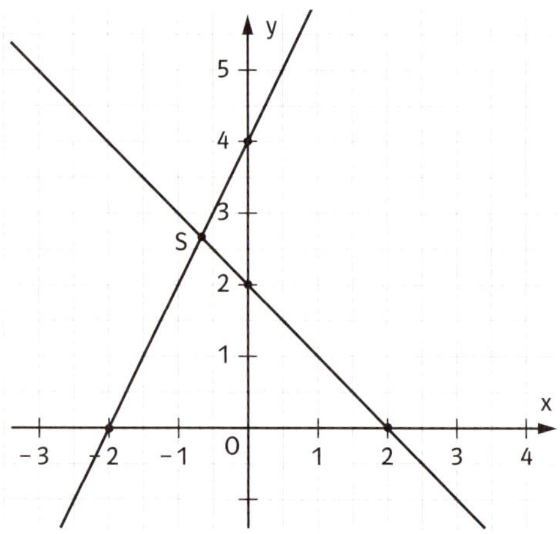

Fig. 2

15 Aus dem Buch Ganita-sra-samgraha des indischen Mathematikers Mahavira (um 850 n. Chr.) stammt diese Aufgabe:
Neun Zitronen und sieben Holzäpfel kosten 107 Geldstücke. Sieben Zitronen und neun Holzäpfel kosten 101 Geldstücke. Sage mir schnell, was kostet eine Zitrone und ein Holzapfel allein.

Zum Knobeln für besonders findige Köpfe

16 Drei einstellige Zahlen haben die Summe 15. Die größte dreistellige Zahl, die man mit ihren Ziffern bilden kann, unterscheidet sich um 396 von der kleinsten dreistelligen Zahl, die man bilden kann. Bestimme die drei einstelligen Zahlen.

17 Zwei unterschiedlich lange Kerzen wurden gleichzeitig angezündet. Nach zwei Stunden hatten beide Kerzen die gleiche Länge. Die eine Kerze war nach insgesamt dreieinhalb Stunden ganz abgebrannt, die andere nach insgesamt fünf Stunden.
Um wie viel Prozent war eine Kerze zu Beginn länger als die andere?

Fig. 1

18 Alle Mädchen und Jungen der 8b treffen sich im Hamburger-Restaurant. Jeder isst einen Hamburger. Es werden viermal so viele Super Hamburger mit Mayo-extra gegessen wie ohne Mayo-extra und doppelt so viele Turbo Hamburger ohne Mayo-extra wie mit Mayo-extra. Alle Hamburger ohne Mayo-extra kosten zusammen 29,80 Euro, alle mit Mayo-extra kosten zusammen 31 Euro. Wie viele Schülerinnen und Schüler hat die Klasse 8b?

Fig. 2

Optimale Lösungen finden

19 Ein Betrieb für Campingzubehör produziert Einbausätze vom Typ N und vom Typ S für Wohnmobile. An einem Arbeitstag können höchstens 24 vom Typ N und höchstens 40 vom Typ S hergestellt werden. In einer Saison mit 200 Arbeitstagen können insgesamt nicht mehr als 10 400 Einbausätze verkauft werden. Der Gewinn beim Verkauf von einem Einbausatz beträgt 200 € je Typ N und 150 € je Typ S.
Wie viele Einbausätze vom Typ N und wie viele Einbausätze vom Typ S werden jährlich produziert, wenn ein maximaler Gesamtgewinn erzielt werden soll?

20 Welchen Gewinn kann der in Aufgabe 19 genannte Betrieb maximal erzielen, wenn
a) beim Verkauf von einem Einbausatz vom Typ N der Gewinn 200 € und beim Verkauf von einem Einbausatz vom Typ S der Gewinn 250 € beträgt,
b) wegen der erhöhten Nachfrage vom Typ S mindestens doppelt so viele Einbausätze hergestellt werden müssen wie vom Typ N und der Gewinn je Einbausatz 240 € bei Typ N und 160 € bei Typ S beträgt?

21 Für ein Klassenfest mischen Annika und Felix ein Getränk aus Pfirsichsaft und Mineralwasser. Insgesamt sollen 16 Liter Getränk zur Verfügung stehen. Wegen des Geschmacks soll das Getränk mindestens zu einem Viertel, höchstens aber zur Hälfte aus reinem Pfirsichsaft bestehen. Ein Liter Pfirsichsaft kann für 2,40 € und ein Liter Mineralwasser für 0,60 € eingekauft werden. Felix hat schon 10 Liter Mineralwasser gekauft, die auf jeden Fall verwendet werden sollen.
a) Wie viel Liter Pfirsichsaft und wie viel Liter Mineralwasser müssen Annika und Felix nehmen, damit die Gesamtkosten minimal werden?
b) Welche Mengen Pfirsichsaft und Mineralwasser verwenden Annika und Felix, wenn der Pfirsichsaft von Annikas Eltern gestiftet wird und das Mineralwasser 0,50 € je Liter kostet?

Manchmal ist minimal optimal …

Drei Gleichungen, drei Variablen – das geht auch

I: $x + y + z = 6$
II: $y + z = 3$
III: $z = 1$

I: $2x + 3y + 4z = 27$
II: $2y - z = 4$
III: $y + z = 3$

I: $2x + 3y + 4z = 38$
II: $-3x + 2y - 4z = -21$
III: $5x - 3y + 6z = 33$

Gesucht sind drei Zahlen. Das Dreifache der ersten Zahl und die zweite Zahl und das Dreifache der dritten Zahl ergeben zusammen 23. Das Doppelte der zweiten Zahl und das Dreifache der dritten Zahl ergeben zusammen 13. Die dritte Zahl ist die zweitkleinste Primzahl. Wie heißen die Zahlen?

1 Will man Fragestellungen wie das Zahlenrätsel beantworten, so muss man lineare Gleichungssysteme mit drei Variablen lösen. Von den links abgebildeten Gleichungssystemen ist das oberste am einfachsten zu lösen. Warum?

Gleichungen des Typs $3x + 2y + 6z = 4$ heißen **lineare Gleichungen mit drei Variablen**. Wenn ein Gleichungssystem mit drei linearen Gleichungen und drei Variablen **Dreiecksform** hat, dann kann man die Lösung leicht ermitteln.

I:	$\mathbf{3x + 2y - 4z} = \mathbf{-5}$	Aus III folgt	$z = 3.$
II:	$0x \mathbf{- 4y + 2z} = \mathbf{-2}$	Aus III und II folgt	$y = 2.$
III:	$0x + 0y + \mathbf{5z} = \mathbf{15}$	Aus III und II und I folgt	$x = 1.$

Die Lösung dieses Gleichungssystems ist $(1|2|3)$.

*Dieses Lösungsverfahren heißt auch **Gauß-algorithmus**, benannt nach dem Mathematiker Carl Friedrich Gauß (1777–1855).*

Lineare Gleichungssysteme mit drei Gleichungen und drei Variablen, die keine Dreiecksform haben, versucht man in Dreiecksform zu überführen.
Hierbei darf man wie bei Gleichungssystemen mit zwei Gleichungen und zwei Variablen:
1. eine Gleichung mit einer Zahl ($\neq 0$) multiplizieren.
2. eine Gleichung durch die Summe aus ihr und einer anderen Gleichung ersetzen.

Zum Beispiel:

I: $x - 3y + 2z = -4$
II: $-x + y + 3z = 11$
III: $-x - 2y + 2{,}5z = -2{,}5$

1. Schritt:
In zwei Gleichungen soll dieselbe Variable nicht mehr vorkommen. Um dies zu erreichen, werden die Gleichungen I und II sowie I und III addiert.

I: $x - 3y + 2z = -4$
II: $-x + y + 3z = 11$ | I + II
III: $-x - 2y + 2{,}5z = -2{,}5$ | I + III

2. Schritt:
In Gleichung III soll nun auch die Variable y nicht mehr vorkommen. Um dies zu erreichen, wird zunächst Gleichung II mit 5 und Gleichung IIIa mit 2 multipliziert. Anschließend werden die so veränderten Gleichungen addiert.

I: $x - 3y + 2z = -4$
IIa: $-2y + 5z = 7$ | $\cdot(-5)$
IIIa: $-5y + 4{,}5z = -6{,}5$ | $\cdot 2$

I: $x - 3y + 2z = -4$
IIb: $10y - 25z = -35$
IIIb: $-10y + 9z = -13$ | IIb + IIIb

3. Schritt:
Vereinfachen der Gleichungen.

I: $x - 3y + 2z = -4$
IIb: $10y - 25z = -35$ | $:(-5)$
IIIc: $-16z = -48$ | $:(-16)$

I: $x - 3y + 2z = -4$
(IIc =) IIa: $-2y + 5z = 7$
IIId: $z = 3$

4. Schritt:
Bestimmung der Lösung.

Aus IIId folgt: $z = 3$
Aus IIId und IIa folgt: $y = 4$
Aus IIId und IIa und I folgt: $x = 2$

*„Zahlendrillinge" wie (2|3|4) bezeichnet man auch als **Zahlentripel**.*

Die Lösung des Gleichungssystems ist das Zahlentripel $(2|4|3)$.

Drei Gleichungen, drei Variablen – das geht auch

2 Löse.

a) $$\begin{aligned} x + y + z &= 9 \\ x - y + z &= 3 \\ x + y - z &= 1 \end{aligned}$$

b) $$\begin{aligned} x + y - z &= 7 \\ 2x - y + z &= 8 \\ 3x + 2y - z &= 20 \end{aligned}$$

c) $$\begin{aligned} x + 4y - 5z &= 21 \\ 2x - 3y + 4z &= -1 \\ x - 6y - 8z &= -3 \end{aligned}$$

d) $$\begin{aligned} 2x + 3y + 4z &= 1{,}4 \\ 3x - 2y - z &= 1{,}2 \\ 5x + 4y + 3z &= 1{,}4 \end{aligned}$$

3 a) Bestimme drei Zahlen so, dass sich die Summen 10 bzw. 11 bzw. 12 ergeben, wenn man je zwei von ihnen addiert.
b) Bei drei Zahlen x, y und z kann man von jeweils zweien das arithmetische Mittel bilden. Ist es möglich, dass sich dabei jedes Mal der Mittelwert 10 (jedes Mal der gleiche Mittelwert) ergibt, obwohl die drei Zahlen x, y, z verschieden sind?

4 Die Summe aus je zwei von drei Zahlen
a) übertrifft die dritte um 12 bzw. um 14 bzw. um 16,
b) wird vom Dreifachen der dritten Zahl um 13 bzw. 25 bzw. 37 übertroffen.
Bestimme die drei Zahlen.

5 Während einer Klassenfahrt kaufen Tobias, Bastian und Rebecca für sich und andere ein. Leider haben sie sich nicht die Einzelpreise gemerkt und die Kassenbons sind zerrissen. Berechne, wie teuer eine Landschoko, eine Lomo-Limo und eine Packung Kika-Kekse sind.

5 Landschoko
3 Lomo-Limo
2 Kika-Kekse
- - - - - - - - - -
Summe 10,60 Euro

3 Landschoko
2 Lomo-Limo
4 Kika-Kekse
- - - - - - - - - -
Summe 9,70 Euro

4 Landschoko
4 Lomo-Limo
1 Kika-Kekse
- - - - - - - - - -
Summe 9,90 Euro

6 **Unendlich viele Lösungen, keine Lösung**

a) $$\begin{aligned} 3x + 9y - 3z &= 15 \\ -8x - 19y + 3z &= 6 \\ 2x + y + 3z &= 0 \end{aligned}$$

b) $$\begin{aligned} 3x + 9y - 3z &= 15 \\ -8x - 19y + 3z &= -30 \\ 2x + y + 3z &= 0 \end{aligned}$$

c) $$\begin{aligned} x + y - z &= 0 \\ x + 2y &= 3 \\ y + z &= 3 \end{aligned}$$

Gleichungssysteme mit drei linearen Gleichungen und drei Variablen haben wie Gleichungssysteme mit zwei Gleichungen und zwei Variablen entweder **keine Lösung** oder **eine einzige Lösung** oder **unendlich viele Lösungen.**

7 Probiere es auch mal mit vier …

a) $$\begin{aligned} 3w - 2x + y + z &= 3 \\ 4x - 2y - z &= 3 \\ -8x + 2z &= 2 \\ -2y - z &= 1 \end{aligned}$$

b) $$\begin{aligned} 2w + x + y &= 0 \\ x + y + 2z &= 4 \\ 3w - y + 6z &= 1 \\ w + 2x + 3z &= 2 \end{aligned}$$

c) $$\begin{aligned} w + 2x + 3y + 4z &= 2 \\ 2w + x + 4z &= 5 \\ 3w - 3y + 2z &= 7 \\ -3x + 5y - 2z &= 2 \end{aligned}$$

Rückblick

Lineare Gleichungen mit zwei Variablen
Jede Lösung einer linearen Gleichung $ax + by = c$ mit den Variablen x und y besteht aus zwei Zahlen; sie ist somit ein Zahlenpaar. Die Lösungen der Gleichung $ax + by = c$ liegen auf einer Geraden, wenn nicht alle Koeffizienten a, b und c gleichzeitig null sind.
Sonderfälle:
Ist $a = b = c = 0$, so ist jedes Zahlenpaar Lösung.
Ist $a = b = 0$ und $c \neq 0$, so hat die Gleichung keine Lösung.

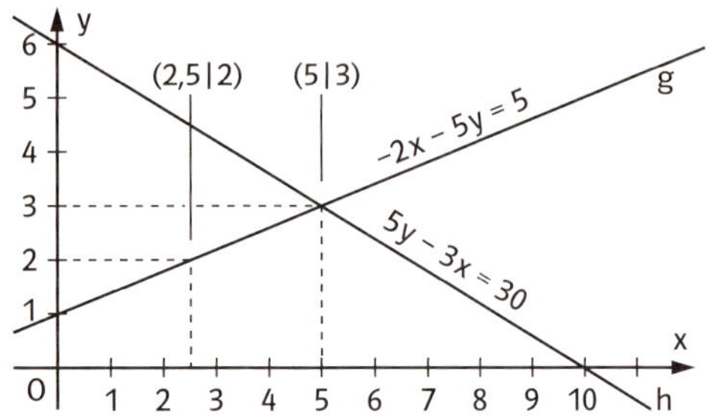

Lineare Gleichungssysteme mit zwei Variablen
Zwei lineare Gleichungen mit zwei Variablen bezeichnet man als lineares Gleichungssystem.
Ein Zahlenpaar, das beide Gleichungen eines linearen Gleichungssystems erfüllt, heißt Lösung des Gleichungssystems.

(2,5|2) und (5|3) sind zwei Lösungen von $-2x + 5y = 5$.
(5|3) ist auch Lösung von $5y + 3x = 30$ und damit Lösung des Gleichungssystems
I: $-2x + 5y = 5$ II: $5y + 3x = 30$.

Lösen linearer Gleichungssysteme mit zwei Variablen
Lineare Gleichungssysteme mit zwei Variablen kann man grafisch lösen oder rechnerisch mit dem Gleichsetzungsverfahren, dem Einsetzungsverfahren oder dem Additionsverfahren. Alle Verfahren haben das Ziel, aus zwei Gleichungen mit zwei Variablen eine einzelne Gleichung zu erzeugen, in der eine der beiden Variablen nicht mehr vorkommt.
Je nach Lage der zugehörigen Geraden besitzt ein Gleichungssystem mit zwei Gleichungen und zwei Variablen
- genau eine Lösung (sich schneidende Geraden),
- keine Lösung (parallele Geraden),
- unendlich viele Lösungen (identische Geraden).

Gleichungssystem: I: $y = 2x$
II: $x + y = 3$
Lösung mit drei verschiedenen Verfahren:
Einsetzungsverfahren
I in II: $x + 2x = 3$, also $x = 1$.
Einsetzen in I (oder II) ergibt $y = 2$.
Gleichsetzungsverfahren
II: $y = 3 - x$
I = II: $2x = 3 - x$, also $x = 1$.
Einsetzen in I (oder II) ergibt $y = 2$.
Additionsverfahren
I: $2x - y = 0$
I + II: $3x + 0y = 3$, also $x = 1$.
Einsetzen in I (oder II) ergibt $y = 2$.
Lösung des Gleichungssystems: (1|2)

Anwendungen
Beim Lösen von Anwendungsaufgaben mithilfe von Gleichungssystemen ist folgende Vorgehensweise sinnvoll:
- Einführung geeigneter Variablen
- Formulierung der Aussagen des Textes mithilfe von Gleichungen
- Lösen des Gleichungssystems
- Formulierung einer Antwort und Überprüfung des Ergebnisses

Die Summe zweier Zahlen beträgt 30, ihre Differenz 12. Bestimme die Zahlen.
Die 1. Zahl wird mit x, die 2. mit y bezeichnet.
I: $x + y = 30$
II: $x - y = 12$
Die gesuchten Zahlen sind 21 und 9.

Lineare Ungleichungssysteme
Den Lösungen linearer Ungleichungen mit zwei Variablen entsprechen Halbebenen. Die Lösungen linearer Ungleichungssysteme werden durch die gemeinsamen Punkte von Halbebenen dargestellt.

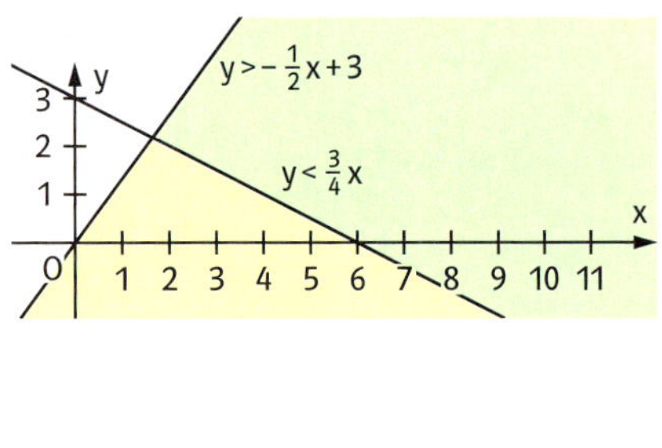

Training

Runde 1

1 Stelle die Lösungsmenge im Koordinatensystem dar.

a) $y = 2x + 1$ b) $3y = 9x + 3$ c) $-4x + y = 0$ d) $y = -2{,}5$

2 Bestimme die Lösung grafisch.

a) $y = 4x - 2$
$y = 5x - 3$

b) $-5y + x = -5$
$4y = 2 + x$

c) $5y - 2 - x = 0$
$6y - x - 3 = 0$

d) $y - 2 - x = 7$
$y - x - 3 = 1$

3 Bestimme die Lösung rechnerisch.

a) $y = 4x - 6$
$y = 5x + 7$

b) $5x = -3y + 7$
$5x = -4y + 7$

c) $2x - 4y = 1$
$3x + 2y = 6$

d) $2x - 4y = -1$
$-3x + 2y = 6$

e) $y = 1{,}5x - 4$
$x + y = 3$

f) $3x + 5y = 2$
$x - 5y = 8$

g) $x = 2\frac{1}{2}y - \frac{1}{5}$
$6y = 2x + 1\frac{1}{5}$

h) $x = 2\frac{1}{5}y - \frac{1}{2}$
$y = x + 1\frac{1}{5}$

4 Die Summe dess Dreifachen einer Zahl und des Vierfachen einer anderen Zahl ist 18. Subtrahiert man vom Sechsfachen der zweiten Zahl das Fünffache der ersten Zahl, so erhält man 8. Wie lauten die beiden Zahlen?

5 Stelle die Lösungen grafisch dar.

a) $2x + 2y > 5$
$y < 3$
$x < 5 - y$

b) $3y < 6 + x$
$y > 3x$
$y + x > 1$

c) $3y - 6x < 3$
$y < x + 3$
$x - y < 2$

d) $4x < y + 2$
$y + x > 3$
$y - 2x - 2 < 0$

Runde 2

1 Bestimme die Lösung.

a) $6x + 4y = 14$
$-5x - 4y = -15$

b) $(4x - 3y) \cdot 8 = 0$
$(4x - 3y) \cdot 9 = -17$

c) $3{,}4x + 5{,}1y = 0{,}3$
$3{,}4x + 5{,}1y = 0{,}5$

d) $-3{,}4x + 5{,}1y = 0{,}34$
$3{,}4x + 5{,}1y = 0{,}34$

2 Bestimme die Koordinaten des Schnittpunktes S der beiden Geraden.

a)

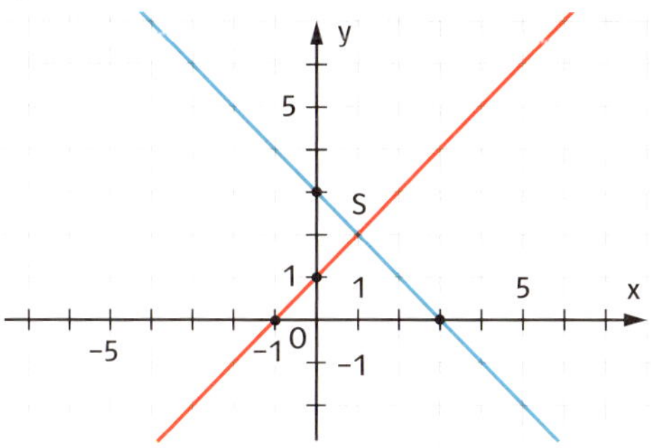

b)

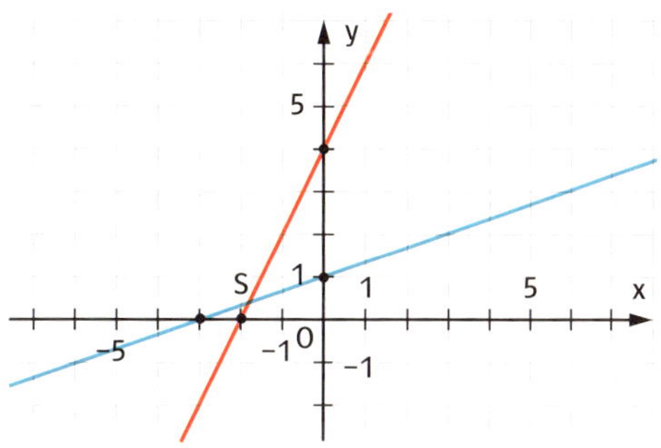

3 Die Summe zweier Zahlen ist 13, die Differenz ist 6. Bestimme die Zahlen.

4 Für ein Jugendtreffen wurden insgesamt zwölf Zelte aufgebaut. Es wurden nur Zelte für drei Personen und Zelte für vier Personen verwendet.
In den Drei-Personen-Zelten schliefen die Mädchen, in den Vier-Personen-Zelten schliefen die Jungen. Die insgesamt 43 Jugendlichen belegten alle Plätze in den Zelten.
Wie viele Mädchen nahmen an dem Zeltlager teil?

Lösungen auf den Seiten 233–235.

Das kannst du schon

- Wahrscheinlichkeiten bei Zufallsgeräten bestimmen
- einfache Zufallsversuche durchführen

Ein Fluggast, der eine Phobie vor Schlangen hat, erkundigt sich bei einem Mathematiker, wie hoch die Wahrscheinlichkeit ist, dass eine Schlange im Flugzeug ist. Der Mathematiker rechnet eine Woche lang und verkündet dann: „Die Wahrscheinlichkeit ist ein Zehntausendstel!“

Dem Fluggast ist das zu hoch, und er fragt den Mathematiker, ob es nicht eine Methode gibt, die Wahrscheinlichkeit zu senken. Der Mathematiker verschwindet wieder für eine Woche und hat dann die Lösung: „Nehmen Sie selbst eine Schlange mit! Die Wahrscheinlichkeit, dass außer Ihrer Schlange noch eine Schlange an Bord ist, ist dann das Produkt $\frac{1}{10\,000} \cdot \frac{1}{10\,000}$ = Eins zu Hundertmillionen. Damit können Sie beruhigt fliegen!“

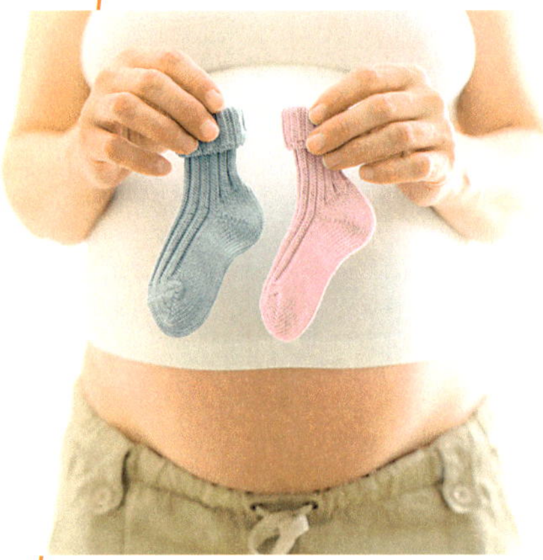

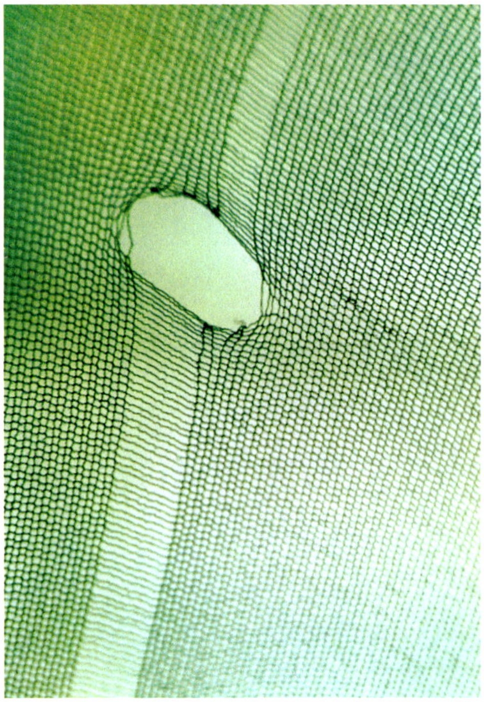

Zahl

Messen

Raum und Form

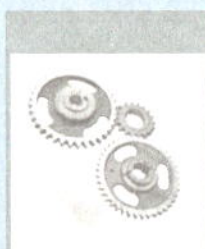

Funktionaler Zusammenhang

Daten und Zufall

Mit dem Zufall muss man immer rechnen

Je planmäßiger die Menschen vorgehen,
desto wirksamer trifft sie der Zufall.

Friedrich Dürrenmatt

Das kannst du bald

- Gesetze bei Wahrscheinlichkeitsverteilungen geschickt anwenden
- Baumdiagramme zur Berechnung von Wahrscheinlichkeiten umfassend einsetzen
- Probleme lösen durch Modellieren und Simulieren

1 Wahrscheinlichkeiten, Laplace-Ereignisse

Die „6“ gewinnt, wenn nach der Drehung des Glücksrads der Zeiger auf einer 6 steht.

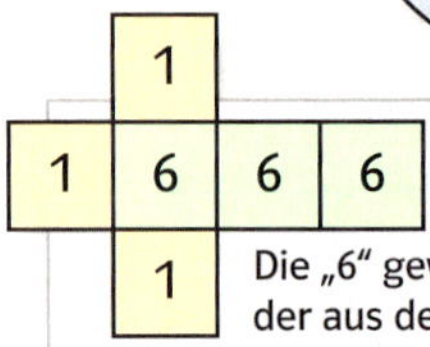

Die „6“ gewinnt, wenn der aus dem Netz gebaute Würfel eine 6 zeigt.

Würdest Du auf die „6“ wetten?

Die „6“ gewinnt, wenn die Summe der Augenzahlen 6 ist.

Bei einem Spiel geht es für die Teilnehmer darum, wer als erster eine „6“ erzielt. Jeder der drei Mitspieler wählt dabei eines der Spielgeräte.
Jonathan meint: „Ich nehme die beiden Würfel. Da gibt es so viele verschiedene Möglichkeiten, eine 6 zu erhalten.“
Lea überlässt ihrer kleinen Schwester großzügig den Vortritt bei der Auswahl.

Wahrscheinlichkeiten kann man als Bruch, als Dezimalbruch oder in Prozent angeben.

Beim Glücksrad Fig. 1 wird der Zeiger gedreht. Es hängt vom Zufall ab, wo er stehen bleibt. Es können die **Ereignisse** „blau“, „gelb“ und „grün“ auftreten. Da die Hälfte der Kreisscheibe blau ist, erwartet man bei Wiederholungen dieses **Zufallsversuchs** etwa bei der Hälfte aller Drehungen das **Ergebnis** „blau“. Für die Ergebnisse „gelb“ und „grün“ erwartet man jeweils den Anteil $\frac{1}{4}$, also etwa in ein Viertel der Drehungen.
Man sagt: Die **Wahrscheinlichkeit** für „blau“ beträgt $\frac{1}{2}$ und die Wahrscheinlichkeit für „gelb“ und „grün“ jeweils $\frac{1}{4}$. Bei 200 Drehungen erwartet man, dass das Ergebnis „blau“ etwa 100-mal und die Ergebnisse „gelb“ und „grün“ je etwa 50-mal auftreten.
Die nebenstehende Tabelle zeigt die Ergebnisse einer solchen Versuchsreihe. Die **beobachteten Häufigkeiten** stimmen hier fast mit den **erwarteten Häufigkeiten** überein.

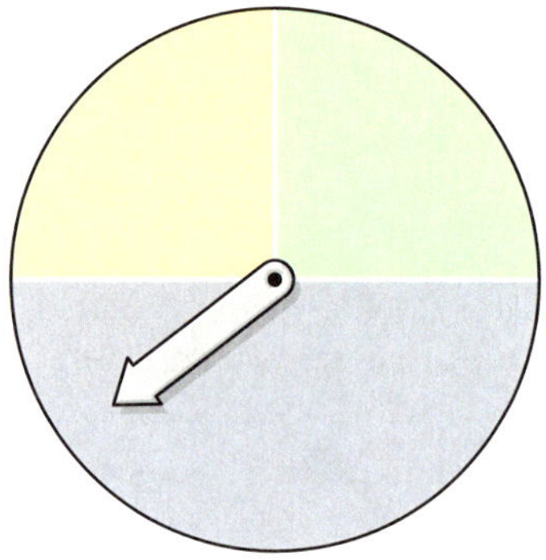

Fig. 1

Farbe	blau	gelb	grün
erwarteter Anteil	$\frac{1}{2}$	$\frac{1}{4}$	$\frac{1}{4}$

Bei 200 Versuchen:

Farbe	blau	gelb	grün
erwartete Häufigkeit	100	50	50
beobachtete Häufigkeit	107	38	55

Fig. 2

Es gibt weitere Zufallsgeräte wie z. B. in Fig. 2, bei denen man die Wahrscheinlichkeiten der möglichen Ergebnisse als Anteile bestimmen kann. Im Zylinder sind 4 von 10 Kugeln rot. Die Wahrscheinlichkeit, eine rote Kugel zu ziehen, beträgt $\frac{4}{10} = 0{,}4 = 40\,\%$. Beim Wetten würde man eher auf „weiß“ setzen. Legt man die Kugel immer wieder zurück und zieht 20-mal, so erwartet man 8-mal eine rote Kugel.

Wahrscheinlichkeiten können helfen, Entscheidungen zu treffen.

Die Wahrscheinlichkeit gibt an, welchen Anteil man für ein bestimmtes Ergebnis bei vielen Wiederholungen eines Zufallsversuchs erwartet.
Die Wahrscheinlichkeit, mit einem Spielwürfel eine „2“ zu würfeln, beträgt $\frac{1}{6}$.
Wenn man 60-mal würfelt, erwartet man etwa 10-mal eine „2“.

Beispiel
Beim Würfeln mit dem Würfel (Fig. 1) gilt als Ergebnis die obere Augenzahl.
a) Wie wahrscheinlich ist das Ergebnis „1“?
b) Berechne auch die Wahrscheinlichkeiten für die anderen Augenzahlen.
c) Wie oft wird die „1“ bei 900 Würfeln auftreten?
Lösung:
Da der Würfel regelmäßig gebaut ist, haben alle sechs Seiten die gleiche Chance.
a) Die Wahrscheinlichkeit für die „1“ beträgt $\frac{1}{6} \approx 16{,}67\,\%$.
b) Die Wahrscheinlichkeit für jede Augenzahl, also auch für die Ereignisse „2“, „3“, „4“, „5“ und „6“ beträgt $\frac{1}{6} \approx 16{,}67\,\%$.
c) $900 \cdot \frac{1}{6} = 150$. Man erwartet, dass bei 900 Würfen etwa 150-mal die „1“ vorkommt.

Fig. 1

*Haben alle **Ereignisse** die gleiche Wahrscheinlichkeit, spricht man von einem **Laplace-Ereignis**.*

Aufgaben

1 a) Welche Wahrscheinlichkeit hat das Ergebnis „rot“ beim Ziehen einer Kugel in Fig. 2?
b) Wie groß ist die Wahrscheinlichkeit eine „durch 3 teilbare Zahl“ zu ziehen?
c) Suche jeweils ein Ereignis, dass die Wahrscheinlichkeit $\frac{1}{9}$; $\frac{4}{9}$ und 1 hat.
d) Sollte man auf „eine Zahl größer als 6“ wetten oder auf eine „Primzahl“?

Fig. 2

2 Berechne die Wahrscheinlichkeit.
a) Beim Werfen einer 1-Euro-Münze ist das Ergebnis „Zahl“ (Z).
b) Beim Werfen einer 2-Euro-Münze ist das Ergebnis „Kopf“ (K).
c) Paul ist an einem Montag geboren.
d) Sheila ist am Wochenende geboren.
e) Beim Werfen des Tetraeders (Fig. 3) wird die „2“ geworfen.

Zahl (Z) Kopf (K)

3 Was erwartet ihr?
a) Ein Würfel wird 60-mal geworfen, wie oft erwartet ihr das Ergebnis „5“?
b) Eine Münze wird 40-mal geworfen, wie oft erwartest du das Ergebnis „Zahl“?
c) Der Tetraeder (Fig. 3) wird 60-mal geworfen. Wie oft erscheint das Ergebnis „3“?
d) Überprüft eure Erwartungen, indem ihr selbst Würfel, Münze und Tetraeder werft und die beobachteten Häufigkeiten mit den zu erwartenden Häufigkeiten vergleicht.
e) Was erwartetet ihr jetzt, wenn ihr einen Würfel 180-mal, die Münze 120-mal und den Tetraeder 160-mal werft?

Fig. 3

4 Daniela, Julia und Jana gehen regelmäßig zusammen ins Kino. Sie beschließen ab heute abwechselnd zu zahlen. Nun müssen sie entscheiden, wer beginnt. Sie suchen in ihren Taschen nach geeigneten Zufallsgeräten.
(1) Kleingeld
(2) Streichhölzer
(3) ein Bund mit neun Schlüsseln
Welches Zufallsgerät ist am besten geeignet? Begründe.

2 Häufigkeiten und Wahrscheinlichkeiten

„Beim Werfen des Lego-Achters, des Lego-Sechsers und des Lego-Vierers ist die Wahrscheinlichkeit eine „1" zu werfen nicht immer gleich groß," meint Pia.
„Es ist egal, mit welchem Stein man die „1" wirft, die haben alle sechs Seiten", sagt Phil.

Es gibt Zufallsversuche, bei denen die Wahrscheinlichkeiten nicht direkt zu erkennen sind.

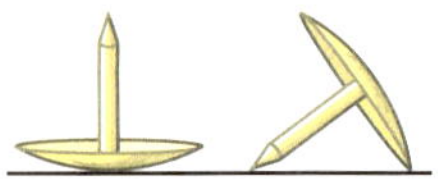

***Relativ** bedeutet „bezogen auf".*
***Relative Häufigkeiten** werden auf die Gesamtzahl der Durchführungen eines Versuches bezogen.*

Wirft man beispielsweise einen Reißnagel, so kann man die Wahrscheinlichkeit der Lagen Kopf und Seite nicht direkt angeben. Man kann sie jedoch schätzen, indem man eine ausreichend lange Versuchsreihe durchführt. Man zählt dabei, wie oft Kopf und Seite auftreten. Diese Anzahlen nennt man **absolute Häufigkeiten**. Den Anteil der absoluten Häufigkeit eines Ergebnisses an der Gesamtzahl der Würfe nennt man **relative Häufigkeit**. In der Tabelle sind die absoluten und relativen Häufigkeiten verschiedener Versuchsreihen beim Werfen eines Reißnagels aufgeführt. Bei 10 Würfen sind die Häufigkeiten des ersten und zweiten Durchgangs noch sehr verschieden. Bei 100 Würfen sind die Werte beider Durchgänge wesentlich ähnlicher. Und bei 1000 Würfen sind die Unterschiede schon sehr gering. Würde man noch häufiger werfen, so ist zu erwarten, dass die Unterschiede noch geringer wären.

10 x Werfen	1. Durchgang		2. Durchgang	
Ergebnis	Kopf	Seite	Kopf	Seite
absolute Häuf.	4	6	8	2
relative Häuf.	0,4	0,6	0,8	0,2

100 x Werfen	1. Durchgang		2. Durchgang	
Ergebnis	Kopf	Seite	Kopf	Seite
absolute Häuf.	65	35	57	43
relative Häuf.	0,65	0,35	0,57	0,43

1000 x Werfen	1. Durchgang		2. Durchgang	
Ergebnis	Kopf	Seite	Kopf	Seite
absolute Häuf.	595	405	601	399
relative Häuf.	0,595	0,405	0,601	0,399

Je häufiger man einen Versuch wiederholt, desto sicherer kann man sein, dass die relative Häufigkeit eine gute Abschätzung für die Wahrscheinlichkeit des Ergebnisses ist.
Bei obigem Reißnagelwurf kann man z. B. folgende Wahrscheinlichkeiten schätzen:

Ergebnis	Kopf	Seite
geschätzte Wahrscheinlichkeit	0,6 = 60 %	0,4 = 40 %

Betrachtet man bei einem Zufallsversuch die Wahrscheinlichkeiten aller möglichen Ergebnisse, dann summieren sich diese Wahrscheinlichkeiten zu 100 % = $\frac{100}{100}$ = 1.

Lange Versuchsreihen führen zu Wahrscheinlichkeiten.

Wenn man einen Zufallsversuch oft wiederholt, dann sind die ermittelten **relativen Häufigkeiten** gute Schätzwerte für die Wahrscheinlichkeiten.
Die Summe der Wahrscheinlichkeiten aller möglichen Ergebnisse ergibt 100 % = 1.

Beispiel Schätzen von Wahrscheinlichkeiten
Schätze zuerst ohne und dann mit Experiment die Wahrscheinlichkeiten dafür, dass die Zahlen 1 bis 6 oben liegen.
Lösung:
Für 1 und 6 sind gleiche Wahrscheinlichkeiten zu erwarten, da die Flächen gleich groß sind. Aus dem gleichen Grund haben 2 und 5 gleiche Wahrscheinlichkeiten.
Wegen der Form des Legosteins werden die oben und unten liegenden Zahlen 3 und 4 eine höhere Wahrscheinlichkeit haben als die Zahlen 1, 2, 5 und 6.
Ein Experiment (300 Würfe) hat die nebenstehende Tabelle ergeben:
Da die Wahrscheinlichkeiten für 1 und 6 gleich sind, kann man aus den relativen Häufigkeiten beider Zahlen einen Mittelwert bilden – dies ergibt jeweils 10 %. Aus dem gleichen Grund erhält man für 2 und 5 je eine geschätzte Wahrscheinlichkeit von 0,5 %.

Augenzahl	1	2	3	4	5	6
Schätzung	12 %	2 %	36 %	36 %	2 %	12 %

Augenzahl	1	2	3	4	5	6
abs. Häuf.	33	3	138	99	0	27
rel. Häuf.	0,11	0,015	0,46	0,33	0	0,09
geschätzte Wahrsch.	0,10 10 %	0,005 0,5 %	0,46 46 %	0,33 33 %	0,005 0,5 %	0,10 10 %

Die Summe der relativen Häufigkeiten und der Wahrscheinlichkeiten muss 1 ergeben.

Aufgaben

1 Helena wirft einen Reißnagel 250-mal und erhält 177-mal Kopf, Susanne erhielt in 500 Würfen 322-mal Kopf und Pascal in 750 Würfen 466-mal Kopf.
a) Berechne die relativen Häufigkeiten in Prozent. Welche Wahrscheinlichkeit für Kopf werden sie etwa schätzen? Vergleiche.
b) Pia soll einen Reißnagel 500-mal werfen. Sie wirft stattdessen 10 Reißnägel 50-mal. Was meinst du?

2 Die Schülerinnen und Schüler der Klasse 8 c des Sophie-Scholl-Gymnasiums haben selbst Quader gebastelt mit denen sie „würfeln".

Augenzahl	1	2	3	4	5	6
geschätzte Wahrsch.	3,6 %	34,8 %	12,2 %	[redacted]	34,7 %	3,4 %

Higmet hat nach vielen Würfen die Wahrscheinlichkeiten für seinen Quader geschätzt.
a) Die Wahrscheinlichkeit für das Ereignis „4", kann man nicht lesen. Berechne sie.
b) Zeichne das Netz eines Quaders mit verschieden großen Seitenflächen. Welche Augenzahl und welche Wahrscheinlichkeit passt zu welcher Seitenfläche? Begründe.
c) Higmet wirft seinen Quader 300-mal. Welche absoluten Häufigkeiten erwartest du?

3 In einer Socke befinden sich 31 Murmeln. Eine unbekannte Anzahl davon ist blau. Joane behauptet, dass sie die Anzahl der Murmeln ermitteln kann, indem sie mehrere Male eine einzelne Murmel aus der Socke zieht, die Farbe aufschreibt und die Murmel dann wieder reinlegt.
a) Joane zieht 15-mal, neun Murmeln sind blau. Schätze, wie viele blaue Murmeln in der Socke sind.
b) Joane zieht nun 100-mal. 35 Murmeln sind blau. Wie viele blaue Murmeln kann man in der Socke erwarten? Begründe deine Antwort.

3 Summenregel, Pfadregel

Marcella ist mit dem Würfeln an der Reihe. „Meine Chancen, dich beim nächsten Zug zu überholen, sind gar nicht so schlecht", sagt sie.
„Pech für dich!", kontert Max.

Häufig ist bei einem Zufallsversuch nicht nur ein einziges Ergebnis von Interesse. Man sagt, es sind mehrere Versuchsausgänge günstig. In einer Palette mit Joghurt gibt es fünf Erdbeerjoghurts, zwei Naturjoghurts, je vier Bananen- und Haselnussjoghurts. Nimmt man ohne hinzusehen einen Joghurt heraus und interessiert sich nur dafür, ob man einen Fruchtjoghurt erwischt hat, dann erhält man die gesuchte Wahrscheinlichkeit als Summe der Einzelwahrscheinlichkeiten.
Die Wahrscheinlichkeit, einen Erdbeerjoghurt zu bekommen, beträgt $\frac{5}{15}$ und die Wahrscheinlichkeit für einen Bananenjoghurt $\frac{4}{15}$. Die Wahrscheinlickeit dafür, einen Fruchtjoghurt zu bekommen, ist also insgesamt $\frac{5}{15} + \frac{4}{15} = \frac{9}{15} = \frac{3}{5}$.

Summenregel: Man berechnet die Wahrscheinlichkeit bei Situationen mit mehreren Ergebnissen, indem man die Wahrscheinlichkeiten der einzelnen Ergebnisse addiert.

Man spricht von einem ***mehrstufigen Zufallsversuch****.*

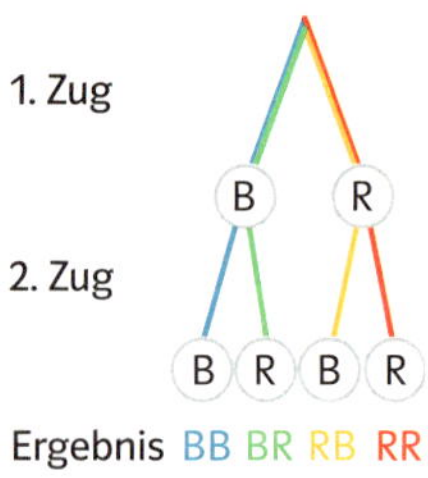

Fig. 1

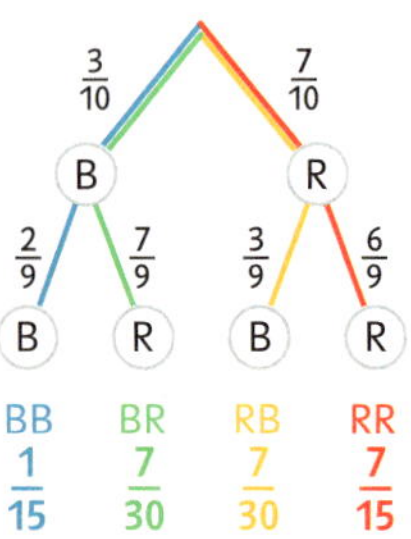

Fig. 2

Eine andere Regel verwendet man bei folgendem Fall:
Laura zieht bei einem Spiel zweimal hintereinander eine Kugel aus einem Beutel. Im Beutel liegen am Anfang drei blaue und 7 rote Kugeln. Es sind folgende Ergebisse möglich:

1. „Beide Kugeln sind blau." (BB)
2. „Die erste Kugel ist blau, die zweite Kugel ist rot." (BR)
3. „Die erste Kugel ist rot, die zweite Kugel ist blau." (RB)
4. „Beide Kugeln sind rot." (RR)

Die Ergebnisse können wie in Fig. 1 mit einem **Baumdiagramm** verdeutlicht werden. Jedem Ergebnis entspricht ein farbig markierter Pfad.
Zunächst wird das erste Ergebnis (BB) untersucht: In etwa $\frac{3}{10}$ der Fälle zieht Laura beim ersten Zug eine blaue Kugel. Beim zweiten Zug sind nur noch neun Kugeln mit zwei blauen Kugeln im Beutel. Die Wahrscheinlichkeit für eine blaue Kugel im zweiten Zug ist noch $\frac{2}{9}$. Damit sind in ca. $\frac{2}{9}$ von $\frac{3}{10}$ aller Fälle beide Kugeln blau. Die Wahrscheinlichkeit für das Ergebnis (BB) erhält man, indem man die Wahrscheinlichkeiten der Einzelergebnisse multipliziert: $\frac{2}{9} \cdot \frac{3}{10} = \frac{1}{15}$.

Um die Wahrscheinlichkeiten der anderen Ergebnisse zu bestimmen, beschriftet man die Pfade des Baumdiagramms (Fig. 2) mit den Wahrscheinlichkeiten der Einzelergebnisse und erhält die nebenstehende Tabelle.

Ergebnis	Wahrscheinlichkeit
BB	$\frac{3}{10} \cdot \frac{2}{9} = \frac{1}{15} \approx 6{,}7\,\%$
BR	$\frac{3}{10} \cdot \frac{7}{9} = \frac{7}{30} \approx 23{,}3\,\%$
RB	$\frac{7}{10} \cdot \frac{3}{9} = \frac{7}{30} \approx 23{,}3\,\%$
RR	$\frac{7}{10} \cdot \frac{6}{9} = \frac{7}{15} \approx 46{,}7\,\%$
Summe:	$1 = 100\,\%$

Einen mehrstufigen Zufallsversuch kann man durch ein **Baumdiagramm** beschreiben. Die Wahrscheinlichkeit für ein Ergebnis erhält man, indem man die Wahrscheinlichkeiten längs des zugehörigen Pfades multipliziert (**Pfadregel**).

Beispiel 1 Summenregel
In einer Tüte mit Schokolinsen sind 25 % hellblaue, 19 % dunkelblaue, 34 % gelbe und 22 % rote Schokolinsen. Anna zieht ohne hinzuschauen eine Linse. Wie groß ist die Wahrscheinlichkeit, dass es
a) eine blaue Linse ist,
b) eine blaue oder eine rote Linse ist,
c) keine rote Linse ist?

Lösung:
a) Die Wahrscheinlichkeit für eine blaue Linse beträgt 25 % + 19 % = 44 %.
b) Die Wahrscheinlichkeit für eine blaue oder rote Linse beträgt
25 % + 19 % + 22 % = 66 %.
c) Die Wahrscheinlichkeit dafür, dass Anna keine rote Linse zieht, beträgt
25 % + 19 % + 34 % = 78 %.

Beispiel 2 Summen- und Pfadregel
Beim Torwandschießen trifft Jan mit 80 % und Axel mit 60 % Wahrscheinlichkeit. Wie groß sind die Wahrscheinlichkeiten, dass sie zusammen keinen, einen oder zwei Treffer erzielen?
Lösung:
Wahrscheinlichkeit für keinen Treffer: $0{,}2 \cdot 0{,}4 = 0{,}08$. Ein Treffer wird bei den Ergebnissen TF (erst Treffer, dann Fehlschuss) und FT (erst Fehlschuss, dann Treffer) erzielt.
Die Wahrscheinlichkeiten der beiden Ergebnisse müssen daher nach der Summenregel addiert werden.
Wahrscheinlichkeit für einen Treffer:
$0{,}8 \cdot 0{,}4 + 0{,}2 \cdot 0{,}6 = 0{,}44$.
Wahrscheinlichkeit für zwei Treffer:
$0{,}8 \cdot 0{,}6 = 0{,}48$.

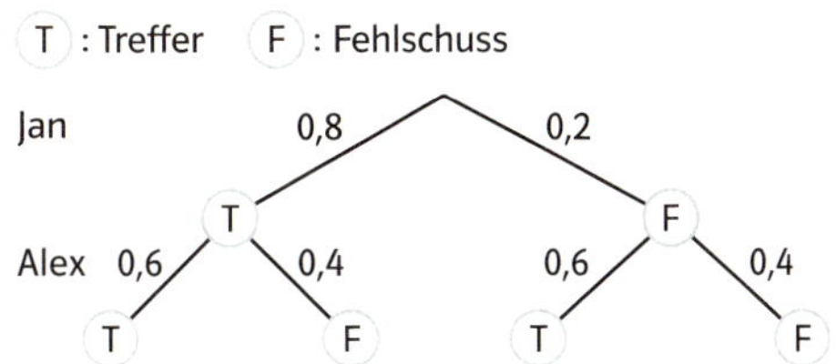

Fig. 1

Aufgaben

1 a) Bestimme die Wahrscheinlichkeit mit einem Würfel eine „1“ zu würfeln.
b) Wie groß ist die Wahrscheinlichkeit eine „ungerade Zahl“ zu würfeln? Verwende die Summenregel.
c) Bestimme die Wahrscheinlichkeiten mit den Glücksrädern (Fig. 2) eine „5“ zu drehen.
d) Wie groß ist die Wahrscheinlichkeit mit den Glücksrädern eine „ungerade Zahl“ zu drehen? Verwende auch hier die Summenregel.

Fig. 2

2 Nach Weihnachten sind in der Keksdose noch 7 Zimtsterne (Z), 3 Husarenkrapfen (H), 5 Vanillekipferl (V) und 6 Bärentatzen (B).
a) Mit welcher Wahrscheinlichkeit nimmt sich Hannes einen Zimtstern oder eine Bärentatze, wenn er ohne hinzusehen in die Dose greift?
b) Mit welcher Wahrscheinlichkeit nimmt Daniel keinen Vanillekipferl?
c) Simon mag gerne Lebkuchen. Wie groß ist die Wahrscheinlichkeit, einen zu erwischen?
d) Zeichne ein Baumdiagramm dafür, dass zweimal in die Dose gegriffen wird. Schreibe zu allen Möglichkeiten, also zu (ZZ); (ZH); (ZV); (ZB); (HZ); (HH) usw. die Wahrscheinlichkeiten auf. Verwende dazu die Pfadregel.

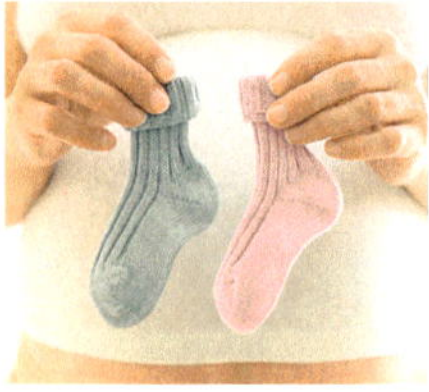

3 a) Wie groß ist die Wahrscheinlichkeit an einem Montag oder Mittwoch geboren zu sein?
b) Wie groß ist die Wahrscheinlichkeit in einem Monat mit „i“ Geburtstag zu haben?
c) Wie groß ist die Wahrscheinlichkeit, dass eine Familie mit zwei Kindern zwei Mädchen hat? Zeichne ein Baumdiagramm.
d) Wie groß ist die Wahrscheinlichkeit, dass eine Familie mit vier Kindern zwei Mädchen hat?

4 In die Klasse 8 b des Willy-Brandt-Gymnasiums gehen 6 Jungen und 18 Mädchen. Die Schülerinnen und Schüler verlassen nacheinander die Klasse.
a) Wie groß ist die Wahrscheinlichkeit, dass zuerst drei Mädchen das Klassenzimmer verlassen? Zeichne ein Baumdiagramm.
b) Wie groß ist die Wahrscheinlichkeit, dass unter den ersten Drei ein Junge ist?
c) Wie ändern sich die Wahrscheinlichkeiten, wenn jeder, der die Klasse verlässt, wieder hinein geht, bevor der nächste heraus kommt? Zeichne ein weiteres Baumdiagramm.
d) Berechne die Aufgaben a) bis c) für deine eigene Klasse.

Solche Baumdiagramme nennt man ***Teilbäume****.*

5 Mathew spielt sehr gerne „Mensch ärgere dich nicht“. Er fragt seinen Freund Ole, wie groß die Wahrscheinlichkeit ist, dass der Start sofort gelingt. Ole hat keine Lust, so ein großes Baumdiagramm zu malen.
a) Mathew malt einen Baum mit ganz wenig Ästen. Was meinst du?
b) Berechne die Wahrscheinlichkeit, dass der Start sofort gelingt.

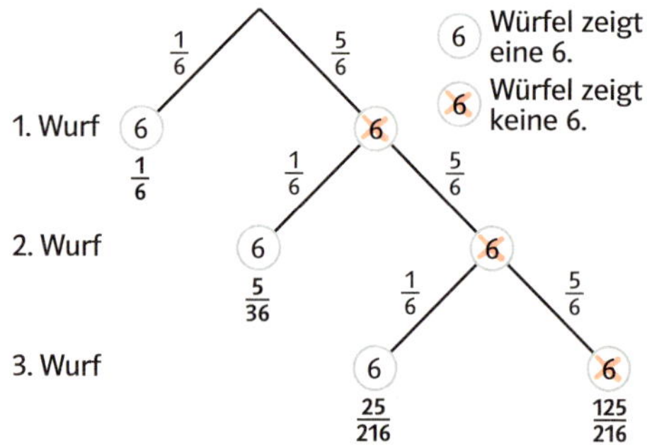

Fig. 1

6 Ein Spielwürfel wird dreimal geworfen. Wie groß ist die Wahrscheinlichkeit,
a) dass drei Fünfen geworfen werden,
b) dass keine Sechs vorkommt,
c) dass eine Eins dabei auftritt,
d) dass alle Zahlen verschieden sind?

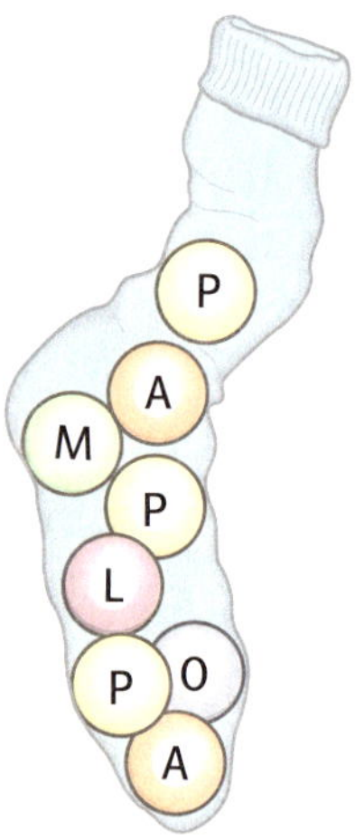

Fig. 2

7 Man zieht nacheinander Kugeln aus der Socke (Fig. 2). Bevor man die nächste Kugel zieht, legt man die letzte Kugel wieder zurück, dabei schreibt man die Buchstaben in der gezogenen Reihenfolge auf. Berechne die Wahrscheinlichkeiten für die Wörter.
a) ALM b) MOLL c) PAPA d) PAPP

8 Werft eine Münze und einen Würfel.
a) Wie groß ist die Wahrscheinlichkeit für das Ereignis (Zahl; 6)?
b) Wie groß ist die Wahrscheinlichkeit dafür, dass „Kopf“ erscheint und „eine Zahl, die kleiner gleich 4 ist“?
c) Nenne Ereignisse mit den Wahrscheinlichkeiten $\frac{1}{12}$; $\frac{1}{2}$ und $\frac{1}{3}$.
d) Zeichne ein Baumdiagramm, wenn zuerst die Münze geworfen wird und eines, wenn zuerst der Würfel geworfen wird. Vergleiche.

9 Herr Murabi fährt an sechs Tagen in der Woche Pakete aus. Trifft er die Empfängerin oder den Empfänger nicht an, so kann er das Paket manchmal bei den Nachbarn abgeben. Heute hat er ein besonders schweres Paket für Frau Borchert. Frau Borchert arbeitet an drei von sechs Tagen. Ihr Nachbar Herr Lembke ist im Ruhestand und geht an zwei von sechs Tagen mit Freunden wandern. Die andere Nachbarin arbeitet an fünf von sechs Tagen. Wie groß ist die Wahrscheinlichkeit, dass Herr Murabi das Paket abgeben kann?

10 Das Glücksrad in Fig. 1 wird viermal gedreht. Man gewinnt, wenn die Summe der erzielten Zahlen höchstens 1 beträgt. Wie groß ist die Wahrscheinlichkeit zu gewinnen? Tipp: Berechne die Wahrscheinlichkeit, dass die Summe 0 ist und ziehe diese von 100 % ab.

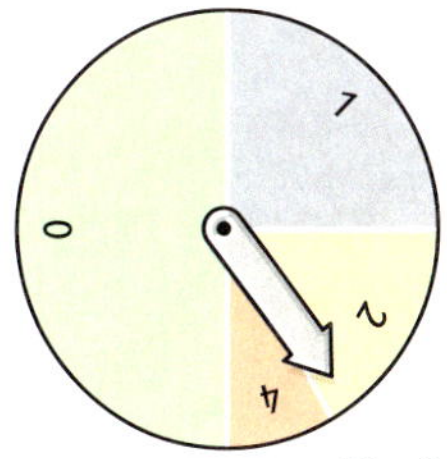

Fig. 1

11 Bei den Verkehrsbetrieben einer Großstadt ist aus einer großen Zahl von Fahrscheinkontrollen bekannt, dass etwa zwei Prozent der Benutzer ohne gültigen Fahrausweis sind („Schwarzfahrer"). Zwei Kontrolleure überprüfen einen Bus mit drei Fahrgästen.
a) Mit welcher Wahrscheinlichkeit ist kein Schwarzfahrer dabei?
b) Formuliere ein Ereignis, bei dessen Lösung man die Wahrscheinlichkeit mit dem Term $1 - 0{,}98 \cdot 0{,}98 \cdot 0{,}98$ ($\approx 5{,}9\,\%$) berechnen kann.
c) Niko berechnet die Wahrscheinlichkeit, dass höchstens ein Schwarzfahrer dabei ist, auf folgende Weise: $0{,}98 \cdot 0{,}98 \cdot 0{,}98 + 0{,}98 \cdot 0{,}98 \cdot 0{,}02 \approx 96{,}0\,\%$.
Welchen Fehler macht Niko?

Bist du sicher?

1 Du würfelst mit einem Dodekaeder, das ist ein regelmäßig geformter Körper mit zwölf Seitenflächen. Wie groß ist die Wahrscheinlichkeit, dass du
a) bei drei Würfen die Wurffolge 12 – 1 – 12 wirfst,
b) bei vier Würfen jedes Mal mindestens die Augenzahl 10 erzielst,
c) bei acht Würfen mindestens eine 12 erzielst,
d) bei vier Würfen genau zwei Zwölfen erzielst?

12 Familie Emsig hat vier Kinder. Nach dem Mittagessen wird jedes Mal ausgelost, wer den Abwasch erledigen muss. Dazu zieht jedes Kind eine von vier verdeckten Karten, von denen drei weiß sind und eine schwarz ist. Wer schwarz zieht, ist mit Abwaschen dran.
a) Ist es günstiger, als erstes, als zweites, als drittes oder als viertes Kind zu ziehen?
b) Mit welcher Wahrscheinlichkeit kommt ein Kind in einer Woche gar nicht dran?

13 Überlege dir zu dem rot markierten Teilbaum in Fig. 2 eine passende Aufgabe. Tausche dann die Aufgabe mit deiner Nachbarin oder deinem Nachbarn. Lies die Aufgabe und löse sie. Überprüfe, ob die Lösung der getauschten Aufgabe wirklich zu dem Teilbaum in Fig. 2 passt. Korrigiere die Aufgabe wenn nötig.

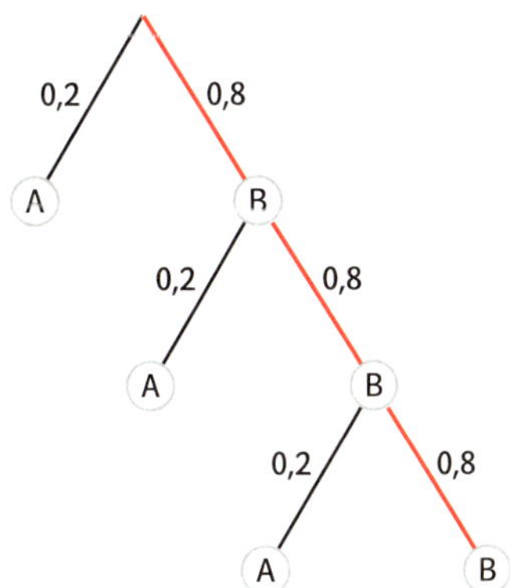

Fig. 2

14 Ein Computer-Zeichen wird durch einen Nachrichtenkanal als Folge von acht Nullen oder Einsen übertragen (Fig. 3). Aufgrund von Störungen wird jede Ziffer mit einer Wahrscheinlichkeit von 1,5 % falsch empfangen; statt einer 0 kommt dann eine 1 an oder umgekehrt. Mit welcher Wahrscheinlichkeit wird
a) das gesamte achtstellige Zeichen richtig empfangen,
b) das Zeichen falsch empfangen, d. h., mindestens eine Ziffer falsch übertragen?

Ein Computer-Zeichen:

In diesem Byte ist zum Beispiel der Buchstabe A gespeichert

Fig. 3

15 Beim 15-km-Biathlon müssen die Teilnehmerinnen einen Skilanglauf absolvieren und dabei vier Mal auf fünf Scheiben schießen. Für jeden Fehlschuss wird der Laufzeit eine Minute Strafzeit hinzugerechnet. Eine Läuferin trifft erfahrungsgemäß mit 90 % Wahrscheinlichkeit.

a) Mit welcher Wahrscheinlichkeit hat sie höchstens einen Fehlschuss?

b) Mit welcher Wahrscheinlichkeit bekommt sie eine Minute Strafzeit?

c) Mit welcher Wahrscheinlichkeit erhält sie mindestens eine Minute Strafzeit?

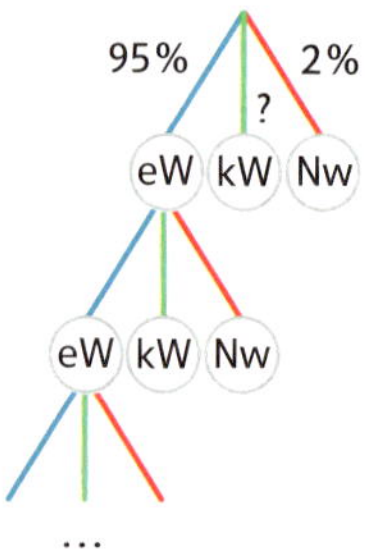

16 Klinische Tests mit dem Medikament Fibrofort haben ergeben, dass in 85 % aller Anwendungen die erwünschte Wirkung eintrat, aber bei 2 % unerwünschte Nebenwirkungen vorkamen. Ansonsten zeigte Fibrofort gar keine Wirkung. Fünf Patienten werden mit Fibrofort behandelt.

a) Mit welcher Wahrscheinlichkeit zeigt sich bei allen 5 Patienten die erwünschte Wirkung?

b) Überlege dir mit deinem Nachbarn zusammen eine weitere ähnliche Fragestellung wie in Teil a). Erstellt eine Lösung eurer Aufgabe und gebt die Aufgabe – ohne Lösung – eurer Nachbargruppe. Anschließend vergleichen beide Gruppen ihre Lösungen.

17 In Fig. 1 siehst du einen Glücksspielautomaten mit zwei Glücksrädern und je sechs Bildern, drei Schnecken (S), zwei Pferden (P) und einem Windhund (W). Die Räder werden gleichzeitig zufällig angehalten und der Ausgang erscheint im Glücksfenster. Ein Spiel kostet 10 ct Einsatz. Die Auszahlung beträgt 1 € bei Ausgang WW, 20 ct bei Ausgang PP und 10 ct bei Ausgang SS. Du spielst dreimal. Mit welcher Wahrscheinlichkeit beträgt dein Gewinn

a) 2,70 €,
b) 0,70 €,
c) 10 ct,
d) 0 €?

Fig. 1

Kannst du das noch?

18 Berechne die fehlenden Werte.

	Kapital K	Zinssatz p %	Zinsen Z
a)	1725 €	4 %	
b)	12 600 €		378 €
c)		14 %	476 €
d)	25 500 €	6,5 %	
e)	890 €	13,5 %	
f)		3,6 %	1116 €

19 Berechne die fehlenden Werte.

	K	p %	Z	Zeit
a)		7,5 %	837,50 €	5 Monate
b)	7200 €		561 €	11 Monate
c)	4380 €	2,8 %		7 Monate
d)	16 800 €	10,5 %	289,10 €	
e)	78 000 €	7,5 %		70 Tage
f)	945 €		13,02 €	155 Tage

4 Wahrscheinlichkeiten simulieren – auch am Computer

Bei einem Computerspiel fallen sechs Kugeln zufällig in sechs Fächer. Man gewinnt, wenn sich in jedem Fach eine Kugel befindet.
Jonathan und Heike überlegen sich ein ähnliches Spiel mit einem Würfel, bei dem sie dieselben Gewinnchancen haben. Sie möchten damit die Gewinnchancen schätzen.

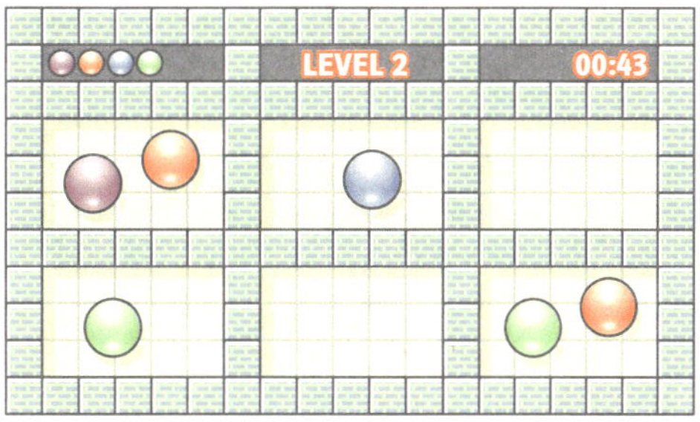

Bei Zufallsversuchen lassen sich durch lange Versuchsreihen Schätzwerte für Wahrscheinlichkeiten ermitteln. Oft lässt sich ein Versuch nicht ohne Weiteres durchführen, weil z. B. Material oder Versuchspersonen fehlen. Dann ersetzt man ihn durch einen Zufallsversuch mit den gleichen Wahrscheinlichkeiten, der leichter durchzuführen ist. Man spricht vom **Simulieren** des Zufallsversuchs.

Johann kreuzt bei einem Test mit zehn Fragen (Fig. 1) jede Antwort zufällig an. Mit welcher Wahrscheinlichkeit beantwortet Johann mindestens fünf der gestellten Fragen richtig? Das Problem soll durch eine Simulation mit einem Würfel näherungsweise gelöst werden. Die Wahrscheinlichkeit, dass Johann eine Frage richtig ankreuzt, beträgt $\frac{1}{3}$. Man legt daher z. B. fest: Richtig ist eine Antwort, wenn 1 oder 2 gewürfelt werden, sonst falsch. Mit zehn Würfen erhält man so die Anzahl der richtigen Antworten bei Johanns Test als Simulation.

Zehn Fragen zum Stoff der Klasse 7
(jeweils eine Antwort ist richtig)

1. 15 % von 2500 sind
□ 300 □ 375 □ 400

2. 500 € ergeben bei einem Zinssatz von 4 % in zwei Jahren
□ 544,40 € □ 540,40 € □ 540,80 €

3. Die Gleichung $4 \cdot (5 + x) - 6x + 12 = 0$ hat die Lösung
□ $x = 4$ □ $x = -0{,}8$ □ $x = 16$

Fig. 1

Simulationen kann man oft schneller mithilfe eines Computers durchführen. Der Rechner liefert dafür **Zufallszahlen**, die gleichmäßig zwischen 0 und 1 verteilt sind (Fig. 2).
Für die Simulation wird eine Antwort bei Johanns Test z. B. als richtig festgelegt, wenn die Zufallszahl kleiner als $\frac{1}{3}$ ist. Der Rechner zeigt als Ergebnis 1 an, wenn das der Fall ist, sonst 0 (Fig. 3). Die Summe von zehn Ergebnissen ergibt so die Anzahl der richtigen Antworten bei Johanns Test (Fig. 4).
Bekommt man bei 100 Simulationen z. B. 30-mal mindestens fünf richtige Antworten, so erhält man als Schätzung für die gesuchte Wahrscheinlichkeit $\frac{30}{100} = 30\,\%$.

A1 ▼ fx =ZUFALLSZAHL()

	A	B	C	D
1	0,89600457			
2	0,87222203			
3	0,30388123			
4	0,62890693			
5	0,70626572			
6	0,44699065			

Fig. 2

B1 ▼ fx =WENN(A1<1/3;0;1)

	A	B	C	D
1	0,37002394	0		
2	0,21646314	1		
3	0,09584942	1		
4	0,54843988	0		
5	0,43943576	0		
6	0,90990061	0		

Fig. 3

B11 ▼ fx =SUMME(B1:B10)

	A	B	C	D
6	0,68046659	0		
7	0,07372573	1		
8	0,27169864	1		
9	0,56369035	0		
10	0,2142743	1		
11		5		

Fig. 4

Schätzwerte für Wahrscheinlichkeiten ergeben sich aus langen Versuchsreihen, die man durch eine Simulation erhalten kann.

Beispiel Gewinne beim Lotto

Beim Lotto gewinnt man, wenn man mindestens drei Richtige hat. Die Wahrscheinlichkeit dafür beträgt etwa 1,86%. Durch eine Simulation soll die Wahrscheinlichkeit geschätzt werden, bei 100 Spielen mindestens zweimal zu gewinnen. Beschreibe dein Vorgehen.

Lösung:

Durch Zusammentragen der Ergebnisse aller Schülerinnen und Schüler lässt sich die Schätzung verbessern.

Man bestimmt eine Liste von 100 Zufallszahlen. Ein Gewinn liegt vor, wenn eine Zufallszahl kleiner als 0,0186 ist. Die Gewinne werden gezählt und notiert. Dieses Vorgehen wird z.B. zehnmal wiederholt. Man erhält dabei z.B. folgende Anzahlen von Gewinnen bei jeweils 100 Spielen: 3, 0, 2, 2, 0, 2, 1, 2, 1, 0. In fünf der 10 Fälle wurden also mindestens zwei Gewinne erzielt. Die Wahrscheinlichkeit, bei 100 Spielen mindestens zweimal zu gewinnen, wird also auf 50% geschätzt.

Aufgaben

1 a) In Österreich wird Lotto 6 aus 45 gespielt. Die Wahrscheinlichkeit für einen Gewinn – mindestens drei Richtige – beträgt 2,38%. Schätze mithilfe einer Simulation die Wahrscheinlichkeit, bei 50 Spielen mindestens zweimal zu gewinnen.

b) Tragt die Ergebnisse der Klasse zusammen und verbessert damit die Schätzung.

2 Bei einem Test gibt es acht Fragen mit jeweils vier Antworten, von denen eine richtig ist. Eine Versuchsperson kreuzt bei jeder Frage rein zufällig eine Antwort an. Mit welcher Wahrscheinlichkeit hat sie trotzdem mindestens vier richtige Antworten?

a) Gib eine Schätzung an für die Wahrscheinlichkeit mithilfe von 50 Durchführungen einer Simulation des Tests.

b) Bildet Vierergruppen. Tragt alle Ergebnisse zusammen. Welche Schätzung ergibt sich?

c) Tragt alle Ergebnisse der Klasse zusammen und gebt eine „endgültige" Schätzung an.

d) Berechne die Wahrscheinlichkeit für höchstens zwei richtige Antworten.

3 Lukas und Mareike haben lange Elfmeterschießen geübt. Ihre Trefferquoten betragen 80% und 75%.

a) Simuliere jeweils zwanzig Elfmeter für die beiden. Wie gehst du vor?

b) Beschreibe, wie man mithilfe einer Simulation die Wahrscheinlichkeit schätzen kann, dass Lukas (Mareike) bei zwanzig Elfmetern mindestens 15-mal trifft. Führe die Simulation durch.

c) Überlege dir mit deinem Nachbarn oder deiner Nachbarin zusammen eine ähnliche Fragestellung wie bei Teil b). Präsentiert die Fragestellung und die Idee der Durchführung und lasst von allen eine Simulation nach euren Vorgaben durchführen.

Auch die Aufgaben 2 und 3 könnt ihr am Computer simulieren.

Info

Simulation mit einer Tabellenkalkulation

Mithilfe einer Tabellenkalkulation wie Excel kann man Simulationen übersichtlich darstellen. Der Befehl =ZUFALLSZAHL() erzeugt in Zeile 5 zehn Zufallszahlen zwischen 0 und 1. In Zeile 6 werden diese Zufallszahlen mit 360 multipliziert und gerundet. In Zeile 7 wird die WENN-Funktion verwendet, um das Ergebnis der Simulation zu bestimmen. Wenn in Zeile 6 ein Winkel kleiner als 150° steht, wird rot angezeigt, sonst blau. Durch Betätigen der Taste F9 wird eine neue Simulation gestartet.

B7 | =WENN(B6<D3;"rot";"blau")

	A	B	C	D	E	F	G	H	I	J	K	L	M
1	Drehen eines Glücksrades			Winkel		Winkel							
2				rot		blau							
3				150		210							
4	Nr.	1	2	3	4	5	6	7	8	9	10		
5	Zufallszahl	0,479	0,767	0,369	0,087	0,936	0,841	0,343	0,896	0,238	0,891		
6	Winkel °	172,5	276,3	132,3	31,3	337,1	302,6	123,6	318,9	85,8	320,6		
7	Farbe	blau	blau	rot	rot	blau	blau	rot	blau	rot	blau		

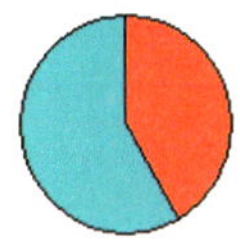

4 In den Schulen von Simulatia werden für jede Note vier Münzen geworfen, dann die Zahl der Wappen bestimmt und noch 1 addiert.
a) Bestimme die Wahrscheinlichkeitsverteilung für die Notengebung.
b) Führt eine Simulation für die Notenermittlung in Vierergruppen durch. Jede(r) in der Gruppe wirft 50-mal eine Münze. Jede Gruppe erstellt damit ihre Notenverteilung.
c) Die Ergebnisse von b) werden zusammengefasst. Welche Schätzung für die Wahrscheinlichkeitsverteilung von Teil a) ergibt sich damit?
d) Führt eine entsprechende Simulation mithilfe des Computers durch.

5 Sina trifft mit 60 % Wahrscheinlichkeit beim Freiwurf den Basketballkorb. Bestimme mithilfe einer Simulation einen Näherungswert für die Wahrscheinlichkeit, dass sie
a) bei 20 Freiwürfen auf einen Basketballkorb mindestens 13 Treffer erzielt.
b) bei 100 Freiwürfen auf einen Basketballkorb mindestens 65 Treffer erzielt.

6 Drei Würfel werden geworfen. Mithilfe einer Simulation soll die Wahrscheinlichkeitsverteilung für die Summe der Augenzahlen näherungsweise bestimmt werden. Bildet dazu Gruppen von etwa vier Teilnehmern. Fig. 1 zeigt, wie man den Wurf eines Würfels, Fig. 2 zeigt, wie man den Wurf von drei Würfeln mit dem Rechner simulieren kann.
a) Jeder „wirft" mithilfe der Simulation 50-mal die drei Würfel und bildet die Summe der Augenzahlen. Notiert in einer Tabelle, wie oft jede Summe vorkommt.
b) Die Ergebnisse aller Gruppen werden an der Tafel zusammengetragen. Welche Näherungswerte der Wahrscheinlichkeitsverteilung ergeben sich daraus?

A6 | f_x | =ZUFALLSZAHL()

	A	B	C
1	0,05209752		
2	0,86105929		
3	0,67464842		
4	0,93342329		
5	0,36142775		
6	0,79327776		
7	1		
8	6		
9	5		
10	6		
11	3		
12	5		

Fig. 1

A6 | f_x | =ABRUNDEN(6*C1;0)+1

	A	B	C
1	0,4431937	0,10174441	0,4426321
2	0,81662946	0,26401491	0,92971892
3	0,3292599	0,4731751	0,98082135
4	0,8727616	0,53999204	0,85782988
5	0,60300189	0,41994997	0,95857462
6	0,2928755	0,30121257	0,37269436
7	3	1	3
8	5	2	6
9	2	3	6
10	6	4	6
11	4	3	6
12	2	2	3

Fig. 2

7 Sonja und Luis werfen abwechselnd eine Münze. Sonja gewinnt, wenn dabei nacheinander dreimal Kopf fällt, Luis gewinnt, wenn Zahl-Kopf-Zahl fällt. Wer gewinnt?

Kannst du das noch?

8 Konstruiere ein Dreieck mit
a) $a = 5{,}3\,cm$; $b = 6{,}8\,cm$; $\gamma = 44°$,
b) $a = 5{,}3\,cm$; $b = 6{,}8\,cm$; $\beta = 44°$.

9 Begründe: Bei einem gleichschenkligen Dreieck teilt die Mittelsenkrechte zur Basis das Dreieck in zwei kongruente Dreiecke.

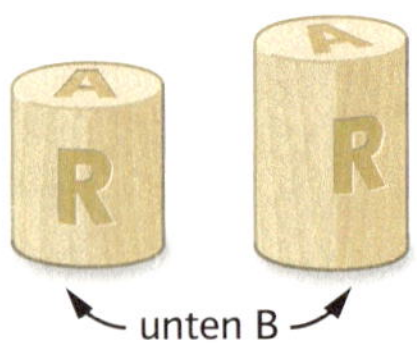

Fig. 1

A	B	R
81	92	127
40	42	218

Fig. 2

1 Anja und Nico würfeln je 300-mal mit einem der Rundhölzer in Fig. 1 und zählen jeweils, wie häufig die Ergebnisse A, B und R sind (Fig. 2).
a) Welche Angaben gehören wohl zu Anjas Holz, welche zu dem von Nico?
b) Schätze aus den Ergebnissen Wahrscheinlichkeiten für die beiden Rundhölzer.

2 a) In einer Urne liegen eine rote und vier weiße Kugeln. Wie groß ist die Wahrscheinlichkeit, dass man beim Hineingreifen die rote Kugel erwischt?
b) Frank hat beim ersten Zug eine weiße Kugel aus dieser Urne gezogen und legt sie nicht wieder zurück. Wie groß ist die Wahrscheinlichkeit, dass er nun beim zweiten Versuch die rote Kugel zieht?
c) Frank hat auch beim zweiten Versuch Pech. Mit welcher Wahrscheinlichkeit erwischt er nun beim dritten Versuch die rote Kugel?

3 Die erwachsenen Mitglieder des SC teilen sich auf wie in der Tabelle dargestellt. Mit welcher Wahrscheinlichkeit ist ein Mitglied des SC, das du zufällig triffst

Mitglieder	weiblich	männlich
Aktive	70	60
Passive	10	20

a) eine aktive Frau,
b) ein Mann,
c) passiv oder männlich,
d) mindestens 18 Jahre alt?

4 Ali, Claudia und Jennet werfen nacheinander je einen Stein in eine Kiste. Sie treffen mit den Wahrscheinlichkeiten 20 %, 30 % und 50 %.
a) Zeichne einen passenden Baum und berechne die Wahrscheinlichkeiten aller Trefferzahlen von 0 bis 3. Kontrolliere, dass sich zusammen 100 % ergibt.
b) Untersuche, ob sich die Wahrscheinlichkeiten für keinen, einen oder zwei Treffer ändern, wenn Jennet zuerst wirft, danach Claudia und zuletzt Ali.

5 Pferderennen
Bei einem Pferderennen nehmen sechs Pferde mit den Nummern 1 bis 6 teil. Alle Pferde werden als gleich stark eingeschätzt. Man kann darauf wetten, dass die ersten drei Pferde in einer bestimmten Reihenfolge ins Ziel kommen.
a) Schreibe alle Einlaufergebnisse für diese Wette auf, bei denen Pferd 5 gewinnt. Notiere zum Beispiel 536, wenn Pferd 5 zuerst, Pferd 3 als zweites und Pferd 6 als drittes einläuft.
b) Mit welcher Wahrscheinlichkeit hat ein Spieler den Einlauf der ersten drei Pferde richtig getippt?
c) Mit welcher Wahrscheinlichkeit hat ein Spieler nur den Einlauf der ersten zwei Pferde richtig getippt?

6 Elke trifft Fred auf dem Heimweg erfahrungsgemäß mit der Wahrscheinlichkeit 50 %, Thomas mit der Wahrscheinlichkeit 70 %. Sie denkt sich: Nach der Summenregel treffe ich wenigstens einen der beiden mit der Wahrscheinlichkeit 120 %.
Aber Wahrscheinlichkeiten können doch höchstens 100 % betragen. Außerdem hat sie heute weder Fred noch Thomas getroffen. Wo steckt Elkes Denkfehler?

7 a) Gib die Wahrscheinlichkeitsverteilung für das Drehen des Glücksrads in Fig. 1 an.
b) Mit welcher Wahrscheinlichkeit wird rot oder gelb angezeigt?
c) Mit welcher Wahrscheinlichkeit wird weder blau noch gelb angezeigt?
d) Gib eine Situation an, bei der die Wahrscheinlichkeit mindestens 50 % beträgt.

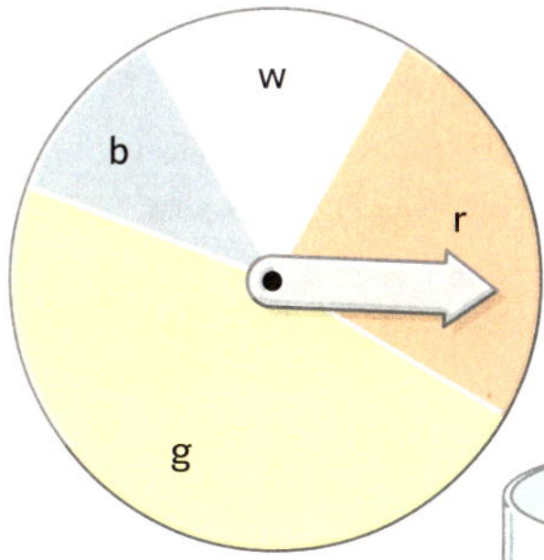

Fig. 1

8 Svenja meint: „Bei dem Behälter in Fig. 2 sind alle Ergebnisse gleich wahrscheinlich." Toni findet: „Das kann nicht sein, weil nicht von jeder Farbe gleich viele Kugeln da sind." Was meinst du?

Fig. 2

9 In einer Schublade liegen vier schwarze, sechs rote und zwei weiße Socken durcheinander. Du greifst ohne hinzusehen hinein und ziehst zwei Socken heraus.
a) Wie groß ist die Wahrscheinlichkeit, dass sie beide die gleiche Farbe haben?
b) Wie viele Socken musst du herausziehen, um auf jeden Fall ein Paar gleiche Socken zu haben?

10 Erfindet zu dem Baumdiagramm aus Fig. 3 eine Aufgabe aus dem Alltag. Schreibt die Lösung auf und stellt die Aufgabe dann der Nachbargruppe. Vergleicht anschließend eure Lösungen.

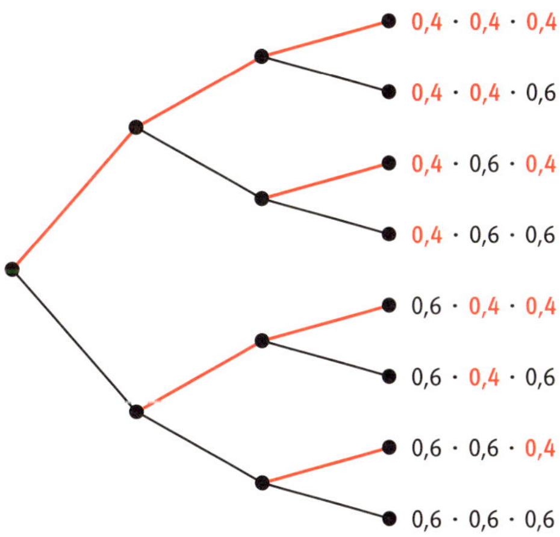

Fig. 3

11 Nach einer Statistik der Deutschen Bahn verkehren etwa 95 Prozent der Fernzüge pünktlich. Du fährst in einem Jahr fünf Mal mit einem Fernzug.
a) Wie groß ist die Wahrscheinlichkeit, dass alle Züge pünktlich sind?
b) Wie groß ist die Wahrscheinlichkeit, dass höchstens vier der Züge pünktlich sind?

12 45 Prozent aller im Jahre 2003 verkauften Autos hatten die Farbe silbergrau. Auch in den Folgejahren änderte sich dieser Wert kaum. Mit welcher Wahrscheinlichkeit trifft man unter drei Autos aus diesem Jahrgang mindestens zwei silbergraue an?

13 Aus dem Behälter in Fig. 4 werden nacheinander ohne Zurücklegen zwei Kugeln gezogen.
a) Erstelle eine Wahrscheinlichkeitsverteilung für die Summe der Augenzahlen.
b) Wie groß ist die Wahrscheinlichkeit, dass die Summe negativ (positiv; null) ist?
Die Summe aller Wahrscheinlichkeiten ist 1.

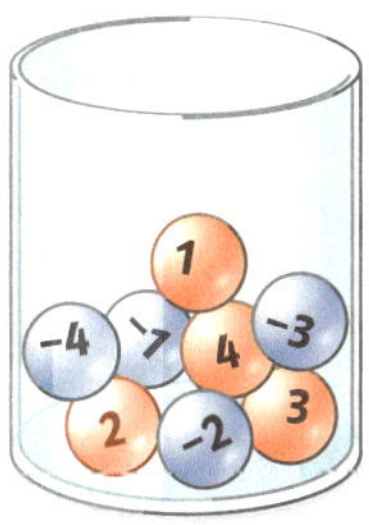

Fig. 4

Gisas Lottozettel

Fig. 1

14 Lotto „3 aus 5“
Gisa kreuzt drei der Zahlen von 1 bis 5 auf ihrem 5er-Lottozettel an (Fig. 1).
Jan zieht anschließend aus einer 5er-Lostrommel ebenfalls drei Zahlen (Fig. 2).
Berechne die Wahrscheinlichkeit dafür, dass Jan genau die gleichen drei Zahlen zieht.

Jans Ziehung

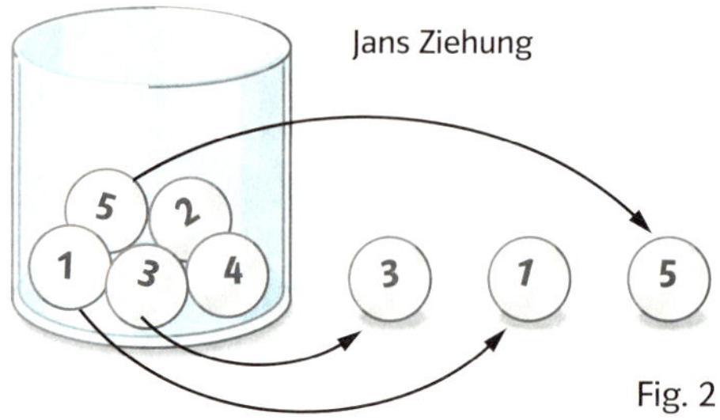

Fig. 2

15 Bei dem Würfelspiel „Chicago“ werden drei Würfel geworfen. Jede „1“ zählt 100 Punkte, jede „6“ zählt 60 Punkte und alle anderen wie angezeigt. Bestimme die Wahrscheinlichkeit für die Situation:
a) Ein Wurf ergibt 300 Punkte.
b) Ein Wurf ergibt mindestens 210 Punkte.
c) Ein Wurf ergibt 163 Punkte.
d) Ein Wurf ergibt weniger als 6 Punkte.

16 Die 36 Ergebnisse für das Würfeln mit zwei Würfeln kann man mithilfe eines Koordinatensystems wie in Fig. 3 darstellen. Die roten Punkte sollen markieren, wann man bei einem Spiel gewinnt. Beim Spiel zu Fig. 3 gewinnt man mit einem Pasch.
a) Mit welcher Wahrscheinlichkeit gewinnt man bei Fig. 3 (Fig. 4)?
b) Man gewinnt, wenn beide Würfel gerade Augenzahlen zeigen. Stelle die Ergebnisse dazu ebenso dar und bestimme die Gewinnwahrscheinlichkeit.
c) Stelle die Ergebnisse für die Gewinnregel „der erste Würfel zeigt eine größere Augenzahl als der zweite“ dar.
d) Stelle die Ergebnisse für die Gewinnregel „die Augensumme der Würfel beträgt 9“ dar.

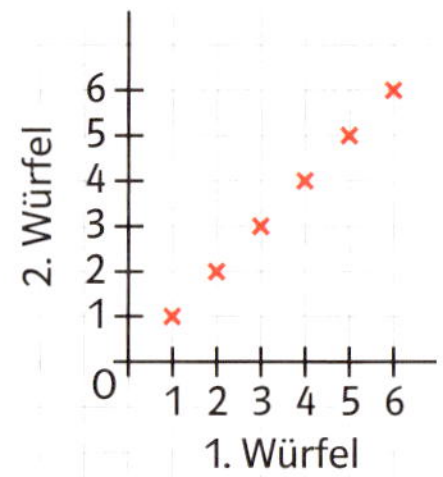

Fig. 3

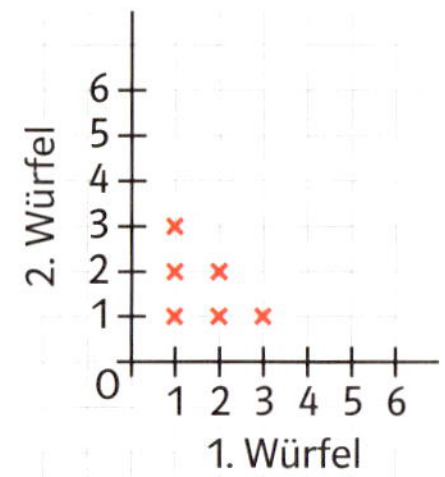

Fig. 4

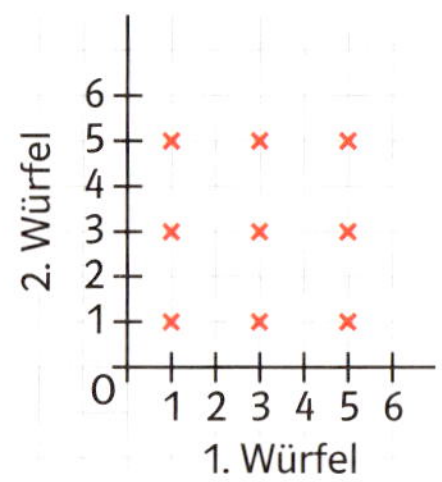

Fig. 5

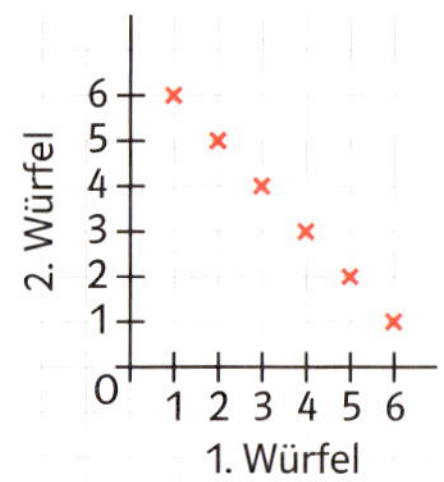

Fig. 6

17 Beschreibe wie in Aufgabe 16 eine Gewinnregel, die zu den roten Punkten
a) in Fig. 5,
b) in Fig. 6
gehört. Gib die Gewinnwahrscheinlichkeit an.

18 Überlegt euch eine Gewinnregel für das Würfeln mit zwei Würfeln. Zeichnet ein ähnliches Diagramm wie in Aufgabe 9. Überlegt euch die zugehörige Wahrscheinlichkeit. Lasst die anderen Gruppen die Gewinnregel und die Gewinnwahrscheinlichkeit finden.

Galileo Galilei (1564–1642)

19 Eine Aufgabe, die zuerst von Galilei gelöst wurde:
Der Fürst der Toskana war ein begeisterter Würfelspieler. Ihm fiel auf, dass beim Würfeln mit drei Würfeln die Augensumme 10 wahrscheinlicher ist als die Augensumme 9, obwohl beide Summen auf sechs Arten auftreten können:
$10 = 1 + 3 + 6 = 1 + 4 + 5 = 2 + 2 + 6 = 2 + 4 + 4 = 2 + 3 + 5 = 3 + 3 + 4;$
$9 = 1 + 2 + 6 = 1 + 3 + 5 = 1 + 4 + 4 = 2 + 2 + 5 = 2 + 3 + 4 = 3 + 3 + 3.$
Der Fürst fragte Galilei um Rat. Was könnte Galilei ihm gesagt haben?

20 Etwa 20 % der Deutschen sind Linkshänder.
a) Mit welcher Wahrscheinlichkeit ist in einer Gruppe von vier Deutschen mindestens eine Linkshänderin oder ein Linkshänder dabei?
b) Wie groß muss eine Gruppe von Deutschen mindestens sein, damit mit mindestens 74 % Wahrscheinlichkeit mindestens eine Linkshänderin oder ein Linkshänder dabei ist?
Tipp: Lege eine Tabelle an und löse die Aufgabe dann durch Probieren.

21 Entenjagd
Fünf Enten landen auf einer Wiese. Darauf haben fünf Jäger gewartet. Jeder zielt sofort auf eine Ente. Alle Jäger drücken gleichzeitig ab, und jeder trifft die von ihm ausgewählte Ente. Jonas meint: „Alle Enten sterben!" Was meinst du?

22 Das Geburtstagsproblem
a) Wie groß ist die Wahrscheinlichkeit, dass fünf Personen an verschiedenen Tagen in einem Jahr Geburtstag feiern?
Drei Schüler haben je einen Lösungsvorschlag:

Inka geht so vor: „Bei zwei Personen muss eine an einem anderen Tag Geburtstag haben als die andere, die Wahrscheinlichkeit dafür beträgt $\frac{364}{365}$. Bei drei Personen muss die dritte an einem anderen Tag Geburtstag haben als die ersten beiden, die Wahrscheinlichkeit dafür beträgt $\frac{364}{365} \cdot \frac{363}{365}$. Wenn ich das so fortführe, ergibt sich für die gesuchte Wahrscheinlichkeit $\frac{364}{365} \cdot \frac{363}{365} \cdot \frac{362}{365} \cdot \frac{361}{365} \approx 97{,}3\,\%$."

Ruben überlegt: „Die Wahrscheinlichkeit dafür, dass man an einem bestimmten Tag Geburtstag hat, beträgt $\frac{1}{365}$. Daher ist die Wahrscheinlichkeit, dass einer nicht am Tag des anderen Geburtstag hat, $\frac{364}{365}$. Die gesuchte Wahrscheinlichkeit ist $\frac{364}{365} \cdot \frac{364}{365} \cdot \frac{364}{365} \cdot \frac{364}{365} \cdot \frac{364}{365} \approx 98{,}6\,\%$."

Maria meint: „Jeder muss an einem anderen Tag Geburtstag haben, also bleiben 360 Tage in einem Jahr mit 365 Tagen übrig. Daher ist die gesuchte Wahrscheinlichkeit $\frac{360}{365} \approx 98{,}6\,\%$."

Wer hat Recht?
Entscheide dich zunächst für einen Weg. Überlege dir dazu, wieso die anderen beiden falsch sind. Diskutiere dann mit deinem Nachbarn oder deiner Nachbarin; einigt euch auf eine Lösung. Begründet eure Antwort.
Setzt euch nun mit einer anderen Zweiergruppe zusammen und einigt euch wieder auf eine Lösung. Wählt eine Sprecherin bzw. einen Sprecher, der eure Meinung präsentiert.
b) Mit welcher Wahrscheinlichkeit haben 10 Personen an verschiedenen Tagen Geburtstag?
c) Würdest du darauf wetten, dass in einer Klasse mit 30 Schülern mindestens zwei am selben Tag im Jahr Geburtstag feiern?

23 Anna hat Besuch von Rita, Fritjof und Oliver. Ihr Vater kommt herein und begrüßt die vier und sagt: „Ich wette, dass mindestens zwei von euch am selben Wochentag Geburtstag haben." Würdest du dagegen wetten?

Entdeckungen

Das Ziegenproblem

Wechseln oder nicht?

Immer wieder gibt es Fragestellungen, die von Menschen kontrovers diskutiert werden. Oft liegt dies daran, dass es keine eindeutige Antwort gibt. Erstaunlicherweise gibt es auch in der Mathematik solche Fragestellungen. Erstaunlich deshalb, weil man eigentlich annehmen könnte, dass die Mathematik immer klare und eindeutige Antworten liefert. Mit dem Ziegenproblem wird nun eine interessante Fragestellung aufgezeigt, bei der viele Menschen durch das Vertrauen auf ihre Intuition zu einer falschen Antwort gelangen.

Fig. 1

Am Ende einer Quizsendung darf der Kandidat eine von drei Türen wählen.
Hinter einer der Türen verbirgt sich der Hauptgewinn: ein Auto. Hinter den beiden anderen Türen befindet sich je eine Ziege. Nachdem der Kandidat eine Tür ausgewählt hat, öffnet der Quizmaster eine der beiden anderen Türen. Eine Ziege meckert ihn an.
Der Quizmaster bietet dem Kandidaten die Möglichkeit, seine ursprüngliche Wahl zu ändern und die andere noch geschlossene Tür zu nehmen. Was soll der Kandidat tun: Wechseln, die Erstwahl beibehalten, oder ist es sowieso egal?

Die Frage, ob der Kandidat die Tür wechseln sollte, wurde in den Sitzungssälen des CIA und den Baracken der Golfkriegspiloten diskutiert.
Sie wurde von Mathematikern am Massachusetts Institute of Technology und von Programmierern am Los Alamos National Laboratory in New Mexico untersucht und in über tausend Schulklassen des Landes analysiert.

Aus der New York Times vom 21.7.1991

Das Ziegenproblem

1 Spiele mit deinem Banknachbarn das Auto-Ziege-Spiel für zwei, damit ihr auf die Frage des Kandidaten vielleicht eine Antwort findet.
Erstellt dazu einen Spielplan wie unten angegeben.
- Der Quizmaster (einer von euch) schreibt auf ein Blatt – geheim! – die Tür, hinter der das Auto steht.
- Der Kandidat (der andere von euch beiden) kreuzt die Tür seiner Wahl an.
- Der Quizmaster „öffnet" dem Kandidaten eine Tür (mit Kreis markieren).
- Der Kandidat kann auf die verbleibende Tür wechseln (Karo eintragen) oder er bleibt bei seiner Wahl.
- Der Quizmaster löst das Spiel auf und trägt bei Wechsel ein Kreuz ein, wenn der Kandidat gewechselt hat, und bei einem Gewinn noch ein Kreuz in das entsprechende Kästchen.
- Nach 10 Spielen werden die Rollen gewechselt.
- Notiert am Ende die Zahl der Spiele mit und ohne Wechsel sowie die Zahl der Gewinne mit bzw. ohne Wechsel. Könnt Ihr einen Trend entdecken?

Spiel / Tür	1	2	3	4	5	6	7	8	9	10
A										
B										
C										
Wechsel										
Gewinn										

2 Nun werden die Ergebnisse aller Gruppen gesammelt und ausgewertet.
Gibt es nun einen Trend?
Wieso lässt sich der Trend nicht bei jeder Gruppe eindeutig erkennen?

3 Man kann das Spiel auch simulieren. Ein Applet dazu findet man bei www.klett.de.
Erstelle selbst eine Simulation, z. B. mit Excel.
Simuliere z. B. 100 Durchführungen der Quizsendung. Was stellst du fest?

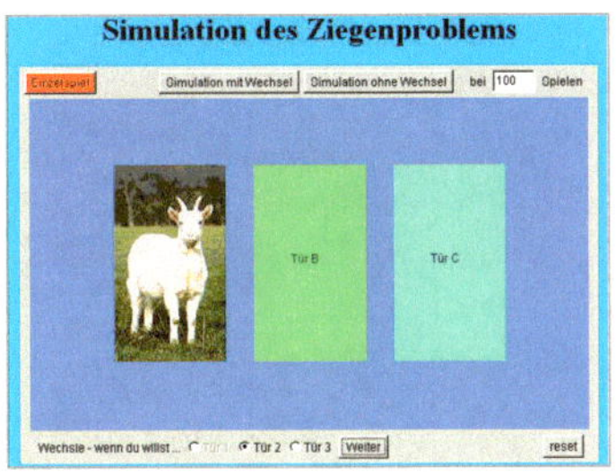

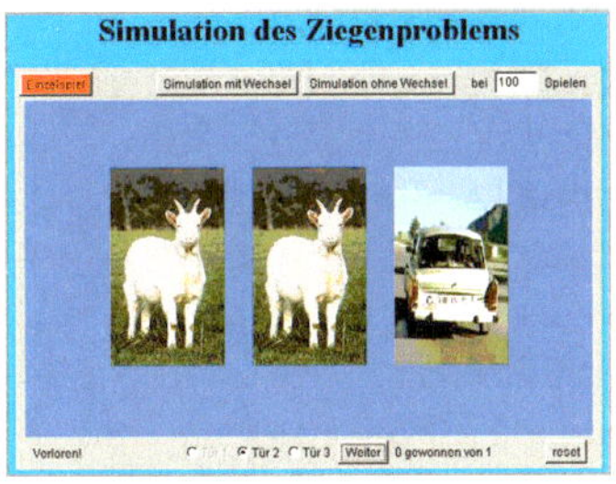

4 Mithilfe einer großen Anzahl von Durchführungen soll nun das Problem durch Überlegungen gelöst werden. Nimm an, die Quizsendung findet 300-mal statt.
a) Der Quizmaster wählt jedesmal zufällig eine andere Tür, hinter der das Auto versteckt wird. Wie oft wird er jede Tür etwa wählen?
b) Wie oft etwa werden die Kandidaten gleich am Anfang die richtige Tür wählen?
c) Der Quizmaster öffnet eine der nicht gewählten Türen, hinter der sicher eine Ziege steht. Wie oft etwa steht hinter der anderen Tür das Auto?
d) Was ergibt sich aus den Antworten zu b) und c)?

Das Ziegenproblem

5 Das bei der vorigen Aufgabe gewonnene Ergebnis kann auch mithilfe von Wahrscheinlichkeiten begründet werden.
a) Der Quizmaster wählt jedes Mal zufällig eine andere Tür, hinter der das Auto versteckt wird. Mit welcher Wahrscheinlichkeit wählt er jede Tür?
b) Mit welcher Wahrscheinlichkeit wählen die Kandidaten sofort die richtige Tür?
c) Der Quizmaster öffnet eine der nicht gewählten Türen, hinter der sicher eine Ziege steht. Mit welcher Wahrscheinlichkeit steht hinter der anderen Tür das Auto?
d) Was ergibt sich aus den Antworten zu b) und c)?

Homepage von Marilyn vos Savant:

http://www.marilynvos-savant.com/

Das Ziegenproblem sorgte vor allem für großes Aufsehen, weil sich die Frau mit dem angeblich höchsten Intelligenzquotienten in den USA, Marilyn vos Savant, dazu äußerte. Sie gab in ihrer Kolumne „Frag Marilyn" in der amerikanischen Illustrierten Parade den Rat „Wechseln". Dies rief einen Sturm der Entrüstung quer durch die USA hervor. Es gab nicht viele Leute, die ihr zustimmten, wohl aber genug, die sich über ihre Behauptung entsetzten. Darunter waren viele Universitätsprofessoren.

host = Quizmaster
contestant = Kandidat
switch = wechseln
initially = anfangs
behavior = Verhalten

6 Der abgedruckte Brief enthält eine Kritik an Marilyns Beweisführung, wie sie im wesentlichen in den Aufgaben 4 und 5 wiedergegeben ist.
Was würdest du anstelle von Marilyn auf diesen Brief antworten?

> Sorry, Marilyn,
> there's nothing wrong with your math. But if I were the game show host, and you were the contestant, I'd offer you the option to switch only if you initially chose the correct door. In this case, the first door has a 100% chance of winning, the second door has a 0% chance, and switching would be a sure loser.
> Unless you understand the motives and behavior of the game show host, all the mathematics in the world won't help you answer this question.

7 Es gibt einige Varianten zum Ziegenproblem, die in der Diskussion auftauchten.
a) Angenommen, Anna und Boris sind Kandidaten. Anna wählt Tür 1, Boris wählt Tür 2. Nun öffnet der Quizmaster Tür 3. Sollen jetzt Anna und Boris ihre Türen tauschen, um ihre Chancen zu erhöhen? Überlege, wieso hier die Argumentation aus den Aufgaben 4 und 5 nicht anwendbar ist.
b) Statt zwei Ziegen und einem Auto sind nun zwei Autos und eine Ziege hinter den Türen versteckt. Die Kandidatin wählt Tür 1. Nun sagt der Quizmaster: „Soll ich Ihnen mal zeigen, hinter welcher Tür ein Auto steht?" Dann macht er eine Tür auf, und ein Auto ist zu sehen. „Soll ich nun wechseln oder nicht?" überlegt die Kandidatin. Überlege dir mit deinem Banknachbarn, welchen Tipp man der Kandidatin geben sollte.

Fig. 1

Als ob

Felicitas Hoppe

Wenn einmal im Jahr die Verwandtschaft kommt, stehen wir stramm. Besser gesagt, wir tun so, als ob. Wir tun so, als ob wir uns wirklich freuen, wir üben Lächeln und Händeschütteln und wie man eine Tante umarmt, die wir niemals umarmen wollten.

Als hätten wir das ganze Jahr über nur auf diesen Sonntag gewartet! Tausend Mal haben wir das geprobt, alles genau vorher durchgespielt, wie im Theater, als säßen alle mit uns am Tisch: Links neben meinem Vater der Onkel, rechts neben meiner Mutter die Tante. Zwischen mir und der Tante sitzt die Cousine, die keiner von uns wirklich ausstehen kann, denn sie redet immer mit vollem Mund: Erst über Kleider, dann über Geld, zum Schluss über Reisen und wohin sie in diesem Jahr fahren wird. Diesmal auf eine Südseeinsel, deren Namen ich nicht buchstabieren kann, auf der ich selbst nie gewesen bin und auf die ich, aller Wahrscheinlichkeit nach, auch für den Rest meines Lebens nicht komme.

Alles haben wir gründlich geprobt: Wie ich den Mund halte und dass ich mir einfach nichts anmerken lasse. Als wäre mir egal, dass die Cousine so durch die Welt kommt, während ich zuhause herumsitzen muss und sonntags auf diese Verwandten warte. Egal, wohin wir sie setzen würden, sie würden mir trotzdem nicht besser gefallen. Der Onkel, der alles besser weiß und immer dieselbe Frage stellt: Was willst du mal werden? Und während ich nach einer Antwort suche, wird die Tante mich von oben betrachten und rufen: Du bist ja noch dünner geworden! Und dass ich endlich mehr essen soll. Dann wird sie, aller Wahrscheinlichkeit nach, die Gabel neben den Teller legen und sagen: Das ist auch kein Wunder, weil deine Mutter nicht weiß, wie man kocht.

Auch das haben wir tausend Mal geprobt: Dass meine Mutter sich einfach nichts anmerken lässt, wenn meine Tante aufhört zu essen und stattdessen anfängt, vom Essen zu reden. Denn niemand soll wissen, wie sehr meine Mutter die Tante fürchtet und dass sie, bevor die Verwandten kommen, nächtelang wach liegt, weil sie nicht weiß, was sie kochen soll. Denn egal, was sie kocht, der Tante schmeckt nichts, weshalb aller Wahrscheinlichkeit nach das Essen auch diesmal anbrennen wird, bevor sie das Huhn auf den Tisch bringen kann.

Aber all diese Proben nützen uns nichts. Wir können üben, so viel wir wollen, sobald am Sonntag die Klingel ertönt, geht garantiert wieder alles schief. Weil die Wirklichkeit keine Aufgabe ist, kein Theater, kein Spiel, sondern ein Onkel aus Fleisch und Blut, der bei Tisch einen richtigen Namen hat und fragt, was ich später werden will. Und die Tante, die wider Erwarten findet, ich sei plötzlich viel zu dick geworden, während unter dem Tisch die Cousine heftig gegen mein Schienbein tritt und behauptet, dass sie nach Afrika fährt.

Und während im Ofen das Huhn verbrennt und meine Mutter leise zu weinen beginnt, stehe ich endlich entschlossen auf und beginne zu knurren. Wie unser Hund, der unter dem Tisch der Einzige ist, der kein Geheimnis daraus macht, wie verhasst ihm die ganze Verwandtschaft ist. Denn das Huhn im Ofen riecht gut und ist echt! Und ich fahre morgen nach Afrika, während, Wahrscheinlichkeit hin oder her, die Cousine in Wirklichkeit nur tut, als ob.

Rückblick

Die Wahrscheinlichkeiten für alle Ergebnisse eines Zufallsversuchs stellt man übersichtlich in einer Tabelle dar. Man nennt sie **Wahrscheinlichkeitsverteilung** des Zufallsversuchs. Die Summe der Wahrscheinlichkeiten aller Ergebnisse eines Zufallsversuchs ergibt immer 1 bzw. 100 %.

Die Tabelle zeigt die Wahrscheinlichkeitsverteilung für die Anzahl der Wappen (W) beim Werfen von vier Münzen.

Ergebnis	Wahrscheinlichkeit
0 W	$\frac{1}{16}$
1 W	$\frac{1}{4}$
2 W	$\frac{3}{8}$
3 W	$\frac{1}{4}$
4 W	$\frac{1}{16}$
Summe	1

Summenregel – Rechnen mit dem Gegenteil
Wenn zu einer Situation mehrere Ergebnisse gehören, bestimmt man die Wahrscheinlichkeit, indem man die Wahrscheinlichkeiten der zugehörigen Ergebnisse addiert. Manchmal ist es günstiger, die gesuchte Wahrscheinlichkeit mithilfe der Wahrscheinlichkeit des Gegenteils zu bestimmen.

Die Wahrscheinlichkeit, bei einem Wurf von vier Münzen mindestens einmal Wappen zu werfen, beträgt
$\frac{1}{4} + \frac{3}{8} + \frac{1}{4} + \frac{1}{16} = \frac{15}{16}$ *oder* $1 - \frac{1}{16} = \frac{15}{16}$.

Pfadregel
Mehrstufige Zufallsversuche lassen sich durch Baumdiagramme beschreiben. Jedem Ergebnis des Gesamtversuchs entspricht ein Pfad im Baum vom Startpunkt zu einem Endpunkt.
Die Wahrscheinlichkeit eines Ergebnisses ist gleich dem Produkt der Wahrscheinlichkeiten längs des zugehörigen Pfades.

Aus der Schale werden blind drei Kugeln gezogen. Gesucht ist die Wahrscheinlichkeit, dass drei Kugeln blau sind. Die Wahrscheinlichkeit für bbb ist $\frac{4}{9} \cdot \frac{3}{8} \cdot \frac{2}{7} = \frac{1}{21}$.

Teilbaum bei mehrstufigen Zufallsversuchen
Um bei einem mehrstufigen Zufallsversuch Wahrscheinlichkeiten zu bestimmen, verwendet man nur den Teil des Baumdiagramms, der die benötigten Pfade enthält. Anhand des Teilbaums wird die gesuchte Wahrscheinlichkeit mit der Pfadregel und der Summenregel bestimmt.

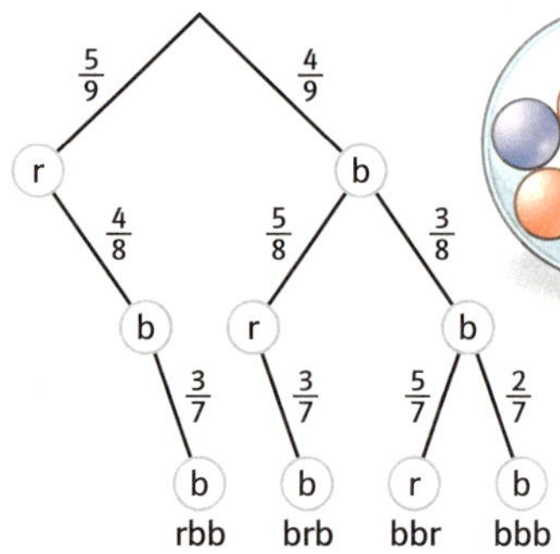

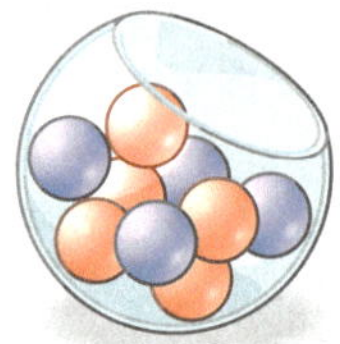

Die gesuchte Wahrscheinlichkeit, dass mindestens zwei Kugeln blau sind, beträgt
$\frac{5}{9} \cdot \frac{4}{8} \cdot \frac{3}{7} + \frac{4}{9} \cdot \frac{5}{8} \cdot \frac{3}{7} + \frac{4}{9} \cdot \frac{3}{8} \cdot \frac{5}{7} + \frac{4}{9} \cdot \frac{3}{8} \cdot \frac{2}{7} \approx 40{,}5\,\%$.

Wahrscheinlichkeiten schätzen
Schätzwerte für Wahrscheinlichkeiten ergeben sich aus langen Versuchsreihen, die man durch eine Simulation erhalten kann.

Zufallsversuche lassen sich mithilfe von Zufallszahlen simulieren. Jedes Ergebnis eines Zufallsversuchs entspricht dabei einem Bereich von Zufallszahlen, der dieselbe Wahrscheinlichkeit hat wie das Ergebnis.

Simulation eines Reißnagelwurfs mit den Wahrscheinlichkeiten 0,4 für „Kopf" und 0,6 für „Seite": Man erzeugt eine Zufallszahl; ist sie kleiner oder gleich 0,4, fällt der Reißnagel auf den Kopf, sonst auf die Seite.

Training

Runde 1

1 Ein Kartenspiel enthält die Karten Ass, 2, 3, 4, 5 ,6, 7, 8, 9, 10, Bube, Dame, König in jeder der vier „Farben“ Kreuz, Pik, Herz und Karo. Du ziehst zufällig eine Karte heraus. Mit welcher Wahrscheinlichkeit ist es
a) keine Herz-Karte? b) eine Dame oder eine Herz-Karte?

2 Aus einem Korb mit fünf roten, vier gelben und drei grünen Äpfeln wählst du zufällig vier Früchte aus. Mit welcher Wahrscheinlichkeit bekommst du
a) nur rote Äpfel? b) mindestens einen grünen Apfel?

3 Bei einem Test sind bei zehn Fragen jeweils fünf mögliche Antworten angegeben, von denen eine anzukreuzen ist. Es ist aber jeweils nur eine Antwort richtig. Ein Kandidat hat alles vergessen und setzt rein zufällig seine Kreuzchen.
a) Mit welcher Wahrscheinlichkeit setzt er bei der fünften Frage das Kreuz richtig?
b) Wie groß ist die Wahrscheinlichkeit, dass er bei mindestens einer Frage das Kreuz richtig setzt?

4 Eine Lostrommel enthält anfangs sechs nummerierte Kugeln mit den Nummern 1 bis 6. Es werden wie beim Lotto vier Kugeln gezogen und ihre Nummern notiert. Danach werden die Kugeln zurückgelegt. Anschließend werden nochmals vier Kugeln gezogen. Mit welcher Wahrscheinlichkeit zieht man nochmals die Kugeln mit den gleichen Nummern wie bei der ersten Ziehung?

Runde 2

1 a) Gib die Wahrscheinlichkeitsverteilung für das Drehen des Glücksrades an.
b) Mit welcher Wahrscheinlichkeit bleibt der Zeiger auf einem blauen oder roten Feld stehen?

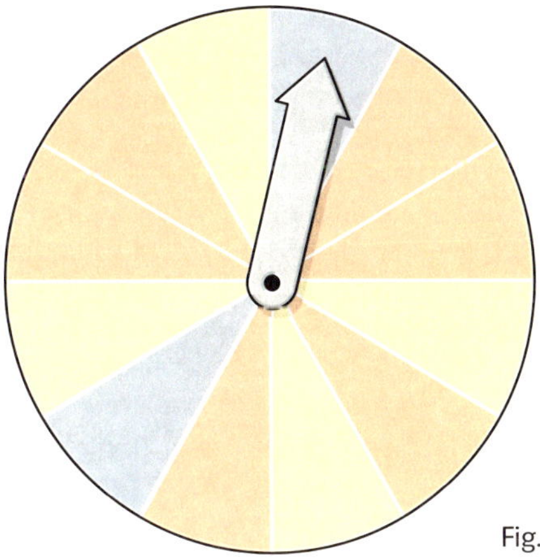

Fig. 2

2 Vier Patienten erhalten ein Medikament, das mit 60 % Wahrscheinlichkeit eine bestimmte Krankheit heilt.
a) Wie groß ist die Wahrscheinlichkeit dafür, dass höchstens drei Patienten geheilt werden?
b) Wie groß ist die Wahrscheinlichkeit dafür, dass nur der dritte behandelte Patienten geheilt wird?

3 Beim Torwandschießen trifft Lukas erfahrungsgemäß mit 20 % Wahrscheinlichkeit. Er hat drei Versuche. Mit welcher Wahrscheinlichkeit trifft er
a) mindestens einmal, b) höchstens einmal?

4 Laura hat beobachtet, dass 20 % der Autos, die an ihrem Fenster vorbei fahren, eine dunkle Farbe haben. Als sie eines Tages aus dem Fenster schaut, ist erst das sechste vorbeifahrende Auto dunkel. „Das war jetzt aber sehr unwahrscheinlich“, denkt sie. Wie groß war die Wahrscheinlichkeit dafür?

Lösungen auf Seite 236.

Mit Artikeln kann man rechnen

Wenn man Zeitungen oder Zeitschriften liest, stößt man regelmäßig auf Artikel, in denen mit Zahlen, Formeln oder Grafiken argumentiert wird. Die Mathematik kann hier beim Lesen helfen, Informationen zu verstehen oder auch kritisch zu hinterfragen. Zeitungs- und Zeitschriftenartikel können so Ausgangspunkt für weitere Überlegungen sein.

Im Artikel in Fig. 1 auf Seite 205 wird über die Festnahme eines „Autobahnrasers" berichtet. Einige der in dem Artikel angegebenen Zahlen können genauer untersucht werden. So liest man, dass der Mann im Baustellenbereich mit 123 km/h statt der erlaubten 80 km/h fuhr. Außerdem hatte der Mann 0,9 Promille Alkohol im Blut. Folgende Fragestellungen könnten in diesem Zusammenhang von Interesse sein:

Tipps:
1. Eine Formel zur Berechnung des Bremsweges lautet $B = \frac{v^2}{100}$. B ist die Länge des Bremswegs in m und v die Geschwindigkeit in $\frac{km}{h}$.

2. Ein erwachsener Mensch hat zwischen 4 und 6 Liter Blut.

1 Um wie viel Prozent fuhr der Fahrer schneller als erlaubt?
Um wie viel Prozent verlängerte sich durch die überhöhte Geschwindigkeit sein Bremsweg?
Wie viele Liter Bier mit einem Alkoholgehalt von 5 % müsste der Fahrer mindestens vor seiner Festnahme getrunken haben?

In gleicher Weise können die anderen Artikel auf Seite 205 näher untersucht werden. Zu einigen Artikeln findest du im Folgenden Anregungen.

Erkundige dich über andere Projekte von Christo und Jeanne-Claude.

2 Schätze mithilfe des Fotos in Fig. 3, wie weit die Tore beim Kunstprojekt „The Gates" voneinander entfernt sind. Wie lang wäre dann der Tore-Parcours insgesamt? Wäre er lang genug, damit er einmal um deine Stadt geht?

3 Wie viel Stoff benötigte Christo für sein Projekt (jedes Stoffstück ist quadratisch mit der Seitenlänge 3 m)? Schätze, wie schwer und wie teuer der Stoff für das Kunstwerk sein dürfte. Würde die Stoffmenge ausreichen, um eure Schule zu „verpacken"?

4 Stelle mithilfe des Artikels in Fig. 7 eine Formel auf, mit der sich beim Handytest das Gesamtqualitätsurteil mit den Einzelbewertungen (Telefonieren, Textnachrichten, …) berechnen lässt. Berechne für die vier Handys das Gesamtqualitätsurteil, wenn man jede Einzelbewertung gleich gewichtet hätte.

5 Herr Beckers legt bei einem Handy keinen Wert auf die Fotofunktion. Außerdem verschickt er nur selten Textnachrichten. Überlege dir mit deinem Nachbarn für Herrn Beckers eine geeignete Berechnungsformel für das Gesamtqualitätsurteil. Formuliert anschließend eine kurze Kaufempfehlung für Herrn Beckers.

6 Stelle eine Berechnungsformel für das Gesamtqualitätsurteil auf, wenn du das Handy für dich selbst kaufen würdest. Für welches Produkt würdest du dich entscheiden? (Beachte auch den Verkaufspreis.)

7 Formuliere zu den vier Artikeln in Fig. 2 und Fig. 4 bis Fig. 6 selbst mathematische Fragen und tausche sie mit deinem Nachbarn aus.

Autobahnraser festgenommen
Gestern Nacht nahm die Polizei gegen 23.00 Uhr einen 38-jährigen Mann aus Lüneburg fest, der auf der Autobahn wegen überhöhter Geschwindigkeit auffiel. In einem Baustellenbereich fuhr der Mann mit 123 km/h statt der erlaubten 80 km/h. Wie sich bei der anschließenden Überprüfung herausstellte, hatte der Fahrer 0,9 Promille Alkohol im Blut. Der Mann muss nun mit einer empfindlichen Geldbuße und einem mehrmonatigen Fahrverbot rechnen.

Fig. 1

Niederschlags-wahrscheinlichkeiten für die nächsten Tage
Montag: 5 %
Dienstag: 20 %
Mittwoch: 10 %
Donnerstag: 10 %
Freitag: 15 %
Samstag: 20 %
Sonntag: 30 %

Fig. 4

Energie lässt sich sparen
Statt so genannter „Niedrigenergiehäuser" rechnen sich echte Passivhäuser mit 35 bis 45 Zentimeter Wärmedämmung und Dreifachverglasung trotz zunächst etwa fünf bis acht Prozent voll verzinster Mehrkosten in rund 30 Jahren.
Ein Drei-Liter-Auto spart bei 200 000 Kilometern Nutzungsdauer bis zu 10 000 Euro Spritkosten. Technisch möglich sind Großserien aerodynamischer, leichter Fahrzeuge mit vier Insassen, die unter 1,9 Liter auf 100 Kilometern verbrauchen.

Fig. 2 (März 2005, Badische Zeitung)

Der Placebo-Effekt
Die Palette der Leiden, die bereits mit Zuckerpastillen und Kochsalz-Injektionen gelindert oder geheilt wurden, ist kaum mehr überschaubar – von Migräne über Bluthochdruck bis hin zu Herzerkrankungen. Und nach der Durchsicht von fast 7000 Einzelstudien kam heraus: Auch bei klinisch vollends wirkungslosen Therapien, die gar nicht gezielt als Placebo-Medizin angewendet wurden, war das Heilresultat von 70 Prozent der Patienten gut bis sehr gut.

Fig. 5 (März 2005, natur + kosmos)

Eröffnet: Im Central Park leuchten Christos Tore

Das Kunstprojekt „The Gates" des Künstles Christo ist am Samstag im Central Park in New York eröffnet worden. Es ist das größte Freiluftkunstwerk in der Geschichte der Metropole. „The Gates" besteht aus 7500 mit orangenfarbenem Stoff behängten Toren.

Fig. 3 (März 2005, Frankfurter Allgemeine Sonntagszeitung)

Stausalz
Pech für gut 450 Lastzüge aus ganz Europa, die derzeit auf der Heilbronner Theresienwiese festsitzen. Oft sechs Stunden und länger sind sie auf Abruf da und werden nacheinander per Funk ins sechs Kilometer entfernte Heilbronner Salzbergwerk gelotst, wo sie ihre zurzeit besonders kostbare Fracht laden dürfen. Denn Streusalz ist europaweit knapp geworden. Eine Entspannung der Situation ist vorerst nicht zu erwarten. „Salz haben wir genug", sagt Ekkehard Schneider, der Vorstandssprecher der Südwestdeutschen Salzwerke AG. Die langen Wartezeiten entstünden deshalb, weil in Heilbronn täglich 35 Mitarbeiter zwischen 10 000 und 13 000 Tonnen Streusalz verladen, das entspricht immerhin der Ladung von etwa 500 Lastwagen.

Fig. 6 (März 2005, Stuttgarter Zeitung)

Handys mit integrierter Kamera

Produkt		T 201	K 220 s	S22i	CA 500
Mittlerer Preis in Euro ca.		299	330	590	289
Gesamtqualitätsurteil	100 %	GUT (2,3)	GUT (2,3)	GUT (2,5)	BEFRIEDIGEND (2,7)
Kommentar		Gute Telefoniereigenschafen, aber lange Akku-Ladedauer.	Gute Telefoniereigenschaften. Mit Kompass, Thermometer.	Fotofunktion gut, MP3-Spieler. Interne 64-Megabyte-Karte.	Klapphandy. Gute Telefoniereigenschaft. Fototransfer zum PC mangelhaft.
Telefonieren	30 %	gut (2,1)	gut (2,1)	gut (2,4)	befriedigend (3,1)
Textnachrichten (SMS)	10 %	gut (2,5)	gut (2,1)	befriedigend (2,6)	gut (2,3)
Fotofunktion (MMS)	10 %	befriedigend (3,1)	befriedigend (3,4)	gut (2,3)	ausreichend (4,0)
Akkubetrieb	20 %	gut (2,0)	gut (2,3)	befriedigend (2,7)	befriedigend (2,6)
Benutzerführung	5 %	befriedigend (2,7)	befriedigend (2,7)	gut (2,2)	gut (2,2)
Transport	10 %	gut (2,1)	gut (2,4)	befriedigend (3,1)	gut (1,9)
Haltbarkeit	5 %	gut (2,5)	gut (1,9)	befriedigend (2,9)	gut (1,6)
Vielseitigkeit	10 %	gut (2,2)	gut (1,8)	gut (1,9)	befriedigend (2,7)

Fig. 7 (Dezember 2004, Stiftung Warentest)

Tipp:
Wenn du selbst Zeitungsausschnitte verwendest, kannst du wichtige Stellen auch direkt im Text mit einem Textmarker markieren.

Wichtige Informationen erkennen

Will man mithilfe des Artikels in Fig. 1 auf Seite 207 bestimmen, wie viele Liter Kerosin der Airbus A380 mitführen kann, so benötigt man nicht alle im Artikel angegebenen Zahlen. In diesen Fällen bietet es sich an, zunächst alle notwendigen Zahlenangaben aufzuschreiben. Aus dem Artikel entnimmt man beispielsweise:

1) Der Airbus A380 kann 555 Passagiere transportieren.
2) Die Reichweite des A380 beträgt bis zu 15 000 Kilometer.
3) Der Kerosinverbrauch des A380 beträgt 2,9 Liter auf 100 Kilometer pro Passagier bei voll besetztem Flugzeug.

8 Bestimme mit diesen Angaben, wie viele Liter Kerosin der Airbus A380 mitführen kann.

9 Formuliere zu den Artikeln in Fig. 1 und Fig. 2 auf Seite 207 insgesamt vier Aufgaben und tausche sie mit deinem Nachbarn aus. Notiere anschließend zu jeder Aufgabe die zur Lösung notwendigen Angaben und löse die Aufgabe. Vergleicht eure Ergebnisse gemeinsam.

Graphen in Artikeln

Im Wirtschafts- und Finanzteil einer Zeitung stößt man häufig auf Graphen. Hier können sich neue Fragestellungen ergeben.

10 Bestimme, zu welchen Zeiten der Kurswert der Cewe-Color-Aktie seit Börsengang ein Maximum bzw. ein Minimum hatte. Beschreibe die Skalierung der Hochachse. Welcher Eindruck wird durch die besondere Skalierung erreicht?

11 Die rot dargestellte Gerade „Langfristiger Abwärtstrend" ist durch zwei Punkte bestimmt. Ermittle die Steigung der Geraden.

Mit zusätzlichen Informationen arbeiten

Bei einigen Artikeln benötigt man für weitere Überlegungen zusätzliche Informationen. Diese findet man z. B. in Fachbüchern oder im Internet.

12 Um wie viel Prozent sinkt der Leistungsbedarf und damit auch der Verbrauch, wenn das im Artikel von Fig. 4 auf Seite 207 vorgestellte Auto statt der möglichen Höchstgeschwindigkeit von 213 km/h nur die von Naturschutzverbänden empfohlene Höchstgeschwindigkeit von 130 km/h fährt?

Bei einem Auto lässt sich die aufzubringende Motorleistung P (in Watt) mit folgender Formel berechnen: $P = 0{,}014 \cdot c_w \cdot A \cdot v^3$.
c_w: eine Konstante, die von der Form des Autos abhängt
A: die Stirnfläche des Autos (in m^2),
v: die Geschwindigkeit des Autos (in km/h)

Toulouse – Europas größter Flugzeugkonzern Airbus hat im Wettlauf mit seinem amerikanischen Konkurrenten Boeing eine neue Ära eingeläutet: In einer farbenprächtigen Lasershow wurde mit dem A380 das größte Passagierflugzeug der Welt am Dienstag in Toulouse vorgestellt.
Ab 2006 soll der neue Airbus A380 auf regulären Flügen eingesetzt werden und dann 555 Passagiere auf zwei Stockwerken transportieren. Dies ist ein Drittel mehr als in der Boeing 747. Als eng bestuhlter Billigflieger könnte der Riese sogar 853 Reisende aufnehmen.
Der A380 ist gemessen an der Passagierzahl das größte jemals gebaute Verkehrsflugzeug der Welt. Mit 73 Metern ist es länger als die Boeing 747 (70,7 Meter) und mit 24,1 Metern deutlich höher als der Jumbo (19,4 Meter). Auch bei der Flügelspannweite von 80 Metern übertrumpft das europäische Riesenflugzeug seinen Konkurrenten aus Seattle, der nur auf 64,4 Meter kommt.
Mit einer Reichweite von bis zu 15.000 Kilometern kann das Flugzeug in 16 Stunden ohne Zwischenlandung zwischen den Kontinenten verkehren. Durch die Verwendung neuer Verbundstoffe ist der Airbus mit 270 Tonnen Leergewicht etwa die Hälfte leichter als ein vergleichbares Boeing-Modell. Das maximale Abfluggewicht liegt bei 560 Tonnen. Airbus rühmt vor allem den geringen Kerosinverbrauch des A380 von 2,9 Litern auf 100 Streckenkilometer pro Passagier.

Fig. 1 (Januar 2005)

Schwarz-Gelb fehlen 745 Stimmen

Bei der Landtagswahl in Schleswig-Holstein hatte es am Sonntagabend zunächst nach einem Überraschungs-Sieg der bisherigen Opposition ausgesehen. CDU und FDP erhielten nach ersten Auszählungen eine absolute Mehrheit mit einem Vorsprung von einem Sitz. Im Laufe des Abends drehte sich das Resultat. Nach dem vorläufigen amtlichen Endergebnis ist die CDU mit 40,2 Prozent der Stimmen und 30 Mandaten zwar nun stärkste Kraft im Kieler Landtag, aber auch gemeinsam mit der FDP (6,6 Prozent, 4 Sitze) verfehlt sie die absolute Mehrheit der Sitze (35 Mandate). SPD (38,7 Prozent, 29 Sitze) und Grüne (6,2 Prozent, 4 Sitze) erreichen zusammen jedoch auch nur 33 Mandate. Insgesamt haben 1 455 094 Bürgerinnen und Bürger abgestimmt. Das entspricht einer Wahlbeteiligung von 66,5 Prozent, 3 Prozentpunkte weniger als bei der Landtagswahl 2000.

Fig. 2 (Februar 2005)

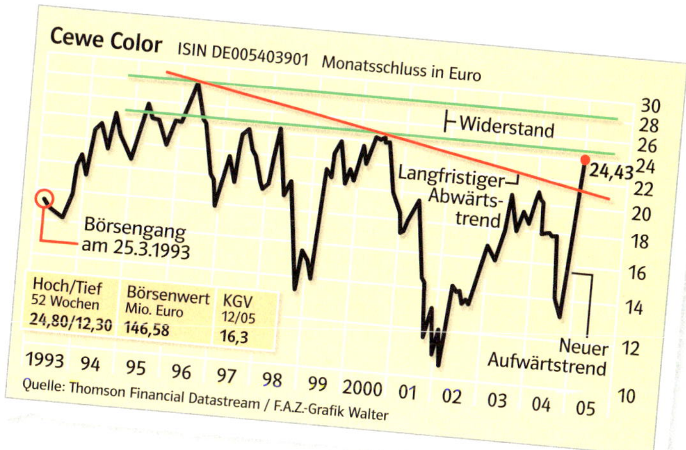

Fig. 3 (Februar 2005)

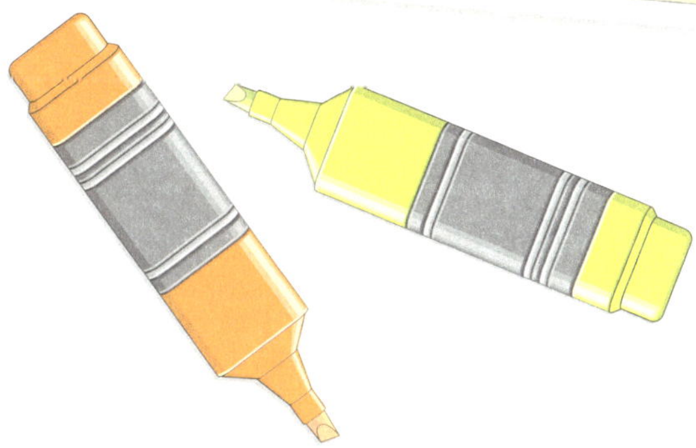

Nach über 13 Millionen VW Passat startet am 11. März die neuste Auflage. Der rundum neue Wagen ist innen und außen frisch gestylt, in den Dimensionen legte er deutlich zu. Dazu übernimmt er entscheidende Technikmodule aus dem Golf. Die Aerodynanik des neuen Passats wurde aufwändig in verschiedenen Windkanälen optimiert. Der c_w-Wert beträgt 0,29 (mit Sportfahrwerk 0,28), die Stirnfläche misst 2,26 m^2.

Fig. 4 (März 2005)

Wenn Sachverhalte mit Mathematik kompliziert werden

Zahlen und Formeln können in Artikeln aber gelegentlich auch sehr verwirrend sein. Ein Beispiel hierfür ist der Artikel „Perfekte Amtssprache" in Fig. 1 von Seite 209. Hier werden Dinge unnötig mithilfe der Mathematik kompliziert gemacht. Dies erkennt man, wenn man sich genauer mit der im Artikel angegebenen Formel beschäftigt.

13 Wie lautet die Funktionsgleichung der im Text beschriebenen Funktion *Widerristhöhe → Mindestfläche*?

14 Stelle den Graphen der Funktion mithilfe eines Tabellenkalkulationsprogramms in einem Koordinatensystem dar.

15 Bestimme die Funktionsgleichung einer linearen Funktion, deren Graph der dargestellten Parabel näherungsweise entspricht. Worin liegen die Vorteile einer linearen Funktion?

16 Schreibe einen geeigneten Leserbrief mit einem Verbesserungsvorschlag für das bayerische Innenministerium.

Und jede Menge Fehler...

Gelegentlich sind Artikel nicht nur schwer verständlich oder unvollständig, sondern eindeutig falsch.

17 Finde die Fehler in den Artikeln in Fig. 2 bis 6 auf Seite 209. Beschreibe auch, welche Denkfehler die Autoren vermutlich gemacht haben, und formuliere jeweils einen neuen, fehlerfreien Artikel.

18 Fig. 7 auf Seite 209 verdeutlicht, wie teuer die Übertragungsrechte für die Fußballbundesliga waren. Welchen Eindruck gewinnt man aufgrund des Diagramms? Welchen Funktionstyp könnte man für die Funktion *Jahr → Preis* vermuten? Schreibe einen Artikel zum Diagramm.

19 Stelle die Werte von Fig. 7 auf Seite 209 in einem Diagramm dar, bei dem die Abstände der Jahre gleich groß gewählt sind und bei dem die Skalierung der Hochachse bei 0 beginnt. Schreibe einen Artikel zu dem erstellten Diagramm.

20 Betrachte in Fig. 8 auf Seite 209 zunächst nur die in der Grafik angegebenen Zahlen. Welche (großzügige) Annahme hat der Autor gemacht?

21 Vergleiche in der Grafik den abgebildeten Lkw von Frankreich für 1995 mit dem abgebildeten Lkw von Polen für 2010. Welcher Fehler wird deutlich?

22 Betrachte in der Grafik nur die abgebildeten Lkws von Polen. Nach welchen Gesichtspunkten hat der Autor wohl die Größe der Lkws gewählt? Schreibe einen Leserbrief an die Autoren des Diagramms mit geeigneten Verbesserungsvorschlägen. Verwende dabei u.a. den Begriff „Volumen".

Perfekte Amtssprache

Die Perfektion der deutschen Vorschriftenmacher ist vom bayrischen Innenminister Georg Tandler im Münchner Landtag mit dem Verlesen des Entwurfes für eine Kälbererhaltungsverordnung des Bundes belegt worden. Darin heißt es, was immer das im Klartext heißen mag: „Bei Gruppenhaltung muss für jedes Kalb in Abhängigkeit von der Widerristhöhe in Zentimetern eine frei verfügbare Mindestfläche gemäß nachstehender Formel vorhanden sein: Mindestfläche (in Quadratzentimeter) gleich 0,4 mal Widerristhöhe hoch 2 plus 70 mal Widerristhöhe plus 2720."

Fig. 1 (nach Bielefelder Anzeiger)

Ehescheidung

Jede dritte Ehe in Deutschland wird geschieden, in Großstädten sogar jede vierte.

Fig. 2 (Wochenpost, 1995)

Zufriedene Deutsche

Tübingen – Jeder neunte Deutsche (90,2 Prozent) ist mit dem 1993 Erreichten zufrieden. Das ist das Ergebnis einer Wickert-Umfrage. Seit der Gründung 1951 haben die Wickert-Institute noch nie so viel Zufriedenheit ermittelt.

Fig. 3 (Bild, 1994)

Olympisches

Sydneys Hoteliers haben sich reichlich verrechnet. In der Olympia-Stadt herrscht ein Überangebot an Hotelbetten. Die Folge: Die Preise stürzen teilweise um über 100 Prozent.

Fig. 4 (Süddeutsche Zeitung, 2000)

Um zwanzig nach elf stand das Rathaus plötzlich Kopf

Sie dürfen Ihren Augen ruhig trauen, das Bild ist nicht verkehrt herum auf diese Seite gelangt. Hannovers Rathaus steht kopf, genauer: Es spiegelt sich im von keinerlei Windhauch gekräuselten Wasser des Maschparkteiches. Zwanzig nach elf war es, als der Fotograph auf den Auslöser drückte, und fünf vor zwölf ist es, wenn der Rat heute und morgen über den Haushalt berät und Beschlüsse fassen muss.

Fig. 5 (Hannoversche Allgemeine Zeitung)

Ärzte bilden mehr Helferinnen aus

(ts) Die Bremer Ärzte bilden derzeit sehr viel mehr Arzthelferinnen aus als vor einem Jahr. Zum Stichtag 30. September 1999 ergaben sich für das Land Bremen 203 Ausbildungsverträge, davon 165 in Bremen und 38 in Bremerhaven. Im September 1998 waren es insgesamt 163 Verträge gewesen. Der erfreuliche Anstieg mache deutlich, „dass sich die niedergelassenen Ärzte ihrer Verantwortung hinsichtlich ausreichender Ausbildungsplätze sehr wohl bewusst sind", kommentierte Ärztekammer-Präsidentin Ursula Auerswald. Da bei der Kammer täglich noch weitere Verträge eingingen, rechne man mit einem Plus von über 20 Prozent.

Fig. 6 (Weser Kurier, 1999)

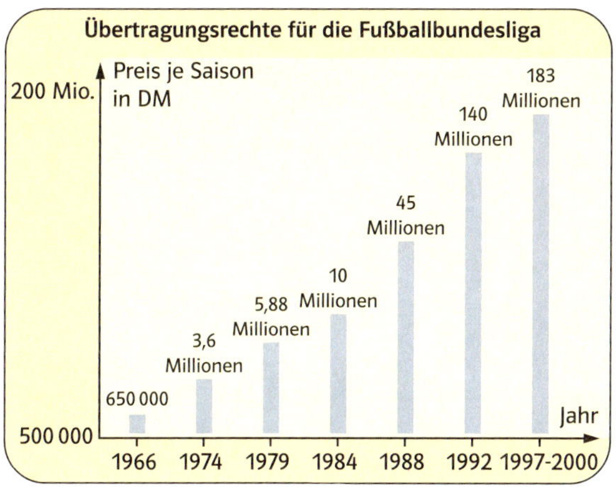

Fig. 7 (Hannoversche Allgemeine Zeitung)

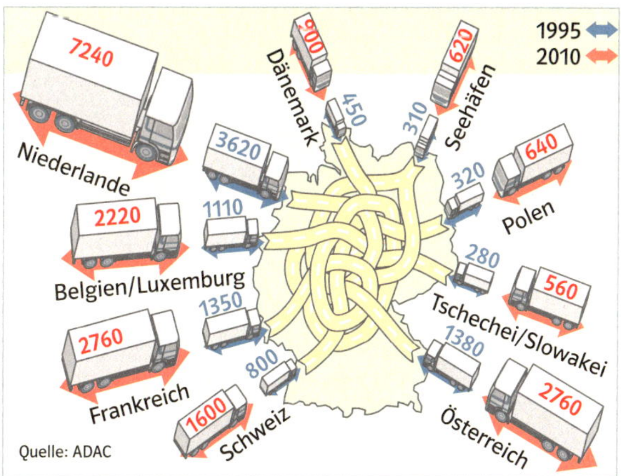

Weniger Kontrolle, mehr Straßenverkehr: Bis 2010 wird sich die Zahl der jährlich auf die Bundesrepublik zurollenden Lkw verdoppeln, beispielsweise aus den Niederlanden von 3,6 auf 7,2 Millionen. Angaben in Tausender-Einheiten.

Fig. 8 (Rheinische Post, 1995)

Berechnen von Termen mit mehreren Variablen

1 Übertrage die Tabelle in dein Heft und fülle sie aus.

a)

x	y	2x	3y	2x + 3y − 12
0	−2			
1	2,5			
−2	−2			
2,5	−3			
$\frac{3}{2}$	$\frac{2}{3}$			
$-\frac{3}{4}$	$\frac{3}{4}$			

b)

u	v	3(u + v)	2uv	3(u + v) − 2uv
3	2			
2	3			
6	6			
−1,5	1,2			
$\frac{1}{3}$	$\frac{3}{4}$			
$-\frac{5}{6}$	$\frac{1}{2}$			

2

x	y	3x − 7y	3(x − 7y)	3(3x − 7)y	(3x − y) · 7
−3	0,5				
−1,2	−4				
$\frac{1}{2}$	$\frac{1}{3}$				
$\frac{1}{3}$	$\frac{1}{2}$				
$\frac{5}{6}$	0				

3

x	1	−3	5	2,5	$\frac{2}{3}$	$-\frac{1}{8}$	3,1
y	−5	3	−1	−3,5	$-\frac{1}{6}$	0,25	$-\frac{2}{5}$
z	3	−5	3	1,5	$\frac{1}{6}$	$-\frac{5}{8}$	$\frac{1}{2}$
x − y + z							

4 Setze die Tabelle aus Aufgabe 3 für die folgenden Terme fort.

a) $x + y - z$ b) $2x + 3y - 4z$ c) $4x - y + 2z - 1$ d) $3xyz$
e) $xy - z$ f) $x(y - z)$ g) $x + yz$ h) $(x + y)(y + z)$

Vereinfachen von Summen

1 Vereinfache den Term.

a) $12r + t + 23t + (-8)r$
b) $(-33)m + 4n + (-17)m$
c) $5x + (-3)y + 6z + (-4)y + z$
d) $2{,}3a + 4b + 7{,}7a + 0{,}4b + a$
e) $31z + 5{,}2x + 3{,}1z + 52x$
f) $3{,}01r + 0{,}75s + 3t + 0{,}7r + s$
g) $0{,}02g + 4{,}5h + 0{,}7g + 7h$
h) $1\frac{1}{4}s + \frac{5}{6}t + \frac{3}{8}s + t + \frac{s}{2}$

2

a) $4xy + (-7)xz + 9xy + (-4)xz + 6yz + xy$
b) $ab + 5bc + 4ab + 7ac + 8bc + 2ac + ab$
c) $8az + 7bz + 8ay + 7by + ay + 3bz + az$
d) $3a^2 + 7b^2 + 3d^2 + c^2 + 11 + 3b^2 + 6d^2 + 9$
e) $4s + 7t + 8 + 3s + 9t^2 + 7s^2 + 21 + s^2 + s$
f) $4ab + 5cd + 7 + 8a^2 + 8cd + 3b^2 + a^2 + 3$
g) $p^2 + 6pq + 5 + p^2q + 6p^2 + 2 + 7p^2q + pq$
h) $2{,}5 + 7r^2 + 4{,}4rs + (-0{,}3)r^2 + (-2{,}4)rs$
i) $(-3) + \frac{1}{3}ab + \frac{5}{6}ac + 1\frac{1}{2} + \frac{1}{2}ac + \left(-1\frac{1}{3}\right)ab$
j) $(-2)ef + \frac{2}{7}e^2 + \frac{3}{4}f^2 + 1\left(-\frac{5}{7}\right)ef + \frac{3}{4}f^2 + \frac{5}{7}$

3

a) $3x^2 + 5x + x^2 \cdot (-5) + (-12) + 8 \cdot x + x^2$
b) $z^2 + 3z^3 + 2 \cdot z + z \cdot z + 2z \cdot 2 + (-4) \cdot z^3$
c) $r \cdot s + (-7)sr + s^2 + 6rs + (-3)s \cdot s + r \cdot 5s$
d) $3a^2 + 2a^3 + 3 \cdot 2 + 6a + (-2) \cdot a^2 + a^3 + 3$
e) $5s^2t + (-3)s^2t^2 + 0{,}8s^2 + ts^2 + 2t^2s^2 + st^2$
f) $2\frac{1}{4}rs^2 + \frac{1}{2}s^2r + \frac{3}{8}sr^2 + 1\frac{3}{4}rs^2 + \frac{5}{8}r^2s^2$
g) $ef^2 + \frac{5}{6}e^2f^2 + 2ef + \frac{1}{3}f^2e + \frac{1}{2}fe^2 + f^2e^2$
h) $0{,}9w + (-0{,}77)v + 3vw + (-0{,}09)w + v$

4 Löse zuerst die Klammern auf.

a) $5b - (2b + 3c)$
b) $6{,}5e - (4f + 1{,}5e) + f$
c) $\frac{u}{2} - \frac{v}{2} - \left(\frac{u}{2} + \frac{v}{2}\right)$
d) $a + b^2 - (3a + 5b^2)$
e) $-(1{,}5u - v^2) + \left(\frac{1}{2}u + v^2\right)$
f) $2{,}3z - 2zx - (3{,}5xz - 2)$
g) $-(a^2 - 4a) - (2b - 3a^2 + 2a)$
h) $(a + x^2) - (a^2 - x) - (x^2 - a^2)$
i) $8u + 5 + (3u - 9) - (7 - 9u)$
j) $17p - (33r - 15p) + (30p - 8q + 6r)$

5 Vereinfache so weit wie möglich.

a) $6a - (2{,}5b - 2{,}1a) + (a - 0{,}2b)$
b) $-(3{,}8s + 2{,}9t) - (1{,}2t - 0{,}7s) + 2s$
c) $-2{,}5f - (4{,}1 - 6{,}6f) + (3f - 0{,}7)$
d) $\left(\frac{3}{8}v - \frac{1}{3}w\right) + \frac{7}{18}w - \left(\frac{1}{6}w + \frac{5}{12}v\right) - \frac{13}{15}w$
e) $-\frac{7}{5} + \left(-d - \frac{3}{20}\right) - \left(-\frac{4}{30} - \frac{4}{11}d\right) + \frac{5}{6}$
f) $\frac{3}{8}x - \frac{5}{14}y - \left(\frac{3}{7}y - \frac{1}{4}x\right) + \left(\frac{1}{5}x - \frac{8}{21}y\right)$

Vereinfachen von Produkten

1 Vereinfache die Produkte.

a) $2u \cdot 3v \cdot 7w$
b) $4{,}5x \cdot 0{,}1y \cdot 6z$
c) $\frac{7}{8}a \cdot \left(-\frac{4}{5}b\right) \cdot 15c$
d) $g \cdot (-5h) \cdot 3 \cdot (-k)$
e) $3x \cdot 7xy$
f) $7uv \cdot 3u \cdot 10 \cdot (-2)$
g) $\left(-\frac{4}{5}\right) \cdot 14s \cdot \frac{2}{7}st$
h) $6x \cdot (-4yx) \cdot (-6z)$
i) $c^3 \cdot c^6$
j) $4e^4 \cdot 7e^3 \cdot 2e^2$
k) $\frac{2}{7}f^2 \cdot 28f^6 \cdot f^3$
l) $(-z^2) \cdot z^3 \cdot (-2z)$
m) $x^3y^7 \cdot x^2y$
n) $3a \cdot 2ab^2 \cdot 5b$
o) $\frac{4}{7}x^2y^5 \cdot \frac{7}{6}x^3y$
p) $(-6)e^4 \cdot (-2)e^2f^5$

2

a) $(-2) \cdot (-x)^2$
b) $(-x)^2(-x)$
c) $a \cdot (-b)^3 \cdot a^2$
d) $g(-h)^2 \cdot (-g)^3(-h)^3$
e) $(-a) \cdot \frac{2}{3} \cdot (-a^2b)$
f) $(-a) \cdot \left(-\frac{3}{4}\right) \cdot (-a)^2$
g) $3y \cdot \frac{1}{2} \cdot (x:2) \cdot y^2$
h) $\left(x:\frac{1}{2}\right) \cdot (xy:4) \cdot 7x$

3 Vereinfache und fasse so weit wie möglich zusammen.

a) $4c \cdot 3b - 3c \cdot 4b$
b) $7{,}5d \cdot 4f + 2{,}5f \cdot 4d$
c) $\left(-\frac{5}{3}\right)fg + \frac{2}{3}g \cdot (-3f)$
d) $(-3{,}5)(-gh) - (-g)(-h)$
e) $r \cdot (-2)(-15s) - (-8r) \cdot 1{,}5s$
f) $ab + 4b - 2ab + 5b$
g) $d \cdot 7c - cd + 5c + 8d - c - d$
h) $1{,}2rs - rt + 3{,}4ts - st + 1{,}8rs + rt$
i) $\frac{4}{5}uv - \frac{7}{2}wu + 1{,}4vw + 0{,}2uv - 1\frac{4}{5}vw$
j) $b^2cd + bc^2d - bcd + bcbd - cbcd - cbd$
k) $d^2ef + edf - def^2 + fede - deff$
l) $4fg^2 - (2f^2gh + fgh^2) + 7gfhf + ghfh$

4

a) $a^2 \cdot a^3 + 2a \cdot a^4 - 3a^3 \cdot a^2$
b) $4a^2b^3 \cdot 2ab^3 + a^5b^3 \cdot (-2)b^4$
c) $5u^2 \cdot 2v^3 \cdot u^3 + 4u^3v \cdot 2u^2v^2 - 3u^5 \cdot 2v \cdot v^2$
d) $3a \cdot 2b^2 \cdot ab + b^2a \cdot 2ab^2 - 5a^2b^2 - b^3 \cdot a^2$
e) $7u \cdot v^2w^2 + 3w \cdot u^2v^2 - 5vw \cdot uvw + u^2v^2w$
f) $3p^2q^3r - q^2r \cdot 2p^2qr + 4pqr \cdot pq^2 - p^2q^3r^2$

Ausmultiplizieren und Ausklammern

1 Löse die Klammern auf.

a) $7 \cdot (c + d)$ b) $3 \cdot (p^2 + q)$ c) $(u - v^2) : \left(-\frac{1}{2}\right)$ d) $(x - y) \cdot (-1)$
e) $(xy - 1)(-4)$ f) $\left(-\frac{3}{2}\right)(y - 9z) \cdot \left(-\frac{1}{3}\right)$ g) $3c \cdot (a - b^2)$ h) $(2u - v)(-w)$
i) $(x(x - y)) : 5$ j) $5{,}2u \cdot (u - v)$ k) $(-(-p + q))(-r)$ l) $(4x - z) \cdot (-3) \cdot y$

2

a) $(p - q + 2r)r$ b) $(p - q + 2r)(-r)$ c) $0{,}5p(p - 3q + r^2)$
d) $0{,}4uv\left(u^2 - 2v^2 - \frac{uv}{2}\right)$ e) $\frac{x}{2}(-4ax^2 + 2ax - 0{,}8ax^2)$ f) $18xy\left(2x + \frac{1}{3}xy - \frac{5}{9}yz\right)$
g) $(u - uv + w)(-u)$ h) $(-u^2 + 2v + v^2)w$ i) $\left(\frac{1}{2}u^2 + uv + \frac{3}{4}v^2\right)(-w)$

3 Löse die Klammern auf und vereinfache dann.

a) $3 \cdot (2x - 7) + 7 \cdot (6 - x) - 2 \cdot (3 - x)$ b) $4a - 8 \cdot \left(\frac{3}{2}b - \frac{1}{2}\right) - 6 \cdot \left(\frac{2}{3}b + \frac{1}{2}a\right)$
c) $2 \cdot (1{,}5x + 3y) - 7 \cdot (1{,}5x - 2y) - 4 \cdot (-2y - 3x)$ d) $3 \cdot (3u - 4v) + 4{,}5 \cdot (2u - 7v) - 6 \cdot (2u - 8v)$

4 Löse die Klammern auf und fasse, wenn möglich, zusammen.

a) $(4 - 5y)(1 + 6y)$ b) $(4 - 3z)(8 - 7z)$ c) $(a + b)(3c - 4d)$
d) $(4a - 3b)(a + b)$ e) $(9x - 5y)(7x - 6y)$ f) $(6x - y)(3x + 2y)$
g) $(-x + 2y)(-2x - y)$ h) $\left(\frac{1}{4}b - \frac{1}{3}c\right)\left(\frac{2}{3}b - 6c\right)$ i) $(a^2 + b)(a - b^2)$
j) $(x - y^2)(y + z)$ k) $(p^3 - 2q^2)(3p^2 + q^3)$ l) $(uv - w^2)(uw + v^2)$

5

a) $(x - 1)(x - 5) - 10x$ b) $(3x - 2)(x + 1) - 3x^2$
c) $(2z - 3)(2 + z) - (z - 1)z$ d) $3p(p + 1) + 2(p - 1)(p + 4) - 5p^2 - 3p$
e) $(x + 1)(6x + 1) - 3(3 - x)(2x - 1)$ f) $(7x + 4y)(9x + 8y) - (12x - 5y)(17x + 8y)$

6 Schreibe als Produkt.

a) $7u - 14v$ b) $16x^2 - 24y^2$ c) $by + 2y$ d) $by - b$
e) $x - x^2$ f) $v^2 - uv$ g) $6rt - 3rs$ h) $\frac{1}{2}rs + s^2t$
i) $12x^2y - 4xy^2$ j) $48ab^3 + 36a^3b$ k) $9a - 6b - 3c$ l) $\frac{2}{3}x - \frac{4}{3}y + \frac{10}{3}z$
m) $pu^2 + pv^2 - pw^2$ n) $b^4 - b^3 - b^2$ o) $24xy - 12xy - 48xz$ p) $5uv - 10uw + 5uvw$

7 Verwandle durch Ausklammern in ein Produkt.

a) $6a + 6b$ b) $12a - 4b$ c) $15ab - 20ac$ d) $8a^2 + 16ab$
e) $24ab^2 - 18a^2b$ f) $13xy - 39$ g) $6a^3b^2 + 8a^2b^2$ h) $35xyz^2 - 56x^2y$
i) $36rs^2t - 84rst^2$ j) $68v^3w^4 - 85v^5w^3$ k) $91u^2v^4 - 104u^2$ l) $72a^2b^2c - 32a^3b^2c$

8

a) $c(y - z) - y(y - z)$ b) $(u + v) + b(u + v)$ c) $(a - b) \cdot 2x + (a - b) \cdot 3y$
d) $4(6p - q) + (6p - q) \cdot 3r$ e) $(a - b) + (a - b)c$ f) $z(x^2 + y^2) - (x^2 + y^2)$
g) $ux + uy - vx - vy$ h) $mr - ms - ns + nr$ i) $uv + 3u - 2v - 6$
j) $wz - 2w + z - 2$ k) $12 + 4x + 3y + xy$ l) $2r + 2rs + y + sy$
m) $4a^2r + 12a^2s - 3b^2r - 9b^2s$ n) $49a^3b^3 - 63ab + 63a^2b - 81b^3$

Binomische Formeln

1 Wende die binomischen Formeln an.

a) $(r+s)^2$ b) $(h+p)^2$ c) $(g-f)^2$ d) $(b-x)^2$
e) $(a-x)\cdot(a+x)$ f) $(v-z)\cdot(v+z)$ g) $(x+3)^2$ h) $\left(\frac{1}{2}+z\right)^2$
i) $(4-a)^2$ j) $\left(\frac{1}{2}-v\right)^2$ k) $(x-7)\cdot(x+7)$ l) $\left(z+\frac{1}{2}\right)\cdot\left(z-\frac{1}{2}\right)$

2

a) $(4+3r)^2$ b) $(7x+8y)^2$ c) $(9-4t)^2$ d) $(5x-7z)^2$
e) $(3p-7)\cdot(3p+7)$ f) $(4x-6y)\cdot(4x+6y)$ g) $(4a-5x)^2$ h) $(4+3u)\cdot(4-3u)$
i) $(81+z)^2$ j) $(92-5r)\cdot(92+5r)$ k) $\left(\frac{1}{4}u-\frac{1}{3}v\right)^2$ l) $\left(\frac{p}{5}+\frac{q}{4}\right)\cdot\left(\frac{p}{5}-\frac{q}{4}\right)$

3

a) $(x^2+2)^2$ b) $(2-k^2)^2$ c) $(4a-b^2)^2$ d) $(9c^2-d)(9c^2+d)$
e) $(u^2+v^2)^2$ f) $(u^2-w^2)^2$ g) $\left(\frac{3}{4}f^2+\frac{1}{4}g^2\right)^2$ h) $\left(\frac{1}{3}p^2+q^2\right)\left(\frac{1}{3}p^2-q^2\right)$
i) $(ab+2)^2$ j) $(3-bc)^2$ k) $\left(2eg+\frac{3}{2}eh\right)^2$ l) $\left(fg-\frac{1}{5}hf\right)^2$

4 Berechne mithilfe der binomischen Formeln, mit etwas Übung sogar im Kopf.

a) 21^2 b) 29^2 c) 23^3 d) 28^2 e) 32^2 f) 34^2 g) 39^2 h) 37^2
i) 36^2 j) 42^2 k) 45^2 l) 49^2 m) 52^2 n) 53^2 o) 59^2 p) 102^2
q) 98^2 r) 96^2 s) 1002^2 t) 999^2 u) 997^2 v) 501^2 w) 498^2 x) 403^2

5 Rechne wie im Beispiel: $41\cdot 39=(40+1)(40-1)=40^2-1=1599$

a) $9\cdot 11$ b) $19\cdot 21$ c) $18\cdot 22$ d) $14\cdot 16$ e) $15\cdot 19$ f) $13\cdot 19$
g) $24\cdot 16$ h) $28\cdot 32$ i) $24\cdot 26$ j) $35\cdot 25$ k) $36\cdot 24$ l) $37\cdot 43$

6 Löse die Klammern auf und fasse dann zusammen.

a) $(a+b)^2-(a^2+b^2)$ b) $(u+v)^2+(u-v)^2$
c) $(p+q)^2-(p+q)^2$ d) $(x-y)^2-(x^2-y^2)$
e) $(r^2-s^2)(r^2+s^2)-(r^2-s^2)^2$ f) $(ax^2+y^2)(ax^2-y^2)+(ax^2+y^2)^2$
g) $(a+b)^2-(a-b)^2-4ab$ h) $(a-b)^2-(a+b)^2-4ab$

7 Verwandle mithilfe der binomischen Formeln in ein Produkt.

a) $f^2+2fg+g^2$ b) $p^2-2pv+v^2$ c) c^2-d^2
d) $x^2-2ax+a^2$ e) x^2-4x+4 f) $9p^2+6p+1$
g) $\frac{1}{4}a^2+ab+b^2$ h) $16r^2-64$ i) $16x^2+24xy+9y^2$
j) $25x^4-81y^2$ k) u^2v^6-1 l) r^4+4r^2+4
m) $u^2v^2-2ruv+r^2$ n) $25x^2-30xy+9y^2$ o) $\frac{4}{9}x^2+9y^2+4xy$
p) $9u^2-49v^2$ q) $64x^2-80xy+25y^2$ r) $0{,}04u^2-0{,}4u+1$

8 Verwandle, falls möglich, in ein Produkt.

Manchmal muss man zuerst ausklammern.

a) $2y^2+3z^2-4x^2$ b) $36x^2+12xy+4y^2$ c) $m^4n^2-2m^2n+n^2$
d) $x^2+y^2+z^2$ e) $144p^4-64q^2$ f) $0{,}01r^2+0{,}06rs+0{,}9s^2$
g) d^4-10d^2+100 h) $2{,}25m^2+n^2-mn$ i) $5y^2-80$
j) $2z^2-32$ k) $5c^2-45d^2$ l) z^3-z
m) u^3-4u n) $a^3+ab^2-2a^2b$ o) $2x^2-12x+18$

Gleichungen

1 Bestimme die Lösungsmenge der folgenden Gleichung.

a) $-17x = 91 - 4x$
b) $-27x + 84 = -13x$
c) $272 - 37y = -45y$
d) $19{,}5z + 3z = -45$
e) $1{,}8y = 25{,}2 + 8{,}8y$
f) $\frac{3}{4}z = \frac{5}{6} - \frac{1}{2}z$
g) $0{,}3x + 0{,}5 = 1{,}5 + 0{,}5x$
h) $0{,}5x + 2 = 1{,}5 + 0{,}75x$
i) $0{,}4z + 2 = -\frac{6}{5}z + z$

2

a) $6x + 15 = 8x - 3$
b) $20 - 5x = 5x - 20$
c) $3x - 13 = 35 - x$
d) $\frac{2}{3} - \frac{1}{4}z = \frac{1}{2}z + \frac{1}{3}$
e) $\frac{1}{2}x - 36 = \frac{2}{5}x - 34$
f) $\frac{5}{12}r + \frac{2}{3} = -1 - \frac{5}{6}r$
g) $8x - 15x = 31{,}5$
h) $19{,}5x + 3x = -45$
i) $1{,}8x = 25{,}2 + 8{,}8x$
j) $6{,}7z = 23{,}4 - 6{,}3z$
k) $4{,}8x = 29{,}6 + 3{,}2x$
l) $29{,}4 - 3{,}9v = 3{,}1v$

3

a) $-12 + 2(y + 3) = 24$
b) $3(x + 4) = 16$
c) $(y + 5) \cdot 4 = 9y + 5$
d) $4(3x + 1) = 5x + 18$
e) $19(2 - y) = 5y + 2(y + 7)$
f) $4 - \left(-\frac{2}{3}x\right) = 3\left(1 - \frac{1}{2}x\right)$
g) $\left(\frac{1}{2} - 2x\right) \cdot 4 = 3\left(x - \frac{1}{2}\right)$
h) $\frac{1}{2}(1 - 2x) = 3 - 0{,}6x$
i) $-0{,}28 = (-0{,}1x + 3{,}2) \cdot 5$

4 Löse die Gleichungen. Richtige Ergebnisse ergeben ein Lösungswort.

F	4
N	7
T	9
E	3
Z	5
N	1
A	9
K	−5
I	2
U	8
L	6

a) $18(x - 2) = 4x + 34$
b) $4(t + 4) = 116t - 72 - 68t$
c) $-(3x + 6) + 16x = 33$
d) $3y + 14 + (2y - 7) = 7y + (19 - 4y)$
e) $90 - (12 - 8y) = 150$
f) $2(x + 3) + 5 = x + 18$
g) $4(x + 3) + 4x - 2 = 12x + 30$
h) $3x + 5(2x + x) = 10x + 64$
i) $-(12x - 7) + 13 = -(15x - 23)$
j) $30 + 2(6x - 8) = 2x - (5 - 2x) + 51$
k) $20x - 18 = 5(3x + 5) + 2$

5 Bestimme die Lösungsmenge.

a) $6(3 - 4x) - 5(4 - 3x) = 1 - (8 + x)$
b) $(2 - 3y) \cdot 5 + (8 - y)(-4) = 0$
c) $23z - 7(15 - z) = 25 - (18 + 2z)$
d) $5(1 - 3x) \cdot (-2) = 5 - 2(4 - x)$

6

a) $38x - (103 + 7x) + (49 - 26x) = 73 - (51x - 69)$
b) $(43 + 6x^2) - (27 + 28x^2 - 62x) = 70 - (46 + 22x^2)$
c) $(2{,}4x - 0{,}8) - (2{,}8 + 3{,}4x) = (5x - 3{,}8) - (15x - 6{,}5)$
d) $3{,}4(x - 7) + 1{,}2(x + 7) - 9{,}4(7 - x) = 14$

7 Bestimme die Lösungsmenge der folgenden Gleichung.

a) $(x - 6{,}5)(2x + 1) = 0$
b) $0 = (3s - 0{,}3)(-2{,}4 - 1{,}2s)$
c) $2x + 6x^2 = 3x^2 - 4x$
d) $5 - 8a + 3a^2 = 2a^2 - 2a - 4$
e) $-t(3t + 8)(0{,}25 - 2{,}5t) = 0$
f) $(6 - 2x)(8 - x) - (3 - x)(1 - 2x) = 0$

8

a) $(10x - 1)^2 - 64(x - 1)(x + 1) = (6x - 1)^2$
b) $(5x + 4)(5x - 4) - (2 - 2x)^2 = (4x - 1)^2 + (2x - 8)(4x + 2) - x(3x - 4)$
c) $(x + 2)^2 + (x - 3)^2 = (2x - 1)^2 + (x + 1)^2 - (3x + 2)(x - 5)$
d) $(5x - 9)^2 - (3x - 2)^2 = (7 - 4x)^2 - (7 + 4x)^2 - 8x(4 - 2x)$

Rechentraining

Prozente und Zinsen

1 Wie viel Prozent beträgt die Ermäßigung für Schüler beim Kauf einer Theaterkarte der verschiedenen Preisstufen?

Theaterkasse		
Rang	Erwachsene	Schüler
Reihe 1–10	18,00 €	14,00 €
Reihe 11–20	12,00 €	9,00 €
Reihe 21–30	8,00 €	5,00 €
Seite	5,00 €	2,50 €

2 Familie Bogner musste bislang monatlich 440 € Miete zahlen. Nun wird die Miete um 6,5 % erhöht. Berechne den neuen Mietpreis.

3 a) Für einen Computer waren im Dezember 1460 € zu bezahlen. Nach Weihnachten sank der Preis um 15 %. Berechne den neuen Preis.
b) Ein Auto kostet neu 27 850 €. Als Vorführwagen wird es 17 % billiger angeboten. Wie viel Euro kostet der Vorführwagen?
c) In einer Porzellanfabrik rechnet man bei der Herstellung von Geschirr mit 20 % Bruch. Wie viele Teller werden gefertigt, um einen Auftrag über 1500 Stück erfüllen zu können?

4 Bewohner von Großstädten wurden befragt, wie lebenswert ihre Stadt sei.
a) Wie viel Prozent der Befragten antworteten in jeder Stadt mit „lebenswert"?
b) Stelle eine Rangliste auf, beginne mit der lebenswertesten Stadt.

Stadt	Anzahl der Befragten	mit „lebenswert" antworteten
Stuttgart	812	723
Hamburg	623	567
Berlin	728	619
München	958	843
Bremen	1002	872

5 Im Jahre 2002 wurden in Deutschland 3 253 000 Pkw neu zugelassen. Die Neuzulassungen in den folgenden beiden Jahren entwickelten sich wie in Fig. 1 gezeigt. Berechne die Zulassungszahlen des Jahres 2004. Runde auf Tausender.

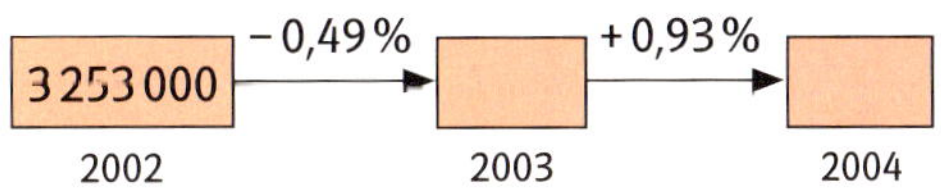

Fig. 1

6 Wie viel Euro muss man bezahlen?
a) 1 Schrank zu 998 €, 20 % Rabatt
b) 4 Reifen zu 129 €, 15 % Rabatt
c) 100 Zaunpfähle zu je 6,95 €, 12 % Rabatt
d) 2000 Steine zu je 0,38 €, 3 % Skonto

7 Vergleiche die Angebote.
a) 1498 €, 3 % Skonto und 1498 €, 18 % Rabatt, zuzüglich 19 % MwSt.
b) 6 Sack Dünger zu 25 kg für 54,90 € abzüglich 20 % Rabatt zuzüglich 19 % MwSt. und 50 Packungen Dünger zu 3 kg für je 5,98 €.

8 a) Herr Seeger erhält für ein Guthaben von 15 000 € jährlich 5,5 % Zinsen. Diese werden vierteljährlich ausgezahlt. Wie viel Euro sind das jeweils?
b) Ein Kredit über 5000 € soll jeden Monat 55 € Zinsen kosten. Wie viel Euro sind das im Jahr? Welchem Zinssatz entspricht das?
c) Frau Wagner überzieht ihr Gehaltskonto für 12 Tage um 420 €. Der Zinssatz beträgt 9,75 %. Berechne die Zinsen.
d) Ein Kapital von 7500 € wird mit 6,5 % verzinst. Berechne das Guthaben nach 6 Jahren einschließlich Zinsen und Zinseszinsen.

Lineare Gleichungen mit zwei Variablen

1 Ist das Zahlenpaar eine Lösung der Gleichung $7x - 4y = 3$?

a) $(1|1)$ b) $(3|4)$ c) $(-2|-4)$ d) $(0|-0{,}75)$ e) $\left(-\frac{3}{7}\middle|0\right)$ f) $(0{,}5|0{,}125)$ g) $(0{,}4|-0{,}7)$

2 Gib jeweils fünf Lösungen der linearen Gleichung an.

a) $2x + 5y = 1$ b) $2x - 5y = 1$ c) $-2x + 5y = 1$ d) $-2x - 5y = 1$ e) $2x - 5y = -1$

Lineare Gleichungssysteme mit zwei Variablen

1 Prüfe, ob das Zahlenpaar eine Lösung des Gleichungssystems ist.

a) $x + y = 10$; $x - y = 9$; $\left(9\frac{1}{2}; \frac{1}{2}\right)$

b) $2x + y = -1$; $x + 2y = 5$; $(-2; 3)$

c) $4x - 3y = 10$; $6x + y = 0$; $\left(\frac{1}{2}; -3\right)$

d) $2x - 5y + 2{,}5 = 0$; $60x + 140y + 17 = 0$; $\left(-\frac{3}{4}; \frac{1}{5}\right)$

2 Löse mit dem Gleichsetzungsverfahren.

a) $y = 2x + 1$; $y = -x + 4$

b) $x = 2y - 4$; $x = y - 3$

c) $3y = 6x$; $3y = 2x - 4$

d) $2x = y + 3$; $-2x = -2y + 2$

e) $5{,}1y + 3 = 4x$; $4x = 5{,}1y - 3$

f) $\frac{1}{2}y = 3 + \frac{2}{3}x$; $\frac{1}{2}y = 3 + \frac{3}{2}x$

g) $\frac{x}{3} + 1 = \frac{y}{2}$; $\frac{y}{2} - 1 = \frac{2}{6}x$

h) $2y + x = \frac{3}{4}y$; $y + x = -\frac{1}{4}y$

3 Löse mit dem Einsetzungsverfahren.

a) $x - y = 3$; $x = 2y + 8$

b) $3x - 2y = 5$; $3x = 4y + 7$

c) $y = 2 + 3x$; $2y - x = 4$

d) $5x + y = 9$; $10x - 2y = 2$

e) $8x - 7y = 31$; $y = 11 - 4x$

f) $3x - 2y = 12$; $3y = 4x$

g) $5{,}4x - 3{,}5y = 9{,}2$; $y = 5x - 13$

h) $45 - x = y$; $x = 33 + y$

4 Löse mit dem Additionsverfahren.

a) $x + y = 2$; $x - y = 0$

b) $x - 2y = 3$; $-x + 7y = -3$

c) $2x + 7y = 0$; $-2x - 8y = 2$

d) $2x + 4y = 2$; $x - y = -5$

e) $7 - 5y = 2x$; $1 - 6x = 5y$

f) $x - 3 = 2y$; $3x = 5y$

g) $2y = 6 + 5x$; $2x = 9 - 3y$

h) $2y = 6 - 5x$; $2x = 9 - 3y$

5 Bringe die Gleichungen zunächst auf die Form $ax + by = c$.

a) $11x - 13y = -21$; $73 = 7x + 9y$

b) $14x + 9y + 35 = 0$; $11x = 7y + 71$

c) $0 = 3x + 2y$; $2y = 88 - 5x$

6 a) $x + 4y - 13 = 0$; $84y = 5x - 13$

b) $2x = 41 + 13y$; $126 + 9y = 5x$

c) $6x + 27 = 5y$; $9 - 2y = 3x$

d) $-5y - 26 = -6x$; $0 = 2x + 3y + 10$

7 a) $6s - 5t = 32$; $4s + 3t = -4$

b) $9a - 8b = -16$; $-4a + 3b = 11$

c) $3k = 17r + 18$; $-11k + 8r + 66 = 0$

d) $5x + 11 = 8t$; $27 = 13x + 7t$

8 Löse möglichst geschickt.

a) $4y = 3x - 4$; $4y = 5x - 20$

b) $11y = 4x - 6$; $11y = 9x - 41$

c) $35x - 38y = 149$; $28x - 57y = 199$

d) $8x - 5y = 37$; $8x + 11y = 21$

9 Löse möglichst geschickt.

a) $3{,}7x - 3{,}7y = 4$
$-3{,}7y + 3{,}7x = 2$

b) $8x - 7y = 6$
$16x - 14y = 12$

c) $x - 5 = 0$
$x + y = 5$

d) $x = 5 - y$
$y = 5 + x$

e) $2x - 2y = 7$
$2y + 3x = -3$

f) $x + 3y = 7y$
$x - 7y = 0$

g) $x^2 - y^2 = 0$
$(x + y)(x - y) = 11$

h) $2x + 5 = 3y$
$3y - 10 = 4x$

i) $(x + 3) \cdot 4 = (y + 3) \cdot 5$
$(y + 3) \cdot 4 = (x + 3) \cdot 5$

j) $(2x + 4) = 2y + 2$
$3(x + 2) = 6 + 3y$

k) $x^2 + 2x + 1 = 7 + y$
$5y - 5(x + 1)^2 = -31$

l) $x = -x + 11y$
$x = y + 11$

10

a) $6(3x - 2y) + 5(x + 2y) = 21$
$7(4x + y) - 4(2x - 5y) = 47$

b) $\frac{1}{2}(x - 1) + \frac{1}{3}(y + 1) = 2$
$\frac{3}{4}(x + 1) + \frac{2}{5}(y + 3) = 5$

c) $\frac{1}{4}(2x - 1) - \frac{1}{3}(y + x) = -\frac{1}{4}x$
$\frac{1}{2}(y - 1) + \frac{1}{5}(y - x) = 4$

d) $0{,}5(x - 4) - 1{,}2(y - 4{,}5) = 1{,}4$
$0{,}2(1 - x) + 0{,}4(2y - 0{,}2) = 0$

11 Bestimme die Koordinaten des Schnittpunktes der beiden Graphen.

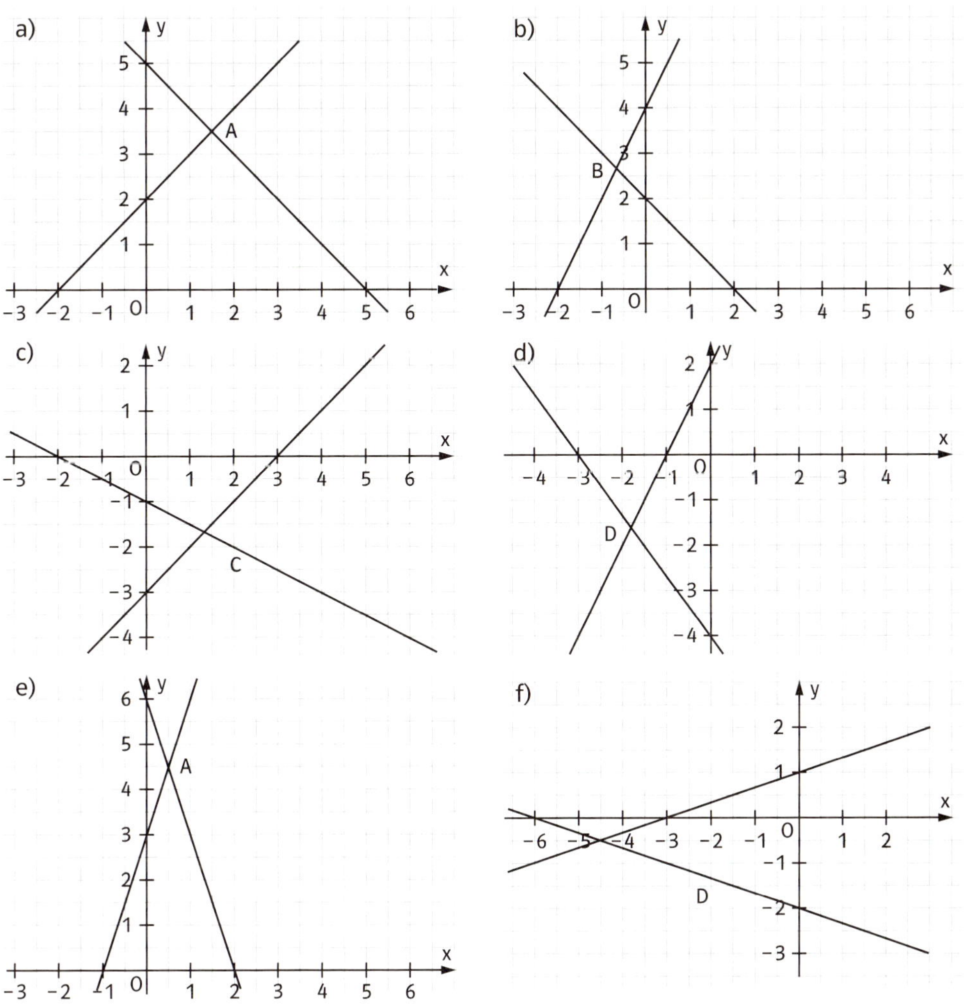

Rechentraining – Lösungen

Berechnen von Termen mit mehreren Variablen

1

a)

x	y	2x	3y	2x + 3y − 12
0	−2	0	−6	−18
1	2,5	2	7,5	−2,5
−2	−2	−4	−6	−22
2,5	−3	5	−9	−16
1,5	$\frac{2}{3}$	3	2	−7
−0,75	0,75	−1,5	2,25	−11,25

b)

u	v	3(u + v)	2uv	3(u + v) − 2uv
3	2	15	12	3
2	3	15	12	3
6	6	36	72	−36
−1,5	1,2	−0,9	−3,6	2,7
$\frac{1}{3}$	0,75	3,25	0,5	2,75
$-\frac{5}{6}$	0,5	−1	$-\frac{5}{6}$	$-\frac{1}{6}$

2

x	y	3x − 7y	3(x − 7y)	3(3x − 7)y	(3x − y) · 7
−3	0,5	−12,5	−19,5	−24	−66,5
−1,2	−4	24,4	80,4	127,2	2,8
0,5	$\frac{1}{3}$	$-\frac{5}{6}$	−5,5	−5,5	$8\frac{1}{6}$
$\frac{1}{3}$	0,5	−2,5	−9,5	−9	3,5
$\frac{5}{6}$	0	2,5	2,5	0	17,5

3 und **4**

	x	1	−3	5	2,5	$\frac{2}{3}$	$-\frac{1}{8}$	3,1
	y	−5	3	−1	−3,5	$-\frac{1}{6}$	0,25	$-\frac{2}{5}$
	z	3	−5	3	1,5	$\frac{1}{6}$	$-\frac{5}{8}$	0,5
	x − y + z	9	−11	9	7,5	1	−1	4
a)	x + y − z	−7	5	1	−2,5	$\frac{1}{3}$	0,75	2,2
b)	2x + 3y − 4z	−25	23	−5	−11,5	$\frac{1}{6}$	3	3
c)	4x − y + 2z − 1	14	−26	26	15,5	$\frac{13}{6}$	−3	12,8
d)	3xyz	−45	135	−45	−39,375	$-\frac{1}{18}$	$\frac{15}{256}$	−1,86
e)	xy − z	−8	−4	−8	−10,25	$-\frac{5}{18}$	$\frac{19}{32}$	−1,74
f)	x(y − z)	−8	−24	−20	−12,5	$-\frac{2}{9}$	$-\frac{7}{64}$	−2,79
g)	x + yz	−14	−18	2	−2,75	$\frac{23}{36}$	$-\frac{9}{32}$	2,9
h)	(x + y)(y + z)	8	0	8	2	0	$-\frac{3}{64}$	0,27

Vereinfachen von Summen

1 a) $4r + 24t$ b) $-50m + 4n$ c) $5x + (-7y) + 7z$
d) $11a + 4{,}4b$ e) $57{,}2x + 34{,}1z$ f) $3{,}71r + 1{,}75s + 3t$
g) $0{,}72g + 11{,}5h$ h) $2{,}125s + 1\frac{5}{6}t$

2 a) $14xy - 11xz + 6yz$ b) $6ab + 9ac + 13bc$
c) $9ay + 9az + 7by + 10bz$ d) $3a^2 + 10b^2 + c^2 + 9d^2 + 20$
e) $8s^2 + 9t^2 + 8s + 7t + 29$ f) $9a^2 + 3b^2 + 4ab + 13cd + 10$
g) $7p^2 + 8p^2q + 7pq + 7$ h) $6{,}7r^2 + 2rs + 2{,}5$
i) $(-1)ab + 1\frac{1}{3}ac + (-1{,}5)$ j) $\frac{2}{7}e^2 + 1{,}5f^2 + \left(-2\frac{5}{7}\right)ef + \frac{5}{7}$

3 a) $(-1)x^2 + 13x + (-12)$ b) $(-1)z^3 + 2z^2 + 6z$
c) $(-2)s^2 + 5rs$ d) $3a^3 + a^2 + 6a + 9$
e) $(-1)s^2t^2 + 6s^2t + 0{,}8s^2 + t^2s$ f) $\frac{5}{8}s^2r^2 + 4{,}5s^2r + \frac{3}{8}r^2s$
g) $1\frac{5}{6}e^2f^2 + 0{,}5e^2f + 1\frac{1}{3}f^2e + 2ef$ h) $0{,}23v + 0{,}81w + 3vw$

4 a) $3b - 3c$ b) $5e - 3f$ c) $-v$
d) $-4b^2 - 2a$ e) $-u + 2v^2$ f) $2{,}3z - 5{,}5zx + 2$
g) $2a^2 + 2a - 2b$ h) $a + x$ i) $20u - 11$
j) $62p - 8q - 27r$

5 a) $9{,}1a - 2{,}7b$ b) $-1{,}1s - 4{,}1t$ c) $7{,}1f - 4{,}8$
d) $-\frac{1}{24}v - \frac{44}{45}t$ e) $\frac{5}{6} - \frac{7}{11}d$ f) $\frac{33}{40}x - 1\frac{1}{6}y$

Vereinfachen von Produkten

1 a) $42uvw$ b) $2{,}7xyz$ c) $-10{,}5abc$ d) $15ghk$
e) $21x^2y$ f) $-420u^2v$ g) $-3{,}2s^2t$ h) $144x^2yz$
i) c^9 j) $56e^9$ k) $8f^{11}$ l) $2z^6$
m) x^5y^8 n) $30a^2b^3$ o) $\frac{2}{3}x^5y^6$ p) $12e^6f^5$

2 a) $-2x^2$ b) $-x^3$ c) $-a^3b^3$ d) g^4h^5
e) $\frac{2}{3}a^3b$ f) $0{,}75a^3$ g) $0{,}75xy^3$ h) $3{,}5x^3y$

3 a) 0 b) $40df$
c) $-3\frac{2}{3}fg$ d) $2{,}5gh$
e) $42rs$ f) $-ab + 9b$
g) $4c + 6cd + 7d$ h) $3rs + 2{,}4ts$
i) $uv - 0{,}4vw - 3{,}5uw$ j) $2b^2cd - 2bcd$
k) $d^2ef + de^2f - 2def^2 + edf$ l) $5f^2gh + 4fg^2$

4 a) 0 b) $8a^3b^6 - 2a^5b^7$
c) $12u^5v^3$ d) $5b^3a^2 + 2b^4a^2 - 5a^2b^2$
e) $4u^2v^2w + 2uv^2w^2$ f) $-3p^2q^3r^2 + 7p^2q^3r$

Ausmultiplizieren und Ausklammern

1 a) $7c + 7d$ b) $3p^2 + 3q$ c) $-2u + 2v^2$
d) $-x + y$ e) $-4xy + 4$ f) $\frac{y}{2} - 4{,}5z$
g) $3ac - 3b^2c$ h) $-2uw + vw$ i) $0{,}2(x^2 - xy)$
j) $5{,}2u^2 - 5{,}2uv$ k) $-pr + qr$ l) $-12xy + 3yz$

2 a) $pr - qr + 2r^2$ b) $-pr + qr - 2r^2$
c) $0{,}5p^2 - 1{,}5pq + 0{,}5pr^2$ d) $0{,}4u^3v - 0{,}8uv^3 - 0{,}2u^2v^2$
e) $-2{,}4ax^3 + ax^2$ f) $36x^2y + 6x^2y^2 - 10xy^2z$
g) $-u^2 + u^2v - uw$ h) $-u^2w + 2vw + v^2w$
i) $-0{,}5u^2w - uvw - 0{,}75v^2w$

3 a) $x + 15$ b) $a - 16b + 4$ c) $4{,}5x + 28y$ d) $6u + 4{,}5v$

4 a) $-30y^2+19y+4$ b) $21z^2-52z+32$
c) $3ac-4ad+3bc-4bd$ d) $4a^2+ab-3b^2$
e) $63x^2-89xy+30y^2$ f) $18x^2+9xy-2y^2$
g) $2x^2-3xy-2y^2$ h) $\frac{1}{6}b^2-1\frac{13}{18}bc+2c^2$
i) $a^3-b^3-a^2b^2+ab$ j) $-y^3-y^2z+xy+xz$
k) $3p^5+p^3q^3-6p^2q^2-2q^5$ l) $u^2vw+uv^3-uw^3-v^2w^2$

5 a) $x^2-16x+5$ b) $x-2$
c) z^2+2z-6 d) $6p-8$
e) $12x^2-14x+10$ f) $-141x^2+81xy+72y^2$

6 a) $7(u-2v)$ b) $8(2x^2-3y^2)$ c) $y(b+2)$
d) $b(y-1)$ e) $x(1-x)$ f) $v(v-u)$
g) $3r(2t-s)$ h) $s(0{,}5r+st)$ i) $4xy(3x-y)$
j) $12ab(4b^2+3a^2)$ k) $3(3a-2b-c)$ l) $\frac{2}{3}(x-2y+5z)$
m) $p(u^2+v^2-w^2)$ n) $b^2(b^2-b-1)$ o) $12x(y-4z)$
p) $5u(v-2w+vw)$

7 a) $6(a+b)$ b) $4(3a-b)$ c) $5a(3b-4c)$
d) $8a(a+2b)$ e) $6ab(4b-3a)$ f) $13(xy-1)$
g) $2a^2b^2(3a+4)$ h) $7xy(5z^2-8x)$ i) $6vst(6s-14t)$
j) $17v^3w^3(4w-5v^2)$ k) $13u^2(7v^4-8)$ l) $8a^2b^2c(9-4a)$

8 a) $(c-y)(y-z)$ b) $(1+b)(u+v)$ c) $(a-b)(2x+3y)$
d) $(4+3r)(6p-q)$ e) $(a-b)(1+c)$ f) $(z-1)(x^2+y^2)$
g) $(u-v)(x+y)$ h) $(m+n)(r-s)$ i) $(v+3)(u-2)$
j) $(w-1)(z-2)$ k) $(x+3)(4+y)$ l) $(2r+y)(1+s)$
m) $(4a^2-3b^2)(r+3s)$ n) $7a^2b(7ab^2+9)-9b(7a+9b^2)$

Binomische Formeln

1 a) $r^2+2rs+s^2$ b) $h^2+2hp+p^2$ c) $g^2-2gf+f^2$
d) $b^2-2bx+x^2$ e) a^2-x^2 f) v^2-z^2
g) x^2+6x+9 h) $z^2+z+0{,}25$ i) $a^2-8a+16$
j) $v^2-v+0{,}25$ k) x^2-49 l) $z^2-0{,}25$

2 a) $16+24r+9r^2$ b) $49x^2+112xy+64y^2$
c) $81-72t+16t^2$ d) $25x^2-70xz+49z^2$
e) $9p^2-49$ f) $16x^2-36y^2$
g) $16a^2-40ax+25x^2$ h) $16-9u^2$
i) $z^2+162z+6561$ j) $8464-25r^2$
k) $\frac{1}{16}u^2-\frac{1}{6}uv+\frac{1}{9}v^2$ l) $\frac{p^2}{25}-0{,}1pq+\frac{p^2}{16}$

3 a) x^4+4x^2+4 b) k^4-4k^2+4
c) $16a^2-8ab^2+b^4$ d) $81c^4-d^2$
e) $u^4+2u^2v^2+v^4$ f) $u^4-2u^2w^2+w^4$
g) $\frac{9}{16}f^4+\frac{3}{8}f^2g^2+\frac{1}{16}g^4$ h) $\frac{1}{9}p^4-q^4$
i) $a^2b^2+4ab+4$ j) $b^2c^2-6bc+9$
k) $4e^2g^2+6e^2hg+2{,}25e^2h^2$ l) $f^2g^2-0{,}4f^2gh+\frac{1}{25}h^2f^2$

4 a) 441 b) 841 c) 529 d) 784
e) 1024 f) 1156 g) 1521 h) 1369
i) 1296 j) 1764 k) 2025 l) 2401
m) 2704 n) 2809 o) 3481 p) 10 404
q) 9604 r) 9216 s) 1 004 004 t) 998 001
u) 994 009 v) 251 001 w) 248 004 x) 162 409

5 a) 99 b) 399 c) 396 d) 224
e) 285 f) 247 g) 384 h) 896
i) 624 j) 875 k) 864 l) 1591

6 a) $2ab$ b) $2u^2+2v^2$ c) 0
d) $-2xy+2y^2$ e) $2r^2s^2-2s^4$ f) $2a^2x^4+2ax^2y^2$
g) 0 h) $-8ab$

7 a) $(f+g)^2$ b) $(p-v)^2$ c) $(c+d)(c-d)$
d) $(x-a)^2$ e) $(x-2)^2$ f) $(3p+1)^2$
g) $(0{,}5a+b)^2$ h) $(4r+8)(4r-8)$ i) $(4x+3y)^2$
j) $(5x^2+9y)(5x^2-9y)$ k) $(uv^3+1)(uv^3-1)$
l) $(r^2+2)^2$ m) $(uv-r)^2$ n) $(5x-3y)^2$
o) $\left(\frac{2}{3}x+3y\right)^2$ p) $(3u+7v)(3u-7v)$
q) $(8x-5y)^2$ r) $(0{,}2u-1)^2$

8 a) $2(y^2+1{,}5z^2-2x^2)$ b) $4(9x^2+3xy+y^2)$
c) $n(m^4n-2m^2+n)$ d) keine Lösung
e) $(12p^2+8q)(12p^2-8q)$ f) $0{,}01(r^2+6rs+90s^2)$
g) keine Lösung h) keine Lösung
i) $5(y+4)(y-4)$ j) $2(z+4)(z-4)$
k) $5(c+3d)(c-3d)$ l) $z(z+1)(z-1)$
m) $u(u+2)(u-2)$ n) $a(a-b)^2$
o) $2(x-3)^2$

Gleichungen

1 a) $L=\{-7\}$ b) $L=\{6\}$ c) $L=\{-34\}$ d) $L=\{-2\}$
e) $L=\{-3{,}6\}$ f) $L=\left\{\frac{2}{3}\right\}$ g) $L=\{-5\}$ h) $L=\{2\}$
i) $L=\left\{-3\frac{1}{3}\right\}$

2 a) $x=6$ b) $x=10$ c) $x=12$ d) $z=\frac{4}{3}$
e) $x=3\frac{1}{3}$ f) $r=-\frac{4}{3}$ g) $x=-4{,}5$ h) $x=-2\frac{8}{11}$
i) $x=3\frac{3}{5}$ j) $z=1{,}8$ k) $x=18{,}5$ l) $v=4{,}2$

3 a) $L=\{15\}$ b) $L=\left\{\frac{4}{3}\right\}$ c) $L=\{3\}$ d) $L=\{2\}$
e) $L=\left\{\frac{12}{13}\right\}$ f) $L=\left\{-\frac{6}{13}\right\}$ g) $L=\left\{\frac{7}{22}\right\}$ h) $L=\{-6{,}25\}$
i) $L=\{32{,}56\}$

4 a) $x=5$ b) $t=2$ c) $x=3$ d) $y=6$
e) $y=9$ f) $x=7$ g) $x=-5$ h) $x=8$
i) $x=1$ j) $x=4$ k) $x=9$
Lösungswort: ZIELANKUNFT

5 a) $L=\{0{,}625\}$ b) $L=\{-2\}$ c) $L=\{3{,}5\}$ d) $L=\{0{,}25\}$

6 a) $L=\{3{,}5\}$ b) $L=\left\{\frac{4}{31}\right\}$ c) $L=\{0{,}7\}$ d) $L=\{6{,}8\}$

7 a) $L=\{6{,}5;\ -0{,}5\}$ b) $L=\{0{,}1;\ -2\}$ c) $L=\{0;\ -2\}$
d) $L=\{3\}$ e) $L=\left\{0;\ -2\frac{2}{3};\ 0{,}1\right\}$ f) $L=\{3\}$

8 a) $L=\{8\}$ b) $L=\{-2\}$ c) $L=\left\{\frac{1}{13}\right\}$ d) $L=\left\{-\frac{7}{6}\right\}$

Prozente und Zinsen

1 Reihe 1–10: 22 %; Reihe 11–20: 25 %;
Reihe 21–30: 37,5 %; Seite: 50 %

2 468,60 €

Rechentraining – Lösungen

3 a) 1241,00 € b) 23 115,50 € c) 1875 Stück

4 a) Stuttgart ca. 89 %; Hamburg ca. 91 %; Berlin ca. 85 %; München ca. 88 %; Bremen ca. 87 %
b) Hamburg; Stuttgart; München; Bremen; Berlin

5 2003: ≈ 3 237 060
2004: ≈ 3 267 165
gerundet auf Tausender 3 267 000

6 a) 798,40 € b) 438,60 € c) 611,60 € d) 737,20 €

7 a) 1453,06 € und 1461,75 € b) 313,59 € und 299 €

8 a) 206,25 € b) 13,2 % c) 1,37 € d) 10 943,57 €

Lineare Gleichungen mit zwei Variablen

1 a) ja b) nein c) nein d) ja e) nein f) ja g) nein

2 Beispiellösungen:
a) $\left(0\middle|\frac{1}{5}\right)$; $\left(\frac{1}{2}\middle|0\right)$; $\left(1\middle|-\frac{1}{5}\right)$; $\left(2\middle|-\frac{3}{5}\right)$; $\left(-\frac{1}{2}\middle|\frac{2}{5}\right)$
b) $\left(0\middle|-\frac{1}{5}\right)$; $\left(\frac{1}{2}\middle|0\right)$; $\left(1\middle|\frac{1}{5}\right)$; $\left(2\middle|\frac{3}{5}\right)$; $\left(-\frac{1}{2}\middle|-\frac{2}{5}\right)$
c) $\left(0\middle|\frac{1}{5}\right)$; $\left(-\frac{1}{2}\middle|0\right)$; $\left(1\middle|\frac{3}{5}\right)$; $(2\,|\,1)$; $\left(\frac{1}{2}\middle|\frac{2}{5}\right)$
d) $\left(0\middle|-\frac{1}{5}\right)$; $\left(-\frac{1}{2}\middle|0\right)$; $\left(1\middle|\frac{3}{5}\right)$; $(2\,|-1)$; $\left(\frac{1}{2}\middle|-\frac{2}{5}\right)$
e) $\left(0\middle|\frac{1}{5}\right)$; $\left(-\frac{1}{2}\middle|0\right)$; $\left(1\middle|\frac{3}{5}\right)$; $(2\,|\,1)$; $\left(\frac{1}{2}\middle|\frac{2}{5}\right)$

Lineare Gleichungssysteme mit zwei Variablen

1 a) $\left(9\frac{1}{2}\middle|\frac{1}{2}\right)$ ist eine mögliche Lösung.
b) $(-2\,|\,3)$ löst die zweite Gleichung nicht.
c) $\left(\frac{1}{2}\middle|-3\right)$ löst die erste Gleichung nicht.
d) $\left(-\frac{3}{4}\middle|\frac{1}{5}\right)$ ist eine mögliche Lösung.

2 a) $(1\,|\,3)$ b) $(-2\,|\,1)$ c) $(-1\,|-2)$
d) $(4\,|\,5)$ e) keine Lösung f) $(0\,|\,6)$
g) alle Zahlenpaare $(x\,|\,y)$, die die Gleichung $y = \frac{2}{3}x + 2$ erfüllen
h) alle Zahlenpaare, die die Gleichung $y = -\frac{4}{5}x$ erfüllen

3 a) $(-2\,|-5)$ b) $(1\,|-1)$ c) $(0\,|\,2)$ d) $(1\,|\,4)$
e) $(3\,|\,1)$ f) $(36\,|\,48)$ g) $(3\,|\,2)$ h) $(39\,|\,6)$

4 a) $(1\,|\,1)$ b) $(3\,|\,0)$ c) $(7\,|-2)$ d) $(-3\,|\,2)$
e) $\left(-\frac{3}{2}\middle|2\right)$ f) $(-15\,|-9)$ g) $(0\,|\,3)$ h) $(0\,|\,3)$

5 a) $(4\,|\,5)$ b) $(2\,|-7)$ c) $(44\,|-66)$

6 a) $\left(11\middle|\frac{1}{2}\right)$ b) $(27\,|\,1)$ c) $\left(-\frac{1}{3}\middle|5\right)$ d) $(1\,|-4)$

7 a) $(2\,|-4)$ b) $(-8\,|-7)$ c) $(0\,|-6)$ d) $(2\,|\,1)$

8 a) keine Lösung
b) alle Zahlenpaare $(x\,|\,y)$, die die Gleichung $y = \frac{8}{7}x - \frac{6}{7}$ erfüllen
c) $(5\,|\,0)$ d) $(0\,|\,5)$ e) $\left(\frac{4}{5}\middle|-\frac{27}{10}\right)$
f) $(0\,|\,0)$ g) keine Lösung h) $\left(-\frac{5}{2}\middle|0\right)$
i) $(-3\,|-3)$ j) keine Lösung k) keine Lösung
l) $\left(\frac{121}{9}\middle|\frac{22}{9}\right)$

9 a) $(8\,|\,5)$ b) $(7\,|\,2)$ c) $(1\,|-3)$ d) $(4\,|-1)$

10 a) $(1\,|\,1)$ b) $(3\,|\,2)$ c) $\left(\frac{67}{9}\middle|\frac{77}{9}\right)$ d) $(-10{,}9\,|-2{,}875)$

11 a) $(1{,}5\,|\,3{,}5)$ b) $\left(-\frac{2}{3}\middle|\frac{8}{3}\right)$ c) $(1{,}6\,|-1{,}8)$ d) $\left(-\frac{9}{5}\middle|-\frac{8}{8}\right)$
e) $\left(\frac{1}{2}\middle|\frac{9}{2}\right)$ f) $\left(-\frac{9}{2}\middle|-\frac{1}{2}\right)$

Lösungen

Kapitel I, Bist du sicher? Seite 12

1

a) $3 \cdot 4 \cdot (-6) - (3^2 + (-6))$
$= -72 - (9 - 6)$
$= -72 - 3$
$= -75$
b) $(-5) \cdot 4 \cdot \frac{1}{4} - \left((-5)^2 + \frac{1}{4}\right)$
$= (-5) - \left(25 + \frac{1}{4}\right)$
$= 30\frac{1}{4}$

2

a) $t - 8r + 7 + 8r$
$= 8r - 8r + t + 7$
$= t + 7$
b) $a + 7a^2 - 6b - 6a \cdot a$
$= a + 7a^2 - 6b - 6a^2$
$= 7a^2 - 6a^2 + a - 6b$
$= a^2 + a - 6b$
c) $4x^2 + 2x + x^2 \cdot (-7) + 14 - x \cdot 8 \cdot x$
$= 4x^2 + 2x - 7x^2 + 14 - 8x^2$
$= 4x^2 - 7x^2 - 8x^2 + 2x + 14$
$= -11x^2 + 2x + 14$

Kapitel I, Kannst du das noch? Seite 12

12

a) $x = 11$ b) $x = 5$ c) $x = -17$

Kapitel I, Bist du sicher? Seite 15

1

$A = (x + 3) \cdot (x + 2)$
$= x^2 + 2x + 3x + 6$
$= x^2 + 5x + 6$
$A = A_I + A_{II} + A_{III} + A_{IV}$
$= 2x + 6 + x^2 + 3x$
$= x^2 + 2x + 3x + 6$
$= x^2 + 5x + 6$

2

a) $4x \cdot (3y - 5)$
$= 4x \cdot 3y - 4x \cdot 5$
$= 12xy - 20x$
b) $(9ab + a^2) \cdot 5a$
$= 9ab \cdot 5a + a^2 \cdot 5a$
$= 45a^2b + 5a^3$
c) $(r - 6) \cdot (r + 5)$
$= r^2 + 5r - 6r - 30$
$= r^2 - r - 30$
d) $(x - 7) \cdot (2x + 8)$
$= 2x^2 + 8x - 14x - 56$
$= 2x^2 - 6x - 56$

Kapitel I, Bist du sicher? Seite 17

1

a) $(e - f)^2 = e^2 - 2ef + f^2$
b) $(r - s)(r + s) = r^2 - s^2$
c) $(a + 5)^2 = a^2 + 10a + 25$
d) $(p + 3q)^2 = p^2 + 6pq + 9q^2$

Kapitel I, Bist du sicher? Seite 24

1

a) $h = \frac{2A}{g}$; $g = \frac{2A}{h}$
b) $h = \frac{2 \cdot 36\,cm^2}{9\,cm} = 8\,cm$

Kapitel I, Bist du sicher? Seite 27

1

$a = 2k + 1$; $b = 2k + 3$ $(k \in \mathbb{N})$
a) $a + b = 2k + 1 + 2k + 3 = 4k + 4 = 2(2k + 2)$
Die Summe ist durch 2 teilbar, also gerade.
b) $a \cdot b = (2k + 1) \cdot (2k + 3) = 4k^2 + 6k + 2k + 3$
$= 4k^2 + 8k + 2 + 1$
$= 2(2k^2 + 4k + 1) + 1$
Das Produkt ist ungerade.
c) Gegenbeispiel:
$a = 9$; $b = 11$
Die Differenz $b - a = 11 - 9 = 2$ ist gerade.
Die Aussage ist falsch.
d) $\frac{2k+1}{2k+3} < 1 \quad | \cdot (2k + 3)$
$2k + 1 < 2k + 3 \quad | -2k$
$1 < 3$
Die Aussage ist wahr.

Kapitel I, Training Runde 1, Seite 33

1

a) $11(2 + x) = 5x + 2(x - 10)$
$22 + 11x = 5x + 2x - 20$
$22 + 11x = 7x - 20 \quad | -7x$
$22 + 4x = -20 \quad | -22$
$4x = -42 \quad | :4$
$x = -10{,}5$
$L = \{-10{,}5\}$
b) $(4 - x)^2 = (x + 2)(x - 6)$
$16 - 8x + x^2 = x^2 - 6x + 2x - 12$
$x^2 - 8x + 16 = x^2 - 4x - 12 \quad | -x^2$
$-8x + 16 = -4x - 12 \quad | +4x$
$-4x + 16 = -12 \quad | -16$
$-4x = -28$
$L = \{7\}$
c) $x^2 - 5x = 0 \quad$ | x ausklammern
$x(x - 5) = 0$
$L = \{0; 5\}$

2

$(-4 - 2 \cdot 0{,}6) \cdot (-4)$
$= (-4 - 1{,}2) \cdot (-4)$
$= -5{,}2 \cdot (-4)$
$= 20{,}8$

3

$x(x-1) + 23 = x^2 + 5$
$x^2 - x + 23 = x^2 + 5 \quad | - x^2$
$-x + 23 = 5 \quad | - 23$
$-x = -18 \quad | \cdot (-1)$
$x = 18$

Tanjas gedachte Zahl war 18.

4

Das ursprüngliche Rechteck mit der Länge l und der Breite b hat den Flächeninhalt $A_{alt} = l \cdot b = lb$. Das neue Rechteck hat den Flächeninhalt $A_{neu} = \frac{1}{3} l \cdot 2b = \frac{2}{3} lb$. Der Flächeninhalt verkleinert sich auf $\frac{2}{3}$ seiner ursprünglichen Größe.

5

$A = \frac{a+c}{2} \cdot h \quad | \cdot 2$

Umstellen nach h: $2A = (a+c) \cdot h \quad | : (a+c)$
$h = \frac{2A}{a+c}$

Umstellen nach a: $2A = (a+c) \cdot h \quad | : h$
$2\frac{A}{h} = a + c \quad | - c$
$a = \frac{2A}{h} - c$

Umstellen nach c: $2A = (a+c) \cdot h \quad | . h$
$\frac{2A}{h} = a + c \quad | - a$
$c = \frac{2A}{h} - a$

6

Zu zeigen: $x + (x+1) + (x+2)$ ist durch 3 teilbar.
$x + (x+1) + (x+2) = 3x + 3 = 3(x+1)$
Aus dem Term $3x + 3$ kann man den Faktor 3 ausklammern, die Summe ist durch 3 teilbar.

Kapitel I, Training Runde 2, Seite 33

1

a) $3 \cdot (-6) - 3{,}5(0{,}2^2 - (-6) \cdot 3{,}5)$
$= -18 - 3{,}5(0{,}04 + 21)$
$= -18 - 3{,}5 \cdot 21{,}04$
$= -18 - 73{,}64$
$= -91{,}64$

b) $3 \cdot 0{,}8 - 20((-4)^2 - 0{,}8 \cdot 20)$
$= 2{,}4 - 20(16 - 16)$
$= 2{,}4 - 20 \cdot 0$
$= 2{,}4$

2

a) $(3x - 4)(x + 6) = 1 + (x + 8)(2x - 2)$
$3x^2 + 18x - 4x - 24 = 1 + 2x^2 - 2x + 16x - 12$
$3x^2 + 14x - 24 = 2x^2 + 14x - 15 \quad | - 2x^2$
$x^2 + 14x - 24 = 14x - 15 \quad | - 14x$
$x^2 - 24 = -15 \quad | + 24$
$x^2 = 9$
$L = \{3; -3\}$

b) $4x^2 + 28x + 49 = 0 \quad |$1. binomische Formel
$(2x)^2 + 2 \cdot 2x \cdot 7 + 7^2 = 0$
$(2x + 7)^2 = 0$

Der Ausdruck auf der linken Seite der Gleichung wird 0, wenn $2x + 7 = 0$ ist.
$2x + 7 = 0 \quad | - 7$
$2x = -7 \quad | : 2$
$x = -3{,}5 \qquad L = \{-3{,}5\}$

3

a) $(3x - 7y)^2 = 9x^2 - 42xy + 49y^2$
b) $(0{,}5 + 4b)(0{,}5 - 4b) = 0{,}25 - 16b^2$
c) $(11y^2 + 0{,}4z)^2 = 121y^4 + 8{,}8y^2z + 0{,}16z^2$
d) $(1{,}2 + 0{,}2z)(1{,}2 - 0{,}2z) = 1{,}44 - 0{,}04z^2$

4

a)

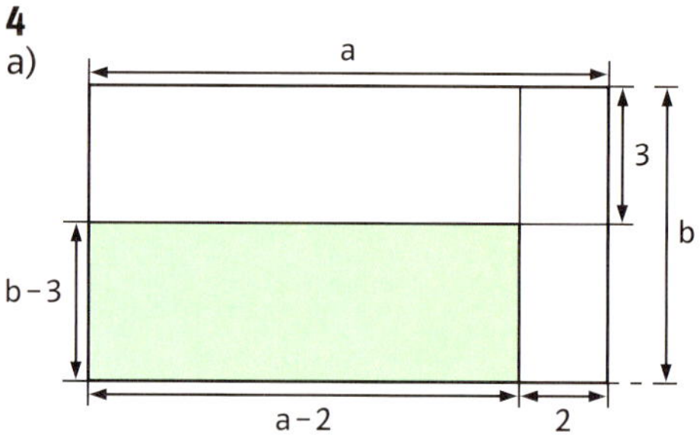

b) $(a-2)(b-3) = ab - 3a - 2b + 6$
Der Flächeninhalt des grünen Rechtecks wird durch den Term $(a-2)(b-3)$ berechnet. Dieses Rechteck entsteht auch, wenn man vom ganzen Rechteck mit dem Flächeninhalt ab die beiden weißen Streifen $3a$ und $2b$ abzieht. Das Rechteck mit dem Flächeninhalt $2 \cdot 3$ wird dabei allerdings doppelt abgezogen und muss deshalb wieder einmal dazuaddiert werden.

5

a) Der ursprüngliche Würfel mit der Kantenlänge a hat das Volumen $V_{alt} = a^3$. Der neue Würfel mit der Kantenlänge $\frac{1}{2}a$ hat das Volumen $V_{neu} = \left(\frac{1}{2}a\right)^3 = \frac{1}{8}a^3$.
Das Volumen des neuen Würfels beträgt nur noch ein Achtel des ursprünglichen Volumens.
b) Der ursprüngliche Würfel hat den Oberflächeninhalt $O_{alt} = 6a^2$. Der neue Würfel hat den Oberflächeninhalt $O_{neu} = 6 \cdot \left(\frac{1}{2}a\right)^2 = 6 \cdot \frac{1}{4}a^2 = 1{,}5a^2$.
Der Oberflächeninhalt des neuen Würfels beträgt nur noch ein Viertel des ursprünglichen Oberflächeninhaltes.

6

Schrittlänge $s = 64\,cm$
Steighöhe h
Auftrittshöhe b

a) $2h + b = s$. Dabei soll zusätzlich $h \leqq 15\,cm$ gelten.

b)

h (in cm)	b = 64 − 2h (in cm)
15	34
14	36
13	38
12	40
11	42
10	44
9	46
8	48

Kapitel II, Bist du sicher? Seite 37

1

Die Dreiecke sind nach dem Kongruenzsatz wsw zueinander kongruent, weil sie in der Strecke $\overline{SU}$ und den beiden anliegenden Winkeln übereinstimmen.

2

a)

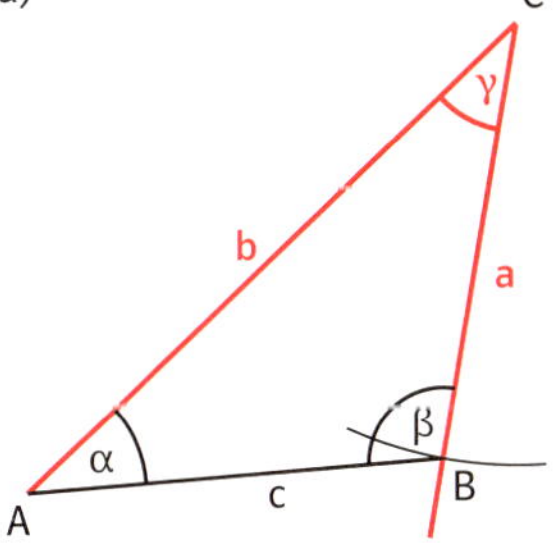

b)

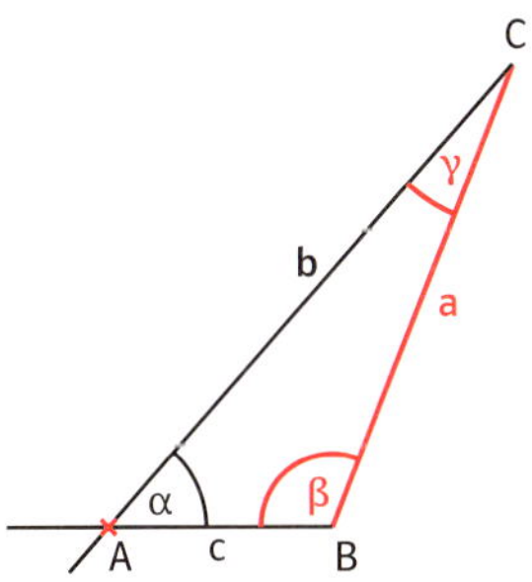

Kapitel II, Bist du sicher? Seite 41

1

a) sss

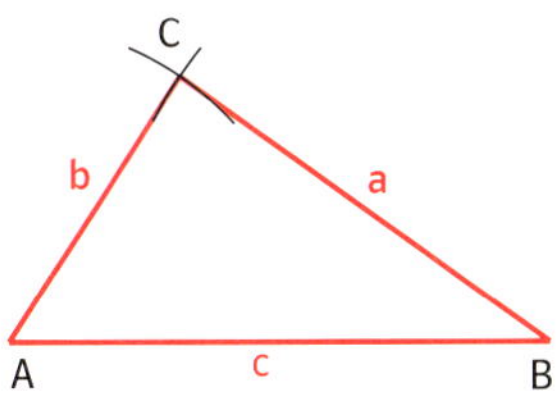

b) wsw

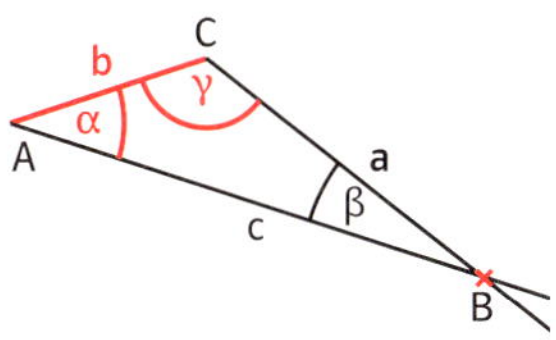

c) wsw ($\gamma = 65°$)

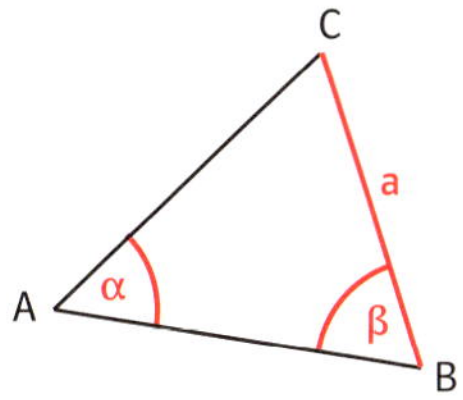

d) Ssw

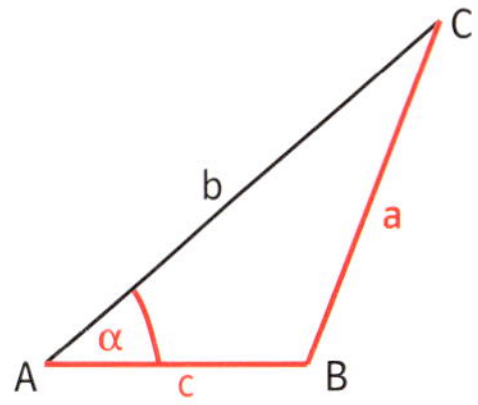

Kapitel II, Bist du sicher? Seite 45

1

a) Es gibt unendlich viele Lösungen.

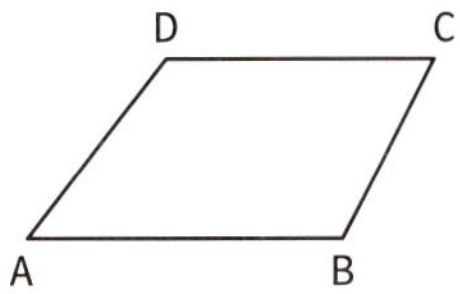

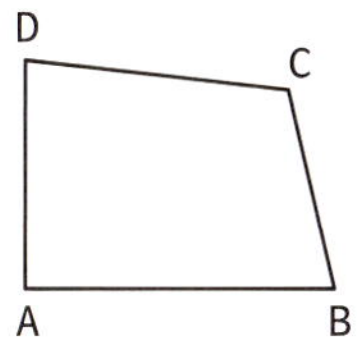

b) und c)

Wählt man als zusätzliche Angabe die Länge der Diagonalen $\overline{AC}$, so ist die Konstruktion eindeutig, wenn die Länge der Diagonalen kleiner als 10,5 cm ist. Ist die Diagonale länger als 10,5 cm aber kürzer als 11 cm, so gibt es zwei Vierecke. Ab einer Länge von 11 cm ist es nicht mehr möglich das Viereck zu konstruieren.

Wählt man als zusätzliche Angabe den Winkel α, so ist die Konstruktion eindeutig für $\alpha < 101°$. Für größere Winkel α gibt es zwei Vierecke. Ab $\alpha = 122°$ kann man das Viereck nicht mehr konstruieren.

Kapitel II, Training Runde 1, Seite 53

1

a) Das Dreieck ist kongruent zum Ausgangsdreieck nach dem Kongruenzsatz wsw.
b) Das Dreieck ist kongruent zum Ausgangsdreieck nach dem Kongruenzsatz sws.
c) Das Dreieck ist nicht kongruent zum Ausgangsdreieck.
d) Der Kongruenzsatz Ssw kann nicht verwendet werden. Deshalb gibt es zwei Lösungsdreiecke. Eine dieser beiden Lösungen ist kongruent zum Ausgangsdreieck.

2

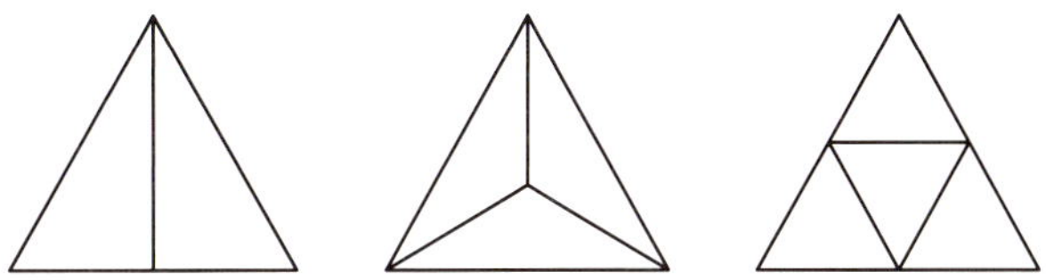

3

a) Die beiden Dreiecke sind zueinander kongruent (sws).

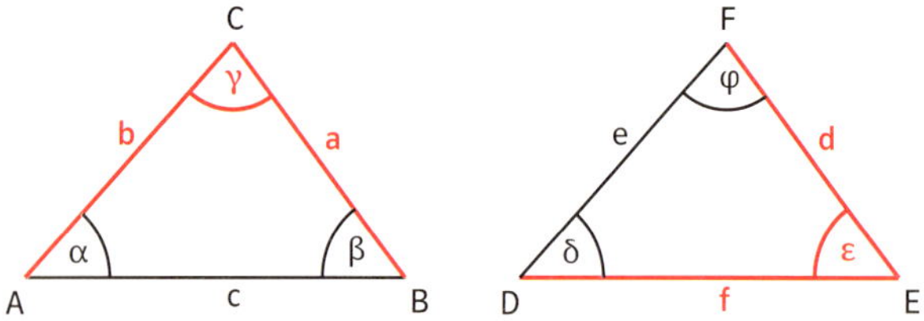

b) Die beiden Dreiecke sind nicht zueinander kongruent.

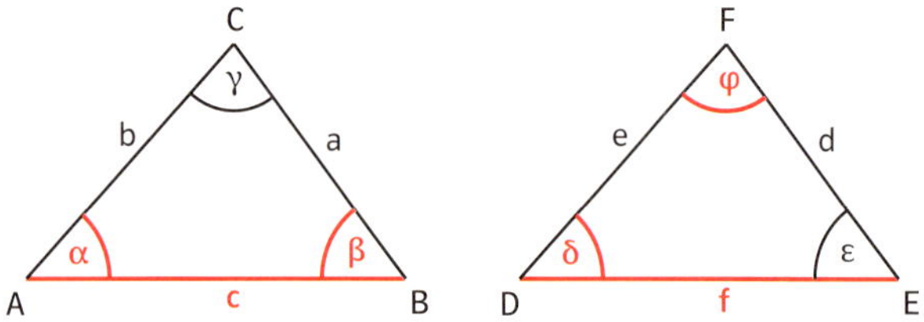

4

a)

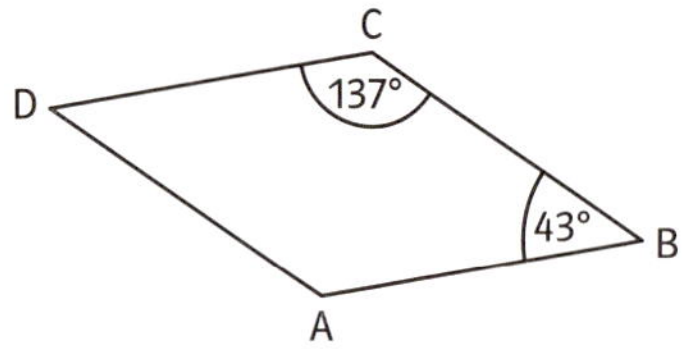

b) Es gibt zwei Lösungen. Je nachdem, welche Diagonalen man als Symmetrieachse verwendet.

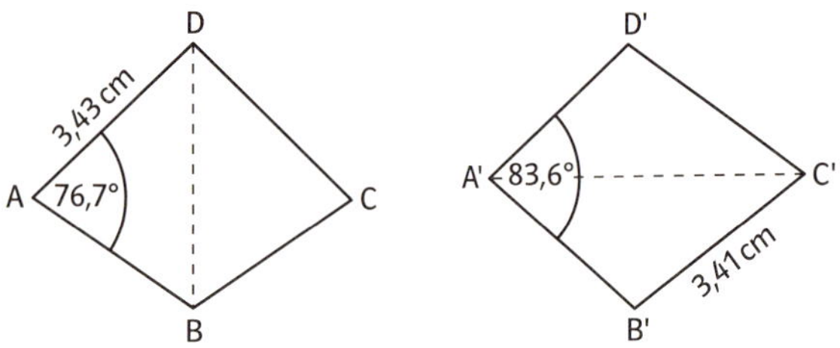

c)

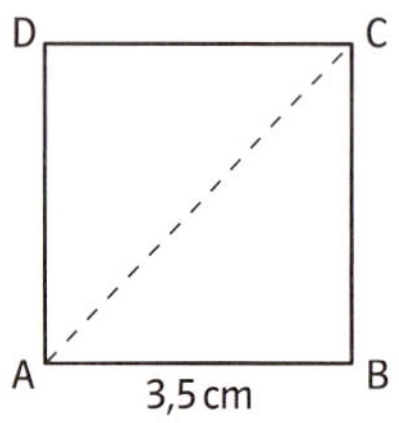

5

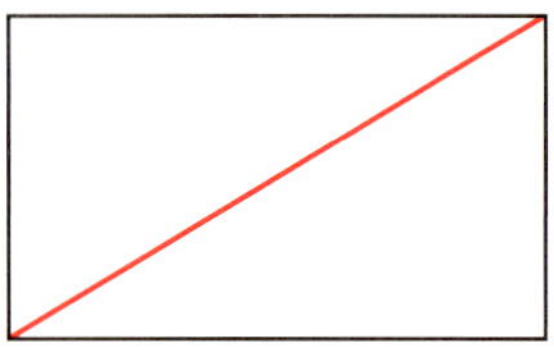

sss: Gegenüberliegende Seiten des Rechtecks sind gleich lang. Die Diagonale ist eine gemeinsame Seite beider Dreiecke.

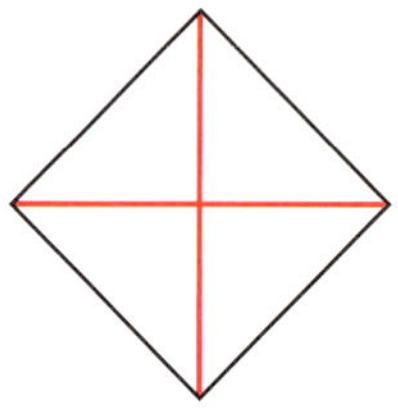

sss: Alle Seiten der Raute sind gleich lang. Die Diagonalen sind gemeinsame Seiten der Dreiecke.

Kapitel II, Training Runde 2, Seite 53

1

62°

2

a)

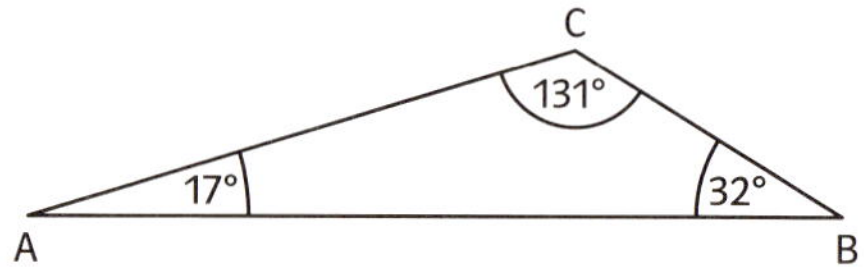

b)

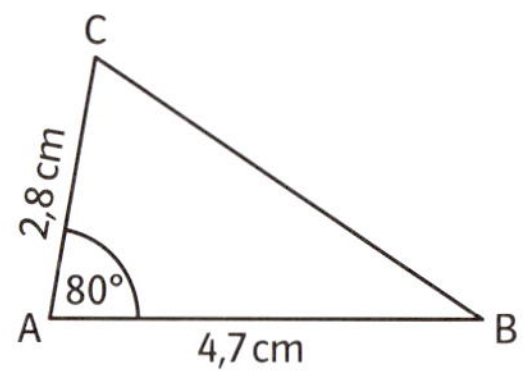

c)

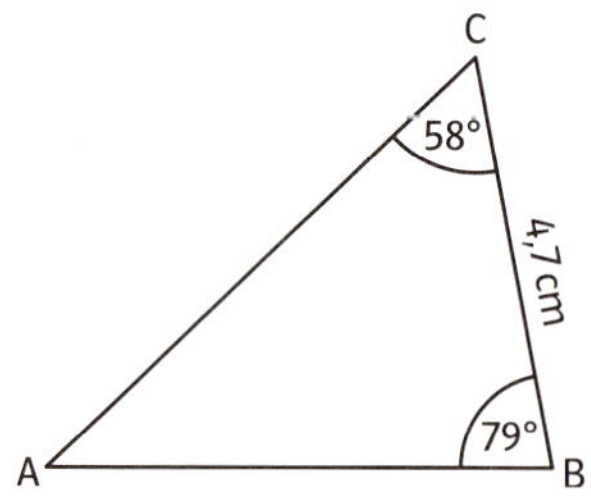

d)

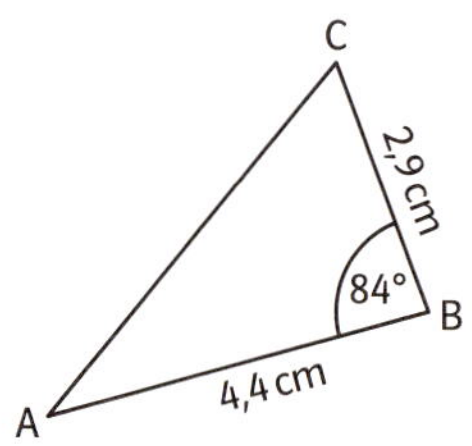

3

Die Winkel bei M sind Scheitelwinkel, also gleich groß. Die Strecken $\overline{MP}$ und $\overline{MP'}$ sind gleich lang, weil sie Radien sind. Die Winkel bei P bzw. P' sind laut Zeichnung beides rechte Winkel. Damit sind die beiden Dreiecke nach dem Kongruenzsatz wsw zueinander kongruent.

4

a) Die Aussage ist richtig. Wenn die Dreiecke in allen drei Winkeln übereinstimmen, kann man sie immer so wie in Fig. 1 dargestellt übereinander legen (eventuell ist eines der Dreiecke vorher zu wenden). Eine Situation wie in Fig. 1, wo sich die Dreiecke nicht überdecken, kann aber nicht auftreten, wenn die Dreiecke außerdem noch den gleichen Flächeninhalt haben.

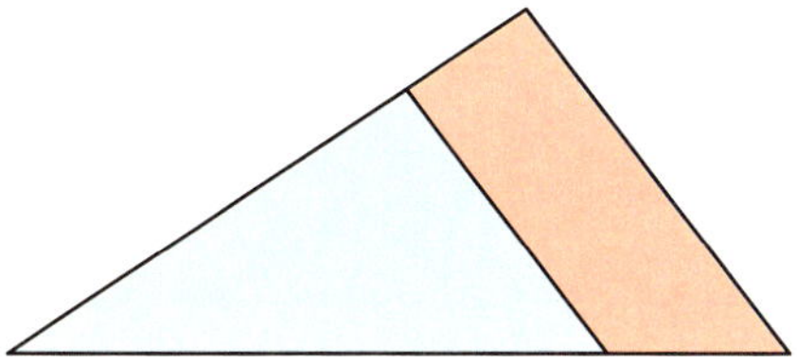

b) Die Aussage ist richtig. Zwei nicht zueinander kongruente Dreiecke können nicht in allen Seitenlängen übereinstimmen, weil dies dem Kongruenzsatz sss widerspräche.

5

Bei einer Höhe von 324 m erhält man für den ersten Standpunkt eine Eintfernung von 151 m zum Eiffelturm, für den zweiten Standpunkt ergeben sich 373 m Entfernung.
Damit beträgt der Abstand etwa 222 m.

6

Die drei Rechtecke stimmen sogar in vier Winkeln und zwei Seiten überein, sind aber nicht zueinander kongruent.

Kapitel III, Training Runde 1, Seite 71

1

a)

Umfrage zur Arbeit der SV

Mit Arbeit der SV waren	zufrieden	weniger zufrieden	nicht zufrieden	keine Angabe
Anzahl	336	204	39	21
Anteil	56 %	34 %	6,5 %	3,5 %

b)

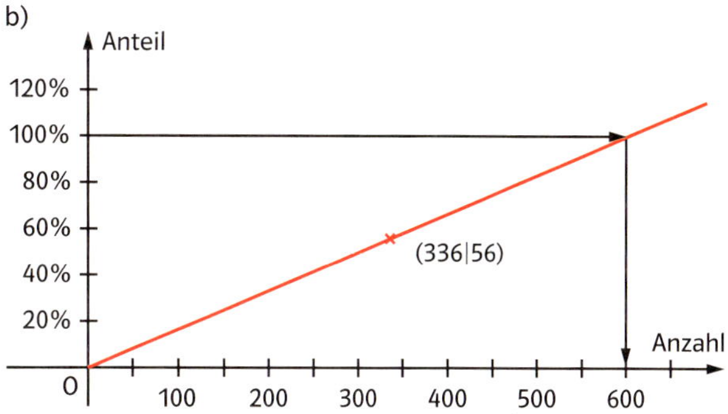

2

7,70 €

3

8500 €

4

a) 58,50 € b) 61,41 €

Kapitel III, Training Runde 2, Seite 71

1

a) Wertetabelle:

Zinssatz (in %)	2	4	6	8	10	12
Betrag (in €)	450 000	225 000	150 000	112 500	90 000	75 000

b)

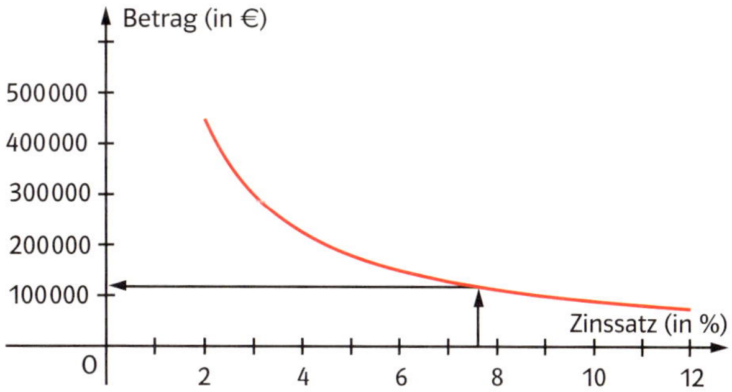

Berechneter Wert: 9120 €. Der Kredit ist für Herrn Schrader zu teuer.

2

88 Tage

3

	1. Jahr	2. Jahr	3. Jahr	4. Jahr	5. Jahr	10. Jahr
Guthaben	2000	2190	2398,05	2625,86	2875,32	4526,44
Zinsen	190	208,05	227,81	249,46	273,16	430,01
Neues Guthaben	2190	2398,05	2625,86	2875,32	3148,48	4956,45

4

a) 680,43 € b) ≈ 5,16 %

Kapitel IV, Bist du sicher? Seite 76

1

a) Es handelt sich um eine Funktion, da jeder gefahrenen Strecke eindeutig ein Benzinverbrauch pro 100 km zugeordnet werden kann.
Möglicher Graph:

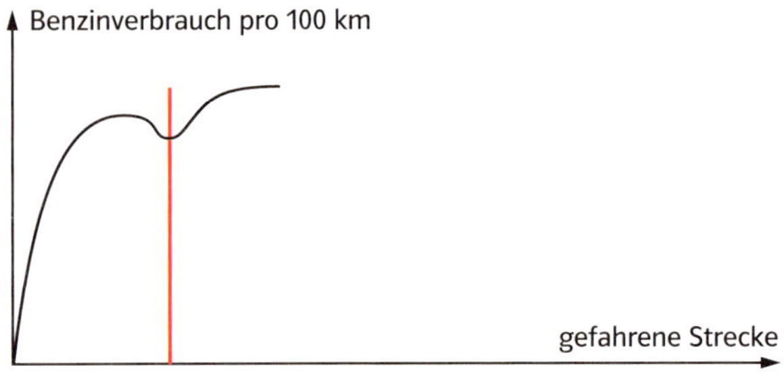

b) Es handelt sich nicht um eine Funktion, da sich der gleiche Benzinverbrauch pro 100 km bei verschiedenen gefahrenen Streckenlängen ergeben kann. Somit lässt sich mindestens eine Parallele zur y-Achse zeichnen, die den Graphen in mehreren Punkten schneidet.
Möglicher Graph:

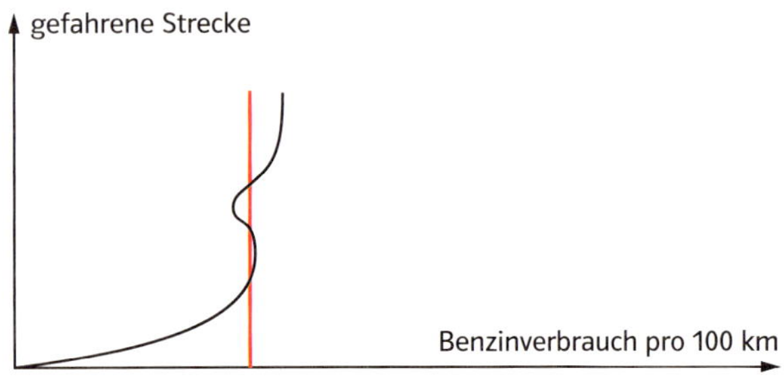

c) Es handelt sich um eine Funktion, da man zu jedem Zeitpunkt seines Alters nur eine bestimmte Körpergröße hat.
Möglicher Graph:

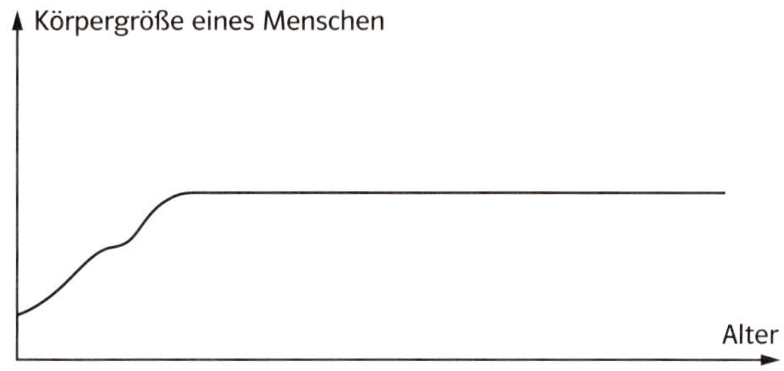

d) Es handelt sich nicht um eine Funktion, da man durchaus über einen längeren Zeitraum hinweg die gleiche Körpergröße haben kann, insbesondere wenn die Wachstumsphase abgeschlossen ist. Somit lässt sich mindestens eine Parallele zur y-Achse zeichnen, die den Graphen in mehreren Punkten schneidet.
Möglicher Graph:

Kapitel IV, Bist du sicher? Seite 80

1

a)

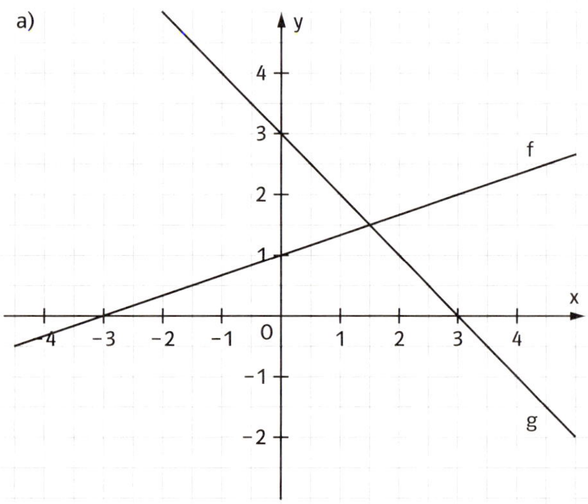

b) Punktproben für die Gerade f:

Punkt A: $\frac{1}{3} \cdot 1{,}5 + 1 = 1{,}5 = 1{,}5$ Punkt A liegt auf f.

Punkt B: $\frac{1}{3} \cdot (-3) + 1 = 0 \neq 1{,}5$ Punkt B liegt nicht auf f.

Punkt C: $\frac{1}{3} \cdot (-1) + 1 = \frac{2}{3} \neq 1{,}5$ Punkt C liegt nicht auf f.

Punktproben für die Gerade g:

Punkt A: $-1{,}5 + 3 = 1{,}5 = 1{,}5$. Punkt A liegt auf g.

Punkt B: $-(-3) + 3 = 6 \neq 1{,}5$. Punkt B liegt nicht auf g.

Punkt C: $-(-1) + 3 = 4 \neq 1{,}5$. Punkt C liegt nicht auf g.

2

a)

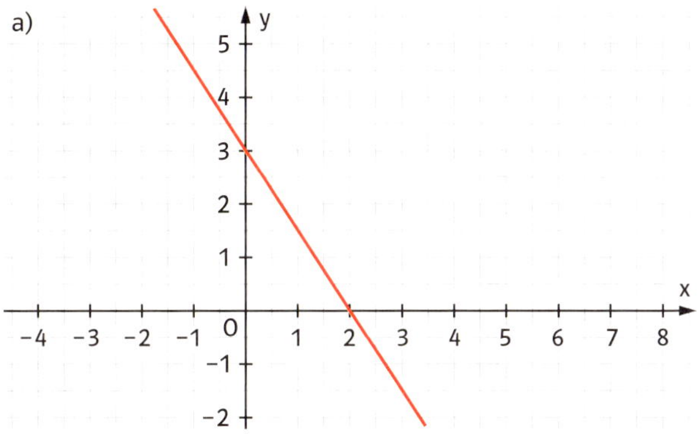

b) $f(6) = -6 < -5$; also liegt $P(6\,|\,-5)$ nicht auf dem Graphen von f.

$f(-5) = 10{,}5 > 7$; also liegt $Q(-5\,|\,7)$ nicht auf dem Graphen von f.

$f(-8) = 15$; also liegt $R(-8\,|\,15)$ auf dem Graphen von f.

Kapitel IV, Bist du sicher? Seite 85

1

a) Die Zuordnung *Zeit t (in s) → Höhe h (in cm)* ist linear, da die Höhe pro Sekunde um 2,5 cm abnimmt.

b) $h = -30 \cdot t + 240$

c) $h = -30 \cdot 2{,}5 + 240 = 165$

Nach 2,5 Sekunden hat die Daunenfeder eine Höhe von 165 cm.

d)

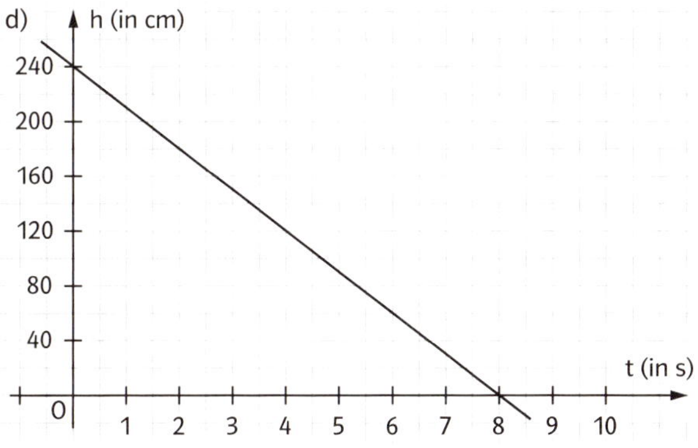

2

a) Die Wertetabelle kann zu einer linearen Funktion gehören. Die angegebenen Wertepaare erfüllen die Gleichung $f(x) = x + 3$.

b) Die Wertetabelle kann zu einer linearen Funktion gehören. Die angegebenen Wertepaare erfüllen die Gleichung $f(x) = -3x - 3{,}5$.

c) Die angegebenen Wertepaare können nicht zu einer linearen Funktion gehören, weil die zugehörigen Punkte nicht auf einer Geraden liegen.

3

a) $P(5\,|\,-9)$ liegt auf der Geraden mit der Gleichung $y = -2x + 1$: $-9 = -2 \cdot 5 + 1$.

b) $Q(-3\,|\,6)$ liegt nicht auf der Geraden mit der Gleichung $y = -2x + 1$: $6 \neq -2 \cdot (-3) + 1$.

c) $R\left(\frac{3}{4}\,\middle|\,-\frac{1}{2}\right)$ liegt auf der Geraden mit der Gleichung $y = -2x + 1$: $-\frac{1}{2} = -2 \cdot \frac{3}{4} + 1$.

d) $S(2{,}5\,|\,-3{,}5)$ liegt nicht auf der Geraden mit der Gleichung $y = -2x + 1$: $-3{,}5 \neq -2 \cdot 2{,}5 + 1$.

Kapitel IV, Bist du sicher? Seite 89

1

a) Gleichung zu g: $y = -\frac{3}{5}x + 3$

Gleichung zu h: $y = \frac{3}{2}x - 4$

b) Gleichung zu p: $y = -\frac{3}{5}x - 4$

c) Die Geraden q und h haben dieselbe Steigung, also $m = \frac{3}{2}$. Die y-Koordinate von Punkt A ergibt den y-Achsenabschnitt b der Geraden q. Es ist $b = 3$. Die Gleichung der Geraden q lautet also: $y = \frac{3}{2}x + 3$.

2

a) Gleichung zu BC: $y = \frac{4}{5}x - 4$

b) Gleichung zu AD: $y = -2x + 3$

Kapitel IV, Kannst du das noch? Seite 89

11

a) Zum Grundwert 4960 ergibt sich der Prozentwert $4960 \cdot 1{,}75 = 8680$.

Am Sonntag hatte das Dorffest 8680 Besucher.

b) Zum Grundwert 8000 ergeben sich die Prozentsätze $\frac{4960}{8000} = 62\,\%$, $\frac{8680}{8000} = 108{,}5\,\%$.

Am Samstag kamen 38 % weniger als der Richtwert, am Sonntag wurde der Richtwert um 8,5 % übertroffen.

12

a) $A = \pi r^2 = \pi \cdot (60\,\text{cm})^2 \approx 11\,310\,\text{cm}^2 \approx 1{,}1\,\text{m}^2$

b) $A = \pi r^2 = \pi \cdot (45\,\text{km})^2 \approx 6362\,\text{km}^2$

c) $U = 2\pi r = \pi d$; $d = \frac{U}{\pi} = \frac{4\,\text{m}}{\pi} \approx 1{,}27\,\text{m}$; $A = \pi\left(\frac{d}{2}\right)^2 \approx 1{,}27\,\text{m}^2$

Kapitel IV, Bist du sicher? Seite 92

1

a)

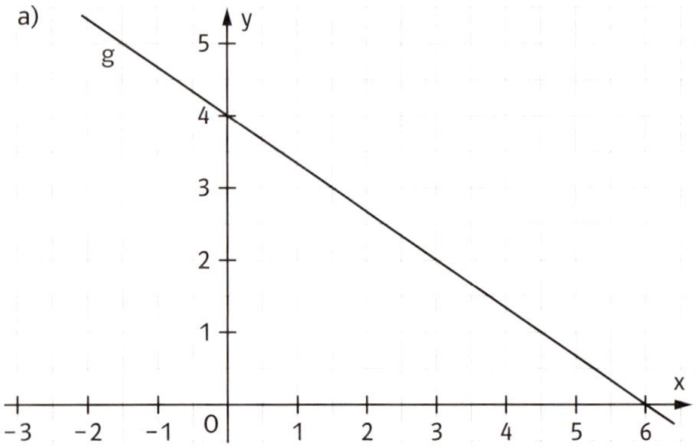

b) $-\frac{2}{3}x + 4 = 0 \quad | -4$

$-\frac{2}{3}x = -4 \quad |:\left(-\frac{2}{3}\right)$

$x = 6$

Die Nullstelle befindet sich bei $x = 6$.

2

$3x + 18 = 6 \quad | -18$

$3x = -12 \quad |:3$

$x = -4$

Kapitel IV, Kannst du das noch? Seite 97

15

a) $V = a^3 = (6\,\text{cm})^3 = 216\,\text{cm}^3$

b) $O = 6a^2 = 6 \cdot (6\,\text{cm})^2 = 216\,\text{cm}^2$

16

$V = a \cdot b \cdot h = 2\,\text{cm} \cdot b \cdot 5\,\text{dm} = 2\,\text{cm} \cdot b \cdot 50\,\text{cm}$

$= 100\,\text{cm}^2 \cdot b = 500\,\text{cm}^3$, also $b = 5\,\text{cm}$

$O = 2ab + 2hb + 2ha$

$= 2 \cdot 2\,\text{cm} \cdot 5\,\text{cm} + 2 \cdot 50\,\text{cm} \cdot 5\,\text{cm} + 2 \cdot 50\,\text{cm} \cdot 2\,\text{cm} = 720\,\text{cm}^2$

Kapitel IV, Training Runde 1, Seite 107

1

a)

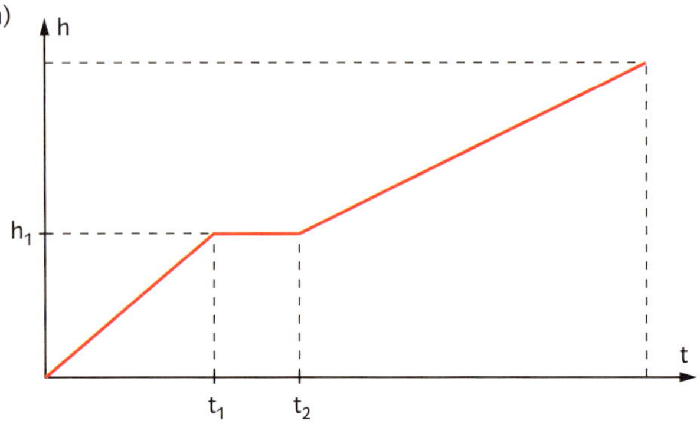

Die Zuordnung $t \rightarrow h$ ist eine Funktion, da jedem Zeitpunkt t genau eine Höhe h zugeordnet ist. Die Funktion ist stückweise linear, über den gesamten Füllzeitraum hinweg jedoch nicht linear.

b) Die Zuordnung $h \rightarrow t$ ist keine Funktion, da der Höhe h_1 alle Zeitpunkte t zugeordnet sind, für die $t_1 \leqq t \leqq t_2$ ist (vgl. Grafik zu a)).

2

a) $P(3|9)$ liegt unterhalb des Graphen der Funktion $f\colon x \rightarrow 0{,}5x + 8$, da $f(3) = 9{,}5 > 9$ ist.

b) $P(3|9)$ liegt auf dem Graphen der Funktion $f\colon x \rightarrow (x-1)^2 + 5$, da $f(3) = 9$ ist.

c) $P(3|9)$ liegt oberhalb des Graphen der Funktion $f\colon x \rightarrow -0{,}9x + 11{,}5$, da $f(3) = 8{,}8 < 9$ ist.

3

a) Funktionsgleichung: $f(x) = x + 3$

Nullstelle: $x = -3$

b) Funktionsgleichung: $f(x) = 5{,}5x - 20{,}5$

Nullstelle: $x = \frac{41}{11}$

c) Funktionsgleichung: $f(x) = 1{,}25x - 1{,}625$

Nullstelle: $x = 1{,}3$

4

a)

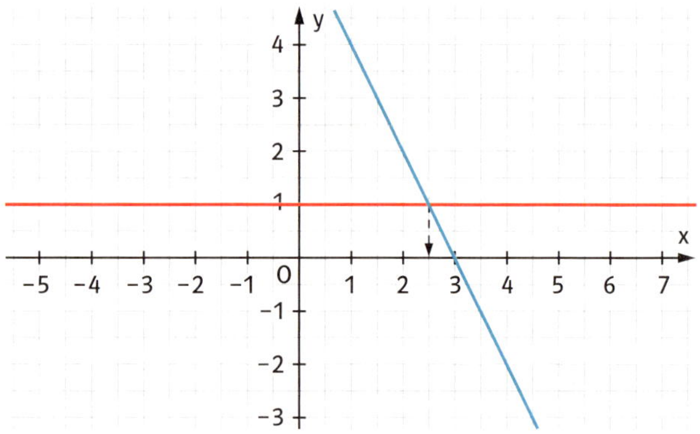

Lösung: $x = 2{,}5$

b)

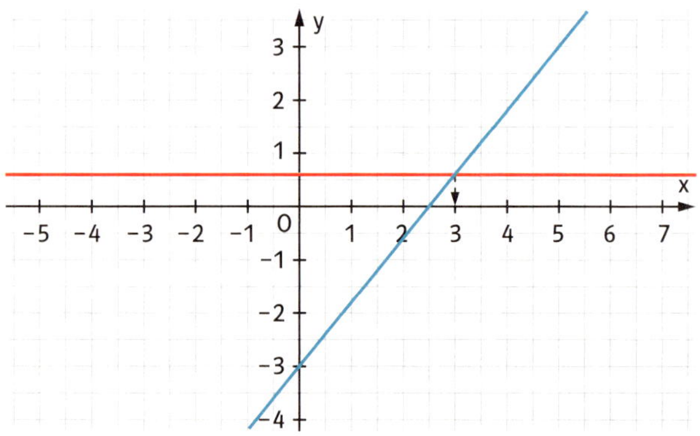

Lösung: $x = 3$

c)

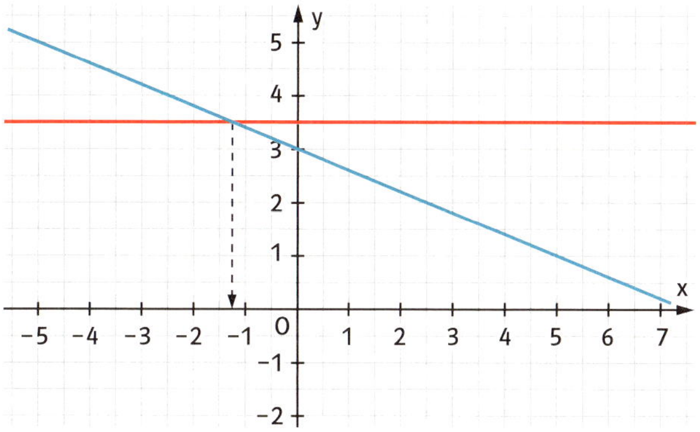

Lösung: $x = -1{,}25$

5

a) $L = \{x \mid x \leqq 1\}$

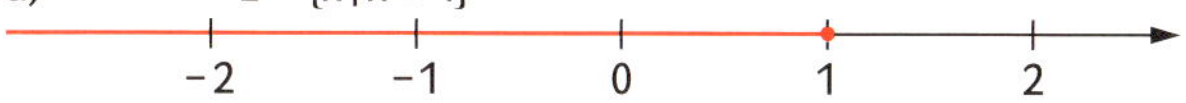

b) $L = \{x \mid x \geqq -2{,}5\}$

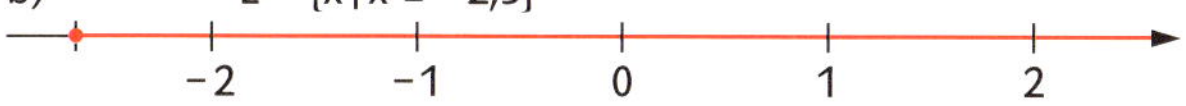

c) $L = \{x \mid x \leqq 1\}$

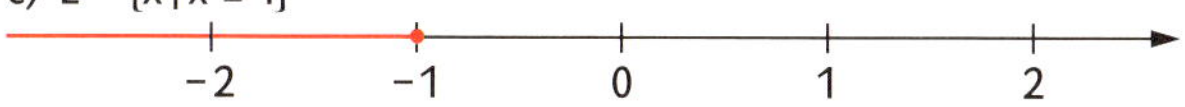

6

Es sind beliebig viele Lösungen möglich. Die Geraden haben jeweils dieselbe Steigung wie die angegeben Gerade, nur der y-Achsenabschnitt verändert sich. Mögliche Lösungen sind:

a) $f(x) = 7x - 2$ b) $g(x) = \frac{1}{3}x + 5{,}5$

c) $t(x) = 10$ d) $k(t) = -5t + 5{,}23$

Kapitel IV, Training Runde 2, Seite 107

1

Zum Beispiel bei einer Fahrt mit gleichbleibender Geschwindigkeit:

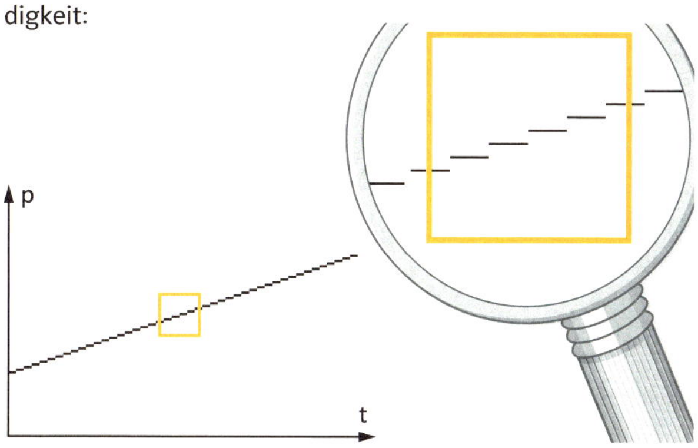

Der Fahrpreis „springt" nach bestimmten Fahrstrecken bzw. Fahrzeiten. Jedem Zeitpunkt t ist genau ein Fahrpreis p zugeordnet, die Zuordnung $t \rightarrow p$ ist somit eine Funktion.

Die Zuordnung $p \rightarrow s$ ist dagegen keine Funktion, weil den auftretenden Fahrpreisen p ganze Fahrstreckenbereiche – und damit unendlich viele Fahrstrecken s – zugeordnet sind.

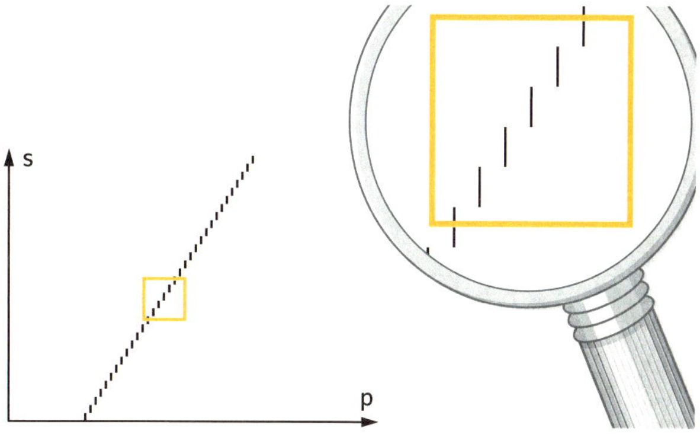

2

(1) $f_1(x) = \frac{5}{2}x$ (2) $f_2(x) = -3x + 11$

(3) $f_3(x) = \frac{2}{7}x + 2$ (4) $f_4(x) = -\frac{1}{4}x - \frac{5}{4}$

3

a) (1) g: $y = 2{,}5x$

(2) $m = \frac{2 - (-1)}{3 - 4} = -3$

Mit $m = -3$ und $P(3 \mid 2)$ ergibt sich:

$2 = -3 \cdot 3 + b$

$b = 11$

Also f: $y = -3x + 11$

(3) t: $y = \frac{2}{7}x + 2$

(4) $m = \frac{-1{,}5 - (-0{,}5)}{1 - (-3)} = -\frac{1}{4}$

Mit $m = -\frac{1}{4}$ und $P(1 \mid -1{,}5)$ ergibt sich:

$-1{,}5 = -\frac{1}{4} \cdot 1 + b$

$b = -1{,}25$

Also k: $y = -\frac{1}{4}x - 1{,}25$

b) Es handelt sich nur bei (2) um eine proportionale Funktion, da der Graph der Funktion eine Gerade durch den Ursprung ist.

4

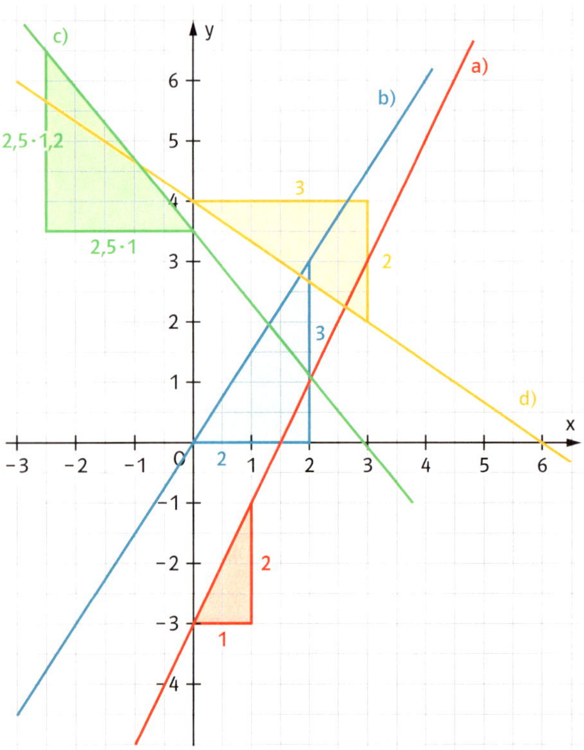

5

a) L = {x | x ≦ 0,5}

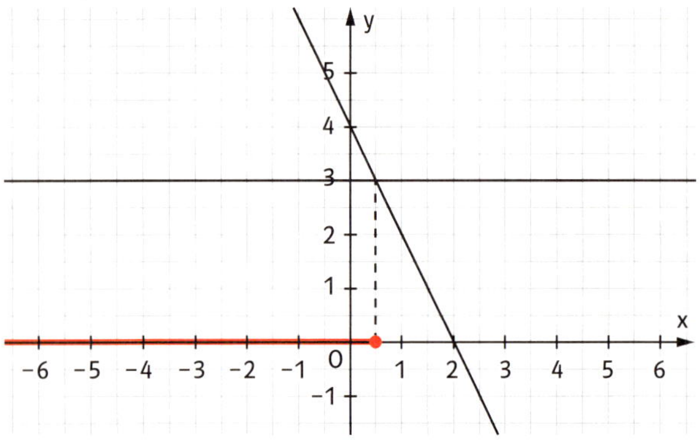

b) L = {x | x ≦ −2}

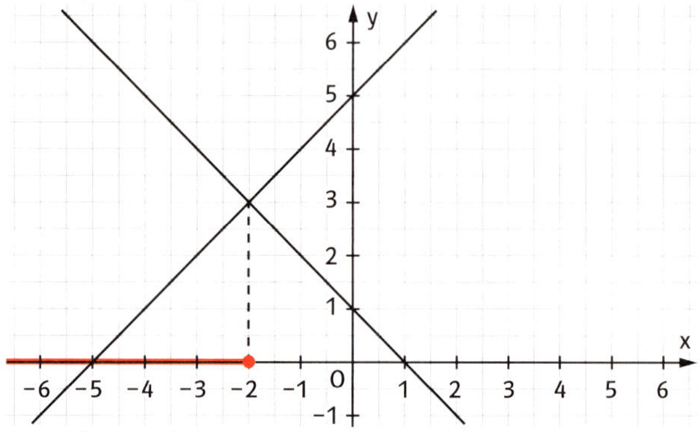

c) L = $\left\{x \,\middle|\, x \geqq \frac{3}{2}\right\}$

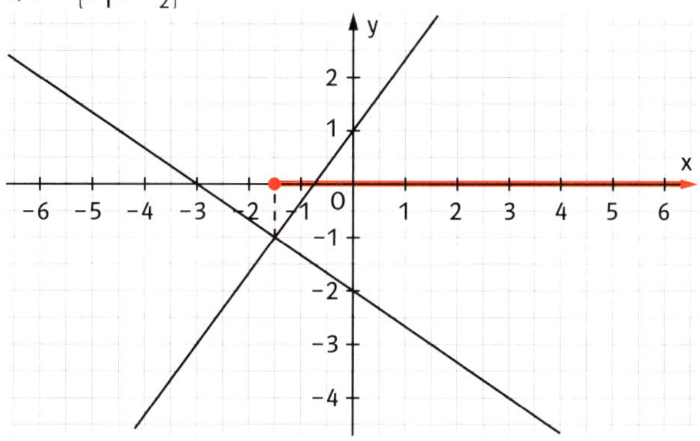

6

Bei der Zuordnung handelt es sich um eine lineare Funktion. So verdoppelt sich beispielsweise der Umfang eines gleichseitigen Dreiecks, wenn man dessen Seitenlängen verdoppelt. Allgemein gilt: Zum k-Fachen der Seitenlänge eines gleichseitigen Dreiecks gehört das k-Fache des Umfangs.

Kapitel V, Training Runde 1, Seite 129

1

a) Mit $\gamma = 12°$ und $\beta = 90°$ gilt für α:
$\alpha = 180° - (\alpha + \beta) = 180° - 102° = 78°$.

b) Für $\beta = 2\alpha$ und $\beta = 90°$ gilt $\alpha = 45°$ und $\gamma = 45°$.

c) Für $\beta = 90°$ kann $\alpha + \gamma$ nicht 110° ergeben, da nach dem Satz über die Winkelsumme $\alpha + \beta = 90°$ gelten muss. Hierzu gibt es kein Dreieck.

zu a):

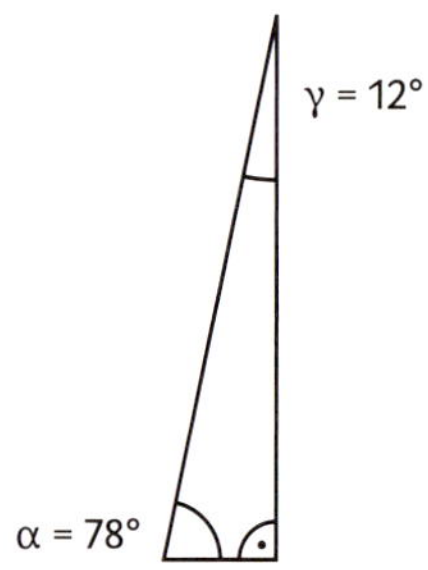

zu b):

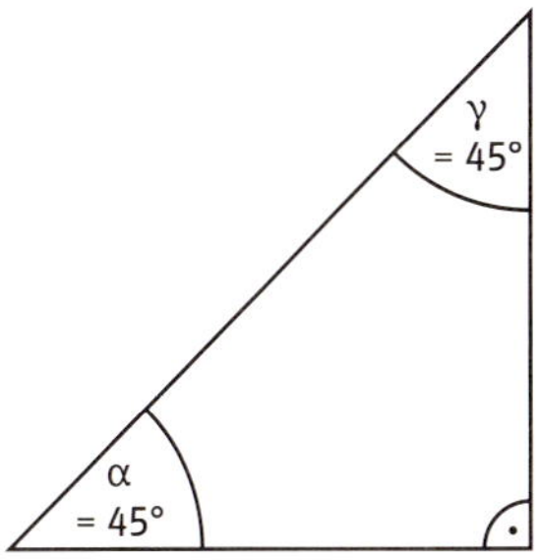

2

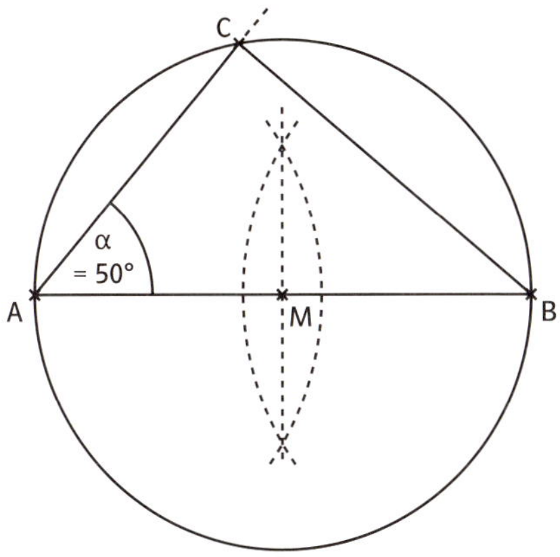

a) Konstruktionsbeschreibung:
1. Zeichne die Strecke $c = \overline{AB}$ mit der Länge 5 cm.
2. Trage im Punkt A den Winkel $\alpha = 50°$ an C ab.
3. Konstruiere den Mittelpunkt M der Strecke $\overline{AB}$.
4. Zeichne den Thaleskreis k um M mit Radius $\overline{MA}$.

Der Schnittpunkt von k mit α liefert den Punkt C.
Das Dreieck ABC ist eine Lösung.

3

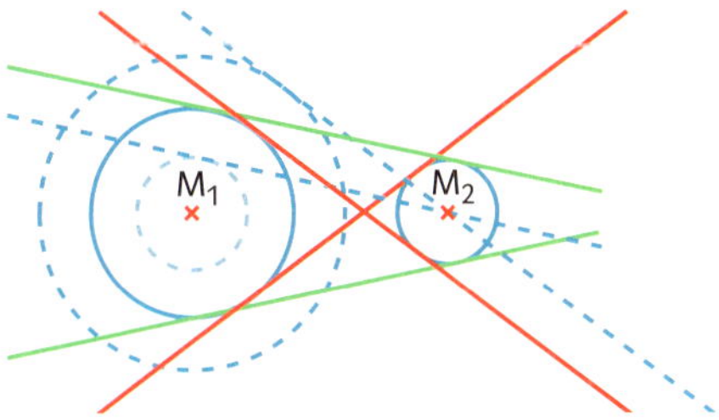

4

Inhalt der bespielbaren Fläche:
$\pi \cdot (5{,}8\,\text{cm})^2 - \pi \cdot (2{,}3\,\text{cm})^2 \approx 89\,\text{cm}^2$
Abspieldauer pro cm^2: $72 \cdot 60\,\text{s} : 89 \approx 48{,}5\,\text{s}$

5

a) $d = 7{,}16\,\text{m}$; $U \approx 22{,}5\,\text{m}$; $A \approx 40{,}3\,\text{m}^2$
b) $r \approx 1{,}26\,\text{cm}$; $d \approx 2{,}52\,\text{cm}$; $U \approx 7{,}93\,\text{cm}$
c) $r = 0{,}50\,\text{m}$; $U \approx 3{,}14\,\text{m}$; $A \approx 0{,}785\,\text{m}^2$
d) $d = 14\,\text{cm}$; $r = 7\,\text{cm}$; $A = 49\,\pi\,\text{cm}^2$

Kapitel V, Training Runde 2, Seite 129

1

a) Radius einer Euromünze: 11,625 mm
Flächeninhalt einer Euromünze: $= 424{,}6\,\text{mm}^2$
Flächeninhalt aller 6 Euromünzen: $= 25{,}47\,\text{cm}^2$
b) Schachtelboden:
Länge: $3 \cdot 23{,}25\,\text{mm} = 69{,}75\,\text{mm}$
Breite: $2 \cdot 23{,}25\,\text{mm} = 46{,}5\,\text{mm}$
Flächeninhalt: $= 32{,}43\,\text{cm}^2$

2

a) $b \approx 5{,}8\,\text{cm}$; $A \approx 27{,}6\,\text{cm}^2$;   b) $\alpha \approx 172°$; $A = 9{,}375\,\text{cm}^2$
c) $r = 11{,}5\,\text{cm}$; $A = 68{,}8\,\text{cm}^2$ d) $b = 8{,}8\,\text{cm}$; $\alpha \approx 126{,}1°$

3

a)

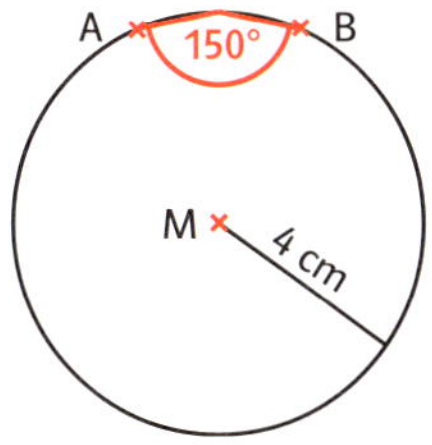

b)

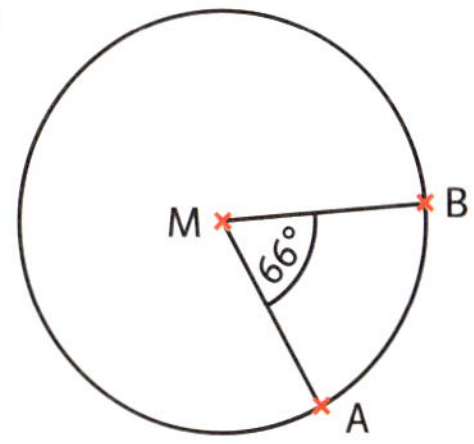

4

a)

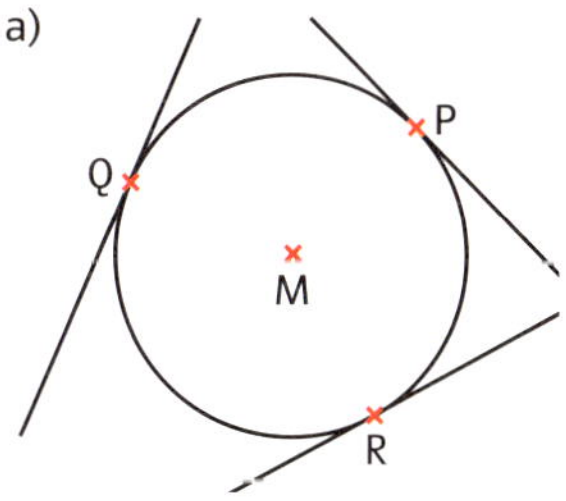

b)

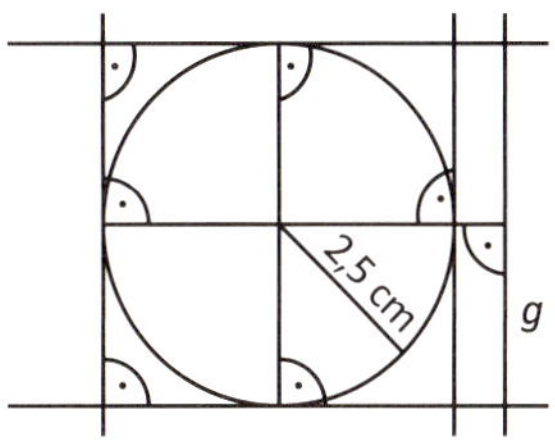

c)

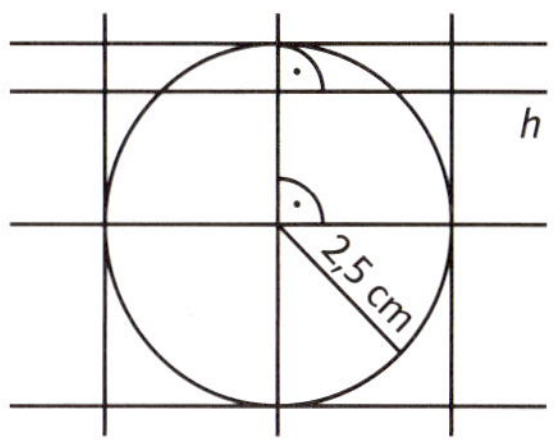

Kapitel VI, Bist du sicher? Seite 136

1

a) $G = \frac{1}{2} \cdot a \cdot b = \frac{1}{2} \cdot 24\,cm \cdot 15\,cm = 180\,cm^2$

$V = G \cdot h = 180\,cm^2 \cdot 80\,cm = 14\,400\,cm^3 = 14{,}4\,dm^3$

b) $G = a \cdot h_a = 4{,}5\,cm \cdot 3\,cm = 13{,}5\,cm^2$

$V = G \cdot h = 13{,}5\,cm^2 \cdot 80\,cm = 1080\,cm^3$

c) $G = \left(\frac{10\,cm + 3{,}5\,cm}{2}\right) \cdot 4\,cm = 27\,cm^2$

$V = G \cdot h = 27\,cm^2 \cdot 80\,cm = 2160\,cm^3 = 2{,}16\,dm^3$

Kapitel VI, Kannst du das noch? Seite 137

15

a)

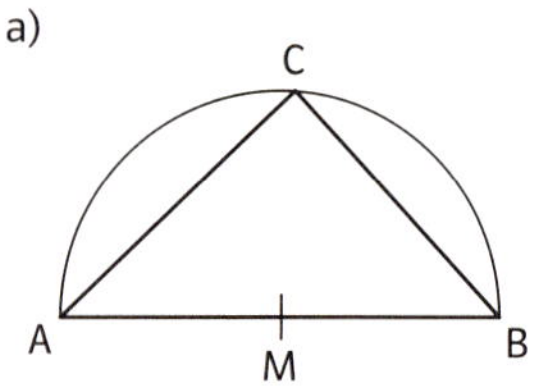

b)

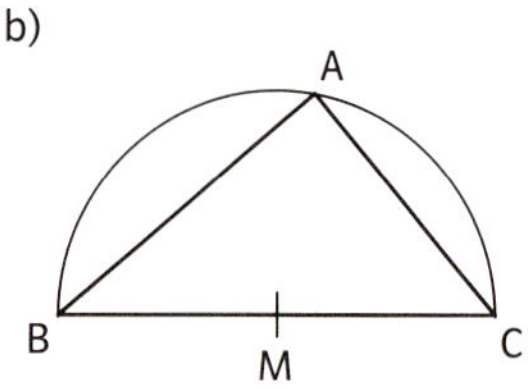

c)

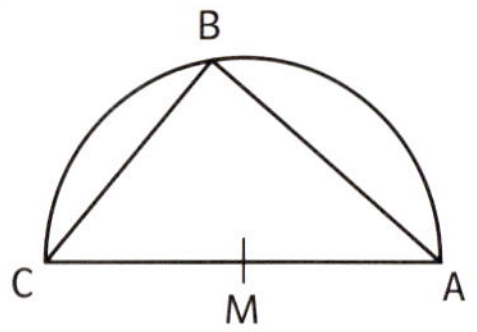

d)

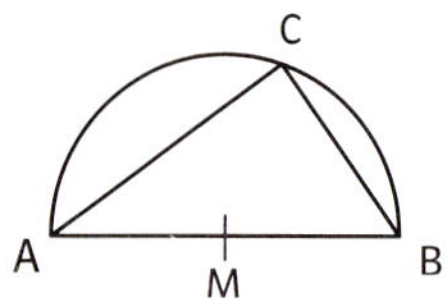

16

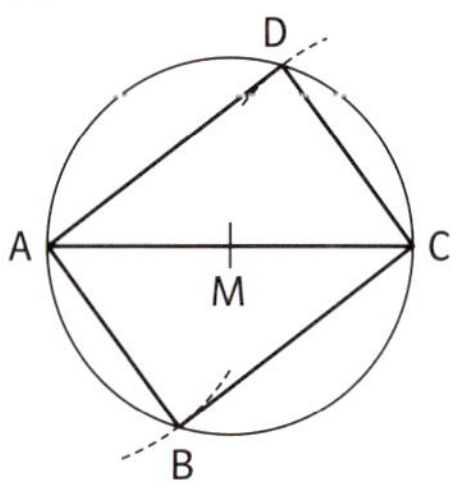

17

a) $x = 1$

b) $x = 5$

Kapitel VI, Training Runde 1, Seite 149

1

a) $V = \pi r^2 \cdot h = \pi \cdot (6\,cm)^2 \cdot 22\,cm$

$= \pi \cdot 792\,cm^3 \approx 2488{,}14\,cm^3$

b) $O = 2G + M = 2\pi r^2 + 2\pi r \cdot h$

$= 2\pi \cdot (6\,cm)^2 + 2\pi \cdot 6\,cm \cdot 22\,cm$

$= 2\pi \cdot 36\,cm^2 + 2\pi \cdot 132\,cm^2$

$= 2\pi \cdot 168\,cm^2 \approx 1055{,}58\,cm^2$

2

$11\,000\,m^2 : 21 \approx 523{,}8\,m^2$

Das Gebäude hat eine Grundfläche von ca. $524\,m^2$.

$V = G \cdot h = 524\,m^2 \cdot 87\,m = 45\,588\,m^3$

Der berechnete Wert für die Grundfläche des Gebäudes kann nur eine Näherung sein. Es gibt keine Informationen darüber, ob die Bürofläche auf allen Stockwerken gleich ist.

Mauern und Innenwände werden bei der Berechnung nicht berücksichtigt.

3

$V = \pi r^2 \cdot h = \pi \cdot (45\,cm)^2 \cdot 180\,cm = \pi \cdot 364\,500\,cm^3$

$\approx 1\,145\,110{,}52\,cm^3$

$m = 1\,145\,110{,}52\,cm^3 \cdot 7{,}86\,\frac{g}{cm^3} \approx 9000\,kg = 9\,t$

Die Walze wiegt ungefähr 9 Tonnen.

4

$A = 6 \cdot \frac{1}{2} \cdot (12{,}5\,cm + 7{,}6\,cm) \cdot 4{,}2\,cm = 253{,}26\,cm^2$

$V = 253{,}26\,cm^2 \cdot 30\,cm = 7597{,}8\,cm^3$

5

$V = 2\,cm \cdot 2\,cm \cdot 150\,cm - \frac{1}{2} \cdot 2\,cm \cdot 2\,cm \cdot 4\,cm$

$= 600\,cm^3 - 8\,cm^3 = 592\,cm^3$

$O = 2 \cdot 2\,cm \cdot 2\,cm + 2 \cdot 2\,cm \cdot 150\,cm$

$+ 4 \cdot 2\,cm \cdot 73\,cm + 2 \cdot \frac{1}{2} \cdot 2\,cm \cdot 2\,cm$

$+ 4\,cm \cdot 2{,}8\,cm = 1207{,}2\,cm^2$.

Die Länge der Diagonalen muss durch Messen bestimmt werden.

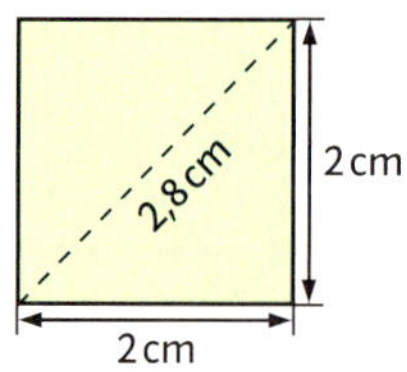

Kapitel VI, Training Runde 2, Seite 149

1

$V_1 = \pi r^2 \cdot h = \pi \cdot (1\,cm)^2 \cdot 2\,cm = \pi \cdot 2\,cm^3$

$V_2 = \pi r^2 \cdot h = \pi \cdot (1{,}5\,cm)^2 \cdot 2\,cm = \pi \cdot 4{,}5\,cm^3$

$V_1 = \pi r^2 \cdot h = \pi \cdot (2\,cm)^2 \cdot 2\,cm = \pi \cdot 8\,cm^3$

$V_{ges} = \pi \cdot (2\,cm^3 + 4{,}5\,cm^3 + 8\,cm^3) = \pi \cdot 14{,}5\,cm^3 \approx 45{,}55\,cm^3$

2

$A = 20\,cm \cdot 14\,cm - 2 \cdot \left(\frac{1}{2} \cdot (12\,cm + 8\,cm) \cdot 3\,cm\right)$

$= 280\,cm^2 - 2 \cdot 30\,cm^2 = 220\,cm^2$

$V = 220\,cm^2 \cdot 500\,cm = 110\,000\,cm^3 = 110\,dm^3$

3

$G = 2 \cdot \left(2 \cdot \frac{1}{2} \cdot (5\,cm + 3\,cm) \cdot 1\,cm + 5\,cm \cdot 3\,cm\right) = 23\,cm^2$

$V = G \cdot h = 23\,cm^2 \cdot 200\,cm$

$= 4600\,cm^3 = 4{,}6\,dm^3$

$O = 2G + M$

$= 2 \cdot 23\,cm^2 + 4 \cdot 3\,cm \cdot 200\,cm + 4 \cdot 1{,}4\,cm \cdot 200\,cm = 3566\,cm^2$

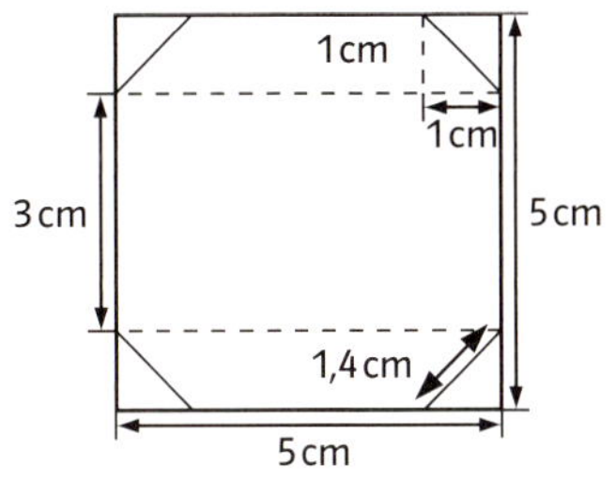

4

$A_{außen} = 2\pi r_a \cdot h = 2\pi \cdot 5\,cm \cdot 100\,cm = \pi \cdot 1000\,cm^2$

$A_{innen} = 0{,}9 \cdot A_{außen} = 0{,}9 \cdot \pi \cdot 1000\,cm^2 = \pi \cdot 900\,cm^2$

$A_{innen} = 2\pi r_i \cdot 100\,cm = \pi \cdot 900\,cm^2 \quad |:\pi$

$200\,cm \cdot r_i = 900\,cm^2 \quad |:200\,cm$

$r_i = 4{,}5\,cm$

Das Rohr hat einen Innendurchmesser von $2 \cdot 4{,}5\,cm = 9\,cm$.

5

a)

Grundfläche	e	f	k	e + f	k + 2
Dreieck	6	5	9	11	11
Fünfeck	10	7	15	17	17
Achteck	16	10	24	26	26
n-Eck	2n	n + 2	3n	2n + (n + 2)	3n + 2

b) $e + f = 2n + (n + 2) = 2n + n + 2 = 3n + 2 = k + 2$

Kapitel VII, Bist du sicher? Seite 153

1

a) $(0\,|\,-2)$ b) $\left(\frac{2}{3}\,\middle|\,2\right)$ c) $(3\,|\,16)$

d) $(0\,|\,-2)$ e) $(-0{,}5\,|\,-5)$ f) $(0{,}2\,|\,-0{,}8)$

Kapitel VII, Kannst du das noch? Seite 154

11

a) $x = 2y + 1$
$y = \frac{1}{2}x - \frac{1}{2}$

b) $x = -y - 2$
$y = -x - 1$

c) $x = -2y - 2$
$y = -\frac{1}{2}x - 1$

d) $x = \frac{5}{3}y - 2$
$y = \frac{5}{6} + \frac{3}{5}x$

12

a) h: $y = 2x + 3$ b) h: $y = -x + 2$

13

Bezeichnet man die kleinere Zahl mit x, erhält man die Gleichung $x^2 + (x + 1)^2 = 2x^2$.
Als Lösung der Gleichung erhält man $x = -\frac{1}{2}$. Damit lauten die gesuchten Zahlen $-\frac{1}{2}$ und $\frac{1}{2}$.

Kapitel VII, Bist du sicher? Seite 159

1

a) $(-10\,|\,-23)$ b) keine Lösung

c) $(0\,|\,4)$ d) $(-1\,|\,0)$

Kapitel VII, Kannst du das noch? Seite 160

16

Bezeichnet man mit s den Ort und mit t den Zeitpunkt des Zusammentreffens, so erhält man die Gleichungen
$s = 110t$ für das erste Auto und
$s = 540 - 130t$ für das zweite Auto.
Löst man das Gleichungssystem, erhält man für den Zeitpunkt des Zusammentreffens $t = 2\,h\,15\,min$ und für den Ort des Zusammentreffens $s = 247{,}5\,km$ vom Startpunkt des ersten Autos.

Kapitel VII, Training Runde 1, Seite 179

1

a)

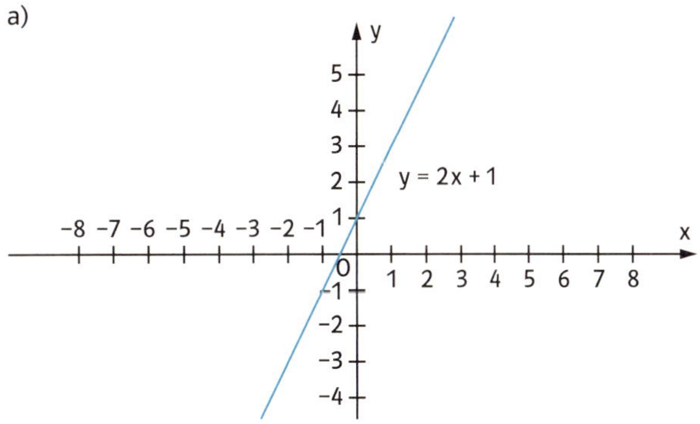

b)

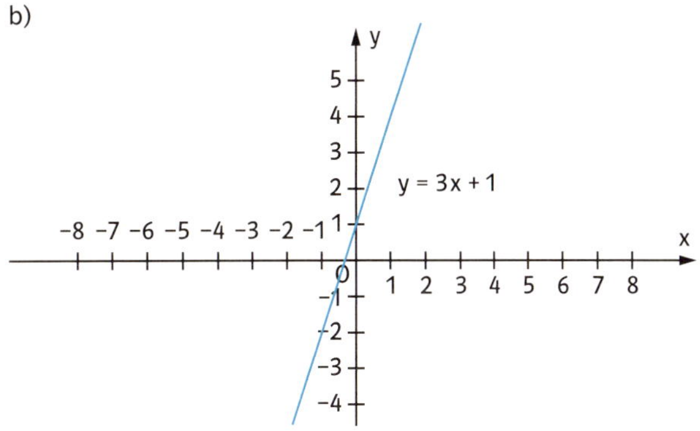

c)

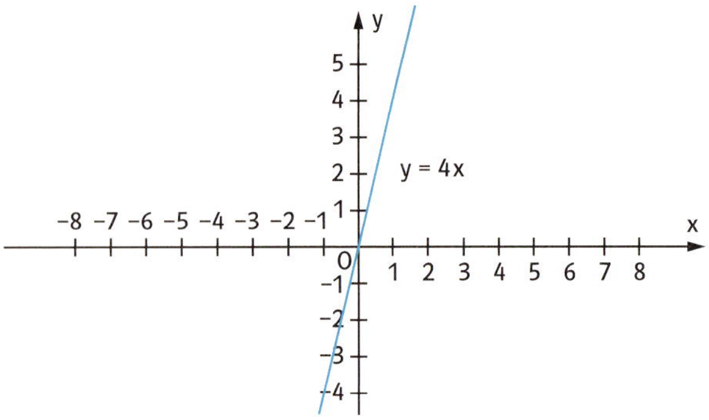

d)

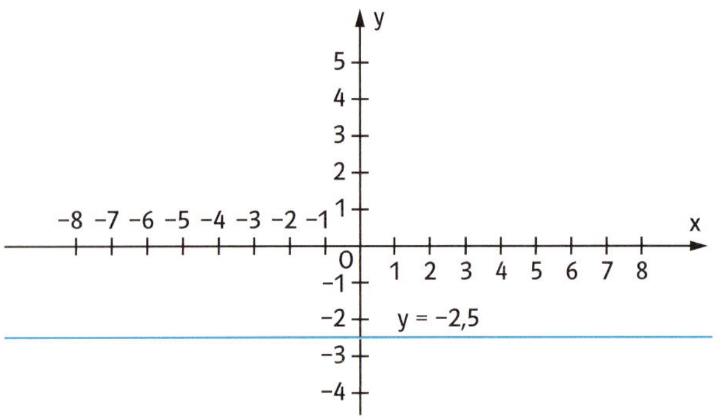

2

a) (1|2) b) (10|3) c) (3|1)

d) Die ensprechenden Geraden sind zueinander parallel, also gibt es keine Lösung.

3

a) $(-13\,|\,-58)$ b) $\left(\frac{7}{5}\,\middle|\,0\right)$ c) $\left(1\frac{5}{8}\,\middle|\,\frac{9}{16}\right)$ d) $\left(-2\frac{3}{4}\,\middle|\,-1\frac{1}{8}\right)$

e) $\left(2\frac{4}{5}\,\middle|\,\frac{1}{5}\right)$ f) $(2{,}5\,|\,-1{,}1)$ g) $\left(1\frac{4}{5}\,\middle|\,\frac{4}{5}\right)$ h) $\left(-\frac{107}{60}\,\middle|\,-\frac{7}{12}\right)$

4

Mit x für die eine, y für die andere unbekannte Zahl folgt das Gleichungssystem $\begin{aligned} 3x + 4y &= 18 \\ -5x + 6y &= 8 \end{aligned}$ mit der Lösung (2|3).

Die gesuchten Zahlen heißen 2 und 3.

5

a)

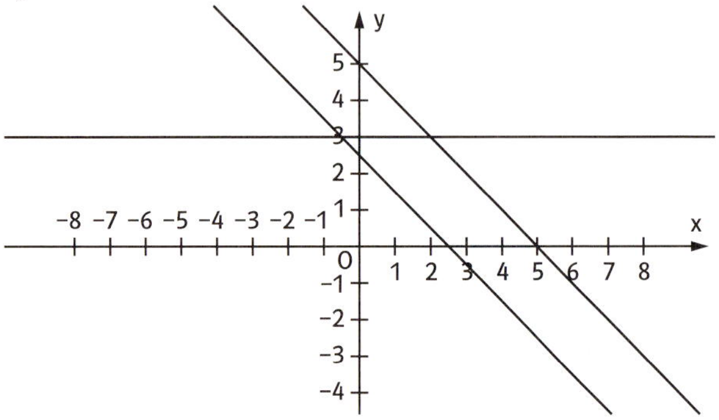

b)

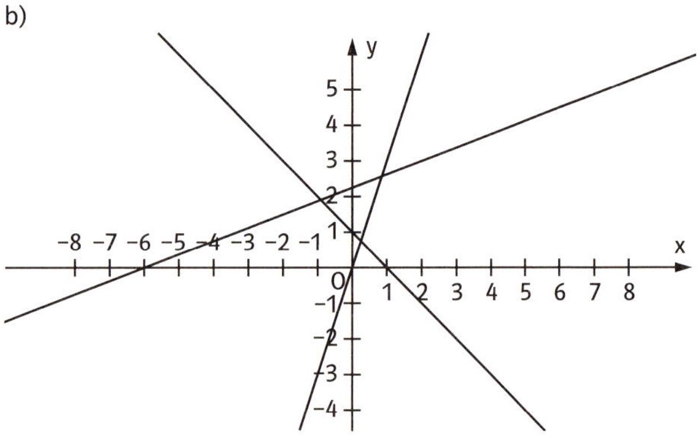

c)

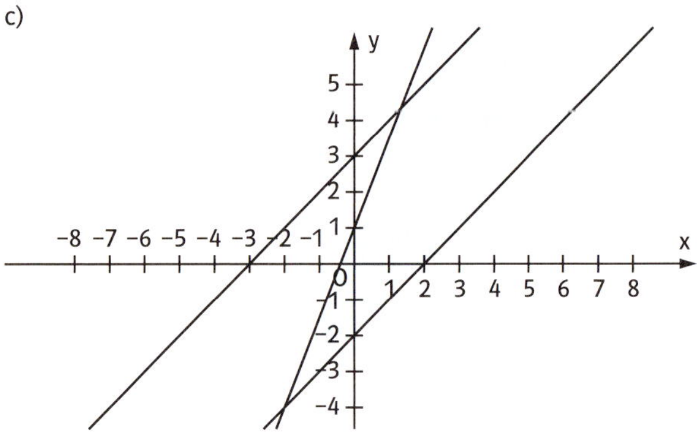

d)

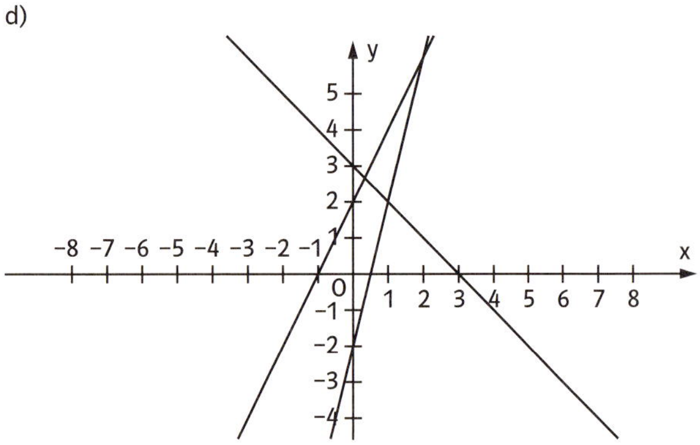

Kapitel VII, Training Runde 2, Seite 179

1

a) (−1|5)
b) und c) Das jeweilige Gleichungssystem hat keine Lösung.
d) $\left(0\middle|\frac{1}{15}\right)$

2

a) Geradengleichungen: $y = x + 1$ und $y = -x + 3$
Schnittpunkt: (1|2)
b) Geradengleichungen: $y = 2x + 4$ und $y = \frac{1}{3}x + 1$
Schnittpunkt: (−1,8|0,4)

3

Mit x für die eine, y für die andere Zahl folgt das Gleichungssystem $\begin{matrix} x + y = 13 \\ x - y = \ \ 6 \end{matrix}$ mit der Lösung (9,5|3,5).
Die gesuchten Zahlen sind 9,5 und 3,5.

4

Anzahl der Mädchenzelte: x
Anzahl der Jungenzelte: y
Gleichungssystem: $\begin{matrix} x + \ \ y = 12 \\ 3x + 4y = 43 \end{matrix}$
Lösung: (5|7)
Am Zeltlager nehmen 15 Mädchen (und 28 Jungen) teil.

Kapitel VIII, Bist du sicher? Seite 189

1

a) $\frac{1}{12} \cdot \frac{1}{12} \cdot \frac{1}{12} = \frac{1}{1728} \approx 0{,}06\,\%$
b) $\left(\frac{1}{4}\right)^4 = \frac{1}{256} \approx 0{,}39\,\%$
c) $1 - \left(\frac{11}{12}\right)^8 \approx 50{,}1\,\%$
d) 6 mögliche Pfade mit zwei Zwölfen ergeben die Wahrscheinlichkeit
$6 \cdot \frac{1}{12} \cdot \frac{1}{12} \cdot \frac{11}{12} \cdot \frac{11}{12} \approx 3{,}5\,\%$.

Kapitel VIII, Kannst Du das noch? Seite 190

18

	Kapital K	Zinssatz p%	Zinsen Z
a)	1725 €	4 %	69 €
b)	12 600 €	3 %	378 €
c)	3400 €	14 %	476 €
d)	25 500 €	6,5 %	1657,50 €
e)	890 €	13,5 %	120,15 €
f)	31 000 €	3,6 %	1116 €

19

	K	p%	Z	Zeit
a)	26 800 €	7,5 %	837,50 €	5 Monate
b)	7200 €	8,5 %	561 €	11 Monate
c)	4380 €	2,8 %	71,54 €	7 Monate
d)	16 800 €	10,5 %	289,10 €	2 Monate
e)	78 000 €	7,5 %	113,75 €	70 Tage
f)	945 €	3,25 %	13,02 €	155 Tage

Kapitel VIII, Kannst du das noch? Seite 193

8 a)

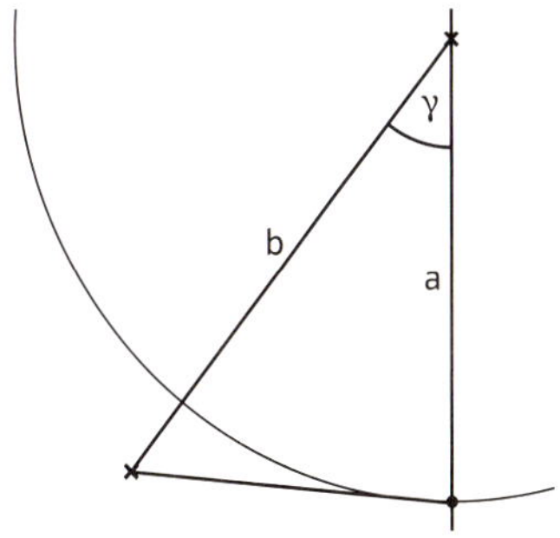

b)

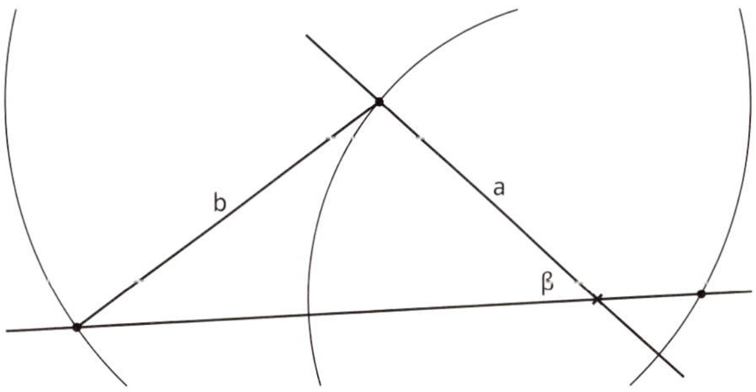

9

Die beiden Dreiecke ADB und BDC sind kongruent nach Kongruenzsatz sws, denn
1) |AD| = |DB|, da D Mittelpunkt von Strecke AB ist;
2) die Strecke CD kommt in beiden Dreiecken vor;
3) der Winkel bei D ist jeweils ein rechter.

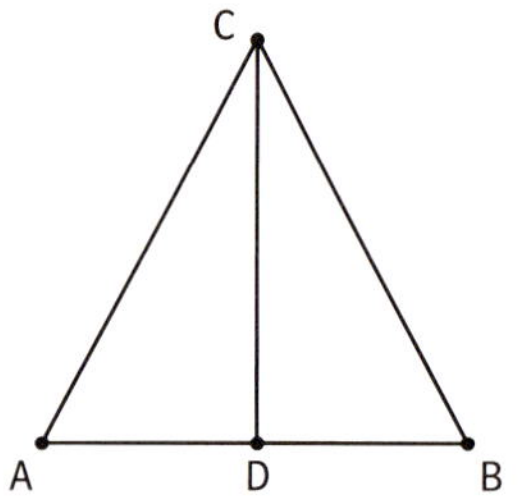

Kapitel VIII, Training Runde 1, Seite 203

1

a) $1 - \frac{1}{4} = \frac{3}{4}$

b) $\frac{4}{52} + \frac{12}{52} = \frac{16}{52} \approx 30{,}8\,\%$

(Die Herz-Dame darf nur einmal gezählt werden)

2

a) $\frac{5}{12} \cdot \frac{4}{11} \cdot \frac{3}{10} \cdot \frac{2}{9} = \frac{1}{99} = 1{,}01\,\%$

b) $1 - \frac{9}{12} \cdot \frac{8}{11} \cdot \frac{7}{10} \cdot \frac{6}{9} = \frac{41}{55} = 74{,}55\,\%$

3

a) $\frac{1}{5}$

b) $\left(1 - \frac{4}{5}\right)^{10} = 89{,}3\,\%$

4

$\frac{4}{6} \cdot \frac{3}{5} \cdot \frac{2}{4} \cdot \frac{1}{3} = \frac{1}{15}$

Kapitel VIII, Training Runde 2, Seite 203

1 a)

Ergebnis	rot	gelb	blau
Wahrscheinlichkeit	$\frac{6}{12}$	$\frac{4}{12}$	$\frac{2}{12}$

b) $\frac{8}{12}$

2

a) $1 - 0{,}6^4 = 87{,}04\,\%$

b) $0{,}4 \cdot 0{,}4 \cdot 0{,}6 \cdot 0{,}4 = 3{,}84\,\%$

3

a) $1 - 0{,}8^6 = 73{,}8\,\%$

b) $0{,}8^6 + 6 \cdot 0{,}8^5 \cdot 0{,}2 = 65{,}5\,\%$

4

$0{,}8^5 \cdot 0{,}2 = 6{,}6\,\%$

Register

Bildquellen

S. 4.1: Klett-Archiv (Simianer & Blühdorn), Stuttgart – S. 4.2: Getty Images (Photonica), München – S. 4.3: Picture-Alliance (dpa/Zentralbild, Klaus Franke), Frankfurt – S. 4.4: Fotofinder (MPI), Berlin – S. 5.1: Getty Images (William Huber), München – S. 5.2: MEV, Augsburg – S. 5.3: Picture-Alliance (Lander), Frankfurt – S. 5.4: Avenue Images GmbH (Stock Disc), Hamburg – S. 8.1-8.4: Klett-Archiv (Simianer & Blühdorn), Stuttgart – S. 8.5: Klett-Archiv (Dieter Gebhardt), Stuttgart – S. 8.6: Klett-Archiv (KomaAmok), Stuttgart – S. 8.6: Mauritius (age), Mittenwald – S. 8.7: Klett-Archiv (KomaAmok), Stuttgart – S. 8.9: Klett-Archiv (KomaAmok), Stuttgart – S. 9.1: Getty Images (photonica/Jakob Helb), München – S. 9.2: Klett-Archiv (Dieter Gebhardt), Stuttgart – S. 9.3: Klett-Archiv (Simianer & Blühdorn), Stuttgart – S. 9.4: Klett-Archiv (Simianer & Blühdorn), Stuttgart – S. 23: Klett-Archiv (Zuckerfabrik digital), Stuttgart – S. 28: IMAGO (Icon SMI), Berlin – S. 31: Pixtal, New York NY – S. 34.1: Getty Images (Photonica), München – S. 34.2: Getty Images (Altrendo), München – S. 35.1: Corbis (Derek M. Allan), Düsseldorf – S. 35.2: Corbis (Vincent), Düsseldorf – S. 38: Klett-Archiv (Simianer & Blühdorn), Stuttgart – S. 42: Klett-Archiv (Peter Seeger), Stuttgart – S. 43.1-43.3: Klett-Archiv (Simianer & Blühdorn), Stuttgart – S. 54.1: Picture-Alliance (dpa/Oliver Berg), Frankfurt – S. 54.2: Picture-Alliance (dpa/Abdullah), Frankfurt – S. 54.3: Picture-Alliance (AKG), Frankfurt – S. 54.4: Picture-Alliance (dpa/Zentralbild, Klaus Franke), Frankfurt – S. 54.5: Corbis (Underwood & Underwood), Düsseldorf – S. 54.6: Picture-Alliance (dpa/epa Hrusa), Frankfurt – S. 55.1: Corbis (Patrik Giardino), Düsseldorf – S. 55.2: Deuter, Wolfgang, Willich – S. 59: MEV, Augsburg – S. 60: creativ collection, Freiburg – S. 64: Klett-Archiv (Simianer & Blühdorn), Stuttgart – S. 72.1: Kurbetriebe Oberstdorf, Oberstdorf – S. 72.2: Klett-Archiv (Stefan Stöckle), Stuttgart – S. 73.1: Fotofinder (MPI), Berlin – S. 73.2-73.4: brueckenweb (Frank Sellke), Krefeld – S. 74: Schwaneberger Verlag GmbH, Unterschleißheim – S. 78: Fotolia LLC (Earl Robbins), New York – S. 85: Corbis (Robert Dowling), Düsseldorf – S. 89.1: Michael Kneffel, Essen – S. 89.2: Lokomotiv-Ateliers für Visuelle Kommunikation (Willemsen), Stadtlohn – S. 90.1: Klett-Archiv, Stuttgart – S. 90.2: Avenue Images GmbH (Corbis RF), Hamburg – S. 93: AKG, Berlin – S. 99: Alamy Images RM (David Fleetham), Abingdon, Oxon – S. 100: Mauritius (Blockhuis), Mittenwald – S. 104: IMAGO (ANE Edition), Berlin – S. 107: HALE electronic GmbH, Salzburg – S. 108.1: Getty Images (William Huber), München – S. 108.2: Getty Images (Davis McCardle), München – S. 108.3: Corbis (Tom Nebbia), Düsseldorf – S. 108.4: Klett-Archiv (Wolfgang Riemer), Stuttgart – S. 109.1: Picture-Alliance (dpa/ Pilick), Frankfurt – S. 109.2: Corbis (James Leynse), Düsseldorf – S. 114: Mauritius (Rossenbach), Mittenwald – S. 118.1: Klett-Archiv (Simianer & Blühdorn), Stuttgart – S. 118.2: Klett-Archiv (Simianer & Blühdorn), Stuttgart – S. 119: Fotofinder (Vandystadt/Agentur F), Berlin – S. 120: Avenue Images GmbH (PhotoDisc), Hamburg – S. 121: Rieskrater-Museum, Nördlingen – S. 125: Mauritius (Scott), Mittenwald – S. 129.1: MEV, Augsburg – S. 129.2: Klett-Archiv (Simiane & Blühdorn), Stuttgart – S. 130.1: Avenue Images GmbH (Thinkstock), Hamburg – S. 130.2: Fotosearch RF (PhotoDisc), Waukesha, WI – S. 130.3: MEV, Augsburg – S. 131.2: AKG, Berlin – S. 134.1: Granulat 2000, Troisdorf – S. 134.2: Klett-Archiv (Simianer & Blühdorn), Stuttgart – S. 140: RB-Deskart Ralf Brennemann, Hamburg – S. 144.1: Mauritius (Cash), Mittenwald – S. 144.2: Corbis (Carl & Ann Purcell), Düsseldorf – S. 145.1: ESA/ESOC, Darmstadt – S. 145.2: Look GmbH (Elan Fleisher), München – S. 145.3: iStockphoto (Till von Rennenkampff), Calgary, Alberta – S. 146: Corel Corporation, Unterschleissheim – S. 149: Alamy Images RM (Henry Westheim Photo), Abingdon, Oxon – S. 150: Corbis (Mika), Düsseldorf – S. 151.1: Picture-Alliance (Lander), Frankfurt – S. 151.2: Picture-Alliance (Lander), Frankfurt – S. 152: Corbis (Ariel Skelley), Düsseldorf – S. 160.1: Avenue Images GmbH (Image Source), Hamburg – S. 160.2: Avenue Images GmbH (Digital Vision), Hamburg – S. 160.3: Avenue Images GmbH (Image Source), Hamburg – S. 164.1: Klett-Archiv, Stuttgart – S. 164.2: Fotosearch RF (Stockbyte), Waukesha, WI – S. 164.3: PhotoDisc, Seattle, WA – S. 164.4: Avenue Images GmbH (Comstock), Hamburg – S. 165: Mauritius (Gatzen), Mittenwald – S. 166: AKG, Berlin – S. 168: Helga Lade (Thalau), Frankfurt – S. 174: Corbis, Düsseldorf – S. 175: HYMER, Bad Waldsee – S. 176: Deutsches Museum, München – S. 180.1: Getty Images (photonica), München – S. 180.2: Fotofinder (buchcover.com), Berlin – S. 180.3: Avenue Images GmbH (PhotoDisc), Hamburg – S. 181.1: Humboldt-Universität zu Berlin, Berlin – S. 181.2: Avenue Images GmbH (Stock Disc), Hamburg – S. 181.3: Alamy Images RM (Coulam), Abingdon, Oxon – S. 183.1: Klett-Archiv (KD Busch Fotostudio), Stuttgart – S. 183.2: MEV, Augsburg – S. 183.3: Klett-Archiv (Patrick Dembski), Stuttgart – S. 184-186: Klett-Archiv, Stuttgart – S. 188: Avenue Images GmbH (PhotoDisc), Hamburg – S. 190: Getty Images/Bongarts, Hamburg – S. 192: Getty Images (Taxi), München – S. 194: Klett-Archiv, Stuttgart – S. 196: Getty Images (Taxi/FPG), München – S. 197: iStockphoto (Robert Pernell), Calgary, Alberta – S. 198: Fotosearch RF, Waukesha, WI – S. 199: Klett-Archiv, Stuttgart – S. 200: www.marilynvossavant.com – S. 203: MEV, Augsburg – S. 204: Corbis (JESSICA RINALDI/Reut), Düsseldorf – S. 205: Corbis (Viviane Moos), Düsseldorf – S. 206: Audi, Ingolstadt – S. 207: Volkswagen AG, Wolfsburg – S. 209: Wilfried Herget, Dietmar Scholz: Die etwas andere Aufgabe, Mathematik-Aufgaben Sek. I, Aus der Zeitung, Verlag: Kallmeyersche Verlagsbuchhandlung, Seelze

Nicht in allen Fällen war es uns möglich, den Rechteinhaber ausfindig zu machen.
Berechtigte Ansprüche werden selbstverständlich im Rahmen der üblichen Vereinbarungen abgegolten.